普通高等教育“十二五”规划教材

遥感图像判绘

冯伍法　编著

科学出版社

北京

内 容 简 介

本书全面、系统、详细地论述了遥感图像判绘理论和实践。全书共11章：第1章介绍遥感图像判绘的地位和作用、发展历史和判绘质量要求；第2章详细论述摄影图像、扫描图像、高光谱图像、侧视雷达图像的成像原理、几何特性和物理特性；第3章介绍图像判读特征、图像判读的认知过程、图像观察方法，分析影响图像判读质量的因素，并阐述计算机判读的技术流程、特征知识的表达、特征知识库构建以及人机交互判读方法；第4章对地形图图式符号及其运用、地形要素的综合取舍以及像片调绘和数字图像判绘作业流程、基本要求进行讨论；第5～11章分别对居民地、工农业和社会文化设施、交通运输设施、水系及其附属建筑、植被、地貌与土质、境界和地理名称调查等内容进行系统地论述。

本书具有广泛的适用性，可作为摄影测量与遥感专业本科生教材，也可作为相关专业研究生的参考书，亦可供地图制图、军事侦察、土地利用调查、地质调查、农林勘察以及相关专业人员阅读参考。

图书在版编目(CIP)数据

遥感图像判绘／冯伍法编著．—北京：科学出版社，2014．3

普通高等教育“十二五”规划教材

ISBN 978-7-03-039733-1

Ⅰ．①遥…　Ⅱ．①冯…　Ⅲ．①遥感图像–图像处理–高等学校–教材
Ⅳ．①TP751

中国版本图书馆CIP数据核字（2014）第023003号

责任编辑：杨　红／责任校对：张小霞
责任印制：赵　博／封面设计：迷底书装

科学出版社出版
北京东黄城根北街16号
邮政编码：100717
http://www.sciencep.com
中煤（北京）印务有限公司印刷
科学出版社发行　各地新华书店经销
*
2014年3月第　一　版　开本：787×1092　1/16
2026年1月第十次印刷　印张：19 1/2　插页：2
字数：508 000

定价：69.00 元

前　言

利用航空航天遥感图像测制和更新地形图、专题图以及获取其他地理空间环境信息的技术和方法由来已久，并得到了广泛应用。在全数字摄影测量中，尽管地形要素的计算机自动判读、人机交互判读技术取得了一些令人鼓舞的研究成果，但与实际应用的要求还有较大的差距，实用化的航空航天遥感图像地形要素的自动识别提取系统的建立还需要相当长的时间，在地形要素判绘中以目视判读为基本方法的局面在短期内还难以得到根本改变。因此，本书在论述遥感图像及其特性、图像判读特征和判读方法的基础上，重点介绍目视判读方法获取地形要素属性信息的理论基础、技术过程、影像特征以及在地形图上的表示要求。

遥感图像判绘是理论性、知识性和实践性要求很强的学科。其基本任务是获取地理空间环境属性信息和其他专题信息，为遥感图像地形图测制和更新、地理信息系统建设以及各种专题图的制作提供技术支撑。图像判绘成果已经广泛地应用于地形测绘、军事侦察、打击或毁损效果评估、作物估产、土地利用调查、地表资源调查、环境监测、灾害监测等许多领域。

遥感图像判绘涉及众多学科的知识，既与遥感物理基础、遥感平台和传感器密切相关，又与地理、人文、制图等理论知识密不可分。因此，本书在综合国内外参考资料的基础上，结合多年的教学、科研成果，紧紧围绕遥感图像的特性、地形要素的分布规律、图像判读特点和地形图上的表示要求进行全面、系统地论述，力争做到概念清晰、体系完整、简明扼要、图文并茂、通俗易懂。

在本书撰写出版过程中得到了很多专家、教授、同行、同事的大力支持和帮助。作者恩师潘时祥教授对本书的编写提出了明确、具体的意见和建议，体现了老一辈科学家对中青年学者的关心和厚爱。解放军信息工程大学地理空间信息学院的张占睦教授对全书进行了审阅，提出了大量宝贵的意见和建议，在此表示衷心的感谢。余旭初教授、秦志远教授、朱述龙教授、朱宝山教授，河南理工大学的王双亭教授一直给予我们鼓励和帮助，范永弘副教授、芮杰副教授、董广军副教授、王涛副教授、童晓冲副教授为本书的编写提供了大量的资料，张艳、庞静静对本书进行了文字校对，对以上同行的无私支持和帮助表示衷心的感谢。

感谢本书参考文献的作者，他们的研究成果给予作者很多启迪和灵感。

本书的出版得到了解放军信息工程大学地理空间信息学院出版基金的资助。

由于作者水平有限，虽历经数载精心磨砺，仍有许多缺憾，敬请读者不吝指正。

作　者

2013 年 10 月 20 日于郑州

目　　录

第1章　绪　　论

遥感图像，是指通过非接触式传感器探测、记录地物目标电磁波辐射信息的图像，也称遥感影像。遥感图像是地面目标的客观反映，具有覆盖范围广、信息量大等特点，而且直观、形象、观察方便。不同的目标具有不同的电磁波辐射特性及空间分布规律，在图像上具有不同的影像特征。遥感图像判绘，是根据影像特征，将地图上需要表示的地形要素、军事目标或其他专题要素判读出来，经综合取舍后用规定的符号、颜色和文字绘制在图像、图纸或计算机屏幕上的技术。遥感图像判绘技术已广泛应用于地图测绘、资源调查、环境监测、灾害监测与评估、农作物病虫害监测和作物产量调查、城市及区域调查和规划、林业调查、海洋调查以及军事侦察、导弹预警等领域。

本章主要介绍遥感图像判绘的地位和作用、发展历史、图像判绘成果质量的基本要求等内容。

1.1　图像判绘的地位和作用

1.1.1　数字摄影测量方法成图

数字摄影测量是利用传感器获取地表图像信息，经过加工处理与分析，获取地物目标的空间信息和属性信息的理论、技术与方法。数字摄影测量方法是测制地形图、专题图最主要的技术手段，其一般技术过程如图1.1所示。

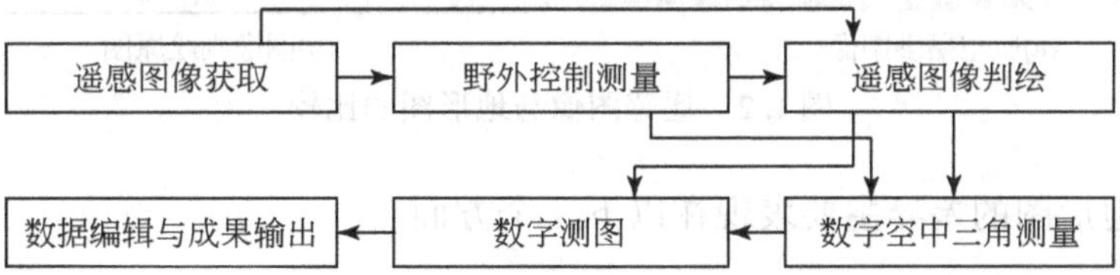

图1.1　数字摄影测量成图技术过程

（1）遥感图像获取。遥感图像获取是指根据地形图成图比例尺、地区类型和成图精度等，获取满足测图要求的遥感图像。用于测绘地形图的遥感图像，必须在比例尺、分辨率、航向和旁向重叠度及影像质量等方面满足相应的技术要求。

（2）野外控制测量。野外控制测量是指在成图区域范围内，按照布点方案和在图像上的位置、影像质量要求，选定一些像点并测定与之对应的地面点的平面位置和高程的技术。其目的是将图像与实地用数学模型联系起来，为数字空三加密和测图提供控制基础。

（3）遥感图像判绘。遥感图像判绘的目的是确定地形图上需要表示的各种要素的属性信息。根据遥感图像资料情况和不同的成图方法，图像判绘作业采用的方法以及在成图工序中顺序也不相同。例如，当图像比例尺较大、分辨率较高和现势性较好时，可以采用内外业相结合的方法，即先由内业判读采集地物属性信息，再进行野外检查修改的方法完成判绘作业。

(4) 数字空中三角测量。数字空中三角测量是指在少量野外图像控制点的基础上，加密出测图所需要的内业图像控制点。其目的是为测区内每一个立体模型的绝对定向或平坦地区的每一幅图像的几何纠正提供已知的地面控制点坐标，包括数字影像的内定向、相对定向和绝对定向。

(5) 数字测图。数字测图包括建立数字高程模型、生成数字等高线以及采集地物要素，生成满足数据文件或数据库格式的矢量数据。

(6) 数据编辑与成果输出。数字地形图编辑的目的是按照测图规范和图式的要求，对原始采集数据的不合理之处进行修改和编辑。成果输出可以按照数据库要求的内容和格式经转换后直接输入数据库，也可以出版印刷成纸质地图。

由此可以看出，遥感图像判绘是数字摄影测量方法成图技术过程的重要组成部分，是获取地形要素属性信息的基本方法。

1.1.2 遥感图像与地形图的差异

遥感图像能真实且详尽地记录地面情况。从遥感图像上，人们可以了解覆盖区域范围内地物和地貌的详细内容。但是，遥感图像不能作为地形图使用，因为两者之间存在差别，如图 1.2 所示。

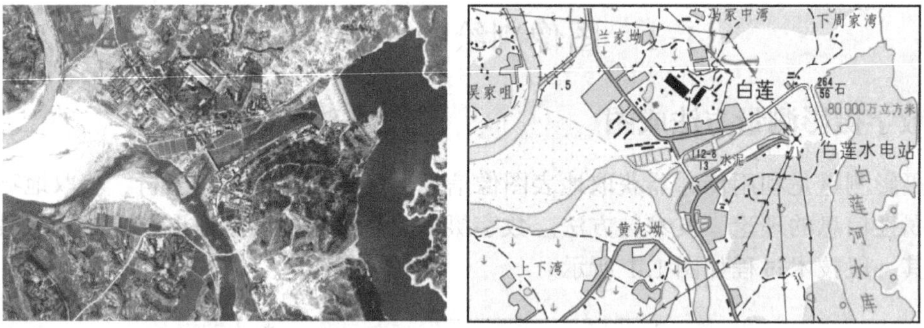

(a)航空摄影图像　　(b)图像判绘原图

图 1.2　遥感图像与地形图的比较

遥感图像与地形图的差异主要表现在以下三个方面。

1. 投影性质

地形图是高斯正形投影，近似于正射投影（垂直投影）。其特点是投影面上任意两点间的距离与相应地面点的水平距离之比是一个常数，即具有相同的比例尺。遥感图像则根据其传感器的不同，投影性质各异。例如，框幅式摄影机和面阵 CCD 相机获取的图像是中心投影，而线阵 CCD 相机扫描图像是行中心投影，合成孔径雷达图像则是距离投影。

遥感图像获取时，由于传感器姿态的变化而导致主光轴与地面不垂直，存在因像平面的倾斜而产生倾斜误差的现象。另外，因地面有起伏而致使图像存在投影误差。消除倾斜误差和投影误差必须依赖图像控制点，其实质是规划图像的比例尺。

2. 表示内容和方法

地形图为线划图，是用各种规定的符号、注记说明、颜色等地图语言来表示地物地貌，而遥感图像则由影像的大小、形状、色调（或色彩）、纹理等特征来表示地表状态。另外，遥感图像表示地物地貌无选择性，它以其影像的表达能力将地面信息表达出来。但表示不出如居民地名称、道路等级注记、水深和流速等要素。而地形图是由测绘人员加工处理、综合取舍后，将那些需要表示的内容以符号、颜色、文字和数字注记等地图语言表示出来。

采用图像判绘的方法，可以解决表示方面的差别，即根据遥感图像特征识别出地形要素，经综合取舍后按规定的图式符号描绘出来。

3. 现势性

遥感图像记录的是图像获取瞬间的地面电磁波辐射信息，是某一固定时刻地物地貌的形态。而地形图表示的内容在时间上晚于图像获取时间，且能表现某一时间段的动态特征，如水系中的常水位宽、深和高水位宽、深等。要解决现势性问题，可以参考有关地理资料或进行实地调查，采用图像判绘的方法完成。

1.1.3 图像判绘分类和内容

1. 遥感图像判绘分类

根据判绘成果的应用领域，遥感图像判绘的目的和任务可以分为两大类，即地学信息判绘和专业应用判绘，如图 1.3 所示。

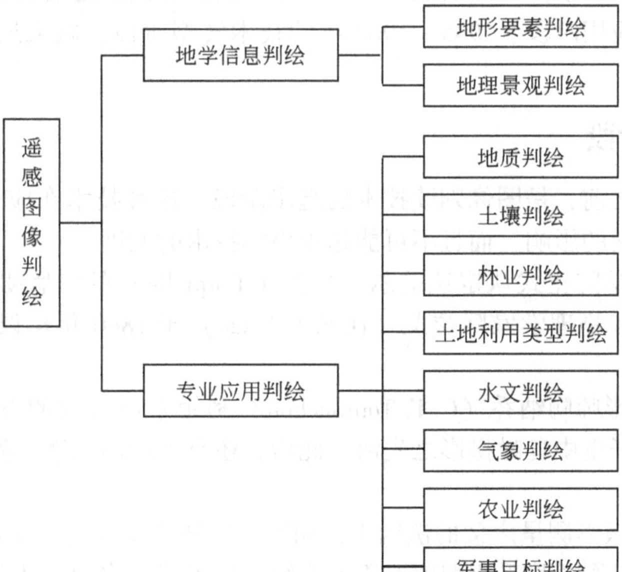

图 1.3　遥感图像判绘领域划分

地学信息判绘主要是为了获取地球圈层范围内的综合属性信息，常见的是地形要素判绘和地理景观判绘。地形要素是指测制地形图时需要表示的地物地貌，如居民地、工农业和社会文化设施、交通运输设施、水系及其附属建筑、植被、地貌与土质等。地理景观是指在一定范围内多个地学要素有规律的地域综合，一般用于区域性或分类性的地表区域规划，对地球表面研究有重要意义。

专业应用判绘可以分为很多类，其目的是为了获取某个专业应用领域某些研究对象的属性信息，主要有地质、土壤、林业、土地利用类型、水文、气象、农业和军事目标判绘等。

2. 地形要素判绘内容

不同的判绘任务和目的，需要识别的地物地貌类型和详细程度不同。就地形图测绘而言，图像判绘的基本内容包括地物属性、变形地貌属性、地形要素的数据质量特征、境界和地理名称注记等。

变形地貌是指在地形图上用等高线符号不能反映其被切割、堆积和分布特征的地貌，如冲沟、陡崖、陡石山和冰裂隙等微地貌。地形要素的数据特征是对地面目标的定量描述，如桥长、桥宽和载重吨位等。

1.2 图像判绘技术发展历史

随着遥感技术及其应用的发展，遥感图像判绘技术也得到了相应的发展。而图像判绘是在图像判读技术的基础上演变而来的。因此，图像判绘技术的发展历史，也是图像判读技术的发展过程。为了使读者从发展的角度了解图像判绘技术的特点，根据对美国摄影测量与遥感协会编著的《相片判读手册》和阎守邕等编著的《遥感影像群判读理论与方法》进行的总结，并结合作者的理解，图像判绘技术的发展可以分为第二次世界大战之前的技术起步阶段、第二次世界大战期间的成熟应用阶段、1945～1960 年的技术转型阶段、航天遥感起步阶段以及航天遥感发展阶段。

1.2.1 技术起步阶段

第二次世界大战之前，是图像判读技术的起步阶段。这种技术在应用需求的牵引下起步，也受到了摄影技术发展的影响，而且不可能超越摄影技术的发展。

1839 年，法兰西学院正式认定达盖尔（L. J. M. Daquelle）的银版摄影法，创立了摄影术之后，法国天文学家和物理学家阿拉戈（D. F. J. Arago）于 1840 年建议将摄影技术应用于测制地形图。

1858 年，法国摄影师陶纳乔（G. F. Tournachon）利用系留气球的方法拍摄了巴黎附近的第一张航空像片，首开空中鸟瞰摄影之先河。此后，还有人利用风筝、鸽子等作为摄影平台拍摄地面的像片。

1859 年，被称为摄影测量之父的法国工兵团军官劳塞达特（A. Laussedat）上校历经 8 年，在巴黎利用地面正直摄影照片采用图解法逐点测绘地形图获得成功，从而诞生了摄影测量，目视判读技术也应运而生。

1903 年，莱特兄弟发明了飞机，为航空摄影的发展提供了稳定可靠的平台。1909 年，威·莱特（W. Wright）在飞越意大利西恩多西利（Centocelli）地区时，获得了世界上第一张从飞机上拍摄的、可用于制图的航空像片。在进行了第一次航空摄影以后，1913 年，开普顿·塔迪沃（C. Tardivo）在国际摄影测量学会会议上发表论文，首次描述了用飞机摄影绘制地图的问题。

真正实用的航空摄影技术始于第一次世界大战，如图 1.4 所示。当时，航空摄影侦察为法国、英国和德国等交战双方所重视，都投入了大量的人力、物力为军队提供摄影设备、研发摄影处理和判读技术，航空摄影使大量军事设施暴露无遗，揭示了军队部署、兵员调动和战争态势对战争的方略和进程产生了很大的影响。

图1.4　第一次世界大战期间的航空摄影侦察

第一次世界大战之后，美国、加拿大和德国等的军用技术解密和转让，推动了民用航空摄影判读技术在土壤调查、森林资源调查、地质调查、地形测图和工程设计等领域的应用和发展。20世纪30年代，第一个实用的黑白红外感光胶片（0.7～1.0μm）产品问世。彩色航空摄影技术也有了迅速的发展，只是其胶片感光速度、彩色改正镜头、大气灰雾影响、摄影处理稳定性等关键问题尚待解决。

1.2.2　成熟应用阶段

第二次世界大战期间，航空摄影技术得到了迅速发展，也促使图像判读技术进入了成熟应用阶段。在此期间，航空摄影胶片、相机和图像分析能力的显著改进以及在战争中大量成功的应用，对航空摄影和图像判读技术的发展起到了积极的推动作用。

1. 航空胶片、相机及其图像分析能力的改进

1941年，在美国麻省理工学院顿特礼（S. Q. Duntley）博士的领导下，研究人员测量了大量处在不同生长阶段和条件下的各种类型植物叶子的光谱发射率，以确定植物的光谱特性和所涉及的光谱匹配问题，使人们首次认识到"叶绿素鞍部"可以作为识别军事伪装的重要光谱段。该项研究的成果直接导致了假彩色伪装识别胶片（或彩色红外航空胶片）的问世和应用。

1944～1945年，英国开始试验以评估水深为目的的二色航空摄影技术。在理想的情况下，得到的摄影像片分析数据与实地探测水深数据很接近。

与此同时，航空摄影设备和技术也在不断改进。其中，以成功研制出高质量航空相机的意义最为重要。它具有近乎无畸变的摄影镜头、快速且独立的摄影快门、能够减震和姿态平衡的相机座架以及像移补偿装置等。

在图像判读分析能力方面的改进主要表现在判读特征分析和应用方面，它使判读人员能够从容、有效地应对各种复杂的判读对象和判读任务，尤其是对判读人员的训练，也因此变得有

章可循、效果显著。

2. 图像判读在战争中得以成功应用

第二次世界大战之前，德国总参谋部的瓦尔纳·冯·弗里奇（W. von Fritsch）将军曾预言“具有最佳图像判读能力的国家将赢得下一场战争”，可见航空图像判读技术的重要性。交战双方都把它作为获得对方军事情报最为重要，甚至是唯一的手段和来源，如图 1.5 所示。当时，盟军对敌占区的情报有 60% ~90% 来自航空图像判读。许多重大战役，如 1940 年粉碎德国进攻英伦三岛的部署、1942 年的斯大林格勒保卫战、1942 年的所罗门战役、1944 年的诺曼底登陆等重大战役，都是依靠航空图像判读所得情报而克敌制胜的范例。

图 1.5　第二次世界大战期间德军对英国的侦察和轰炸目标选择

概括起来，图像判读在战争中发挥的作用主要表现在三个方面：第一，侦察敌国的领土情报和行动态势，包括了解敌方有关的军事力量、设施、行动以及人力、物力部署及其变化等重要情况；第二，绘制敌占区的地形图，引导轰炸部队、特遣部队、进攻部队攻击特定的目标；第三，记录空中轰炸、炮兵轰击之类的活动，精确评估其打击的破坏程度，以使攻击行动的效果不断得到改进。

1.2.3　技术转型阶段

1945 ~1960 年是图像判读技术发展过程中的技术转型阶段。所谓“技术转型”，具有以下几个方面的含义。

首先，第二次世界大战后不久，大量军事判读人员转向民用部门，其中大多数转向从事自然资源方面的判读，如地质、林业、土壤、水文、农业以及工程领域的判读工作。这种转型推动了图像判读技术的进一步发展，在图像判读和摄影测量学科的地位和作用、大学课程设置和教科书出版、仪器设备的数量和质量等方面，都有了显著的提高。

其次，在此期间，美国和苏联大力发展从直升机、高空侦察飞机到飞船等新型平台以及新型传感器的研制。这些新型传感器包括全景相机、连续条带相机、光机扫描仪和侧视雷达系统等。与此同时，图像判读技术的重点仍然放在判读特征的研究上，但所使用的判读技术却迅速地从直接对高空间分辨率的航空图像进行目视判读，向利用计算机对低空间分辨率的航天遥感图像进行辅助分析的领域转移。

此外，图像判读技术在军用和民用领域的应用都取得了显著的进展。例如，图像判读在美国处理古巴导弹危机过程中发挥了重要的作用。图像地质学（Photogeology），尤其是在地形和地表质地的判读方面取得了长足的发展。在建立地质（包括寻找石油和矿藏）判读标志的过程中，深入且细致地识别地形、水体、植被、土地利用类型以及它们之间的相互关系在图像上的不同表现和特点，是其判读作业成功的关键所在。

1.2.4　航天遥感起步阶段

这个阶段主要覆盖了 20 世纪 60～80 年代这个时期。

在此期间，飞艇与包括水星（Mercury）、双子座（Gemini）和阿波罗等飞船的轨道摄影及其图像判读技术得到了迅速发展。第一颗气象卫星（电视红外观测卫星，TIROS-1）于 1960 年发射升空，开创了具有低空间分辨率成像系统和稳定、重复收集数据能力的气象/环境卫星系列的先河。

1972 年美国发射了地球资源技术卫星（ERTS，后改称 Landsat），携带着电视摄像机和多波段扫描仪等传感器，从轨道上源源不断地发回影像，推动了计算机图像数据处理、图像增强和分类技术的迅速发展，也使卫星影像的应用深度和广度达到了前所未有的水平。

1973 年，美国的天空实验室（Skylab）升空，利用由地形照相机、6 个一组的多波段相机、多波段扫描仪和辐射计等传感器组成的地球资源试验组合（Earth resources experiment package，EREP），拍摄了数千张地球的影像。Skylab 的试验证明：返回式胶片摄影技术提供了常规形式的高空间分辨率，电子成像技术则提供了长期、可重复的覆盖能力，两者之间存在一定的互补关系。

在此期间，基于像元的遥感图像数字处理技术的迅速发展和广泛应用，是遥感图像判读技术发展最为显著的特点，也是判读技术发展史上极为重要的一个里程碑。

1.2.5　航天遥感发展阶段

从 20 世纪 80 年代中后期至今，属于航天遥感的迅速发展时期。

新一代传感器的不断涌现，地理信息系统和数字网络等技术进入遥感及其图像判读领域，遥感图像的动态应用及其不同层次的遥感信息产品正在成为各部门和人民群众生活中不可或缺的部分。

随着航天遥感技术的迅速发展，大量对地观测数据源源不断地发回地面。但这些数据的应用状况，正如美国前副总统戈尔所说："当今，我们面临着这样一个问题，一边是对知识的饥渴，另一边却是大量的数据闲置而未得到应用。"因此，如何从海量的遥感数据中优质高效地提取有用信息，已成为遥感技术发展和应用的重大问题。

在此期间，遥感图像判读技术的应用已进入了以动态、准实时、全天候、高精度、大范围、前瞻性和多技术集成为特点的时代，图像信息提取成果已经与管理决策、日常生活息息相关。最近几场高科技战争表明，遥感图像判读技术在军事领域里有着举足轻重的作用。例如，美国组成网络的侦察、测绘卫星已经具备了每隔两天能够获取同一战场区域、精确重复的遥感图像，这些图像在现场或者是美国空军及中央情报局的国家图像判读中心（National Photo Interpretation Center）进行分析判读，很快就能够得出各种军事目标的变化情况。

进入航天遥感时代以来，随着军事和民用两方面大量应用任务的不断提出，装备有高光谱、高空间分辨率的传感器以及成像雷达等新型传感器数据获取系统的迅速发展，各种海量遥感数据获取能力得到极大提高，使传统的遥感图像处理和人工目视判读技术受到了前所未有的挑战。在这种形势下，基于像元的遥感图像数字处理技术已显得乏力，而基于特征的图像识别以及基于知识的计算机判读等技术却在不断地改进其分类算法，尽量利用影像的空间特征、光谱特征和辐射特征，以人的判读经验和地学知识为引导，逐步提高地物识别的精度和可靠性。传统的目视判读技术以满足任务需求和适应其传统的作业方式为前提，也在不断吸收数字图像处理、人工智能、互联网等技术的优势，人机交互判读方式也显示了前所未有的活力。

1.3 图像判绘质量要求

对遥感图像判绘成果质量的基本要求是与应用领域和任务相联系的。利用航空航天遥感图像测绘地形图时，判绘成果的质量应满足相应的测绘规范和图式的要求，对其质量的总体要求可以概括为准确性、完整性、科学性三个方面。

1.3.1 准确性

判绘成果的准确性是指与实地的符合程度，应包括三个方面：一是地形要素的属性正确；二是在地形图上表示的位置准确；三是表示的地物、变形地貌与相邻地物地貌的位置关系处理的合理性。

1. 判绘成果准确性评价方法

图像判绘成果的准确性评价，目前还没有一个通用的标准和方法，而判绘出的地形要素的正确率可以从一个侧面评价其准确性。

对判绘成果准确性的定量计算，可以采用地物分类的方法进行统计分析。在统计地形要素判绘正确率时，为了在各种要素之间建立等价关系，可以将地形要素分为点状地物、线状地物、面状地物和地理名称注记四类，它们之间的关系可以表示为

1 个用独立符号表示的点状地物＝图上 1cm 长的线状地物
＝图上 1cm^{2}大小的面状地物
＝图上 1 个地理名称注记

按照地物分类统计判绘成果正确率 α 的公式为

$$\alpha = \frac{n_1 + n_2 + n_3 + n_4}{N_1 + N_2 + N_3 + N_4} \cdot 100\% \tag{1.1}$$

式中，n_1、N_1 为判绘正确的点状地物的个数和图上应表示的个数；n_2、N_2 为判绘正确的线状地物的长度和图上应表示的长度，单位为 cm；n_3、N_3 为判绘正确的面状地物的面积和图上应表示的面积，单位为 cm^2；n_4、N_4 为判绘成果中注记的地理名称个数和图上应注记的个数。

由于地区类型、成图比例尺和地形图用途的差异，地形图上应表示的地物和变形地貌的数量是变化的。另外，对用图者来说，不同地物的重要程度也不相同。因此，在采用该方法对判绘成果的质量进行评价时，可根据其重要性进行加权统计，也可只统计重要的地形要素。

2. 计算机分类准确性评价方法

利用计算机识别技术对遥感图像进行分类提取时，一般使用误差矩阵（也称混淆矩阵）来评价分类结果的精度和可靠性。图像分类后，产生一幅分类结果图像，将其与地表真实感兴

趣区域进行对比，就可以产生误差矩阵。假设对一幅 200 像元×200 像元大小的图像进行分类提取，其分类结果的误差矩阵见表 1.1 和表 1.2。根据该矩阵可以计算各种精度评价指标。

表 1.1　误差矩阵　（单位：个）

真实地面＼分类像元	未分类	居民地	水域	植被	土质	合计
未分类	2 789	1 080	325	876	465	5 535
居民地	980	2 234	456	1 090	1 320	6 080
水域	360	1 289	10 085	3 317	991	16 042
植被	985	840	2 102	3 246	481	7 654
土质	494	2 418	278	125	1 374	4 689
合计	5 608	7 861	13 246	8 654	4 631	40 000

表 1.2　误差矩阵　（单位:%）

真实地面＼分类像元	未分类	居民地	水域	植被	土质	合计
未分类	49. 73	13. 74	2. 45	10. 12	10. 04	13. 84
居民地	17. 48	28. 42	3. 44	12. 60	28. 50	15. 20
水域	6. 42	16. 40	76. 14	38. 33	21. 40	40. 10
植被	17. 56	10. 68	15. 87	37. 51	10. 39	19. 14
土质	8. 81	30. 76	2. 10	1. 44	29. 67	11. 72
合计	100. 00	100. 00	100. 00	100. 00	100. 00	100. 00

（1）总体精度。总体精度是指正确分类的样本数与所有样本数的比值，反映了每一个随机样本的分类结果与真实类型相一致的概率。其计算方法是误差矩阵对角线上的元素之和与样本总数的比值。

（2）分类器精度。分类器精度是指分类器假定地面真实类型为 A 类，分类器将一幅图像像元归为 A 类的概率。例如，表 1. 1 的误差矩阵中，地面真实水域类的像元数为13 246个，而正确分类的为 10 085 个，则分类器的精度为 76. 14%。

（3）制图精度。制图精度是指分类器分类为 A 类，而地面真实的类别也是 A 类的可能性，是从地图制图的角度反映分类结果的可靠性。例如，表 1. 1 的误差矩阵中，分类器将 16 042 个像元分类成水域，而正确的分类结果只有 10 085 个像元，则水域的制图精度为 62. 87%。

（4）Kappa 系数。Kappa 系数是另外一种计算分类精度的方法，它综合考虑了误差矩阵中的所有因素，能够比较全面地反映分类识别结果的精度。根据误差矩阵计算 Kappa 系数的方法为

$$\text{Kappa} = \frac{N\sum_{i=1}^{r} X_{ii} - \sum_{i=1}^{r}(X_{ih}X_{il})}{N^2 - \sum_{i=1}^{r}(X_{ih}X_{il})} \tag{1.2}$$

式中，r 为误差矩阵的总列数，即总类别数；X_{ii} 为误差矩阵第 i 行、第 i 列的值，也就是被正确

分类的像元数；X_{ih}、X_{il} 为第 i 行和第 i 列的总像元数；N 为样本总数。

Kappa 系数的值越大，代表分类结果的精度越高。

1.3.2　完整性

判绘成果的完整性，是指表示某一地形要素时必须清晰、连贯地表示其全貌，也是判绘结果与地形图表示要求的符合程度。只有地形要素表示完整，才能使用图者对该地形要素有一个清晰、全面的认识，也才能使用图者在完成特定的任务时最大限度地了解该地形要素所提供的信息和作用，提高地形图的使用价值。

地形要素表示的完整性要求，包括以下两个方面。

（1）地形要素本身表示的完整性。判绘成果要求对地形要素的起点、止点、各个发展阶段、附属物、各类注记的表示齐全，位置准确，注记正确。

（2）正确反映与相关地物的衔接关系。判绘成果要求正确表示地形要素与相关地物目标之间的位置和衔接关系，如实反映该地形要素在实地与其他地物目标之间的交叉、并行、压盖、连通等情况。

例如，要表示某一河流，就应该将河流的起点、止点、流经路线、宽度变化及中途出现的桥梁、涵洞、沟堑、码头、徒涉场和渡口等逐一表示清楚，并按要求加注河流名称、河宽、河深、河底性质和流速流向等；同时还要注意表示与它有关的其他河流、水库、湖泊、沟渠、道路、居民地的相互关系情况。只有这样，地形要素的表示才称得上完整，才能满足用图者对地形图的期望和要求。

1.3.3　科学性

判绘成果的科学性是指地形要素在图上符号化表示时的合理性。

由于地面目标的种类繁多，形态各异，为了用有限的图式符号科学地表示无限的要素，就必须研究地物地貌的规律和联系，以及成图比例尺、测区特点和军事用图要求，对地形要素进行高度的概括，选择恰当的图式符号表示。例如，河南登封少林寺的塔林，形态是古塔，用途是墓地，是用古塔符号表示还是用坟地符号表示？再如，郑州市区中心的二七纪念塔，作用是纪念“二七大罢工”，是具有纪念意义的建筑物，但外形如宝塔，是选择碑的符号还是古塔符号表示？这就是判绘结果符号化表示时的科学性要求问题。

第 2 章　遥感图像及其特性

遥感图像是目标识别、地形图测绘、地理信息系统数据获取以及其他专业领域属性信息提取的基础性资料，具有多平台、多传感器、多级分辨率和多时相等特点，不同的遥感图像具有不同的判读特点。

遥感图像的种类很多，目前还没有统一的分类标准，通常有以下五种分类方法。

（1）按照取得图像的高度，可分为地面图像、航空图像和航天图像。由于航天图像多是由卫星获得的，所以有时也称卫星图像。

（2）按照取得图像的方式，可分为摄影图像、光机扫描图像、CCD 图像和雷达图像。

（3）按照投影性质，可分为中心投影图像和距离投影图像，中心投影图像又可分为面中心投影、线中心投影（行中心投影）和点中心投影图像。

（4）按照记录的波段，可分为蓝光图像、绿光图像、红光图像、全色图像、近红外图像、热红外图像和微波图像。

（5）按照图像的颜色，可分为黑白图像和彩色图像，彩色图像根据图像颜色与地物颜色的对应关系又可分为真彩色图像和假彩色图像。

本章将重点介绍常用于地形要素和目标识别的几种遥感图像的几何特性和物理特性。

2.1　摄影图像的特性

摄影图像一般是指用光学系统成像并用胶片记录所得到的图像。按照摄影机的结构不同，可分为框幅式（也称画幅式）、全景式、缝隙式和多光谱摄影机四类。用于地形图测绘的图像一般是框幅式摄影图像和多光谱图像，具有相同的几何特性。全景图像几何关系复杂，多用于目标侦察。

2.1.1　框幅式摄影图像的几何特性

框幅式摄影图像是所摄地区的中心投影，地面物体的电磁波辐射信息通过一个固定的投影中心（摄影机镜头中心），投影到像平面上成像。影响地物属性识别的几何特性主要有物像关系、图像比例尺、影像变形规律以及分辨率。

1. 像点与地面点的坐标关系

框幅式摄影机获取的图像，像点与相应地面点之间满足共线方程，即

$$\begin{cases} x = -f\dfrac{a_1(X - X_S) + b_1(Y - Y_S) + c_1(Z - Z_S)}{a_3(X - X_S) + b_3(Y - Y_S) + c_3(Z - Z_S)} \\ y = -f\dfrac{a_2(X - X_S) + b_2(Y - Y_S) + c_2(Z - Z_S)}{a_3(X - X_S) + b_3(Y - Y_S) + c_3(Z - Z_S)} \end{cases} \tag{2.1}$$

式中，f 为摄影机焦距；(x, y) 为像点在像平面坐标系中的坐标；(X, Y, Z) 为像点所对应的地面点在地面坐标系中的坐标；(X_S, Y_S, Z_S) 为摄站在地面坐标系中的坐标；$(a_i, b_i, c_i, i =$

1，2，3）为外方位元素所确定的地面坐标系与像坐标系之间旋转矩阵的元素，即方向余弦。

2. 图像比例尺

图像比例尺是图像上某线段长度与地面相应长度之比。当图像水平、地面平坦时，图像的比例尺为一常数，即

$$\frac{1}{m}=\frac{f}{H} \tag{2.2}$$

式中，m 为像片比例尺分母；f 为摄影相机的焦距；H 为相对航高（平台高度）。

当图像不水平、地面有起伏时，图像的比例尺为

$$\frac{1}{m}=\frac{(f-y_c\cdot\sin\alpha)^2}{H\cdot\sqrt{[(f-y_c\cdot\sin\alpha)\cos\varphi+x_c\cdot\sin\alpha\cdot\sin\varphi]^2+f^2\cdot\sin^2\alpha}} \tag{2.3}$$

式中，x_c、y_c 为以等角点为原点，等比线为 x 轴，主纵线为 y 轴的坐标系中的像坐标；α 为图像倾斜角；φ 为像片上线段与 x 轴的夹角。

从式（2.3）中可以看出，图像比例尺与像点位置（x_c，y_c）、平台高度 H、像点所处线段的方向及像片倾角 α 有关，其特点有以下三方面。

（1）倾斜像片上的比例尺随点位不同而不同；

（2）像点的比例尺是有方向的；

（3）当地面有起伏时，像点对应的 H 值发生变化，像比例尺也发生变化。

3. 图像的变形规律

框幅式摄影成像受多种因素的影响，如物镜畸变差、大气折光差、地球弯曲、图像倾斜和地形起伏等。前三种因素引起的形状变形较小，对图像判读影响不大，倾斜误差和投影误差引起的变形不能忽视。

1）倾斜误差

摄影时因像平面倾斜而引起的像点移位称为倾斜误差，图 2.1 是倾斜误差原理图示。

倾斜误差的计算公式是

$$\delta_\alpha=\frac{r_c^2\cdot\sin\varphi\cdot\sin\alpha}{f-r_c\cdot\sin\varphi\cdot\sin\alpha} \tag{2.4}$$

式中，α 为像片倾斜角；φ 为像点和等角点连线与等比线的夹角；r_c 为像点 p 到等角点的线段长；f 为焦距。

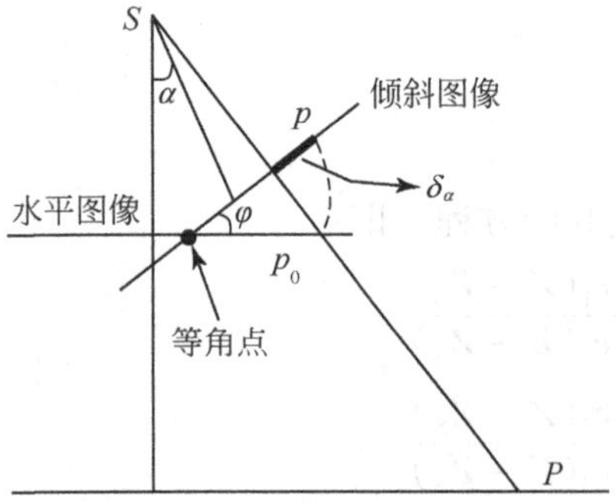

图 2.1　倾斜误差原理图

从式（2.4）中，可以看出像点倾斜误差的变化规律，如图 2.2 所示。

（1）等比线上没有倾斜误差，主纵线上倾斜误差最大；

（2）像点倾斜误差的方向在等角点辐射线上，辐射距离越大，倾斜误差越大，对称于等角点的两像点倾斜误差的大小相等符号相反；

（3）等比线将像片分两部分，在包含像主点的部分，所有像点都向着等角点方向移位；在包含底点部分，所有像点都背着等角点方向移位。

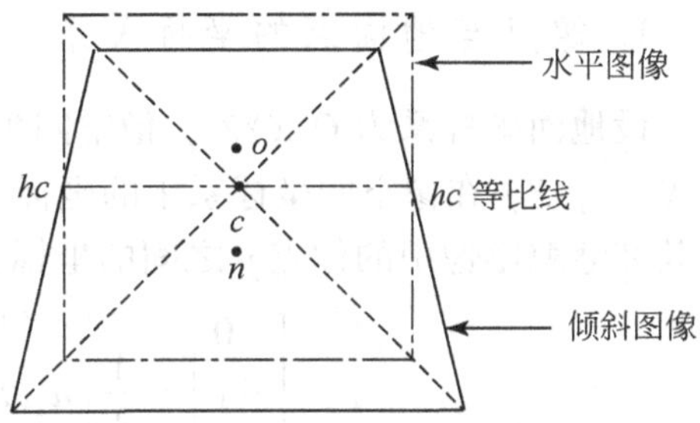

图 2.2 倾斜误差变化规律

2）投影误差

投影误差是由于地面起伏而引起的像点移位。无论图像是否水平，高于或低于某一基准面的点，在图像上的像点与该点在基准面上垂直投影点的构像点之间存在着直线位移，如图 2.3 所示。这种位移是中心投影与垂直投影之间差异的反映，故称之为投影误差。

在近似垂直的摄影图像上，投影误差按式（2.5）计算

$$\delta_h = \frac{\Delta h}{H} r_n \tag{2.5}$$

式中，Δh 为像点所对应的地面点与基准面之间的高差；r_n 为底点至像点的距离。

从式（2.5）可以看出：①投影误差的方向在像点与像底点的连线上，即在像底点的辐射线上；②投影误差的符号取决于地面点对基准面高差的符号，当高差为正时，投影误差为正，像点背着底点方向向外移位，反之则向着底点方向移位；③同一幅图像上投影误差的大小与辐射距离、高差成正比。当高差一定时，越靠近图像边缘的像点投影误差越大。

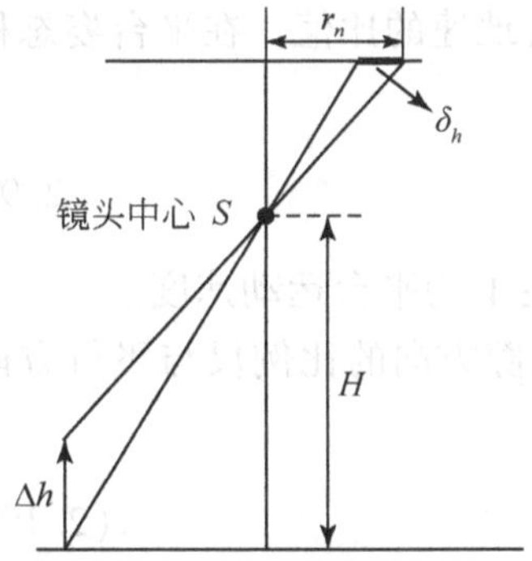

图 2.3 投影误差原理图

4. 图像的分辨率

胶片摄影图像的影像分辨率是指图像再现地物细部的能力。一般采用 1mm 范围内能够分辨出宽度相同的黑白线对的数量表示，是摄影系统的综合分辨率。在测定了镜头分辨率和胶片分辨率之后，计算影像分辨率的公式是

$$\frac{1}{R_P^n} = \frac{1}{R_L^n} + \frac{1}{R_F^n} \tag{2.6}$$

式中，R_P 为影像分辨率；R_L 为镜头分辨率；R_F 为胶片分辨率；n 为乘方数，一般取 $n = 2$。

也可用地面分辨率评价图像的技术性能。摄影图像的地面分辨率是指影像分辨率的线对宽度所对应的地面距离，也称空间分辨率，用它表达图像上能够分辨的最小像点所对应的地面尺寸。

2.1.2 缝隙式图像的几何特性

缝隙式摄影图像在每个成像的瞬间，只有一个条带的影像是中心投影，对整幅缝隙式图像来讲，是所摄地区的行中心投影。其成像原理如图 2.4 所示。

缝隙式摄影图像不是一幅一幅地成像，而是连续曝光，相机上不需要快门。为了摄得清晰、连续的影像，必须使卷片速度与平台移动速度相匹配，即

$$v = V \cdot \frac{f}{H} \tag{2.7}$$

式中，v 为胶片卷片速度；V 为平台运动速度；f 为相机焦距；H 为平台高度。

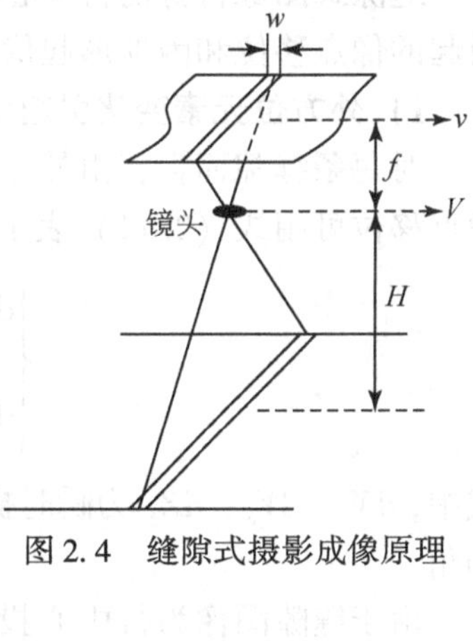

图 2.4 缝隙式摄影成像原理

1. 像点与地面点的坐标关系

设地面坐标系为 $O\text{-}XYZ$，像空间坐标系为 $S\text{-}xyz$，在摄影时刻 t 所对应的条带内，地面点 $P(X, Y, Z)$ 在像空间坐标系中的坐标为 $(0, y, -f)$，利用共线条件方程可以描述地面点 P 与其在缝隙影像中的像点 p 之间的坐标关系，即

$$\begin{bmatrix} 0 \\ y \\ -f \end{bmatrix} = \frac{1}{\lambda}\begin{bmatrix} a_1(t) & b_1(t) & c_1(t) \\ a_2(t) & b_2(t) & c_2(t) \\ a_3(t) & b_3(t) & c_3(t) \end{bmatrix}\begin{bmatrix} X - X_S(t) \\ Y - Y_S(t) \\ Z - Z_S(t) \end{bmatrix} \tag{2.8}$$

式中，f 为摄影机焦距；$X_S(t)$、$Y_S(t)$、$Z_S(t)$ 为摄站在地面坐标系中的坐标，是时间 t 的函数；$a_i(t)$、$b_i(t)$、$c_i(i=1、2、3)$ 为外方位元素所确定的地面坐标系与像坐标系之间旋转矩阵的元素，即方向余弦。

2. 图像比例尺

由缝隙式图像的成像特点可以看出，沿缝隙方向的比例尺与画幅式图像的特点相同，这里不再赘述。而飞行方向的比例尺则主要取决于胶片移动速度和平台地速的比值。在平台姿态稳定的情况下，飞行方向的比例尺可用式（2.9）表示

$$\frac{1}{m_F} = \frac{v}{V} \tag{2.9}$$

式中，m_F 为缝隙图像在飞行方向的比例尺分母；v 为胶片卷片速度；V 为平台运动速度。

假定地面平坦（即有相同的航高 H），且缝隙图像水平，则缝隙方向的比例尺与飞行方向的比例尺相同，即

$$\frac{1}{m_S} = \frac{1}{m_F} = \frac{v}{V} = \frac{f}{H} \tag{2.10}$$

由此可见，在平坦地区且水平摄影的情况下，缝隙图像的像片比例尺处处一致。但是在一般情况下这两个条件是不能满足的，所以缝隙图像的像片比例尺不会处处一致，也必然存在影像变形。

3. 图像的变形规律

缝隙式图像自身的行中心投影特性也存在影像的变形，主要表现为因传感器外方位元素而引起的像点移位和因地形起伏而引起的像点移位。

1）外方位元素变化引起的图像变形

对每条缝隙而言，由外方位元素引起的像点移位相当于画幅式像片上 $x=0$ 的情况，因此，像点移位可用式（2.11）表示

$$\begin{cases} \mathrm{d}x = -\dfrac{f}{H}\mathrm{d}X_S - f \cdot \alpha_x + y \cdot \kappa \\ \mathrm{d}y = -\dfrac{f}{H}\mathrm{d}Y_S - \dfrac{y}{H}\mathrm{d}Z_S - f \cdot \left(1 + \dfrac{y^2}{f^2}\right)\omega \end{cases} \tag{2.11}$$

式中，$\mathrm{d}X_S$、$\mathrm{d}Y_S$、$\mathrm{d}Z_S$ 为瞬时摄站位置的变化量；α_x、ω、κ 分别为瞬时侧滚角、俯仰角和旋偏角。

由于缝隙图像为行中心投影，每条缝隙的外方位元素都是不同的，因此，对整幅图像来说，外方位元素引起的像点移位十分复杂。

2）地形起伏引起的图像变形

地形起伏引起的图像变形可分为两种情况，一是像点移位；二是缝隙影像之间存在的重叠和遗漏。

缝隙式图像的每条缝隙是地面的行中心投影，因此地形起伏在图像 y 方向引起的像点移位（即投影误差）与画幅式图像的情况相同，移位的方向与缝隙的方向平行。在 x 方向上没有移位。因地形起伏引起的像点移位的大小与像点在像片上的坐标 y 、平台高度 H 、地面相对高差 Δh 的关系为

$$\begin{cases} dx = 0 \\ dy = \dfrac{\Delta h}{H} \cdot y \end{cases} \tag{2.12}$$

由于地形起伏的影响，在成像时缝隙之间的影像会出现不连续的现象，即出现影像的重叠和遗漏，如图 2.5 所示。若地面相对于起始面的高差为 Δh ，在地面上被遗漏（重叠）的条带宽度为 l ，每条缝隙在起始面上的摄影宽度为 L ，则 l 与 L 之比定义为在某点处因地形起伏而引起的遗漏（重叠）率，用 γ 表示

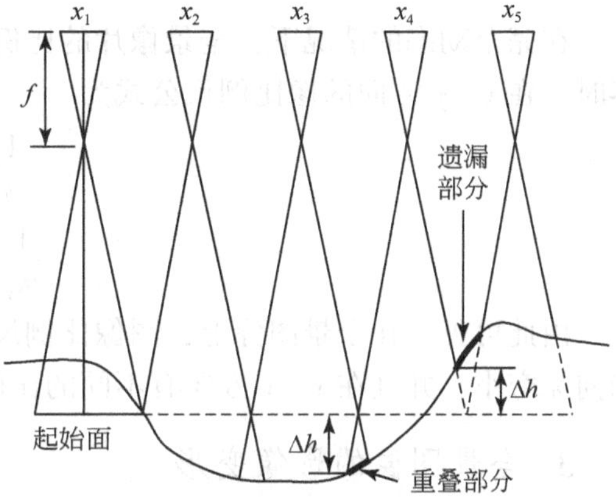

图 2.5 缝隙图像的重叠和遗漏

$$\gamma = \frac{l}{L} \approx \frac{\Delta h}{H} \tag{2.13}$$

从式（2.13）可以看出，当 $\Delta h > 0$ 时，γ 为遗漏率；当 $\Delta h < 0$ 时，γ 为重叠率。

在航天摄影时，由于平台高度远大于地面起伏，图像的重叠或遗漏可忽略不计，因此，航天摄影图像可以看成是地面连续的图像。

2.1.3 全景式摄影图像的几何特性

全景摄影机也称全景摇头相机或全景扫描相机，其成像原理如图 2.6 所示。该类相机的特点是焦距长，有的长达 600mm 以上，可在 23cm×128cm 的胶片上成像。相机的精密透镜系统既小又轻，摄影视场很大，理论上可达 180°，可摄取航迹到两边地平线之间的广大地区。

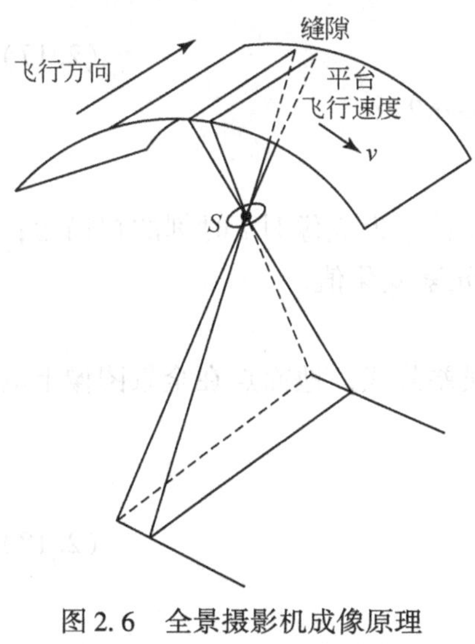

图 2.6 全景摄影机成像原理

这种相机是利用焦平面上一条平行航向的狭缝来限制瞬时视场的，因此在摄影瞬间得到的是地面上平行于航迹线的一条很窄的影像，当物镜沿垂直航向摆动时，就得到一幅全景图像。在这种相机中，胶片呈弧状放置，当物镜扫描一次后，胶片旋进一幅。由于每个瞬间的影像都在物镜中心一个很窄的视场内构象，图像上每一部分的影像都是清晰的。但由于全景相机在成像过程中焦距不变，而物距随扫描角的增大而增大，因此，在影像上会出现两边比例尺逐渐缩小的现象。

1. 像点与地面点的坐标关系

全景摄影图像在成像瞬间的像点与对应的地面点之间的坐标关系满足：

$$\begin{cases} x = -f\dfrac{(X-X_S)\cos\theta_t + (Z-Z_S)\sin\theta_t}{-(X-X_S)\sin\theta_t + (Z-Z_S)\cos\theta_t} \\ y = 0 \end{cases} \tag{2.14}$$

式中，(x, y) 为像点在像空间坐标系中的坐标；(X, Y, Z) 为地面点在地面坐标系中的坐标；(X_S, Y_S, Z_S) 为瞬时摄站在地面坐标系中的坐标；θ_t 为该条带的瞬时扫描角，此时，$\theta_t = y/f$。

2. 图像比例尺

在完全动态的情况下，全景像片的比例尺公式比较复杂。当外方位角元素 α、ω 和 κ 均为零时，在 x、y 方向的像比例尺公式为

$$\frac{1}{m_x} = \frac{f}{H}\cos\theta_t \tag{2.15}$$

$$\frac{1}{m_y} = \frac{f}{H}\cos^2\theta_t \tag{2.16}$$

由此可见，在全景图像上，图像比例尺随着扫描角的增大而减小，当 $\theta_t \to 90°$ 时，比例尺趋向无穷小，并且在 x、y 方向有不同的比例尺。

3. 全景图像的影像变形

全景图像是由全景式传感器获取的图像。很明显其影像变形主要有外方位元素的不同引起的误差、地形起伏引起的投影误差以及投影方式引起的全景畸变 3 种形式。对于地形判读来说，影响最大的是第三种变形。

全景图像的比例尺是处处不一致的，而且在平台飞行方向（x 方向）和扫描方向（y 方向）上也不相同，并且随着扫描角的增大比例尺迅速减小。

1）外方位元素引起的影像变形

全景图像因外方位元素引起的影像变形，可用式（2.17）描述：

$$\begin{cases} \mathrm{d}x = -\dfrac{f}{H}\cos\theta_t \cdot \mathrm{d}X_S - \dfrac{x}{H}\mathrm{d}Z_S - f\cos\theta_t\left(1 + \dfrac{x^2}{f^2\cos^2\theta_t}\right)\mathrm{d}\alpha \\ \qquad - x \cdot \tan\theta_t \mathrm{d}\omega + f\sin\theta_t \mathrm{d}\kappa \\ \mathrm{d}y = -\dfrac{f}{H}\cos^2\theta_t \cdot \mathrm{d}Y_S - \dfrac{f}{H}\sin\theta_t\cos\theta_t \mathrm{d}Z_S - x\sin\theta_t \mathrm{d}\alpha \\ \qquad - f \cdot \mathrm{d}\omega - x\cos\theta_t \mathrm{d}\kappa \end{cases} \tag{2.17}$$

式中，$\mathrm{d}x$、$\mathrm{d}y$ 分别为平台飞行方向和扫描方向上影像变形大小；θ_t 为成像时 t 时刻的扫描角；$\mathrm{d}X_S$、$\mathrm{d}Y_S$、$\mathrm{d}Z_S$ 为摄站坐标变化值；$\mathrm{d}\alpha$、$\mathrm{d}\omega$、$\mathrm{d}\kappa$ 为外方位角元素变化值。

2）投影误差引起的影像变形

根据全景图像获取的原理，参照框幅式摄影图像的投影误差公式，地面点在全景图像上的投影误差可表示为

$$\begin{cases} \delta_x = \dfrac{x}{H} \cdot \Delta h \\ \delta_y = \dfrac{f\sin\theta_t \cdot \cos\theta_t}{H} \cdot \Delta h \end{cases} \tag{2.18}$$

式中，Δh 为地面点相对于地底点的高差；θ_t 为成像时 t 时刻的扫描角。

3）全景畸变引起的影像变形

实际上一幅全景图像在获取的过程中摄站位置是变化的，由此产生的影像变形称为动态变形。若平台飞行速度为 v，在每条缝隙成像的时间 $\mathrm{d}t$ 内，平台相对于地面移动的距离为 $\mathrm{d}X_S = v \cdot \mathrm{d}t$。

在影像上造成的坐标移动量为

$$\begin{cases} \mathrm{d}x = -\dfrac{f}{H}\cos\theta_t \cdot v \cdot \mathrm{d}t \\ \mathrm{d}y = 0 \end{cases} \tag{2.19}$$

在动态条件下，必然引起扫描角的改变量，若扫描角为 θ_t，则

$$\mathrm{d}t = \frac{\mathrm{d}\theta_t}{\theta_t} \tag{2.20}$$

将式（2.19）代入式（2.20），则有

$$\begin{cases} \mathrm{d}x = \dfrac{f}{H \cdot \theta_t} v \cdot \cos\theta_t \cdot \mathrm{d}\theta_t \\ \mathrm{d}y = 0 \end{cases} \tag{2.21}$$

考虑到后一个缝隙是在前一个缝隙的基础上移位的，所以在飞行方向上到某一扫描角为 θ_t 的缝隙影像的总移位量可表示为

$$\mathrm{d}x = \int_0^{\theta_t} \frac{f}{H \cdot \theta_t} v \cdot \cos\theta_t \cdot \mathrm{d}\theta_t \tag{2.22}$$

图 2.7 表示了在动态条件下实地正方形格网在图像上的变形规律。一般情况下，用于航天摄影的全景相机都具有像移补偿装置，从而有效地消除全景动态变形。

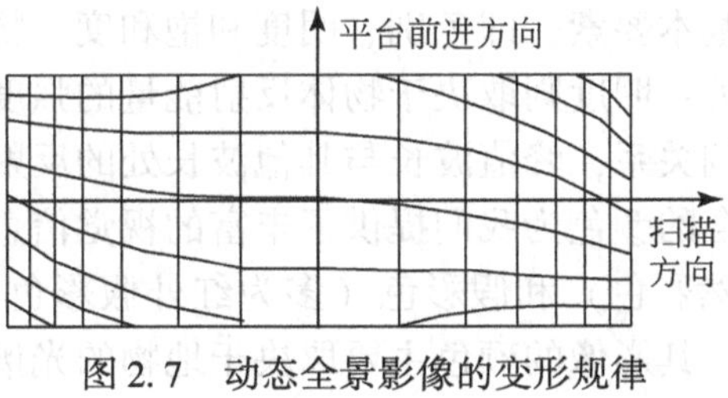

图 2.7　动态全景影像的变形规律

2.1.4　摄影图像的物理特性

图像的色调特性或色彩特性称为图像的物理特性。在摄影图像上，它主要取决于地物反射电磁波的特性，摄影相机的滤光片型号及感光材料的光化学性质等对其也有较大的影响。

物理特性在黑白图像上表现为不同的色调，在彩色图像上表现为不同的颜色。了解图像的物理特性，对识别地物类别是至关重要的。

1. 黑白图像的物理特性

根据摄影学的知识，在正常条件下黑白像片上的影像密度为

$$D = D_0 + \gamma \log H \tag{2.23}$$

式中，D_0 为胶片的灰雾密度；γ 为感光胶片的反差系数；H 为感光胶片的曝光量。

曝光量 H 是像面照度 E_P 和曝光时间 Δt 的乘积，即

$$H = E_P \cdot \Delta t \tag{2.24}$$

根据电磁波在大气中的传输模型和摄影系统的基本组成可知，摄影胶片接收到的反射光照度是地物在波长 $\lambda_1 \sim \lambda_2$ 范围内的辐射照度的总和，即

$$E_P = \frac{\cos^4 \varepsilon}{4N^2} \int_{\lambda_1}^{\lambda_2} \tau(\lambda) \cdot [E_0(\lambda) \mathrm{e}^{-T(Z_1, Z_2)\sec\theta} \cdot \rho(\lambda) \cdot \mathrm{e}^{-T(0, H)} + E_A(\lambda)] \mathrm{d}\lambda \tag{2.25}$$

式中，$E_0(\lambda)$ 为太阳辐射照度；T 为大气衰减系数；θ 为太阳高度角；H 为平台高度；$\rho(\lambda)$ 为地物光谱反射率；$E_A(\lambda)$ 为大气辐射照度；$\tau(\lambda)$ 为透镜、滤光片的透过率；$N = f/D$，为光栏系数；α 为入射光线与主光轴的夹角。

从式（2.25）可以看出，黑白图像物理特性的一般规律有以下三方面。

（1）在同一幅图像上因摄影条件相同，图像色调主要取决于地物的反射特性。反射率大的地物在负片上的密度大，在正片上的色调浅；反射率小的地物在负片上的密度小，在正片上的色调深。在多光谱像片上，同一地物因各波段的反射率不同，在各波段像片上的色调也不一致。

（2）光线通过镜头后，在像面上的照度从中心到边缘逐渐衰减。因此，在像片上不同位置，反射率相同的地物其影像色调并不一致。现在使用的航空和航天摄影机都有照度补偿装置，使像面上的照度分布满足人眼观察的需要，但并不能完全消除对影像色调的影响，特别是在计算机自动分类处理时。

（3）大气散射引起了天空光的存在，使得地物的影像反差比实际地物的反差小。

2. 彩色图像的物理特性

彩色图像用颜色表示地物的物理特性。在图像识别方面，彩色图像与黑白图像相比，具有直观、真实、信息丰富的特点，更有利于目视判读和计算机识别。

彩色图像的颜色有三个基本要素，即色别、明度和饱和度。物体在图像上的色别与物体反射特性曲线上的峰值波长有关；明度则取决于物体反射能量的强度；饱和度则体现了峰值波长与其他波长处反射强度的比例关系，峰值波长与其他波长处的反射强度差别越大，颜色的饱和度就越大。这种由三要素组合的颜色为我们提供了丰富的视觉信息。

彩色图像有真彩色（天然彩色）和假彩色（多为红外假彩色）两类。无论是哪一种彩色图像都是用色彩表示地物的，其影像的颜色主要取决于地物的光谱特性和感光材料的类型，也同摄影高度、天气状况和洗印条件等因素有关。

1）真彩色图像的物理特性

理论上讲，真彩色图像的颜色与地物的颜色应是一致的。但在实际摄影中，由于受到多种因素的影响，要真正做到彩色还原，即影像颜色与地物颜色完全一致是困难的。

不同时间、不同季节和不同天气情况下，太阳照射到地面的光谱成分是不同的，这就必然影响地物反射的光谱成分和图像的颜色。例如，太阳的高度角小时，大气中的水分较多，对红黄光的散射较强，大气呈现红黄色，同时因为光线通过大气层后，使地物接收的太阳直射光减少，不但降低了图像的色差，而且使影像色调偏红。阴天进行彩色摄影，一般不能得到真实的彩色效果，是偏蓝青还是偏红黄，由当时的大气成分决定。无论是航空或航天摄影图像，都将受到大气散射和吸收的影响，一方面降低地物的彩色饱和度；另一方面，散射的蓝色光与地物的反射光混合进入摄像机，使图像呈偏蓝或偏青色。平台高度越高，影响越大，图像偏色越严重。

真彩色图像的优点是影像颜色与地物颜色基本一致，符合人的视觉习惯，可明显提高目视识别效果。

2）假彩色图像的物理特性

假彩色图像是指图像上影像的颜色与实际地物颜色不一致的图像。遥感中最常见的假彩色图像是彩色红外合成图像，简称为彩红外图像，它是把近红外波段的影像作为红色分量、红色波段的影像作为绿色分量、绿色波段的影像作为蓝色分量进行合成的结果。

由于假彩色图像上包含了人眼不可见的地物的红外电磁波反射信息，使某些地物在这种图像上能够明显表现出反射红外光的能力。例如，针叶林与阔叶林，它们在全色图像上的影像色调基本一致，不易区分，而在近红外波段阔叶林比针叶林的反射率高，针叶林在红外彩色图像上呈红色，阔叶林呈鲜红色。由于植被的种类、生长期和健康状况的不同，在彩红外图像上的色调、饱和度也不相同，所以这种图像常用于林业资源的调查。另外，由于健康植被与绿色涂料、绿色伪装在红外波段的反射率不同，在图像上的颜色差异明显，因此，彩红外图像常用于军事目标侦察。

3. 多光谱摄影图像的物理特性

多光谱图像不仅反映了常规图像上所具有的地物空间特征，还分别记录了不同波段的光谱信息特征，为各种目视识别，特别是地物的自动分类提供了更多有价值的信息。

一般的多光谱胶片都是黑白的，但是可根据需要，把不同波段图像合成为真彩色图像或假彩色图像。多光谱图像的物理特性取决于摄影波段以及地物在该波段的反射能力。

在多光谱摄影时，选择合适的波段是十分重要的。如果波段选择合适，可从像片上区分出较多的目标，甚至在常规像片上无法区分的目标也能识别出来。选择摄影波段一般是根据图像识别的目的和地物的光谱反射特性进行的，如在对地物进行分类识别时，应选择那些地物反射率差别大的波段，使其影像反差增大，易于区分。多光谱摄影是用胶片记录的，而胶片的感光范围仅为 0.4 ~ 1.1μm，所以摄影光谱段只能在这个范围内选取。

多光谱摄影中，常用的波段有：蓝光波段（0.4 ~ 0.5μm）、绿光波段（0.5 ~ 0.6μm）、红光波段（0.6 ~ 0.7μm）和红外波段（0.7 ~ 0.8μm 或 0.7 ~ 1.1μm）。不同波段的物理特性主要取决于地物电磁波反射特性，多光谱摄影图像的物理特性与下面将要讨论的扫描图像的物理特性基本一致，在此不再赘述。

2.2　扫描图像的特性

被动式扫描方式的传感器主要有光机扫描和电荷耦合器件（charge coupled device，CCD）固体扫描传感器两种类型。

2.2.1　光机扫描图像的成像过程

光机扫描图像是光学机械扫描仪的扫描镜横向扫描，并借助平台的运动完成对地面的覆盖而获取的图像。根据扫描仪类型的不同，主要有红外光机扫描图像和多光谱光机扫描图像两种。光机扫描图像具有电磁波响应范围宽、光谱分辨率高和实时传输等特点，使光机扫描图像得到了广泛应用。光机扫描传感器不仅可用于航空平台，还可用于航天平台。美国陆地卫星上的多光谱扫描仪（MSS）和增强型专题制图仪（ETM+）等具有代表性。

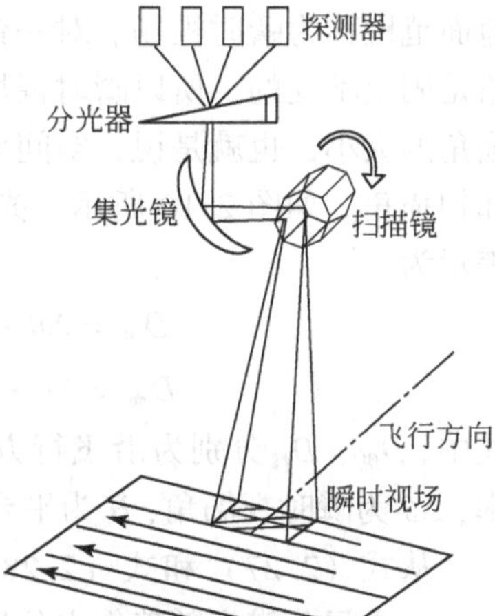

图 2.8　光机扫描仪的成像原理

如图 2.8 所示，多光谱光机扫描仪在成像瞬间，将瞬时视场内的地物电磁波辐射信息经反射、聚焦、分光后分别照射到相应的探测器上，在图像上被记录成一个像元，当扫描镜转动时，所指向的瞬时视场连续变化，从而完成垂直于飞行方向的一个条带的扫描成像。当完成一个条带的扫描后，遥感平台恰好运动到下一条带，扫描镜继续转动完成第二个条带的扫描。这样，遥感平台运行与扫描镜转动之间的密切配合完成对地面的扫描。

不同的光机扫描仪，由于成像的光谱范围和波段数的不同，其结构也不同。例如，我国机载红外扫描仪只记录一个红外波段，用旋转棱镜作为扫描镜，用 CRT 扫描记录在胶片上；陆地卫星系列上使用的多光谱扫描仪用振动反射镜作为扫描镜。

2.2.2　光机扫描图像的几何特性

1. 像点与地面点的坐标关系

光机扫描图像的几何特性比中心投影的框幅式摄影图像复杂。当不考虑同一扫描方向上的微小动态变化，并认为扫描镜是角速扫描成像时，把同一扫描行看成是中心投影。如果把扫描坐标适当变换，就可以利用中心投影图像的共线方程表示成像瞬间像点和对应地面点的坐标关系。

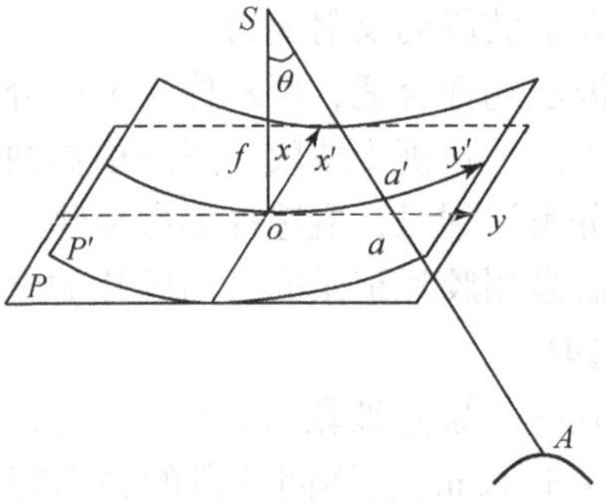

图 2.9　光机扫描图像物像关系

如图 2.9 所示，假设扫描图像的等效焦距为 f，图像上各行的中心像元的连线为 x' 坐标轴，扫描方向为 y' 坐标轴，P 为过 x' 轴的切平面，由 ox、oy 构成平面坐标系，在扫描角为 θ 时，像元的坐标关系为

$$\begin{cases} x = x' \\ y = f \cdot \tan\theta \end{cases} \tag{2.26}$$

在实际应用中，除了仿照共线方程条件建立像点与地面点的坐标关系，还经常应用多项式来模拟像点与地面点的坐标关系。

2. 图像的空间分辨率

光机扫描图像的空间分辨率是指像元大小所对应的地面尺寸。扫描成像时，像元所对应的地面范围称为瞬时视场。对一台光机扫描仪来说，瞬时视场角是固定不变的，所以瞬时视场的大小取决于平台高度和扫描角的大小，也就是说，空间分辨率的大小取决于平台高度和扫描角。如图 2.10 所示，光机扫描图像的空间分辨率可表示为

$$D_{纵} = \Delta\theta \cdot H \cdot \sec\theta \tag{2.27}$$

$$D_{横} = \Delta\theta \cdot H \cdot \sec^2\theta \tag{2.28}$$

式中，$D_{纵}$、$D_{横}$ 分别为沿飞行方向和扫描方向上的空间分辨率；$\Delta\theta$ 为瞬时视场角；H 为平台高度；θ 为扫描角。

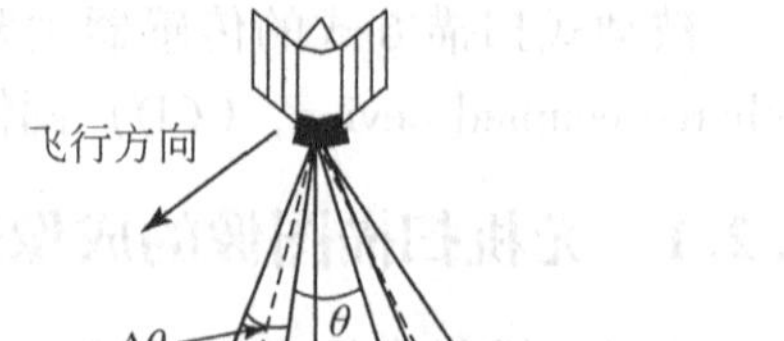

图 2.10　光机扫描图像的空间分辨率

从式（2.27）和式（2.28）可以看出：在光机扫描图像上，空间分辨率随着像点位置的不同而变化；在像底点处（即 $\theta = 0°$ 时）最高，且纵向分辨率与横向分辨率相等；其

他位置的空间分辨率从中间向两边逐渐降低，且纵向分辨率高于横向分辨率。

3. 图像的比例尺

为了保证扫描行之间影像不重叠、无遗漏，在扫描一行的时间内，平台移动距离相当于在地面上的距离为 $\Delta\theta \cdot H$（$\Delta\theta$ 为瞬时视场角，H 为平台高度），而扫描行中像元的尺寸为 d，则飞行方向的比例尺（即纵向比例尺）为

$$\frac{1}{m_{纵}} = \frac{d}{\Delta\theta \cdot H} \tag{2.29}$$

如图 2.11 所示，在扫描方向上像元尺寸 d 所对应的地面长度 l 为

$$l = \Delta\theta \cdot H \cdot \sec^2\theta \tag{2.30}$$

扫描方向图像比例尺（即横向比例尺）等于像元尺寸 d 与瞬时视场沿扫描方向的长度 l 之比，即

$$\frac{1}{m_{横}} = \frac{d}{l} = \frac{d}{\Delta\theta \cdot H \cdot \sec^2\theta} = \frac{1}{m_{纵}}\cos^2\theta \tag{2.31}$$

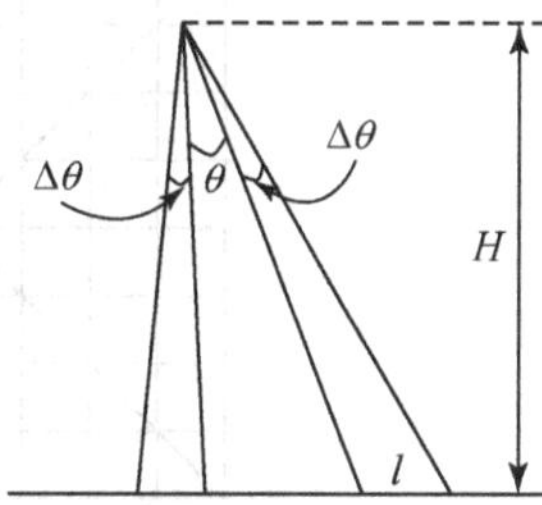

图 2.11　像元尺寸 d 所对应地面长度 l 与扫描角 θ 的关系

由此可见，光机扫描图像上除像底点（即扫描角 $\theta = 0°$ 时）纵向比例尺与横向比例尺相等外，其他位置的纵向与横向比例尺不一致；横向比例尺随扫描角的增大从中间向两侧逐渐变小。在实际应用中，数字记录方式光机扫描仪的图像往往会对图像比例尺进行改正。

4. 光机扫描图像的影像变形

光机扫描图像的影像变形，主要是由外方位元素的变化、地形起伏和图像比例尺变化等因素引起的。

1）外方位元素变化引起的影像变形

光机扫描图像的每一行相当于全景图像上 $x = 0$ 的情况，因此，光机扫描图像每一行受外方位元素影响而产生的误差可用 $x = 0$ 代入式（2.17）求出，即

$$\begin{cases} \mathrm{d}x = -\dfrac{f}{H}\cos\theta \cdot \mathrm{d}X_S - f\cos\theta \cdot \mathrm{d}\alpha + f\sin\theta \cdot \mathrm{d}\kappa \\ \mathrm{d}y = -\dfrac{f}{H}\cos^2\theta \cdot \mathrm{d}Y_S - \dfrac{f}{H}\sin\theta \cdot \cos\theta \cdot \mathrm{d}Z_S - f \cdot \mathrm{d}\omega \end{cases} \tag{2.32}$$

在航天遥感图像上，由于成像时的扫描角 θ 很小，且 $\theta = y/f$，因此，整幅光机扫描图像上受外方位影响而引起的影像变形可简化为

$$\begin{cases} \mathrm{d}x = -\dfrac{f}{H}\mathrm{d}X_S - f \cdot \mathrm{d}\alpha + y \cdot \mathrm{d}\kappa \\ \mathrm{d}y = -\dfrac{f}{H}\mathrm{d}Y_S - \dfrac{y}{H}\mathrm{d}Z_S - f \cdot \mathrm{d}\omega \end{cases} \tag{2.33}$$

2）地形起伏引起的影像变形

根据光机扫描成像原理可知，因地形起伏而引起的投影误差仅存在于扫描方向上（图像的 y 方向），在航向方向上（图像的 x 方向）没有投影误差，即

$$\begin{cases} \delta_x = 0 \\ \delta_y = \dfrac{f}{H}\Delta h \cdot \sin\theta \cdot \cos\theta \end{cases} \tag{2.34}$$

式中，Δh 是地面点相对于地底点的高差；θ 是成像时的扫描角。

3）比例尺变化引起的影像变形

由于光机扫描图像在飞行方向和扫描方向上的比例尺不一致，由此引起的影像变形十分明显。在平台飞行方向上，影像的比例尺处处一致，而扫描方向上影像的比例尺由中间至两侧逐渐变小，如图 2.12 所示，图像中间的目标以及与飞行方向平行的线状目标没有变形；垂直于飞行方向的线状目标方向不变，而距离被压缩；与飞行方向交叉的线状目标逐渐向内弯曲。当扫描角比较小时，影像变形不明显。

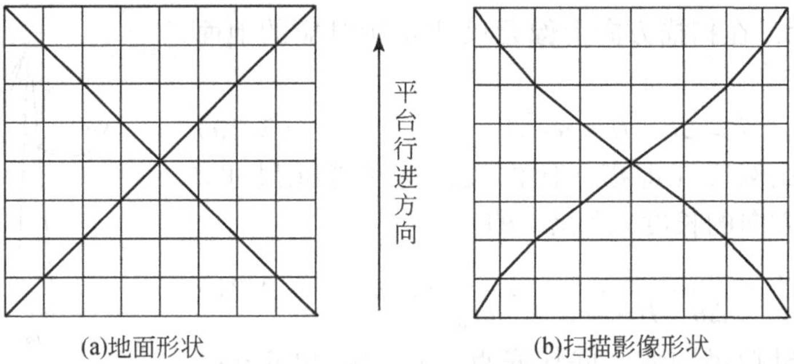

图 2.12　光机扫描图像的影像变形

2.2.3　CCD 扫描图像成像过程

用于获取地面图像的 CCD 扫描传感器有面阵和线阵两类。面阵 CCD 图像与画幅式摄影图像的成像原理类似，并且具有相同的几何特性。线阵 CCD 传感器也称固体扫描仪或帚扫式扫描仪，是目前普遍使用的传感器。

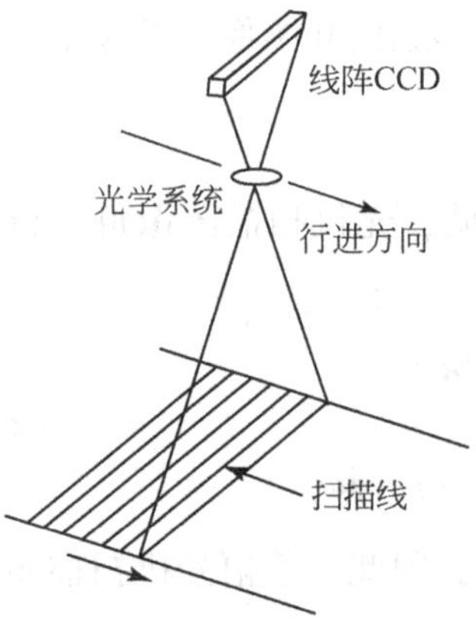

图 2.13　线阵 CCD 传感器的成像过程

图 2.13 是单线阵 CCD 扫描仪成像原理。地面上扫描线对应的电磁波辐射信息经 CCD 扫描仪的光学系统收集，聚焦在线阵列探测器件上，在成像瞬间得到一条与平台飞行方向垂直的影像。随着平台的向前运动，传感器以“推帚”方式获取沿平台运动轨迹的连续影像条带。

单线阵 CCD 扫描仪采用异轨方式获取立体图像，即在不同的轨道上获取立体图像。三线阵 CCD 扫描仪可在同一轨道上获取立体图像，3 个线阵 CCD 分别获取前视、中视和后视的图像，立体观察时任选两个线阵图像即可。

2.2.4　CCD 扫描图像的几何特性

由于面阵 CCD 传感器成像与画幅式摄影相机具有相同的特点，下面仅对线阵 CCD 图像的几何特性进行论述。

1. 像点与地面点的坐标关系

线阵 CCD 扫描仪在垂直成像的情况下，与缝隙式相机在垂直成像时获取的连续摄影图像具有相同的性质，即像点坐标与相应地面点的坐标满足式（2.35）

$$\begin{bmatrix} 0 \\ y \\ -f \end{bmatrix} = \frac{1}{\lambda}\begin{bmatrix} a_1(t) & b_1(t) & c_1(t) \\ a_2(t) & b_2(t) & c_2(t) \\ a_3(t) & b_3(t) & c_3(t) \end{bmatrix}\begin{bmatrix} X - X_S(t) \\ Y - Y_S(t) \\ Z - Z_S(t) \end{bmatrix} \tag{2.35}$$

式中，f 为传感器焦距；$(0, y, -f)$ 为像点在像平面坐标系中的坐标；(X, Y, Z) 为像点所对应的地面点在地面坐标系中的坐标；$(X_S(t), Y_S(t), Z_S(t))$ 为摄站在地面坐标系中的坐标，是时间 t 的函数；$a_i(t)$、$b_i(t)$、$c_i(t)$ $(i=1, 2, 3)$ 为外方位元素所确定的地面坐标系与像坐标系之间旋转矩阵的元素，即方向余弦。

当线阵 CCD 侧视成像时（侧视角为 θ），如图 2.14 所示，此时相当于传感器坐标系 $S\text{-}\bar{u}\bar{v}\bar{w}$ 绕 $\bar{u}$ 旋转轴旋转了一个 θ 角。若像点在侧视角为 θ 的传感器坐标系 $S\text{-}uvw$ 中的坐标为$(0, y, -f)$，并设同一时刻像点在垂直成像时传感器坐标系 $S\text{-}\bar{u}\bar{v}\bar{w}$ 中的坐标为$(0, y', z')$，则旋转前后的坐标关系可用式（2.36）表示

$$\begin{bmatrix} 0 \\ y' \\ z' \end{bmatrix} = \begin{bmatrix} 1 & 0 & 0 \\ 0 & \cos\theta & -\sin\theta \\ 0 & \sin\theta & \cos\theta \end{bmatrix}\begin{bmatrix} 0 \\ y \\ -f \end{bmatrix} \tag{2.36}$$

式（2.35）和式（2.36）共同表达了线阵 CCD 传感器在侧视情况下像点与地面点的坐标关系。

当线阵 CCD 作前视或后视成像时，前（后）视的视角为 φ 时（图 2.15）的传感器坐标系 $S\text{-}uvw$ 可认为是垂直成像时的传感器坐标系 $S\text{-}\bar{u}\bar{v}\bar{w}$ 绕 $\bar{v}$ 轴旋转 φ 角而得。若像点在前（后）视角为 φ 时的传感器坐标系 $S\text{-}uvw$ 中的坐标为 $(0, y, -f)$，并设同一时刻像点在垂直成像时的传感器坐标系 $S\text{-}\bar{u}\bar{v}\bar{w}$ 中的坐标为 $(0, y', z')$，则有

$$\begin{bmatrix} 0 \\ y' \\ z' \end{bmatrix} = \begin{bmatrix} \cos\varphi & 0 & \sin\varphi \\ 0 & 1 & 0 \\ -\sin\varphi & 0 & \cos\varphi \end{bmatrix}\begin{bmatrix} 0 \\ y \\ -f \end{bmatrix} \tag{2.37}$$

式（2.35）和式（2.37）共同表达了线阵 CCD 传感器在前（后）视情况下像点与地面点的坐标关系。

2. 图像比例尺

根据线阵 CCD 扫描仪的成像原理可知，图像的比例尺与缝隙式摄影图像具有相同的特性。当地面平坦、垂直成像、图像的外方位元素为零时，图像比例尺为

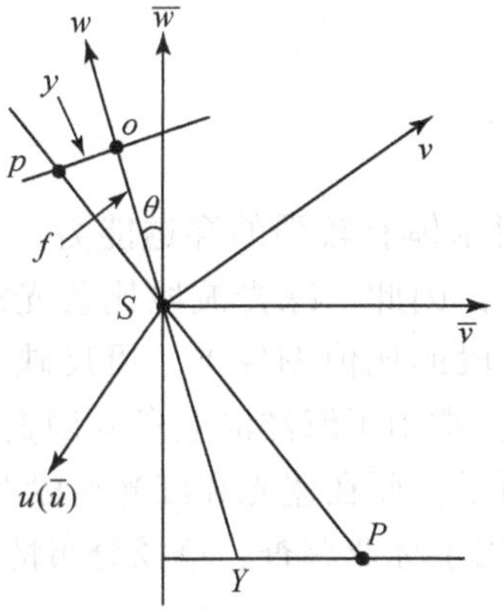

图 2.14　线阵 CCD 侧视成像

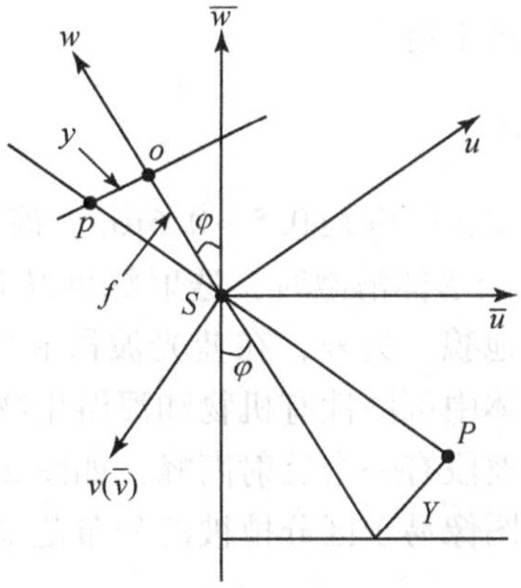

图 2.15　线阵 CCD 前（后）视成像

$$\frac{1}{m}=\frac{f}{H} \tag{2.38}$$

当地面平坦、图像的外方位元素为零、侧视角为θ时，图像比例尺为

$$\frac{1}{m}=\frac{f}{H}\cdot\cos\theta \tag{2.39}$$

3. 图像的变形规律

线阵CCD成像的变形主要表现在因传感器姿态角变化而引起的像点移位（即倾斜误差），以及因地形起伏引起的图像变形。与缝隙式摄影图像一样，地形起伏引起的图像变形可分为两种情况：一是像点移位；二是缝隙影像之间存在的重叠和遗漏，在此不再赘述。

4. 空间分辨率

CCD扫描成像时，图像的空间分辨率是指影像像元大小所对应的地面尺寸。它也是由平台高度H和像元的瞬时视场角$\Delta\theta$决定的，即

$$D=\Delta\theta\cdot H \tag{2.40}$$

2.2.5 扫描图像的物理特性

光机扫描图像记录的电磁波辐射信息的范围较宽，可记录从可见光到热红外各波段的地物目标电磁波辐射信息。下面就对大气窗口内，遥感中常用的不同波段图像的物理特性进行论述。

1. 蓝光波段

蓝光波段波长范围是0.4～0.5μm。该波段对水体具有较好的穿透能力，当水体清澈时，透射深度在20m以上，所以蓝光波段的图像有利于浅水水底地貌的判读，可用于浅水地貌的测绘。不同清澈程度的水体在该波段上具有不同的反射能力，当水体含有浮游生物时，因浮游生物含有一定的叶绿素，它对蓝光波段的反射能力差，因此，该波段也可用于水体浮游生物含量的判读。同时，被污染的水体其反射率也会发生变化，对水体污染监测有利。

一般地物对蓝光波段的反射能力低，而冰川反射能力强，如图2.16所示，所以在蓝光波段冰川与其他地物的界线分明，有利于冰川范围和冰川水量的调查与分析。

蓝光波段由于波长短，受大气散射影响最严重，因此使得图像反差小于实际地物之间的反差，造成影像模糊不清。

2. 绿光波段

绿光波段的波长范围是0.5～0.6μm，该波段对水体有较强的穿透能力，其透射深度一般可达10m以上，当水体清澈时，透射深度超过50m，因此，绿光波段比蓝光波段更适宜于测绘浅水区的水底地貌。另外，在蓝光波段和绿光波段的比值图像上，可反映出水体的蓝绿比值，能够估算水体中可溶性有机物和浮游生物含量，常用于海洋渔业资源调查。

植被在绿光波段有一个反射高峰，如图2.16所示，而在蓝光和红光波段有两个反射低谷，所以绿光波段的图像易于区分植被的分布范围，可用于林业调查、草场分布情况调查和农作物调查等。

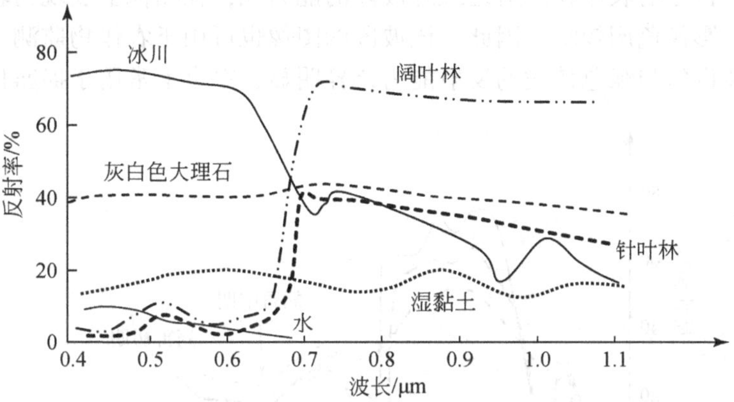

图 2.16　几种地物的光谱反射曲线

3. 红光波段

红光波段的波长范围是 0.6 ~ 0.7μm，该波段受大气散射的影响小，获得的影像对比度和清晰度较高，对人工地物判读有利，在考古应用方面也有一定的作用，另外，不同地质构造的边界比较明显，可用于地质调查。

红光波段对水体的穿透能力很弱，植被和水体的反射能力较低，可用于识别植被和水体的范围。另外，水体受污染的程度不同，水体的混浊度和浮游生物的含量不同，水体的反射能力差异明显，如图 2.17 所示，可根据这些差异调查水污染情况。

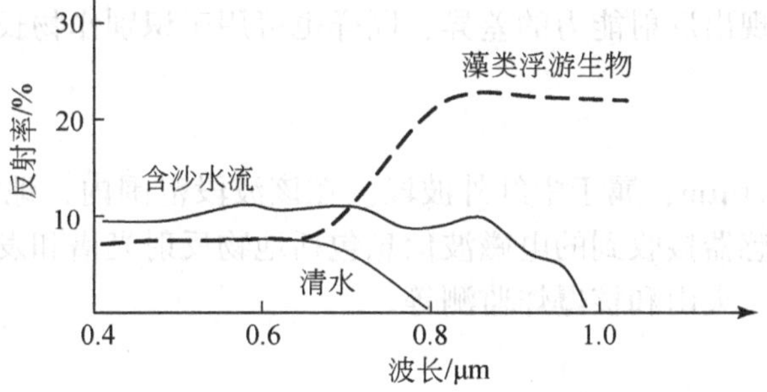

图 2.17　水的反射特性曲线

4. 近红外波段

近红外波段的波长范围是 0.7 ~ 3.0μm，遥感中常用的近红外波段是 0.7 ~ 1.1μm、1.55 ~ 1.75μm 和 2.08 ~ 2.35μm。

（1）波长范围是 0.7 ~ 1.1μm 的近红外图像，由于该波段受大气散射影响小，图像上的地物影像清晰。城市地区的大气污染严重，该波段的图像可用于城市建筑物识别以及城市规划。

水体在该波段范围的反射能力差，图像上的水域、湿地和其他物体的色调差异较大，有利于它们之间的区分。

植被在该波段有较高的反射峰值，不同类型的植被以及健康和非健康植被的反射率有较大的差异，如图 2.18 所示，对植被的种类、分布范围和生长状况判读是非常有利的。对于生长期的农作物，长势良好的农作物反射近红外波段的能力强，在图像上表现为较亮的色调，而长势较差的农作物其影像色调较暗，因此，该波段的图像也可用于农作物监测。另外，绿色的人工涂料、绿色伪装设施与绿色植被的反射能力差异明显，军事上常用于揭露伪装和目标侦察。

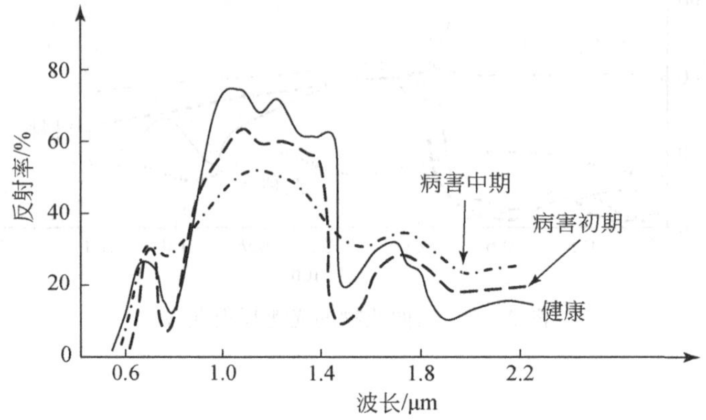

图 2.18　松树在不同健康状态下的反射特性

地物目标在该波段上的反射能力与其含水量关系密切。例如，随着土壤含水量的增加，土壤反射能力下降，因此，常用于土壤含水量监测和地质调查中的岩性分类。

（2）波长范围是 1.55～1.75μm 的近红外波段，白天和夜间都可用于成像。地物的反射率与含水量也有很大的关系，也常用于土壤含水量监测和植被长势调查。不同类型的岩石因反射率的变化，会使图像呈现不同的色调，也常用于地质调查中的岩性分类。

（3）当波长范围在 2.08～2.35μm 时，也称短波红外，该波段图像主要用于地质制图。由于地物含水量的不同表现出反射能力的差异，同样也可用于识别作物长势。

5. 中红外波段

波长范围是 3.5～5.0μm，属于中红外波段。在该波段范围内，地物本身具有发射电磁波的能力，因此，遥感传感器接收到的电磁波信息包括地物反射光谱和发射光谱，可用于探测高温的目标，如森林大火、火山和核爆炸监测等。

6. 热红外波段

波长范围是 8～14μm，属于热红外波段。由于常温下地物光谱辐射出射度最大值所对应的波长是 9.7μm，热红外波段是常温物体地物热辐射能量最集中的波段，其探测信息主要反映地物的发射率和温度。

在该波段上，色调浅的影像表明其相应的地物热辐射能量强。热辐射能量与地物的发射率和温度成正比，因此，热红外图像上的影像色调不仅表现了地物温度的变化，而且也可提供目标活动的特性和所处的状态等。例如，根据飞机发动机处和尾部的影像色调，以及起飞后所留下的阴影，可用于判读飞机所处的状态。

热红外图像的影像色调受大气辐射的影响较大，图像获取时间和天气状态不同，影像色调会有很大的变化。例如，水体比陆地有较大的比热容，白天升温时水体的温度比陆地低，水体的色调比土壤深；夜晚降温时，水体的温度比陆地高，水体的色调比土壤浅。

由于热红外图像主要用于探测地物温度的变化，在探测地下热源、火山、森林火灾、热岛效应，以及军事目标侦察等方面具有重要的使用价值。

2.3　高光谱图像及其特性

全色（黑白）、彩色摄影、多光谱摄影以及多光谱扫描成像，由于图像光谱分辨率低已无法满足对地物目标精细探测的需要。因此，20 世纪 80 年代初期，波段更多、光谱段更窄的高光谱成像技术便随之产生。高光谱图像可在电磁波谱的紫外、可见光、近红外和中红外波段获取许多狭窄的影像数据，近似连续地记录影像上每个像元的光谱辐射特性，具有精细探测地物属性信息的能力。

2.3.1　成像光谱仪发展现状

高光谱成像光谱仪通常指光谱分辨率很高（达到 $10^{-2}\lambda$ 量级），在 0.4～2.5μm 的波长范围内其光谱分辨率小于 10nm 的成像传感器，也就是以获取大量窄波段连续光谱图像数据为目的的光谱采集设备。

1983 年，第一幅由机载成像光谱仪（AIS-1）获取的高光谱图像呈现在科学家面前，标志着第一代成像光谱仪面世。AIS-1 采用 32×32 面阵列成像，由于获取的高光谱图像幅面非常有限，限制了商业应用。

1987 年美国成功研制机载可见光/红外成像光谱仪（AVIRIS），标志着高光谱遥感技术趋于成熟。AVIRIS 用线阵列探测器对地成像，每行为 614 个像元，能在 0.4～2.5μm 的光谱范围内，用 10nm 的光谱分辨率细分为 224 个谱段。它获取的遥感数据已用于科学研究、资源普查、地质勘测、目标识别等多个领域，真正地将高光谱遥感技术推广到实用化。

1992 年，美国研制成功的高光谱数据采集试验仪（hyperspectral digital imagery collection experiment，HYDICE），采用 CCD 推扫技术，探测光谱范围在 0.4～2.5μm，有 206 个探测波段，其数据可军民两用，其中包括农业、林业、环境、资源监测、各类灾害监测与估计及军事目标检测等。

随着美国成像光谱仪的发展，世界各国也在积极发展各自的航空成像光谱仪，见表 2.1。

表 2.1　国外主要的机载成像光谱仪

传感器	中文名称	国家或地区	年份	波段数/个	波长/μm
AIS-1	机载成像光谱仪	美国	1983	128	0.90～2.10，1.20～2.40
AVIRIS	机载可见光-近红外成像光谱仪	美国	1987	224	0.41～2.45
CASI	小型机载成像光谱仪	加拿大	1990	288	0.43～0.86
AISA	多用途机载成像光谱仪	芬兰	1993	286	0.45～0.90
HYDICE	高光谱数字图像采集实验仪	美国	1994	206	0.40～2.50
HyMap	机载高光谱扫描仪系列	澳大利亚	1996	126	0.40～2.50
				1	3.00～5.00
				1	8.00～10.0

续表

传感器	中文名称	国家或地区	年份	波段数/个	波长/μm
LASH	濒海机载超光谱传感器	美国	1997	48	0.39～0.71
PHILLS	便携式光谱成像仪	美国	1999	500/1000	0.25～1.02
FTVHSI	Fourier 可见光成像光谱仪	美国	2000	145/256	0.45～2.35
APEX	机载棱镜实验传感器	欧洲空间局	2004	312	0.38～1.00
				199	0.94～2.50

航天领域，由美国喷气推进实验室（JPL）研制的中分辨率成像光谱仪（MODIS），随TERRA卫星的发射成功，成为第一台在轨运行的星载成像光谱仪，从2000年开始向地面传送图像。目前，国外已经研制成功的星载成像光谱仪的主要情况见表2.2。

表2.2　国外主要的星载成像光谱仪

传感器	中文名称	国家或地区	年份	波段数/个	波长/μm
MODIS	中分辨率成像光谱仪	美国	1999	36	0.46～14.38
PRISM	空间成像任务高光谱成像仪	欧洲空间局	1999	204	0.45～2.50
FTHSI	傅里叶高光谱成像仪	美国	2000	256	0.35～1.05
Hyperion	卫星成像光谱仪	美国	2000	220	0.40～2.50
Warfighter-1	高光谱传感器	美国	2001	200	0.45～2.50
CHRIS	紧密式高空间分辨率成像光谱仪	欧洲空间局	2001	18	0.415～1.05
MERIS	中等分辨率成像光谱仪	欧洲空间局	2002	15	0.39～1.04
COIS	海岸海洋成像光谱仪	美国	2002	210	0.40～2.50
GLI	全球成像仪	日本	2002	36	0.38～1.20

我国紧跟国际高光谱遥感技术的发展，并结合国内不断增长的应用需求，于20世纪80年代中后期着手发展自己的高光谱成像系统。中国科学院上海技术物理研究所自行研制成功了实验型71波段模块式机载成像光谱仪（MAIS）。在随后的几年里，推扫式成像光谱仪（PHI）系列和实用型模块化成像光谱仪（OMIS）系列应用最为广泛和成熟。

自1994年开始，中国科学院长春光学精密机械与物理研究所研制了星载高分辨率成像光谱仪（C-HRIS），设计卫星在400km高空时，地面空间分辨率20m，光谱范围为0.43～2.4μm，光谱分辨率为10～20nm。中国科学院西安光学精密机械研究所研制的稳态大视场偏振干涉成像光谱仪（SLPIIS），具有体积小、广角补偿功能、轻型、稳态和大视场的优点。

星载成像光谱仪方面，中国科学院上海技术物理研究所研制的中分辨率成像光谱仪（CMODIS）于2002年随“神舟”三号发射升空，并成功获取航天高光谱影像，从可见光到近红外共30个波段、中红外到远红外4个波段，空间分辨率为500m。2007年10月发射的“嫦娥1号”卫星携带中国科学院西安光学精密机械研究所研制的干涉成像光谱仪升空，用于获取月球表面二维多光谱序列图像及可分辨地元光谱图，通过与其他仪器配合使用对月球表面有用元素及物质类型的含量与分布进行分析，获得的数据用于编制各元素的月面分布图。2008年5月，我国新一代极轨气象卫星“风云三号”发射成功，它将中分辨率光谱成像仪作为基本观测仪器，纳入大气、海洋和陆地观测体系，为对地球的全面观测和监测提供服务。2008年9月，我国将环境与灾害监测预报小卫星星座的A、B两星以一箭双星的方式送入太空。在A星上携带的超光谱成像仪，工作在可见光-近红外光谱区（0.45～0.95μm），具有128个波段，光谱分辨率优于5nm，地面分辨率为100m。它将对广大陆地及海洋环境和灾害进行不间断的业务性观测。

2.3.2　成像光谱仪的成像方式

高光谱成像系统主要采用推扫型和摆扫型两种方式，由于需要同时记录地表反射或辐射的光谱信息，它们分别使用面阵和线阵探测器。

1. 面阵推扫型成像光谱仪

面阵推扫型成像光谱仪采用垂直于平台运动方向的面阵探测器（图2.19），光学系统把一个条带的地物目标成像在狭缝上，与狭缝对应的探测器自扫描完成一维空间扫描，另一维由遥感平台的运动完成，面阵探测器同时记录每一行地物的光谱信息。

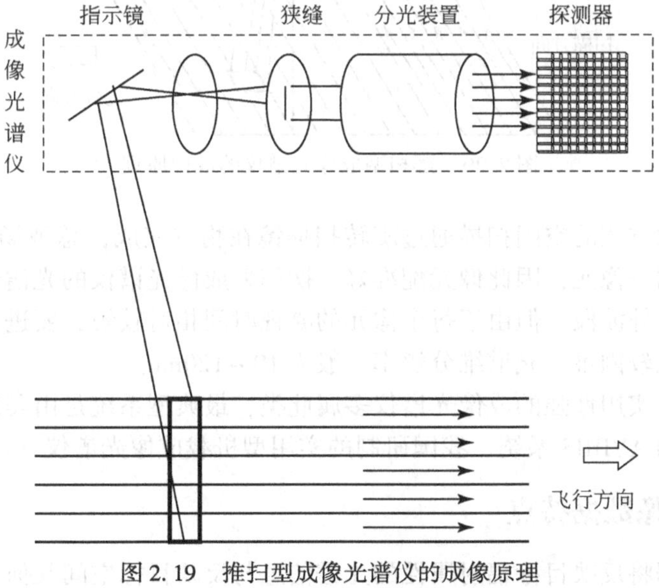

图2.19　推扫型成像光谱仪的成像原理

由于推扫型成像光谱仪的空间扫描由器件的固体阵列自扫描完成，像元的凝视时间较长，可以提高系统的灵敏度或提高系统的空间分辨率。在可见光波段的技术很成熟，光谱分辨率可达到1～2nm，在红外波段（短波红外和热红外）的灵敏度较低。由于没有光机扫描机构，仪器可被设计得比较小，但该类型成像光谱仪总视场角一般只能达到30°左右。

我国自行研制的推扫型成像光谱仪（PHI）和加拿大研制的紧密机载成像光谱仪（CASI）都属于面阵推扫型成像光谱仪。多数此类成像光谱仪的光谱覆盖范围限于可见光和近红外波段，而美国为地球观测系统（EOS）研制的高分辨率成像光谱仪（HIRIS）的光谱覆盖范围则达到了短波红外波段。

2. 线阵摆扫型成像光谱仪

线阵摆扫型成像光谱仪的空间成像原理如图 2.20 所示，由光机扫描和飞行平台向前运动完成二维空间扫描，其线阵列探测器完成每个瞬时视场像元的光谱维获取。

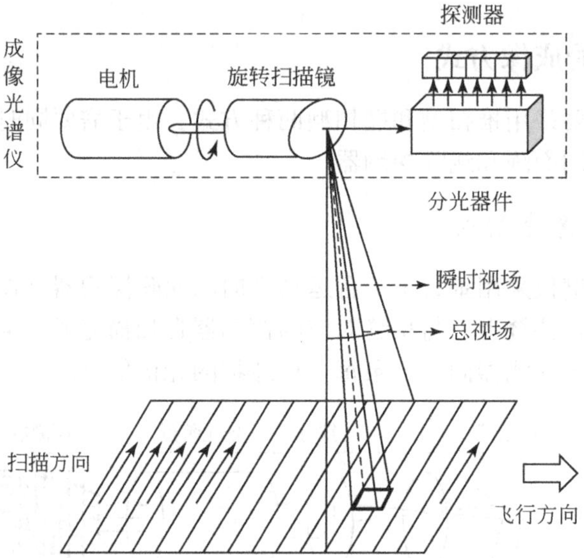

图 2.20　摆扫型成像光谱仪的成像原理

线阵摆扫型成像方式的空间扫描通过旋转扫描镜在物方完成，总视场角可达 90°；不同波段任何时候都凝视同一像元，因此像元配准好。摆扫型成像光谱仪的光谱覆盖范围较广，可以从可见光一直到热红外波段，但由于每个像元的凝视时间相对较短，要进一步提高光谱和空间分辨率以及信噪比比较困难，光谱维分辨率一般为 10～120nm。

目前，波段全、实用性强的成像光谱仪多属此类，最典型系统是由美国国家航空航天局喷气推进实验室完成的 AVIRIS 系统，我国研制的实用型机载成像光谱仪（OMIS）也属此类。

2.3.3　高光谱图像数据特点

高光谱影像数据将反映目标辐射属性的光谱信息与反映目标空间几何关系的图像信息有机地结合在一起，这种“图谱合一”的影像数据结合了图像和光谱数据各自的优点，使人们可通过融合图像分析和光谱分析的方法从高光谱遥感数据中提取感兴趣的信息。

高光谱遥感能够在可见光到近红外的光谱范围内，利用纳米级的光谱分辨率同步、连续地获取地表的空间（几何）特征和辐射光谱特征。因此，高光谱图像具有三维数据结构，可以用数据立方体结构形象地表示，如图 2.21 所示（见彩图），即将不同波段的图像按波长顺序叠加形成一个数据立方体，xy 平面表示空间影像特征位于立方体的底部平面，z 轴方向表示数据的光谱维信息。

与传统的全色、多光谱图像相比较，高光谱图像具有以下突出特点。

1. 高光谱分辨率

通常的多光谱传感器，如美国 Landsat 卫星上的多光谱扫描仪（MSS）和增强型专题制图仪（ETM+），以及法国 Spot 卫星上的高分辨率可见光传感器（HRV）等，只有几个波段，其光谱分辨率一般大于 100nm。而成像光谱仪能够获得整个可见光、近红外、短波红外和热红外波段的多而窄的连续光谱，波段数可达数百个，光谱分辨率可达纳米级，一般为 10 ~ 20nm，有的甚至达到 2.5nm，如加拿大的荧光线成像仪（fluorescence line imager，FLI）以及小型机载成像光谱仪（compact airborne spectrographic imager，CASI）。德国的反射光学系统成像光谱仪（reflective optics system for imaging spectrometer，ROSIS）和我国的推扫型高光谱成像仪（pushbroom hyperspectral imager，PHI）的光谱分辨率都不大于 5nm。

由于光谱分辨率高、波段众多，高光谱图像能够获取近似连续的地物光谱特征曲线。地物光谱研究表明，地表物质在 0.4 ~ 2.5μm 光谱区间内均有可作为标志识别的光谱吸收带，其宽度为 20 ~ 40nm，成像光谱仪可探测到这一信息。因此，高光谱图像能够满足地物精细探测的要求。

2. 图谱合一

高光谱图像记录了地面目标丰富的空间、辐射和光谱三重信息，这些信息表现了地物空间分布的影像特征，同时也可能以其中某一个像元或像元组为目标获得辐射强度和光谱特征。影像、辐射与光谱这 3 个遥感中最重要的特征的结合就成为高光谱图像，特别是成像光谱就成为了图像光谱辐射遥感信息最重要的特点。

由于高光谱图像数据中蕴含了地物的多重信息，识别地物目标的能力大大提高，可减少多光谱图像中常见的“异物同谱”与“同谱异物”现象，有望实现遥感的定量或半定量化分析，并能解决许多常规遥感中不能解决的目标识别和分类问题。

3. 数据量大

高光谱遥感一次成像可获得数百个波段的图像，图像数据量大。图像具有立方体结构，光谱响应范围广，波段非常狭窄，波段众多，其数据量巨大，而且波段之间相关性强。因此，与全色、多光谱图像相比较，高光谱图像识别分析技术更加复杂，有必要进行适当的特征压缩。

2.4　侧视雷达图像的特性

微波主动式传感器获得的图像通常称为雷达图像。侧视雷达成像时，雷达本身发射一定波长和功率的微波波束，然后接收并记录地面反射或散射的回波信息，以获取地面目标的微波图像。用于成像的侧视雷达（side-looking radar，SLR）有真实孔径雷达（real aperture radar，RAR）和合成孔径雷达（synthetic aperture radar，SAR）两种。由于真实孔径雷达的分辨率较低，目前已不再作为成像雷达使用。

与其他传感器相比，SAR 图像具有以下五个明显的特点。

（1）微波能够穿透云雾和雨雪，并具有全天候工作的能力，这对实时监测十分有利。

（2）微波对地表具有一定的穿透能力，如微波可穿透数十米的干沙层和上百米的冰川，能穿透几米甚至几十米中度含水量的土壤，可用于地下勘探和军事目标探测。

（3）侧视雷达具有测量距离的能力，可用于测定大地水准面，也可用于探测海面风力场，有利于提取海洋动态信息。

（4）SAR 不仅记录了地物对微波的反射或散射电磁波的振幅信息，而且还记录了回波的相位信息，所以可用其进行干涉测量，确定地面高程和目标的高度，同时还可用于因地震、地壳运动、地面沉降而引起的地形变形监测。

（5）SAR 图像的空间分辨率与平台高度无关，但微波传感器比可见光和红外传感器的空间分辨率低，特殊的成像方式使得数据处理和判读相对困难。

由于 SAR 图像不同于其他类型传感器的图像，有其特殊的几何特性和物理特性，认识这些特性，对于正确分析和判读 SAR 图像是十分必要的。

2.4.1 侧视雷达图像的几何特性

1. 空间分辨率

1）距离向分辨率

SAR 图像的距离向分辨率是指距离方向上能够分辨的最小目标的尺寸，或者说是可以分辨两目标的最短距离。

要分辨距离方向上两个不同的目标，理论上回波的时间间隔要等于或大于微波脉冲的宽度 τ，如图 2.22 所示。根据电磁波传输理论，在雷达波束发射方向上的斜距分辨率表示为

$$R_d = \frac{c\tau}{2} \tag{2.41}$$

式中，τ 为脉冲宽度；c 为光速；θ 为雷达波的侧视角。

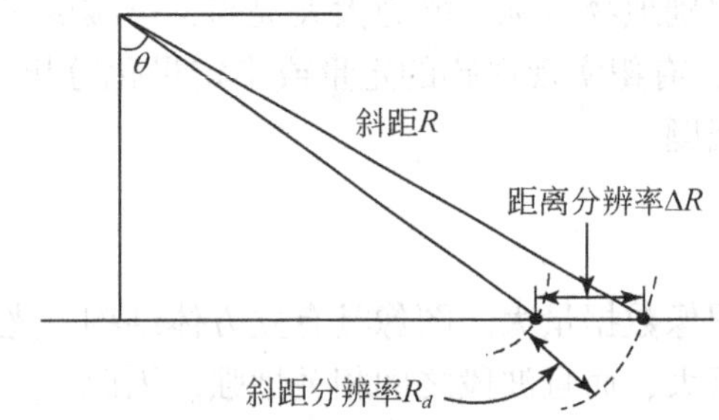

图 2.22 距离向分辨率

斜距分辨率在水平面的投影，称为地面距离分辨率，通常简称地距分辨率或距离分辨率。由图 2.22 可知，距离分辨率 ΔR 可表示为

$$\Delta R = \frac{c\tau}{2\sin\theta} \tag{2.42}$$

从式（2.42）可以看出，距离分辨率与微波脉冲密切相关，脉冲宽度（持续时间）越短，距离分辨率越高。但脉冲宽度过小，会使雷达发射功率下降，回波信息信噪比降低，由于两者矛盾，使得距离分辨率的提高较为困难。为解决这一矛盾，一般采用脉冲压缩技术提高距离分辨率。

2）方位向分辨率

合成孔径技术的基本思想是用一个小天线沿飞行方向作直线运动，在移动中每间隔一段距离发射一个微波波束，并接收地面目标对该发射位置的回波信号。发射位置的间隔距离等于天线的长度。这样地面同一地物，在天线波束角对应的长度为 L_S 的范围内被多次探测，与总长为 L_S 的天线阵列所探测的信号非常相似，如图 2.23 所示。由于同一目标在不同位置被多次记录，原始的 SAR 图像是被拉长的包含回波强度和相位的条带，并不能看到地物影像，必须进行特殊处理才能成为清晰的图像。

由图 2.23 可知，合成孔径的有效孔径为 L_S，根据天线设计思想，其波束角为

$$\beta_S = \frac{\lambda}{L_S} \tag{2.43}$$

但由于信号的双程相干性，经数据处理后合成天线的有效波束角为

$$\beta_S = \frac{\lambda}{2L_S} \tag{2.44}$$

这样，合成孔径雷达的方向分辨率可表示为

$$\delta_{SX} = R \cdot \beta_S = R \cdot \frac{\lambda}{2L_S} \tag{2.45}$$

而

$$L_S = R \cdot \frac{\lambda}{d} \tag{2.46}$$

将式（2.46）代入式（2.45），得

$$\delta_{SX} = \frac{d}{2} \tag{2.47}$$

从式（2.47）可以看出，SAR 图像的方位向分辨率有如下特点：方位分辨率与探测角度无关；与探测波长 λ 无关；与平台高度无关；与实际天线尺寸 d 有关，孔径越小，方位向分辨率越高。

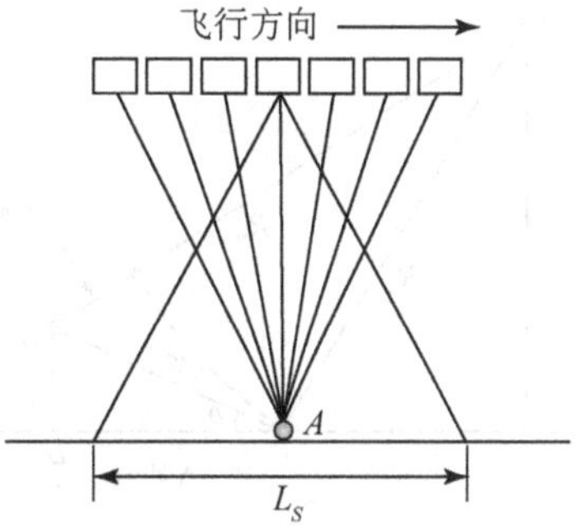

图 2.23　合成孔径原理

2. 斜距显示图像的近距离压缩

当 SAR 图像采用斜距显示时，地物目标的位置由该目标到达雷达的距离决定。

为了说明斜距显示时 SAR 图像上具有近距离压缩的特点，假设平坦地面上有距离相等、间隔相同的地物 A、B、C，将其投影到斜距上的距离分别是 A_1、B_1、C_1，θ 为侧视角，如图 2.24 所示。由几何学可知，$A_1<B_1<C_1$，即距离雷达近的地物，在斜距显示的图像上被压缩。

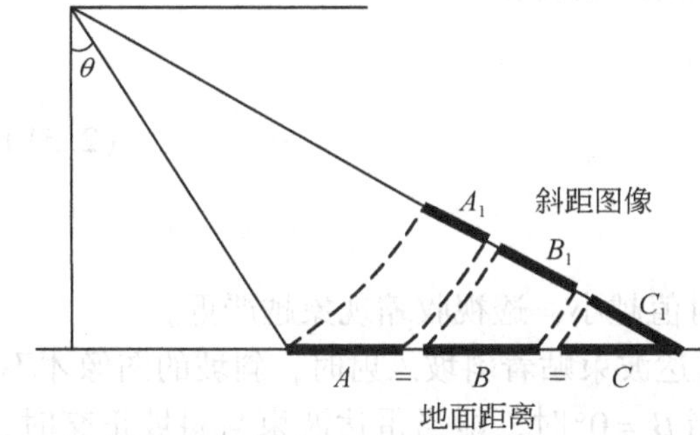

图 2.24　斜距显示图像的近距离压缩

另外，也可根据式（2.42）证明，每个像点对应的地面距离随探测角度的增大而减小。因此，当成像姿态标准时，图像在距离向上的比例尺将随探测角而变化。随着探测角的增大，图像比例尺变大，所以在图像上有近地点被压缩、远地点被拉长的感觉，如图 2.25 所示。这一点与其他图像正好相反，在进行判读时要特别注意。

在记录地物目标的回波信号时，如果雷达系统中采用延时补偿斜距传播的时差，此时 SAR 图像上显示的是地面距离，在平坦地区以平距显示的图像上比例尺是一致的。

3. 透视收缩

在斜距显示的 SAR 图像上斜坡的长度按比例尺换算后总比实际长度要短，这种现象称为透视收缩。

如图 2.26 所示，斜坡 AB 为山地的前山坡，雷达天线到达 A 、B 的斜距分别为 R_A 、R_B ，影像长度为 ΔR_{AB} ，θ 为侧视角，α 为坡度角。由图 2.26 可知

$$\varphi = \theta - \alpha$$

$$\Delta R_{AB} \approx \Delta X_{AB} \cdot \frac{\sin\varphi}{\cos\alpha}$$

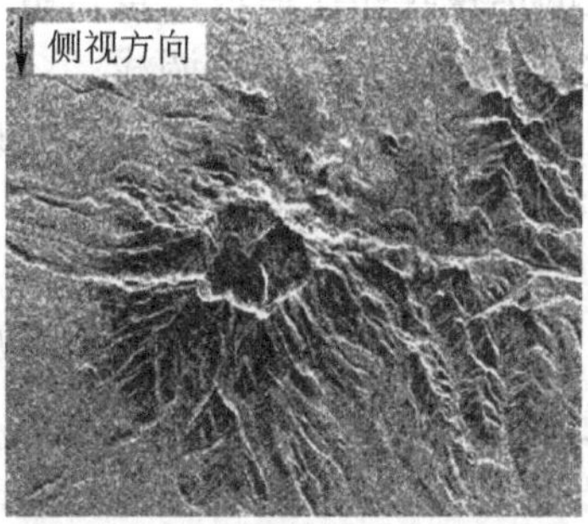

图 2.25　斜距显示图像变形

则定义收缩比 l 为

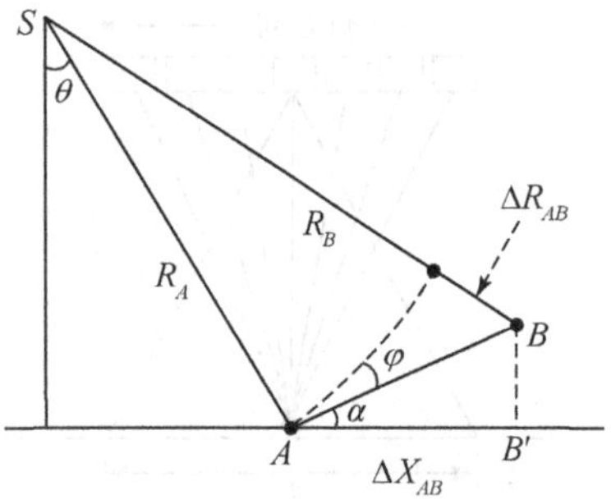

图 2.26　透视收缩

$$l = \frac{\Delta R_{AB}}{\Delta X_{AB}} = \frac{\sin\varphi}{\cos\alpha} \tag{2.48}$$

显然，后山坡也同样存在透视收缩的现象。

定义雷达波束与反射面法线之间的夹角为 β ，如图 2.27 所示。设山坡 AB 的长度为 L ，在斜距显示的图像上的影像长度为 ΔR_{AB} ，则

$$\Delta R_{AB} = L \cdot \sin\beta \tag{2.49}$$

入射角是侧视角和坡度的函数，它们之间的关系由图 2.27 可知。对于前坡，即朝向雷达波束的坡面，有

$$\beta = \theta - \alpha \tag{2.50}$$

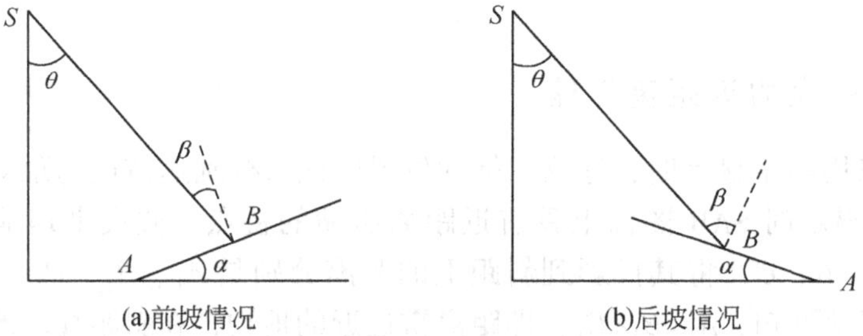

图 2.27　侧视角、入射角和坡度的关系

对于后坡，即背向雷达波束的坡面，有

$$\beta = \theta + \alpha \tag{2.51}$$

由以上分析可得出透视收缩具有以下特点。

（1）透视收缩现象仅在距离向出现。

（2）透视收缩是入射角 β 的函数，入射角的绝对值越小，透视收缩现象越严重。

（3）当入射角 β=90°时，$\Delta R_{AB} = L$ ，即只有当雷达波束贴着斜坡入射时，斜坡的图像才不会产生透视收缩。在其他情况下，ΔR_{AB} 均小于 L 。当 β =0°时，即当雷达波束与斜坡正交时，透视收缩达到最大。

（4）对同样坡度的山坡，侧视角 θ 越小，入射角 β 越小，即同样坡度的山坡越位于近距离端，透视收缩越大。

（5）当前坡与后坡坡度 α 相同且侧视角 θ 也相同时，前坡入射角小于后坡入射角，故前坡的透视收缩比后坡严重。由于雷达图像透视收缩实际上是电磁波回波能力强弱的表现，故前坡的图像要比后坡色调浅。

在雷达图像上，透视收缩现象总是不同程度存在，这是由其投影几何特性所决定的。

4. 叠掩

如果斜面不是等倾斜面，如图 2.28 所示，假设在山的前坡上有三个点 A、B、C，它们到天线的距离分别为 R_A、R_B、R_C，其相应的像点分别为 a、b、c 。当山体的高度、坡度、形态以及雷达波束的侧视角不同的时候，SAR 图像上的影像变形有以下三种情况。

（1）当 $R_A < R_B < R_C$ 时，山脚的 A 点先于 B 点、C 点成像，此时山坡的影像会发生透视收缩。

（2）当 $R_A = R_B = R_C$ 时，A 点、B 点和 C 点与雷达天线的距离相等，脉冲信号同时被天线接收，此时像点 a、b、c 被压缩为同一个像点。

（3）当 $R_A > R_C$ 时，透视收缩进一步发展，山顶 C 点先于 A 点成像，此时顶部与底部的影像颠倒显示，这种现象称为顶底位移。

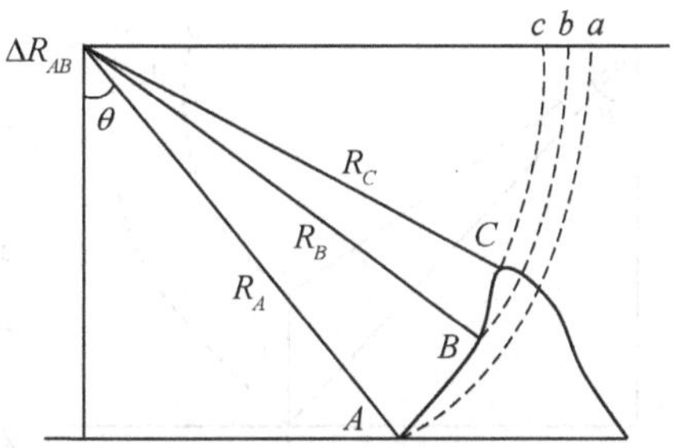

图 2.28　叠掩示意图

上述第(2)和第(3)种情况统称为叠掩。在 SAR 图像上，叠掩是指距离大的目标先于距离小的目标成像，或多个目标成像为一个像点的现象。

SAR 图像的叠掩具有以下特点。

（1）叠掩仅在距离向前坡出现，后坡不会出现。

（2）SAR 图像叠掩严重破坏了图像质量。一方面顶底位移使山顶和山底颠倒显示；另一方面，由于多个地面目标成像于一点，使回波信号成倍增加，叠掩区比周围景物的影像色调更浅。

（3）叠掩的产生与入射角 β 有关。由于入射角是侧视角 θ 和坡度角 α 的函数，故叠掩产生的条件可表示为

$$\beta = \theta - \alpha < 0° \text{ 或 } 90° - (\theta - \alpha) > 90° \tag{2.52}$$

SAR 图像叠掩给地物目标的判读带来困难，无论是斜距显示还是地距显示都无法克服。

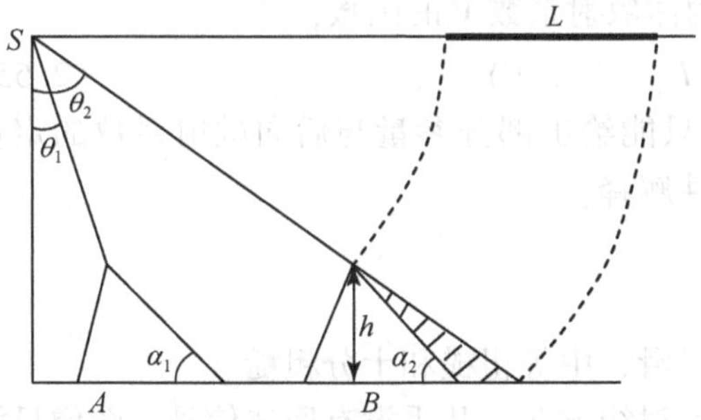

图 2.29　雷达图像阴影的成因

5. 阴影

SAR 图像上的阴影是由于高于地面的物体遮挡，使探测脉冲不能到达的地段在图像上而形成黑色调的影像。雷达阴影的形成与背向天线一面的地形坡度和探测角有关，如图 2.29 所示。在 A 处，$\alpha < 90° - \theta$，雷达波束仍能到达斜坡的背面，只是回波较弱，影像色调较深，是山坡的本影。但在 B 处，$\alpha > 90° - \theta$，雷达波束不能到达斜坡的背面，该地段没有雷达回波，在图像上形成黑色调的阴影。从图 2.29 可以看出，阴影的长度 L 与地物高度 h 和侧视角 θ 有如下关系

$$L = h \cdot \sec\theta \tag{2.53}$$

背向天线坡面的本影能增强图像的立体感，对目视判读是有利的；图像阴影使一部分区域不能成像，会造成重要地物的丢失。另外，雷达阴影会影响立体观察效果，对雷达图像的辐射校正也非常不利。

6. 高出地面目标的影像移位

高出地面的目标，其顶部的雷达回波先于底部被天线接收，从而产生影像向着底点方向移位的现象。如图 2.30 所示，高出地面目标的顶点 A 在某一基准面上垂直投影点为 A_0，其高差为 h，在图像上的像点分别为 a 和 a_0，二者之间的距离记为 dy，即为高差 h 引起的像点移位。由图 2.30 中的几何关系可知

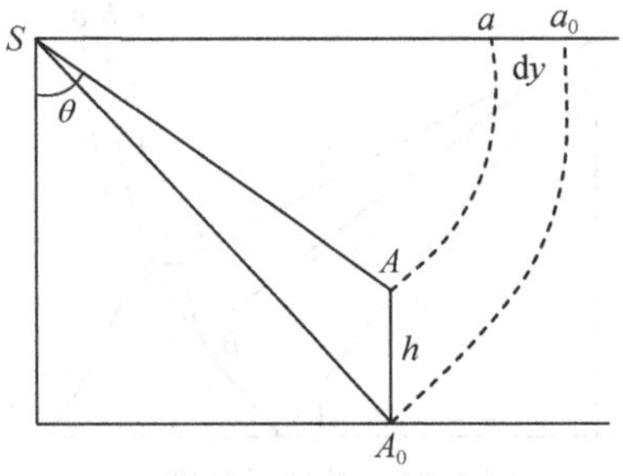

图 2.30　高出地面目标的像点移位

$$\mathrm{d}y = \frac{h\cos\theta}{m_y} \tag{2.54}$$

式中，θ 为侧视角；m_y 为图像距离向比例尺分母。

由于高出地面的目标在雷达图像上的移位方向与框幅式摄影图像相反，所以在进行立体观察时左右图像应颠倒摆放，以获得正立体效果。

高出地面目标影像移位的大小与目标高度和目标所处位置有关。在探测角相同的情况下，目标的影像移位与其高度成正比；当目标高度一定时，探测角越大，其顶底的斜距差越小，所以影像移位随探测角的增大而减小。

2.4.2　侧视雷达图像的物理特性

侧视雷达图像上的色调主要取决于天线接收到的地面目标回波功率强度，回波功率强，影像色调浅，回波功率弱，则影像色调深。

雷达图像多是单波段图像，图像的灰度是地物目标后向散射回波强度的表现形式，而地物后向散射通常用后向散射面积 σ 或后向散射系数 σ^0 表达。下面主要对后向散射系数 σ^0 进行讨论，分析影响地物目标后向散射系数的主要因素。

一般认为，σ^0 是雷达系统的参数波长 λ 、侧视角 θ 、极化方式 P 和地物目标的复介电常数 ε 、表面粗糙度 Γ_1、次表面粗糙度 Γ_2 以及介质中的体散射系数 V 的函数，即

$$\sigma^0 = f(\lambda, \theta, P, \varepsilon, \Gamma_1, \Gamma_2, V) \tag{2.55}$$

目前尚不能得出式（2.55）的具体解析形式，只能给出部分参量与后向散射系数的定量关系，一般都是根据理论分析和实验结果所作的定性解释。

1. 表面粗糙度

地物目标表面粗糙度可分为三种情况，即表面光滑、中等粗糙和十分粗糙。

表面光滑时产生镜面反射，反射的能量集中在反射线方向，几乎没有回波信号，图像呈深色调。

中等粗糙的表面，被反射的能量不再完全集中在反射线方向，而是在各个方向上均有反射能量的分布，雷达天线可接收到少部分能量，有比较弱的回波信号，图像色调呈灰色。

十分粗糙的表面，可向所有方向比较均匀地反射能量，即为各向同性散射体，这时雷达天线接收的回波信号比较强，图像呈浅白色。

实际的地物目标，如静止的水面、机场跑道、平铺的道路、平屋顶等都可认为是光滑表面，一般几乎没有雷达回波，图像呈深色调。农作物、草地、森林、裸地等属于粗糙面，其中森林是典型的各向同性散射体。

2. 复介电常数

地物目标的性质对雷达回波的影响很大，这一性质主要由复介电常数表现，是表示物体导电、导磁性能的一个参数。一般来说，地物目标的复介电常数越大，反射雷达波束的能力越强，图像灰度越浅，穿透作用越小。

复介电常数相对于单位体积内的液态水含量呈线性变化，水含量低，雷达波束穿透能力

强，反射能量少；当地物含水量增加时，穿透能力大大减弱，反射能量增大。因此，在雷达图像判读时，含水量常常是复介电常数的代名词。一般情况下，金属物体比非金属物体的复介电常数大，潮湿的土壤比干燥的土壤复介电常数大。

3. 侧视角

侧视角的变化会引起地物影像色调和形状的变化。根据瑞利准则，雷达的侧视角小，即目标表面有效粗糙度增加，目标的反射率大，影像色调浅；雷达的侧视角大，目标的反射率小，影像色调变深。当侧视角大于30°时，侧视角的变化对目标反射率的变化影响逐渐变小。

侧视角对目标反射率的影响程度还取决于目标的表面性质。对表面光滑的目标影响大，对表面粗糙的目标影响小。

4. 雷达波长

雷达的波长通过两方面影响回波强度。其一，是按照波长衡量目标表面的粗糙度，对于同一地物，波长不同，其有效粗糙程度不同，回波强度也不相同。其二，波长不同，目标的复介电常数不同。

实际情况表明，当波长为 1cm 时，大多数表面被认为是粗糙面，当波长接近 1m 时，则很少被认为是粗糙表面的。

5. 极化方式

雷达天线发射的微波脉冲与地物目标相互作用时，会使电磁波极化方向产生不同程度的旋转。例如，雷达天线发射垂直极化的微波，会形成水平极化（VH）和垂直极化（VV）两个分量，可采用不同极化方式的天线接收回波，从而形成 VH 和 VV 两种极化方式的图像。地物在不同极化方式的图像上所表现出来的色调是不同的，如图 2. 31 所示。

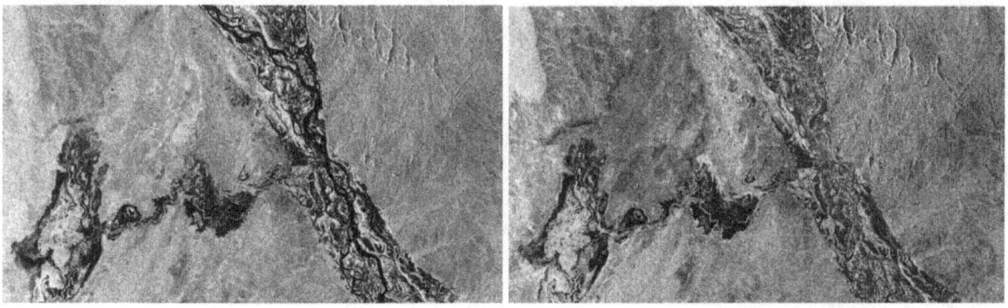

(a)VH极化图像　(b)VV极化图像

图 2. 31　不同极化方式的雷达图像

6. 目标类型

一般来说，地物目标可分为点目标、硬目标和分布型目标。

点目标是指比雷达图像空间分辨率小很多的地物目标。在像元所对应的地面范围内，点目标与周围地物存在明显的差异，散射回波与周围地物不同。当点目标的回波与周围地物回波的差异足够大时，可识别出点目标的存在。

硬目标是指实地尺寸不大但不限制在分辨单元之内，具有较大有效散射截面的地物。硬目标回波信号较强，在图像上表现为一系列的亮点或一定形状的亮线。例如，金属塔架、铁路、桥梁、飞机和坦克等在雷达图像上呈亮白色影像；高压输电线与雷达波束发射方向垂直时，图像呈亮白色线状影像；建筑物墙面与地面构成角反射时，雷达回波能量加强，影像色调呈亮白色；高于地面的堤、行树等目标与雷达波束垂直时，也呈亮白色影像。

分布型目标是指由很多同一类型的细小地物组成的在空间位置上随机分布的目标。由于组成分布型目标的细小目标接收到的电磁波相位不同，回波相位也不一致，回波幅度也是随机的，但没有任何一个占主导地位。雷达波束扫过这些细小目标时，回波信号具有周期性，造成图像上强信号（亮点）到弱信号（暗点）的周期性变化，并非均匀灰度，而是一系列亮点和暗点相间的图斑，形成“光斑”效应。

第3章　图像判读特征与判读方法

遥感图像是目标识别、地形图测绘、地理信息数据获取以及其他专业领域属性信息提取的基础性资料，具有多平台、多传感器、多级分辨率、多时相等特点，不同的遥感图像具有不同的判读特征。

图像判读是研究航空航天遥感图像的影像特征，识别相应地面目标性质并推断其意义的工作，也称图像解译或图像判译。

图像判读方法可分为目视判读和计算机判读两种。目视判读是最常用、最成熟的地形要素及其他目标属性信息获取的方法，可充分利用判读人员的知识和经验。

目视图像判读需要研究以下四个方面的内容。

第一，地物的电磁波辐射特性。遥感图像是地面目标电磁波辐射特性的记录，不同目标具有不同的电磁波辐射特性，在图像上呈现不同的影像色调。因此，地物电磁波辐射理论不仅是获取遥感图像的物理基础，也是根据图像特征识别地物属性的基础。

第二，传感器成像机理及其图像的特点。传感器是取得图像的技术基础，不同的传感器具有不同的成像原理，得到的图像也具有不同的几何特性和物理特性，对判读有直接的影响。

第三，判读特征。不同性质的物体必然在图像上反映出不同的影像特征，这些影像特征是判读的语言，是区分不同地物的标志。

第四，判读设备和判读方法。人眼的视力是有限的，为了充分利用图像所提供的丰富信息，增强人眼的识别能力，必须利用各种判读设备以提高判读效果。同时还要不断研究新的判读方法，研究人脑在判读中的思维方法和思维过程，不断提高判读的质量。

本章将系统论述遥感图像的判读特征、认知过程、图像观察、目视判读和计算机自动判读以及人机交互判读方法等内容。

3.1　遥感图像判读特征

图像是地面物体电磁波辐射信息的记录，所以地面目标的各种特征必然在图像上有所反映，在进行目视判读时我们同样也可用这些特征来识别目标。

所谓判读特征，是指遥感图像的光谱、辐射、空间和时间特征综合表现出来的不同地物影像的差异，也称判读标志或解译标志。广义上，地面物体在图像上反映出的所有影像特征或影像标志，都能够帮助人们识别目标性质。

经过长期的判读实践，人们发现图像与相应地物目标在色调（或色彩）、形状、大小、纹形图案、阴影、位置布局和目标活动七个方面有着密切的联系，因此可以用这七个特征概括地物所有的影像判读特征。有些著作中，将这七个特征分为直接判读特征和间接判读特征。直接判读特征是物体电磁波辐射特性在图像上直接反映出的影像标志，是地物本身和遥感图像所固有的，如色调（或色彩）、形状、大小和纹形图案等特征；间接判读特征则是目标与其他物体或现象相互联系所形成的影像标志，如阴影、位置布局和目标活动等特征。

3.1.1　色调（或色彩）特征

色调特征是对黑白图像而言，而色彩特征是对彩色图像而言。

1. 色调特征

色调特征是指地物电磁波辐射能量在黑白图像上表现出的由黑到白的各种不同的灰度。色调特征是黑白图像最基本的判读特征，如果图像色调没有差异，就不可能分辨地物的形状和大小。

数字图像可将影像的灰度值量化为256级或者更多。但在目视判读中，人眼直接观察可识别的灰度级是非常有限的，通常将图像上的色调概略地分为亮白、白色、浅灰、灰色、深灰、浅黑和黑色七个等级，也有的分为十个等级。

不同的地物在图像上的色调不同。在全色图像上，影像色调主要取决于地物的表面亮度，而地物的表面亮度与地物的表面照度和地物的亮度系数有关。

（1）色调与地物表面照度的关系。地物表面照度取决于太阳的照射强度及地物表面与照射方向的夹角。地物受太阳光直接照射和天空光照射，地物表面接收的照度大小和光谱成分随太阳高度角而变化，见表3.1。

表3.1　地物表面照度随太阳高度角变化

太阳高度角/（°）	地面照度/lx	太阳直射光：天空光
15	22 000	1.8：1
25	40 000	2.6：1
30	50 000	3.0：1
45	77 000	4.5：1
60	97 000	6.0：1

由表3.1可以看出，随着太阳高度角的增大，地面照度增大，天空光的比例减少，遥感图像上的色调更能反映地物本身的电磁波辐射特性。

太阳高度角相同时，同类地物亮度系数相同，照度大的部分亮度大，图像色调浅，反之则色调深。

地物表面的方向也影响着地物表面的照度，如图3.1所示。多坡面房顶的房屋，由于各坡面的法线方向和太阳光入射方向的夹角不同，各坡面的照度是不同的，所以脊顶房屋的两个坡面在图像上反映的影像色调是有差别的，如图3.2所示。

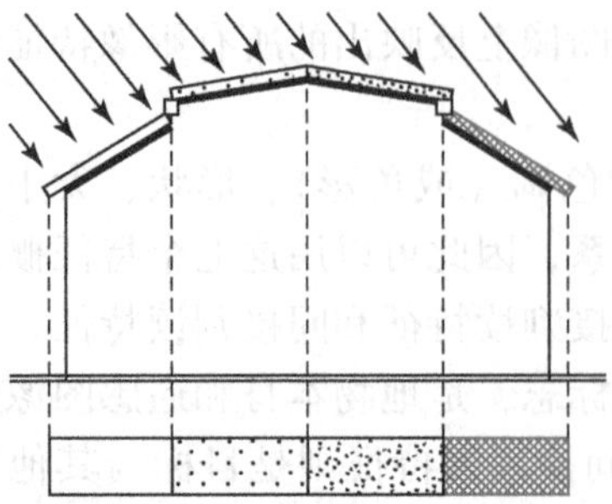

图3.1　坡面方向对照度的影响

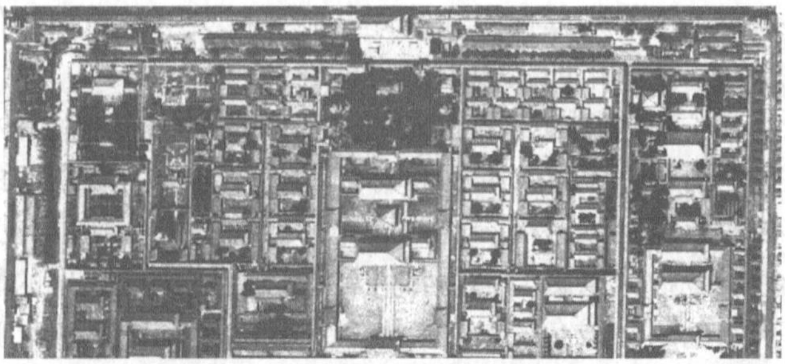

图3.2　脊顶房屋坡面的色调差别

(2) 色调与亮度系数的关系。在照度相同的情况下，地物的表面亮度取决于地物的亮度系数。亮度系数是对全色波段来讲的，它是指在照度相同的情况下，地物表面的亮度与绝对白体表面的亮度之比值。显然，亮度系数越大的物体在图像上的色调就越浅，反之则越深。表 3.2 显示了不同地物的亮度系数。

表 3.2　几种地物的亮度系数

地物名称	亮度系数	地物名称	亮度系数	地物名称	亮度系数
针叶林	0.04	干燥沙土	0.13	干燥土路面	0.21
夏季阔叶林	0.05	潮湿沙土	0.06	干黑土路面	0.08
秋季阔叶林	0.15	干燥黏土	0.15	干砾石路面	0.20
冬季阔叶林	0.07	潮湿黏土	0.06	湿砾石路面	0.09
绿色草地	0.06～0.07	干燥黑土	0.03	干公路路面	0.32
绿色农作物	0.05	潮湿黑土	0.02	湿公路路面	0.11
成熟农作物	0.15～0.34	干沙土路面	0.09	新降雪	1.00
红黄色屋顶	0.13	河川的冰	0.35	正融化的积雪	0.88

从表 3.2 以及地物反射电磁波特性，可得出以下结论：① 不同的地物，亮度系数不同；② 同类地物，表面状态不同，亮度系数也不相同；③ 粗糙表面，各方向亮度系数大致相同，对应图像色调均匀；④ 光滑表面，能够发生镜面反射，一般情况下图像色调深，当反射光线正好进入传感器时，图像色调呈浅白色；⑤ 同类地物，含水量大，亮度系数小，图像色调深，反之则浅。此外，水体的亮度系数与水深和水中杂质含量有关，水体越浅和亮度系数越大，图像上的影像色调也越浅，如图 3.3 所示。水体杂质含量越多，散射能量越强，亮度系数越大，图像上影像色调越浅，如图 3.4 所示。

微波的波长较长，在大多数水平表面将发生镜面反射，如机场跑道在侧视雷达图像上为黑色调，如图 3.5 所示。

多光谱图像的影像色调主要取决于地物表面的照度、图像波段和地物的波谱反射特性。同一种地物在多光谱图像的不同波段上的色调是不同的，这主要是地物波谱反射特性的差异，如图 3.6 所示。

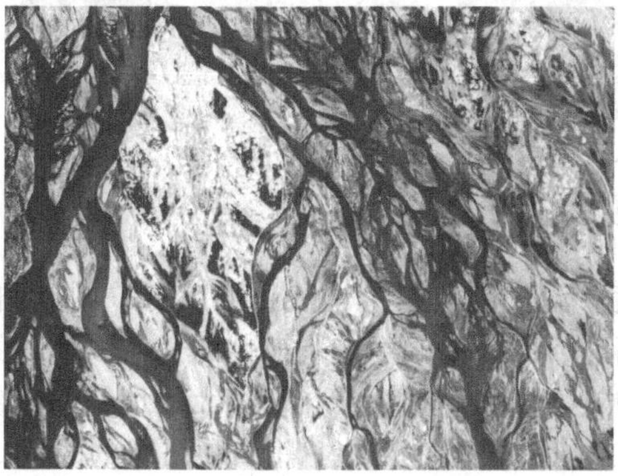

图 3.3　水体深度与色调

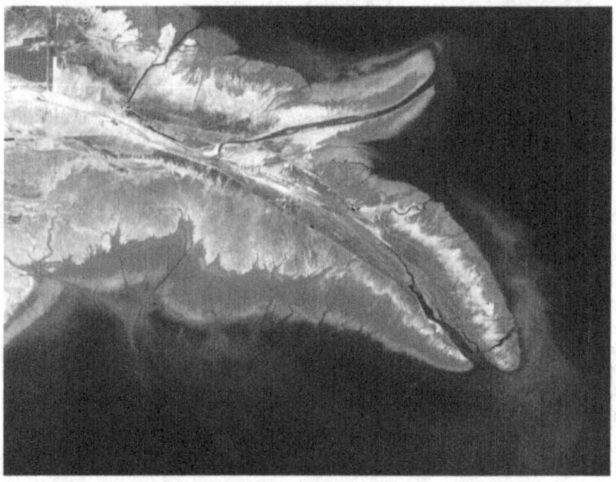

图 3.4　水体含沙量与色调

图 3.5　雷达图像与摄影图像的色调特征对比

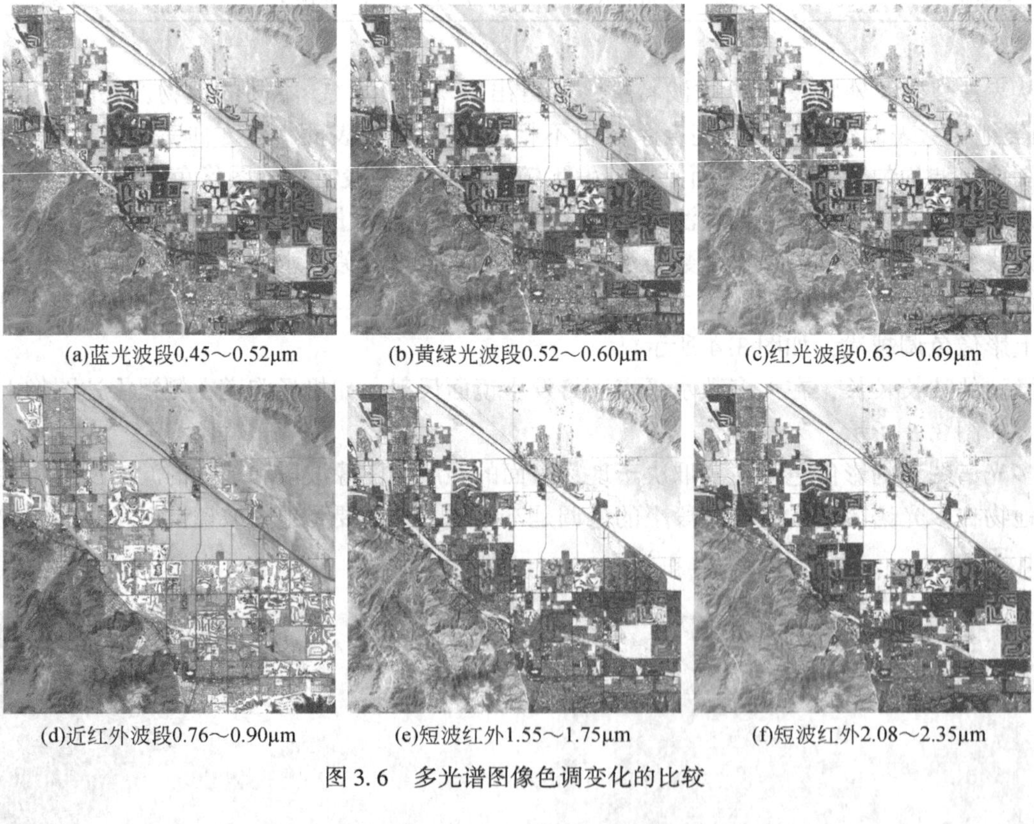

(a)蓝光波段0.45～0.52μm　(b)黄绿光波段0.52～0.60μm　(c)红光波段0.63～0.69μm

(d)近红外波段0.76～0.90μm　(e)短波红外1.55～1.75μm　(f)短波红外2.08～2.35μm

图 3.6　多光谱图像色调变化的比较

热红外图像上的影像色调取决于地物辐射温度，温度高，则色调浅，温度低，则色调深。地物的热辐射来源于地热和对太阳辐射吸收的再辐射。因太阳辐射是周期性的，所以地物的辐射温度也会产生周期性的变化，变化的幅度与地物热惯量大小有关，热惯量大的地物温度变化小，热惯量小的地物温度变化大。因此，判读热红外图像时，必须注意获取图像的时间。例如，水体热惯量比土壤大，土壤降温快，水体温度比土壤高。因此，在白天获取的热红外图像上，水体的影像色调比土壤深，而在晚上获取的热红外图像上则恰恰相反。

图 3.7 是一天然气钻井喷发滚烫泥浆事故的热红外图像，图像中部被围墙围住、呈浅白色的部分已形成泥火山。

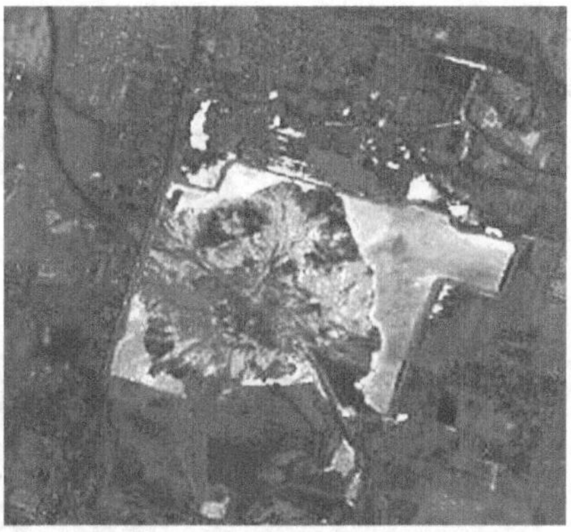

图 3.7　热红外图像的色调特征

2. 色彩特征

地物在彩色图像上反映出的不同颜色称为色彩特征。

地物在彩色图像上的颜色主要取决于地物的光谱反射特性。图像颜色以色别、明度和饱和度（彩色三要素）区分。色别是颜色之间的光谱差别，如红、橙、黄、绿、青、蓝、紫等，是颜色在质的方面的特征，取决于地物反射电磁波的波长。明度是颜色的明暗程度，如深红、浅红等，是颜色在亮度方面的特征，主要取决于地物的电磁波反射率。饱和度是颜色接近纯光谱色的程度，是颜色鲜艳程度的差别，主要取决于颜色中纯光谱色和灰色的比例。

影响色彩特征的主要因素包括地物本身的颜色、大气传输的影响以及颜色的组合方式。图 3.8（见彩图）是同一地区真彩色图像与红外彩色图像的对比。

真彩色图像上，影像颜色与地物相同，容易判读。假彩色图像上，影像颜色与波段的组合方式有关。图 3.9（见彩图）是选取 Landsat-7 不同的 TM 波段进行彩色合成的图像及其色彩特征的对比。

水体受污染程度不同，在彩色图像上的颜色也不相同，如图 3.10 所示（见彩图）。

3.1.2　形状特征

形状特征是指地物的外部轮廓在图像上所反映的影像形状，它是目视判读和计算机识别的主要特征之一。

日常生活中人们熟悉的是地物的侧面形状，而遥感图像相当于把人眼提高到空中一定的高度上鸟瞰地物，观察的是地物的顶部形状。地物的外部轮廓不同，对应的影像形状也不相同。道路和沟渠等在图像上为带状或线状形状，房屋顶部为矩形形状，田块为规则多边形形状，运动场为椭圆形形状等（图 3.11 ~ 图 3.13）。

图 3.11　道路、房屋、田块等地物形状（立体像对）

一般来说，地物顶部形状与相应图像上的影像形状保持同素性，即地物分别为点状、线状和面状形态时，其影像形状也为相应的点状、线状和面状。但是，由于遥感对象和遥感条件的多样性，影像形状和地物形状可能出现较大的差别，使形状发生变形。因此，不同类型传感器具有不同的影像变形规律。

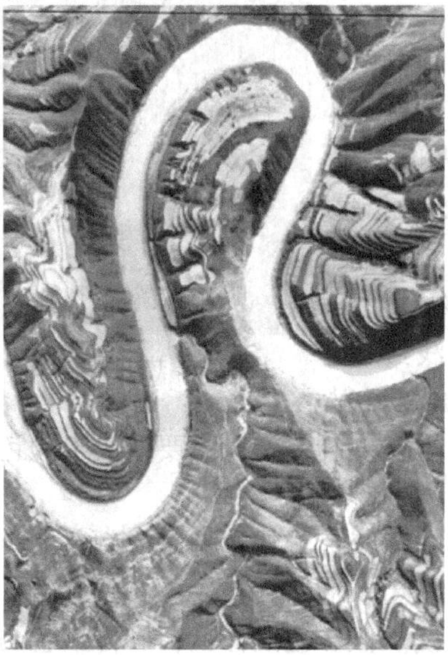

图 3.12　弯曲河流的顶部形状

图 3.13　立交桥的顶部形状

1. 遥感平台姿态对形状特征的影响

由于受到多种因素的影响，遥感平台的姿态发生变化是不可避免的，如平台的侧滚和俯仰等。当平台姿态变化较大时，地物目标的形状有明显的变化，破坏了地物形状与影像形状的相似性。

图 3.14 是摄影机水平与倾斜时影像变形的对比示例，矩形形状的房屋顶部在倾斜图像上变为菱形形状，圆形水池的形状变为椭圆形。

(a)摄影机水平时的图像　　(b)摄影机倾斜时的图像

图 3.14　平台姿态变化对影像形状的影响

一般情况下，遥感图像是在近似垂直姿态条件下获取的，尤其是姿态相对稳定的航天遥感图像，图像倾斜引起的形状变形较小，对判读地面目标属性的影响也较小。因此，倾斜误差对地物目标判读的影响可不予考虑。

2. 投影误差对形状特征的影响

投影误差是由地形起伏或地物高差引起的影像移位。移位的大小和方向不仅与地物高度有关，同时还与成像方式和地物在图像上的位置有关。侧视雷达图像上的投影误差向着天线方向移位，而摄影图像和扫描图像上投影误差则是背着像底点移位。

因投影误差引起影像变形对地物属性判读的影响，主要表现在三个方面。

（1）同一类地物在图像上的位置不同，影像形状也不相同。例如，在摄影图像上，当高于地面的目标位于像片底点时，图像上只有目标的顶部影像；当其离开底点时，影像形状将由目标的顶部和侧面影像联合构成。图 3.15 显示出高度相同的高压线杆在图像上不同位置处的形状变化。

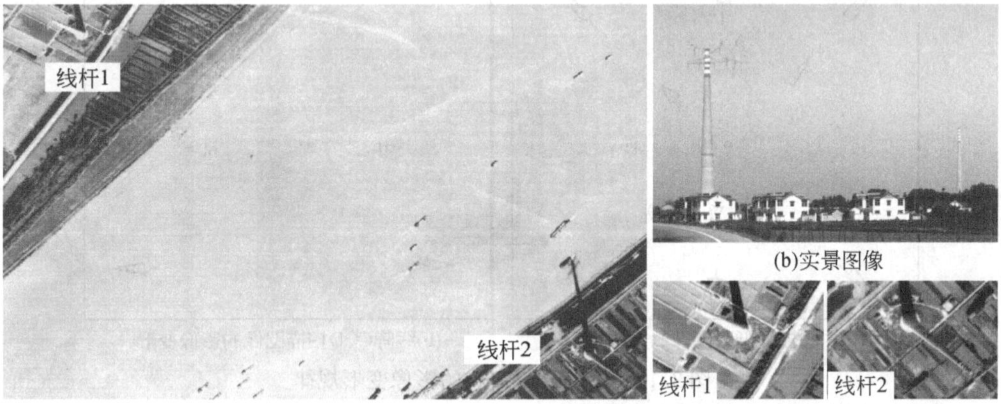

(a)航空摄影图像　(b)实景图像　(c)局部放大图像

图 3.15　地物在图像上的影像变形

（2）山坡在图像上的影像会被压缩或拉长。侧视雷达图像上，向着天线一面的山坡影像被压缩，背着天线的一面被拉长。而摄影图像和扫描图像与雷达图像的变形规律正好相反，如图 3.16 所示。

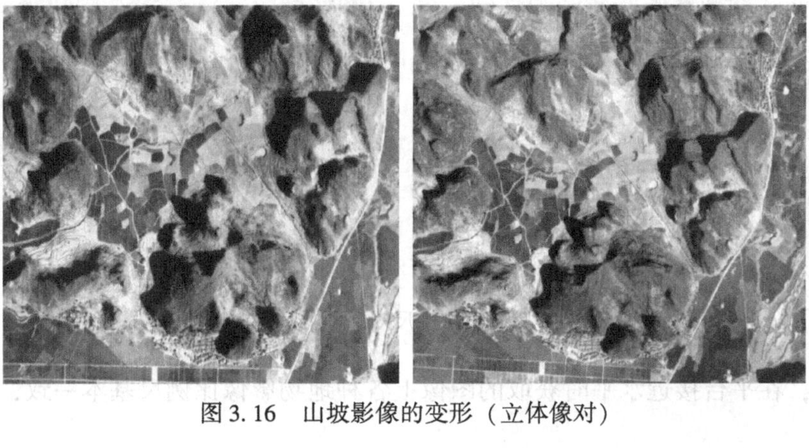

图 3.16　山坡影像的变形（立体像对）

（3）位于斜坡上的地物，由于其位于底部和顶部的地物目标至遥感平台的距离不同，相当于相对航高不同，致使获取的图像的比例尺也不相同，影像形状将产生变形，且斜面坡度越大，影像的变形也越大。可以想象，在斜面上的正方形，其影像形状将变为梯形。

因投影误差引起的影像变形对图像判读影响较大，无论是目视判读、计算机识别或自动分类都必须考虑这种误差。在丘陵地和山地，投影误差遮盖了其他地物使其不能成像，且破坏了影像与地物形状的相似性，判读困难。但对高出地面的地物，投影误差使其侧面可以成像，对判读地物性质有利，且可根据移位大小确定地物的高度。

3. 投影方式对形状特征的影响

不同类型的传感器，成像机理、投影性质和影像变形规律存在明显的差异性，根据地物形状特征判读地物目标性质时应考虑传感器特性的影响。具体的变形规律可参考第2章的内容。图3.17是同一高度的地物在不同传感器获取图像上的不同位置处引起的影像变形。

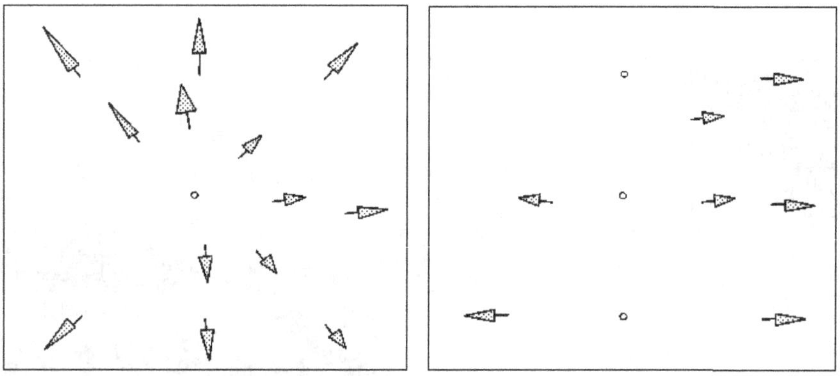

(a)中心投影摄影图像的影像变形　(b)线阵CCD扫描图像的影像变形

图3.17　不同投影方式的影像变形规律

3.1.3　大小特征

大小特征是地物目标反映在图像上影像尺寸的大小。影响图像大小特征的最主要因素是图像的比例尺或空间分辨率，因此，判读前应了解图像比例尺及其比例尺的变化规律。如图3.18(a)所示，房屋、街道和汽车清晰可见，而图3.18(b)中房屋的影像尺寸很小。

(a)　(b)

图3.18　图像比例尺对大小特征的影响

平坦地区，在平台接近水平时获取的图像上各种地物影像比例尺基本一致，实地大的地物反映在图像上的影像尺寸大，反之则小。但由于传感器类型、地形起伏、地物目标性质以及与周围背景的反差不同，影像大小也会发生变化。

（1）地形起伏不平的丘陵地和山地，位于高处的地物，相对平台距离近，影像比例尺大，位于低处的地物，相对平台距离远，影像比例尺小。因此，同样大小的地物目标，反映在图像上，位于高处的影像尺寸比低处的大。

起伏明显的丘陵和山地，在光学图像上，背着传感器的坡面比向着传感器坡面的影像尺寸大，同一坡面在不同位置的传感器获取的图像上，影像大小也会发生变化，如图 3. 19 所示。

（2）地物和背景的反差也是影响大小特征的因素之一。当地物很亮而背景较暗时，由于光晕现象，影像尺寸往往大于实际应有的尺寸，如在全色图像上的林间小路，草原地区的道路和干河床等，由于和背景的亮度差较大，其影像宽度往往大于理论宽度。在田间同样宽度的道路或沟渠，由于修筑材料的不同，与背景的反差不同，影像宽度可能是不同的，如图 3. 20 所示。

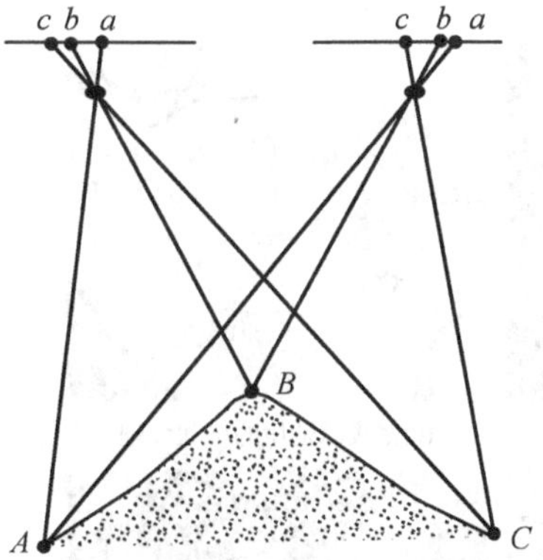

图 3. 19　坡面影像被压缩示意图

图 3. 20　道路、沟渠与背景反差较大的影像

（3）实地相同的地物，在不同类型传感器获取的图像上，影像大小也不相同。侧视雷达图像上的水面舰船、铁塔、高压线和桥梁等硬目标的影像比理论上的尺寸大很多。如图 3. 21 所示，是由意大利的 COSMO-SkyMed 卫星获取的法国巴黎市区的雷达图像。

图像倾斜也会对地物影像大小产生影响，尤其是扫描图像和雷达图像。但目前传感器姿态稳定装置具有较高的精度和可靠的稳定性，若平面倾斜角不大，对影像大小特征影响较小，判读时可不予考虑。

3. 1. 4　纹形图案特征

纹形图案特征是指细小地物在图像上有规律地重复出现所形成的花纹图案，也称纹理特征。纹形图案特征是细小地物的形状、大小、阴影和空间分布的综合表现，反映了色调变化的频率。纹形图案的形式很多，有点状、斑状、格状、垄状、栅状、球状、绒状、鳞状和曲线状等，在这些形式的基础上根据其粗细、疏密、宽窄、长短、直斜和隐显等条件还可再细分为更多的类型。

对纹理的细密程度可用粗糙、较粗糙、细腻、平滑等词语描述。细小地物的纹形图案特征在目视判读或计算机自动分类中被普遍采用，特别是对区分大面积的集团目标非常有价值，所以纹形图案是重要的判读特征之一。图 3. 22 显示了几种常见地物的纹形图案。

图 3.21　雷达图像不同地物对大小特征的影响

(a)针叶林的针尖状纹理　(b)阔叶林的球状纹理　(c)密集冰陡崖的垅状纹理

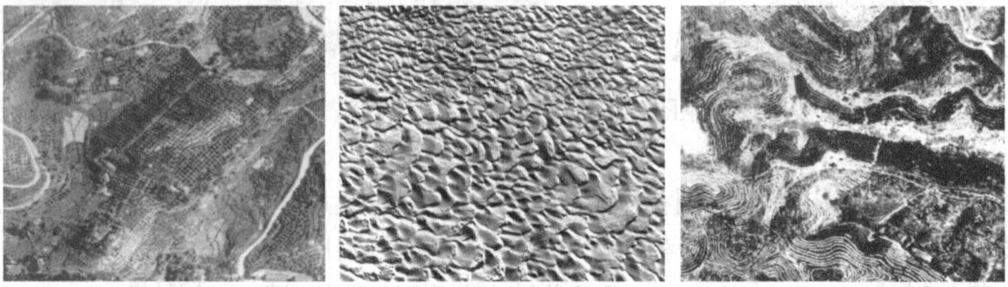

(d)果园的点状纹理　(f)沙漠的鱼鳞状纹理　(g)梯田的曲线状纹理

图 3.22　地物的纹形图案特征

纹形图案特征受图像比例尺影响较大。例如，居民地在大比例尺的图像上表现为房屋、空地、街道以及树木等地物相应的影像，而在小比例尺的图像上，居民地则表现为栅格状的纹形图案。

3.1.5　阴影特征

图像上的阴影是由于高出地面的物体遮挡电磁波直接照射的地段，或被高出地面物体阻挡而使电磁波不能发射到达传感器的地段，在图像上形成的深色调影像。阴影特征是识别高出地面细小目标的重要间接特征。

在全色图像、多光谱图像、高光谱图像和侧视雷达图像上，阴影是地物遮挡电磁波直接照射的地段，而在热红外图像上则是被地物阻挡电磁波发射的地段。

图像上的阴影为深色调，但有些深色调的影像不是阴影，而是地物的本影。图 3.23 为高出地面的房屋在图像上的影像。图中1处照度大，色调浅；2处照度小色调较深，1处和2处都是房屋的本影；而图中的3处是房屋影子，色调深，是房屋的阴影。

虽然不同图像产生阴影的原因不同，但在图像上，阴影都有形状、大小、色调和方向等特征，这些特征对确定地物目标的性质有利。

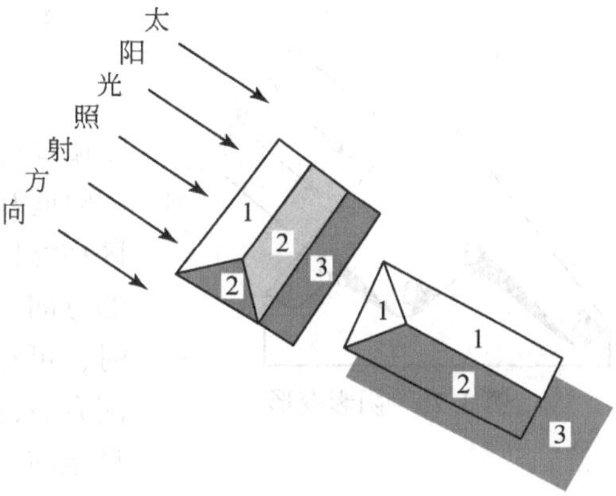

图3.23　本影和阴影

1. 阴影的形状

阴影的形状与电磁波照射方向有关，地物遮挡电磁波的有效部分是其侧面，所以阴影反映了地物的侧面形状。根据地物的侧面形状可确定地物的性质，特别是高出地面的细长目标，如烟囱、水塔、古塔和电线杆等，它们的顶部影像很小，判读困难，但根据其阴影的形状就很容易确定其地面位置和性质。图3.24是一幅古塔和其阴影的全色图像，阴影的形状说明了该塔顶为尖顶这一特征。

图3.24　尖顶塔及其阴影

2. 阴影的长度

阴影的长度L与地物的高度h、电磁波照射的高度角θ以及地形起伏有关。当地面平坦时，地物高度、阴影长度和电磁波照射高度角之间的关系是

$$L = h \cdot \tan\theta \tag{3.1}$$

显然，当电磁波照射的高度角一定时，可根据阴影的长度推算地物的高度。

太阳的高度角随时间、季节和地区纬度的不同而变化，对光学遥感图像上的阴影长度有影响。对某一地点来说，地方时12时太阳高度角最大，阴影最短；一年中夏至中午时太阳高度角最大，阴影最短；冬至太阳高度角比其他日期同一时刻的太阳高度角小。例如，郑州市的二七纪念塔，高56m，夏至中午阴影长度为12m，而冬至中午阴影长度为91m。

太阳高度角θ可按式（3.2）计算：

$$\sin\theta = \sin\varphi\sin\delta \pm \cos\varphi\cos\delta\cos t \tag{3.2}$$

式中，φ为地理纬度；δ为太阳赤纬，即太阳直射点的地理纬度，可根据日期在赤纬表中查取；t为时角，即地区经度与太阳直射地区的经度差。

当地理纬度与太阳赤纬同在北半球或同在南半球时，公式取“+”号，南北不同时取“-”号。

地面起伏对阴影的形状和大小也有影响。如图3.25所示，同样高度的地物，当太阳的高度角相同的情况下，不同的倾斜地段上阴影的大小是不同的，有的地物目标的阴影被拉长，有的被压缩。因此，在高低起伏的地段，利用阴影的长短判断地物高度时，必须考虑地物所在位置以及倾斜坡度的影响。

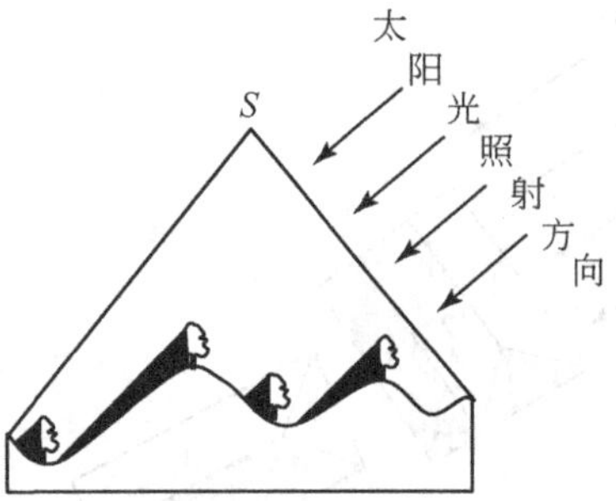

图 3.25　阴影变形

3. 阴影的方向

在全色图像、多光谱图像和高光谱图像上，阴影方向和太阳光照射方向是一致的。在同一幅图像上，由于获取图像的时间相同，各地物的阴影方向都是相同的。我国大部分地区在北回归线以北，中午前后太阳总是在南边，各地物阴影的方向都是向北、西北或东北。因此，在不知道图像的方位时，可根据摄影时间和阴影的方向大致确定图像的方位。我国有少部分地区在北回归线以南，这些地区在每年的夏至或夏至前后，阴影的方向将偏南。高出地面的地物，除在投影误差方向与阴影方向相同位置时，本身的影像与阴影重叠外，在其他位置地物本身的影像与阴影分离，其交点是地物的准确位置，如图 3.26 和图 3.27 所示。

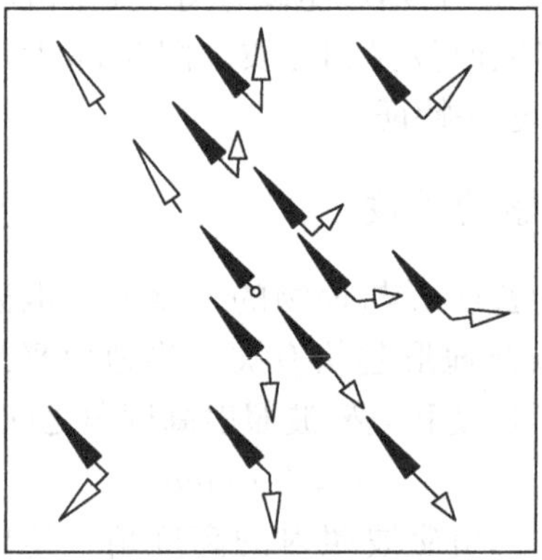

图 3.26　画幅式图像上树的阴影与影像

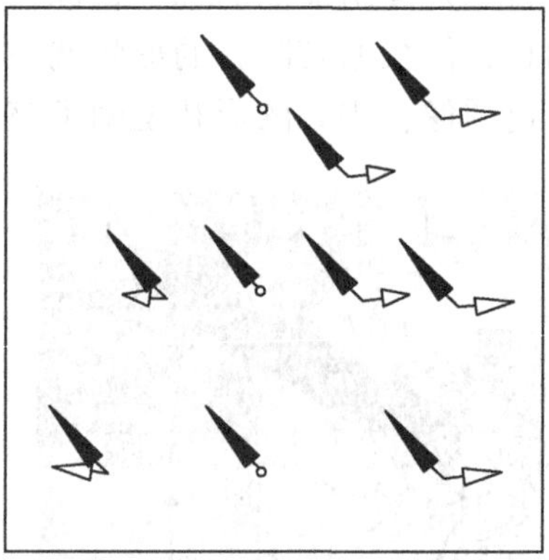

图 3.27　缝隙式图像上树的阴影与影像

侧视雷达图像上阴影的方向始终平行于探测方向，且阴影方向和地物的影像方向正好相反。

4. 阴影的色调

阴影在图像上的影像为深色调。但是，由于大气散射的影响，阴影的色调也会随散射的强弱发生变化。特别对于多光谱图像和高光谱图像，各波段上阴影的色调是不同的。

地物阴影地段虽然没有太阳光的直接照射，但受天空光的照射，而天空光主要是大气散射的蓝光，所以在蓝光波段的图像上阴影的色调与影像的反差最小，在阴影内还可识别其他地物的影像。随着波长的增大，阴影的色调将变深。近红外波段受大气散射的影响很小，在该波段，阴影和影像的反差较大。

在侧视雷达图像上，阴影总是呈现为黑色调影像。

从以上讨论可以看出，阴影特征在增强立体感、显示侧面形状以确定地物性质以及推算地物高度、判定地物的准确位置、确定图像的方位等方面是有益的，但也存在高大地物和山体的阴影遮盖其他重要地物的影像、大面积的阴影影响立体观察效果的弊端。

3.1.6　位置布局特征

位置布局特征是指地物之间的空间配置以及与周围环境的关系在图像上的反映，也称相关位置特征，是重要的间接判读特征。

遥感图像判读中，往往需要根据地学规律，通过比较和“延伸”判读地物目标的属性，这说明地面上的各种地物都有它存在的环境位置，并且与其周围的其他地物存在一定的联系。例如，造船厂要求设置在江、河、湖、海边，而不会设置在没有水域连通的地方；公路与沟渠相交处一般都有桥梁或涵洞相连。特别是组合目标，它们的每一个组成单元都是按一定的位置关系配置的，如火力发电厂由铁路专用线、燃料场、主厂房、变电所和供水设备等组成，这些地物按照电力生产的流程顺序配置，如图 3.28 所示。

图 3.28　火力发电厂的地物位置布局（立体像对）

在军事目标判读中，用位置布局特征可判断军事基地的类型、部队的兵种和建制等。例如，导弹基地一般由发射场、储备库、组装车间和控制指挥中心等组成，根据其位置配置关系，可准确判读各个目标的属性和用途。

位置布局特征有利于对一些没有影像的目标进行判读。例如，草原上的水井，有的影像很小或没有影像，不能直接判读，但可根据多条小路相交于一处进行识别；又如河流的流向，可根据河流中沙洲滴水状尖端的方向、支流汇入主流相交处的锐角指向、停泊船只尾部方向和河曲迂回扇收敛端等相关位置特征判断。

3.1.7　活动特征

活动特征是指地物目标的活动所形成的征候在图像上的反映。地面上的任何目标只要有活动，就会产生活动的征候，而这些征候都与目标的性质存在一定的联系。因此，只要这些目标的活动征候能够在遥感图像上反映出来，就可根据这些征候判读出一些目标的属性。《孙子兵法》中说：“众树动者，来也；众草多障者，疑也。鸟起者，伏也；兽骇者，覆也；尘高而锐者，车来也；卑而广者，徒来也；散而条达者，樵采也；少而往来者，营军也。”讲的就是活动征候与目标属性之间存在一定联系的道理。

利用活动特征判读地物目标的性质，也就是根据地物目标的各种活动征候进行判读。例如，飞机起飞后，由于飞机的余热，在热红外图像上会留下飞机的影像；坦克在地面运动后的履带痕迹也会在图像上有所反映；舰船行驶时激起的浪花；工厂生产时的烟囱排烟等。这些都是活动的征候，是确定目标的性质、状态和发展趋势的重要依据。

3.2　图像判读认知过程

遥感图像判读的实质，是判读人员通过对遥感图像的观察、分析、甄别，实现对遥感对象及其规律认识的一种思维过程。它涉及判读人员在进行遥感图像判读时的感觉、知觉、注意、记忆和思维等一系列心理和生理活动。因此，在学习遥感图像判读特征和判读方法时，必须充分利用认知理论，研究图像判读心理活动的过程和特点，以形成能够指导遥感图像判读实践活动的理论体系。

3.2.1　遥感认知理论

大量的实践表明，判读人员从遥感图像中提取和使用所需要的信息时，自觉或不自觉地都要受到这种认知过程及其规律的指导和约束。因此，判读人员要想提高自己的判读水平，首先必须对认知过程及其规律、影响因素等，有比较系统、全面和深入的了解。然后，再把这些生理学、心理学的研究成果，有效地应用到遥感图像判读的实践活动中。只有这样，才能在完成图像判读任务时收到事半功倍的效果。

1. 认知

心理学的研究指出，认知是模拟人脑理智思维的信息处理过程，是由一系列的感知、思考、学习、概念化、推理、问题求解、记忆和精神意象活动所组成的复杂的行为系统。图3.29是一个简单的认知模型。

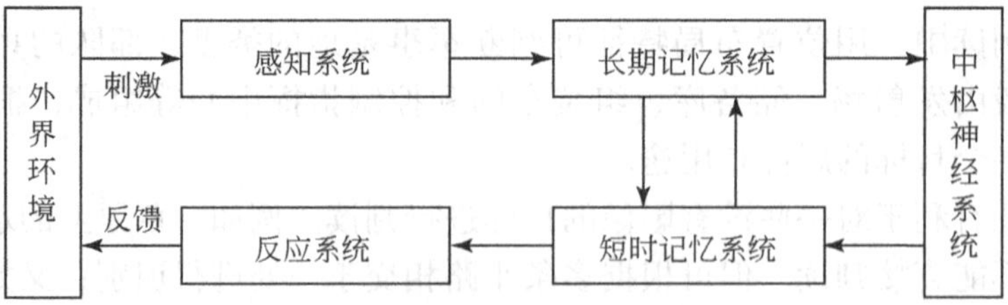

图3.29　简单认知模型

行为主义认为，应激反应过程中的各种思维处理过程不能被直接观察，因而是先天形成的。随着现代新技术的发展，尤其是计算机智能系统的突飞猛进，使得思维处理过程的客观化和外部化成为可能。

认知科学是以揭示人的智能系统的工作原理为研究对象的学科，诞生于20世纪70年代，是基于哲学、心理学、语言学、人工智能、人类学、神经学等兴起的一门交叉学科。

2. 遥感信息认知

近 30 年来，试图模拟遥感图像判读过程的专家认知模型逐步发展起来。但是，在这些认知模型的设计和研究中，很难从根本上模拟判读专家的逻辑思维过程。

遥感图像是通过遥感系统获得的地球表层系统中连续区域性的电磁波辐射信息，遥感信息的认知是在主观的视觉观察和逻辑推理、判断过程中获得地表特征信息的过程。由于遥感信息本身是以图像形式再现的，所以对遥感图像信息的认知首先是视觉上的认知过程。因此，模拟遥感图像的视觉认知是整个遥感认知过程的关键。图 3.30 描述了遥感图像的认知过程（周成虎等，2001）。

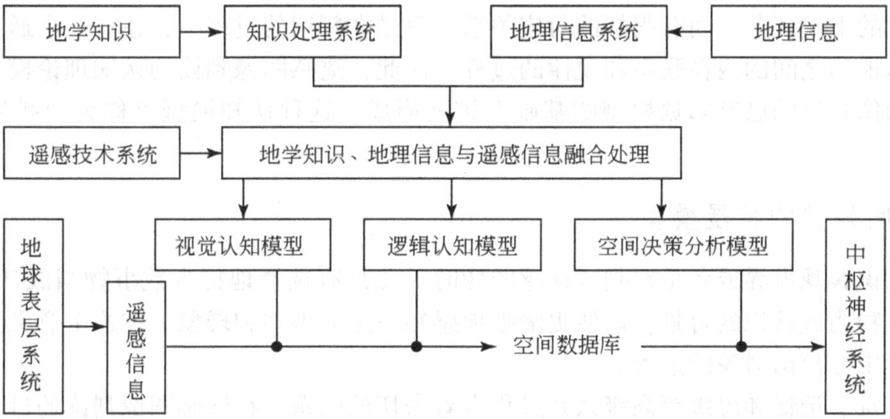

图 3.30　遥感图像认知过程描述

3. 视觉认知

钱学森曾经指出，形象思维是人类产生创造性思维的源泉。视觉认知是掌握人类智能活动规律的关键。人类视觉的研究，一直是人工智能领域研究的重点内容。据估计，人类从外界感知的信息有 70% 以上来自视觉，因此，视觉是人的主要感觉功能，人的视觉系统能够完成许多复杂的信息处理任务。

感觉认知研究的实质在于模仿人的视觉功能，对人的生理感知机理的研究必然会影响视觉认知的研究。计算机视觉是人工智能研究中的一个重要领域，是通过仿真人的视觉生理系统，模拟人的大脑对图像的信息加工处理过程，获得对图像信息的感知、抽象和理解。计算机视觉的过程包括影像的传输成像过程和对影像信息的加工处理过程，因此，计算机视觉与脑科学、视觉生理学之间必须建立一种特殊的双向关系。生理学和心理学的研究成果，已经对计算机视觉理论和技术的发展起了重要的理论指导作用。

视觉认知问题是一个复杂的问题，对视觉的研究需要探索这样一些问题：视觉系统如何获得图像信息，如何进行压缩编码，如何在大脑中表示这些信息，最后又是如何做出决策和行为的。研究结果表明，人对图形图像的认知具有并行、综合、视觉空间、非语义、总体和立体等特点，在此过程中，大脑以并行的方式对图形图像中景物的很多不同“特征”进行响应，并以人已经获得的经验或知识为指导，把这些特征组合成一个有意义的整体，最后得到对景物明晰的、多层次的符号化解释和分析。

3.2.2 图像判读知觉模型

1. 空间知觉模型

知觉是人们通过感觉器官得到外部世界的信息后，经过大脑的加工而产生对事物整体认识的过程。知觉作为一个过程，包含了互相联系、顺序进行的几个环节：察觉、分辨和确认。察觉是指发现事物的存在，而不知道它是什么；分辨是把一个事物或其特征与另一个事物或其特征区别开来；确认是指人们利用已有的知识经验和当前获得的信息，确定知觉的对象是什么，给它命名，并将它纳入一定的范畴。

根据知觉理论，遥感图像判读过程中的影像特征提取、目标影像检出和目标影像识别等环节，与知觉的上述环节之间有很好的对应关系。只是在判读的过程中，还有一个通过分析判读结果以揭示地物之间的内在联系和规律的过程。因此，遥感图像判读的认知理论模型，可在适用于遥感图像判读的已有知觉模型的基础上扩展而成。这种认知模型可称为“扩展的空间知觉模型”。

2. 空间知觉的扩展模型

人在认识客观世界或者是在判读遥感图像时，总是有选择地把少数事物当成认识的对象，而把其他事物当成认识的背景，以便更清晰地感知一定的事物和现象。在这个意义上，认识过程是从背景中分离出对象的过程。

人的知觉、记忆和思维等高级认知过程有着密切的联系。在遥感图像判读的过程中，人不是被动地把判读对象的特点记录下来，而是会以理论知识或已有的经验知识为依据，通过对图像进行判读，得到实地的地物目标属性信息。

在研究人脑与计算机相似性的过程中，美国学者 Kent（1981）提出了一个空间知觉的黑箱模型，具体描述了从视网膜输入到目标识别的全部知觉过程，以及构成这个过程的各功能单元及其相互之间的关系。多年的实践经验表明，这个模型较好地描述了对某个目标进行遥感图像判读的过程、步骤及其影响因素，然而，遥感图像判读还需进一步揭示其判读结果的价值及其应用前景，即不同类型的诸多地物目标影像之间的内在关系、时空规律及其应用情况，这种要求恰好可由人类的思维过程完成。图 3.31 是阎守邕等（2007）设计的可作为遥感图像判读理论基础的扩展空间知觉模型。在该图中，方框表示空间知觉过程的各个单元，双线宽箭头指示着知觉过程中数据流动的方向以及各个功能单元发挥作用的先后顺序和相互关系，单线细箭头标明了知觉过程中的调控信息的流动路径和作用对象，而这些调控的类型和内容，则分别用不同圆形符号注记并加以说明。

空间知觉中的功能单元包括视网膜输入、视觉预处理、空间特征提取、位置编码和空间定向、特征整合、目标分析、思维操作、注意指向和长期记忆单元。这些单元在知觉过程中的地位和作用各不相同，基本含义如下。

（1）视网膜输入。这里是指遥感图像直接作用于视觉器官的产物，主要包括色调/色彩、形状、大小、纹理、阴影、位置布局和活动等图像判读特征信息。这些信息是在人脑中组合起来，产生对图像整体的认识，即知觉的基础。

（2）视觉预处理。它是在视觉输入进入空间特征提取和位置编码/空间定向等功能单元之前，对相关的或当前感受器激活的信息所进行的初步处理。这些预处理包括对空间知觉范围的

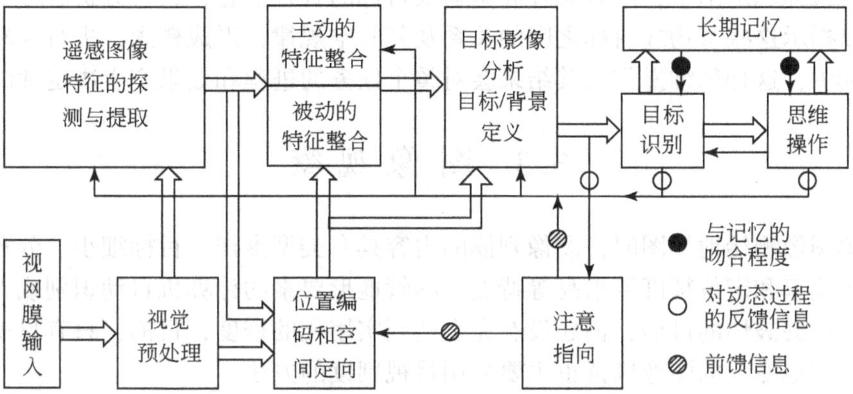

图 3.31　可用于遥感图像判读的扩展空间知觉模型

限定、某些特征的增强以及对不必要或干扰信息的剔除等。

(3) 空间特征提取。它的主要功能是从视网膜输入的视觉信息中探测和提取遥感图像的辐射特征、光谱特征、纹理特征和空间特征等。

(4) 位置编码/空间定向。当人们环视周围环境时，环境中的景物及其特征就在视网膜上形成了不同的投影。来自景物位置的辐射能，经过感官的换能作用，转换为视网膜相应位置上的神经冲动，就实现了对景物及其特征的编码。这些景物在视网膜上投影的相对位置不同，提供了它们的空间方位信号。

(5) 图像特征整合。从视网膜输入信息中提取出的各种空间特征，在位置编码和空间定位信息的控制下，按照不同的知觉目标整合起来。这种整合在整个知觉过程中是一个极为重要的加工步骤。它存在两种不同的机制：一种是自动化（或被动）的加工机制，它对构成各种目标的特征进行分析，不受认识资源的限制，不需要注意，以并行方式进行；另一种是控制性(主动)的加工机制，它使相关的特征结合为单个目标，受认识资源的限制，需要注意的参与，以串行方式进行。

(6) 目标/背景影像分析。在这个环节中，知觉的功能具体表现在两个方面：一是在位置编码和空间定位信息的控制下，利用经过整合的空间特征信息，对该目标进行分辨，把它与其他目标区分开来；二是在注意的选择性导向下，确定知觉的目标并把它从背景中区分出来，以便清晰地对它进行认知。在遥感图像判读中，这个功能单元将完成目标影像检出及其边界线圈定的任务。

(7) 注意指向。它要解决如何把知觉者的注意心理活动或注意力指向集中到何种目标或作业之上，以及如何指向、集中到该目标或作业之上的问题。在解决这些问题的过程中，存储在知觉者长期记忆里有关知觉任务、对象及其相关专业知识和经验将发挥重要作用，对整个知觉过程的工作效率产生重大的影响。

(8) 目标识别。它利用人们已有的知识、经验与当前获得的前期加工信息，通过多方面的比较和分析，达到确定该知觉目标是何物的目的。然后，对目标进行命名并纳入某种范畴或分类之中。目标识别往往是一种不断完善、不断丰富的认知迭代过程。对遥感图像判读而言，目标识别不仅仅是对目标影像进行定性、命名和归类的过程，也是建立、改进和使用该类影像判读特征的过程。

(9) 思维操作。思维操作单元在扩展的空间知觉模型中，利用存储在长期记忆里的知识经验，对诸多目标识别结果，即有关外界事物或目标的各种信息，进行分析、综合、比较、抽象和概括，以揭示这些事物或目标之间的关系及其时空规律，形成概念，进行判断、推理。在遥感图像判读中，这种思维操作及其结果会对整个任务的进程和效果产生决定性的影响。

3.3　图像观察

利用遥感图像测绘地形图时，图像判读的内容具有类型多样、目标细小、分布复杂、动态变化、属性正确率和定位精度要求高等特点。尽管地形要素的计算机自动识别或人机交互判读技术取得了一些突破性的进展，但还没有完全达到实用化的程度，目前，只有目视判读方法能够满足要求。其他专业的图像判读也主要采用目视判读的方法。

3.3.1　人眼的视觉能力

1. 人眼的结构

人的眼睛是一个结构复杂的天然的光学系统，主体部分是前后直径大约为23mm的近似球体，由眼球壁和眼球内容物构成，如图3.32所示。

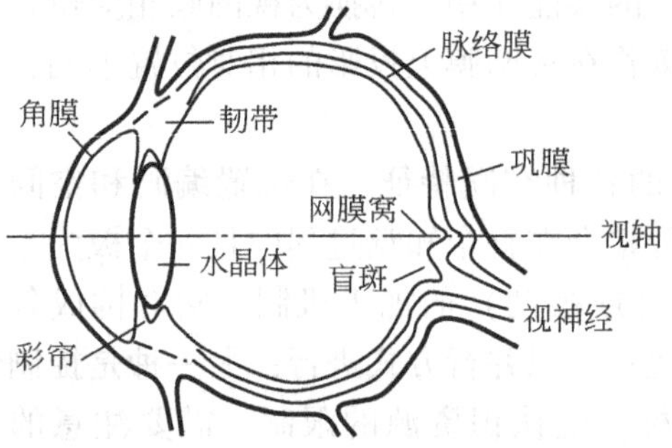

图3.32　人眼解剖图

人眼观察时，外部物体发出的光线，通过角膜、房水、晶状体和玻璃体，聚焦在视网膜上成像。视网膜上的锥体细胞和杆体细胞把接收的光刺激转化为神经冲动，经视神经到丘脑的外侧膝状体，再传到大脑枕叶皮层的高级视觉中枢，就产生了物体的大小、形状和颜色等视觉效应。

锥体细胞和杆体细胞是视网膜上的感光细胞。锥体细胞大约有650万个，长度为0.028～0.058mm，直径为0.0025～0.0075mm，大部分集中于眼球后部中央的网膜窝处，距离网膜窝越远，锥体细胞就越少。锥体细胞能辨别光的颜色，但对微光不灵敏。杆体细胞长为0.04～0.06mm，直径为0.002mm，大约有1亿个，在视网膜上的分布与锥状细胞不同，距离网膜窝20°处的杆体细胞数量最多，离网膜窝越近，杆体细胞的数量急剧下降。杆体细胞不能分辨颜色，但对光强的敏感性很高，特别是对微光的灵敏度比锥体细胞高得多。在光线比较暗的黄昏和夜晚，人的视觉主要由杆体细胞起作用，这时不易辨别物体的颜色。锥体细胞发生病变，会造成色盲；杆体细胞病变，易成为弱视。

2. 单眼观察视力

人眼视力是视觉器官完成视觉任务的能力。通常以在一定距离和一定光照条件下能辨别的最小目标作为视力的指标。在目视判读中，单眼视力一般以辨别的最小目标对眼睛所张的角度大小表示。

锥体细胞的平均直径为0.005mm，它和水晶体所成的角度大约为1′，所以人眼的平均视角分辨率（即视力）为1′。但有些人的视力可达到50″或40″，甚至有的人的视力能达15″。因为线状目标在视网膜上构象为一线段，落在一系列的感光细胞上，所以人眼对线状目标的视力比对点状目标要高。人的单眼对点状目标的视力称为第一类单眼视力，对线状目标的视力则称为第二类单眼视力。

视力受照度的影响很大，一般随照度的增强而提高，如图 3.33 所示。目标与背景的反差对视力也有影响，反差越大，视力越高，如图 3.34 所示。

实验表明，在正常照度条件下（大于 50lx），正常人的平均单眼视力为：第一类（点状目标）单眼视力为 45″；第二类（线状目标）单眼视力为 20″。

上述视力是指网膜窝处的视力，如果利用放大镜、立体镜或望远镜等设备观察时，当设备放大某一倍数时，视力也增大相同的倍数。

单眼观察不能客观地区别物体的远近和立体形象，只能依据日常生活的经验判断物体的远近。例如，当一个物体被另一个物体遮挡，就知道被遮挡的物体较远；根据透视原理也可判别物体的远近。但是这种对物体远近判断的方法是不可靠的，只有双眼观察才能对物体有立体感觉，才能客观判断物体的远近。

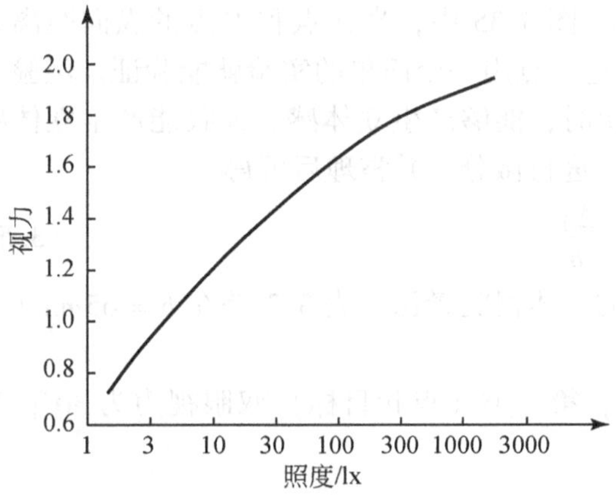

图 3.33　照度与视力

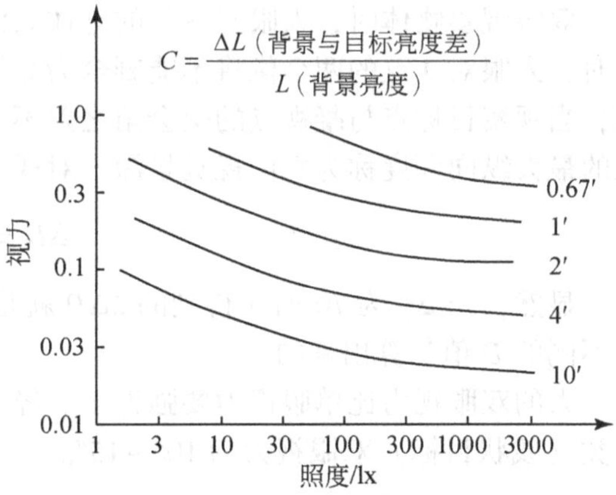

图 3.34　照度、视力、对比度

3. 双眼观察视力

日常生活中人们总是用双眼观察外界景物。双眼观察时，同一景物在左右眼中分别构象，经视觉神经和大脑皮层的视觉中心作用后凝合成单一印象，从而感觉到被观察物体的立体形态，产生立体感，这种观察称为天然立体观察。

如图 3.35 所示，双眼观察物体时左右眼的视轴要交会于景物区的某一点，这个点称为凝视点，同时眼睛自动调节视网膜到水晶体的距离，使影像清晰。这和摄影时的调焦过程有点相似，凝视点相当于调焦的参考点。凝视点成像在视网膜中心，凝视点附近的物体在左右视网膜上的成像位置与网膜窝的距离不同，它们与网膜窝的弧长之差称为生理视差。

图 3.35 中，位于 A、B 点的目标所产生的生理视差分别为

$$
\begin{aligned}
P_A &= \widehat{f_1 a_1} - \widehat{f_2 a_2} \\
P_B &= \widehat{f_1 b_1} - \widehat{f_2 a_2}
\end{aligned}
\tag{3.3}
$$

当弧长位于网膜窝的左方时，生理视差为正，位于右方时为负，在网膜窝中心时为 0。不同远近的目标具有不同的生理视差，图中 A 点比 F 点远，生理视差小于 0，B 点比 F 点近，生

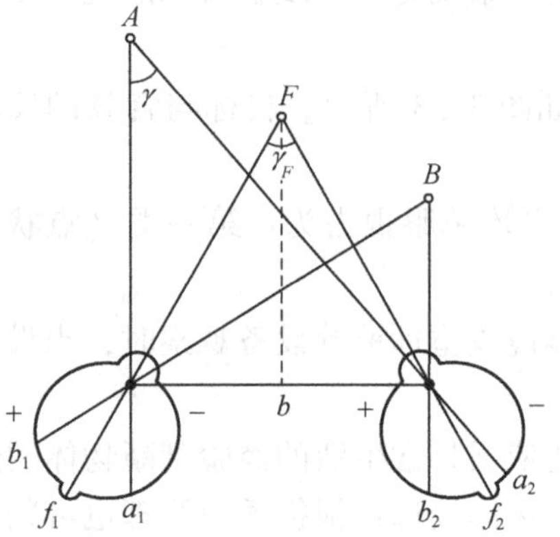

图 3.35 双眼观察

理视差大于0。如果 A 、B 点与 F 点没有远近差别，则生理视差都等于0。因此生理视差是产生立体感觉的根本原因。

在一定的景物范围内，利用物体相对双眼交会角的大小也能确定物体的远近。用 γ 代表交会角，b 代表眼基线，D 代表观察距离，则

$$\gamma = \frac{b}{D} \tag{3.4}$$

很显然，交会角大的物体距离人眼近，交会角小的物体距离人眼远。由于人眼调节功能的限制，一般 D 为25cm（明视距离）时，人眼观察舒服；而 D 小于2cm时，观察就比较困难。由式（3.4）可知，交会角在15°时观察效果最好，但不能大于32°。

双眼观察物体时，人眼有一定的立体景深范围。图3.35中，当 A 点和 F 点的纵向距离太大时，人眼对 A 点的两个像将不能凝合为立体像，这一点用一个简单的实验就能验证。经验表明，当观察目标点与凝视点的交会角之差不大于70′时，能够产生立体感。人眼能产生立体感觉的最大纵向深度称为立体视觉景深。对式（3.4）进行微分，并整理后可得

$$\Delta D = - D^2 \cdot \frac{\Delta\gamma}{b} \tag{3.5}$$

显然，当 $\Delta\gamma$ 为70′时所得到的 $2\Delta D$ 就是人眼的立体视觉景深。表3.3是在 $b = 65$mm 时，取不同的 D 值计算出来的。

人的双眼视力比单眼视力要强得多。经验表明，第一类（点状目标）双眼视力为30″；第二类（线状目标）双眼视力为10″~15″。

表3.3 人眼的立体视觉景深

D/cm	8	12	25	50
立体视觉景深/cm	0.4	0.9	3.9	15.7

如果我们将第一类视力（$\Delta\gamma_1 = 30''$）和第二类视力（$\Delta\gamma_2 = 15''$）分别代入式（3.5），则能计算出人眼所能分辨的点状目标和线状目标的最小景深差，即双眼的纵向分辨率，见表3.4。

表3.4 人眼的纵向分辨率

D/m	0.25	0.5	1.0	5.0	10.0	15.0
第一类纵向分辨率/mm	0.14	0.6	2.2	56	224	503
第二类纵向分辨率/mm	0.05	0.2	0.7	19	75	168

双眼观察时的立体视觉景深和纵向分辨率在图像判读中是两个重要的概念，对判读的实施有指导意义，但也是两个容易混淆的概念，在应用中要注意区分。

4. 人眼的灰阶和颜色分辨率

人眼的灰阶分辨率是指对黑白图像可以区别的最大灰阶数。人眼能够分辨出多少灰度级的

说法不一，有的认为可识别 23～24 级，有的认为可识别 27 级，这需要由生理试验确定。

人眼分辨颜色的能力通常用色觉描述。色觉是指不同波长的光线作用于视网膜而在人脑中引起的感觉。色觉是视角系统的基本功能，对分辨图像和物体的颜色具有重要意义。人眼可见光线的波长范围是 0.39～0.78μm，一般可分辨出包括紫、蓝、青、绿、黄、橙、红 7 种主要颜色在内的 120～180 种不同的颜色。

人眼对颜色的分辨能力，国外有人认为人眼在仪器帮助下可辨别出 13 000 种颜色。从理论上分析，在密度计的帮助下，人眼识别 128 种灰阶是可能的，识别 128 种颜色也是不困难的，那么人眼在仪器帮助下应该可识别 128×128＝16 384 种不同色别、不同色阶的颜色。

3.3.2　像对立体观察

在不同的位置获取同一景物的两幅图像称为立体像对。在一定条件下观察立体像对也能产生立体效果。

1. 像对立体观察的条件

由于立体像对是在不同位置获取的两幅图像，所以不同高低的物体在立体像对上的左右视差是不同的。在对自然景物进行双眼观察时，产生立体感的原因是景物远近所形成的生理视差的不同。当双眼对立体像对的左右图像分别同时观察时，立体像对的左右视差就转换成了人眼的生理视差，因此同样可产生立体感觉。但是，为了获得较好的立体效果，在对像对进行立体观察时，必须满足四个条件：①两幅图像必须在不同方位对同一景物遥感获得；②两眼必须分别观看左右图像上的同名地物影像（即分像）；③像对安置时，同名像点的连线（或像片基线）必须和眼基线平行；④两幅图像的比例尺相对误差不超过 16%，如果超过这个数值，则超出了人眼的调节范围，大脑无法将其合成立体形态。这时只能用变焦判读仪进行观察方能看到立体形态。

日常生活中立体观察自然景物时，双眼视轴自然地交会于同一视点，并根据景物的远近自行调节晶体曲率使视点的影像清晰。而在像对立体观察时，由于要求左眼看左像，右眼看右像，改变了交会与调节相协调的观察习惯，使两眼视轴平行，相当于观察无穷远目标，而眼睛则调节在明视距离的地方。所以只有经过一定的训练才能直接用双眼进行像对立体观察。直接用裸眼进行像对观察，由于眼肌紧张会感到不舒适，且容易疲劳。因此，像对立体观察通常是借助仪器进行。

双眼视力差别较大时，应佩戴相应的视力校正眼镜，否则立体观察困难。

2. 立体观察设备

立体观察仪器是一种利用双眼生理视差而产生立体知觉的仪器。

立体观察仪器主要有两个作用：一是分像与调节，保证人的左右眼分别观察不同图像的同时，使入射到人眼的光线近似平行，人眼的交会与调节相协调，从而使观察者感到舒适而不易疲劳；二是放大影像，增强人眼视力，提高观测精度。

光学仪器的放大倍率是光学系统的放大倍率和基线放大倍率的乘积，如果一个立体观察仪器的光学系统放大率为 n，基线放大倍数为 V，则总的放大倍数为 $n \times V$，这就使人眼的视力也提高了 $n \times V$ 倍。

遥感图像判读中，并不是判读设备的放大倍率越大效果越好，而是受多种因素的影响。放大倍率越大，相对于实地的视场范围越小，可参考的地物周围的相关信息也越少，造成判读地物属性困难。因此，选择立体观察设备的放大倍率时，应根据图像的空间分辨率和人眼的分辨率等因素综合确定。

目前，供遥感图像判读用的立体观察设备可分为两大类：第一类是模拟图像的观察设备，主要有袖珍立体镜、反光立体镜和判读仪等；第二类是数字图像的屏幕立体观察设备，主要有光学立体镜、互补色立体镜、偏振立体镜和液晶立体镜等。

1）桥式立体镜

桥式立体镜也称袖珍立体镜，如图 3.36 所示，由两个凸透镜和支架组成。两透镜间的距离与眼基线相当，可以适当调节，镜架高等于透镜焦距，影像的光线经透镜分别平行进入左右眼，达到分像而获得立体效果。

桥式立体镜体积小、重量轻、使用方便且便于携带，在野外判读作业中广泛应用。但是，这种立体镜的放大倍率小、观察基线短、观察大像幅图像不方便。

2）反光立体镜

反光立体镜是用支架两旁的反光镜将左右图像的影像反射到左右眼，达到分像而获得立体观察效果。反光立体镜类型较多，但按照观察镜类型可分为两种类型：一种是观察镜采用可调焦的目镜，如图 3.37(a)所示；另一种是直接观察平面反射镜，如图 3.37(b)所示。反光立体镜的整个光学系统装在金属架上，放大倍率一般为 2 ~ 4 倍。观察基线一般比眼基线大 4 倍，可用于较大像幅的立体观察。

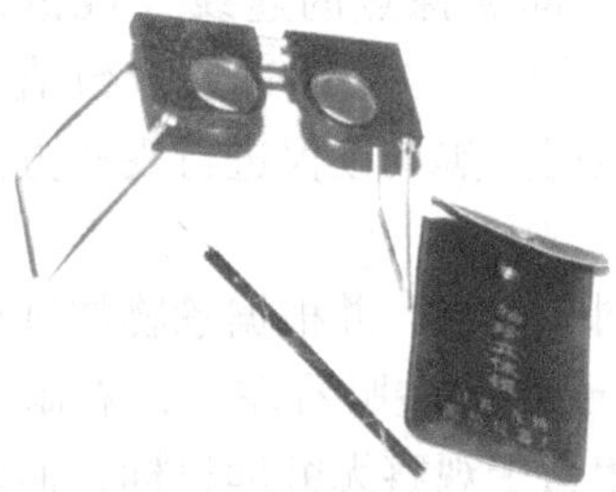

图 3.36　桥式立体镜

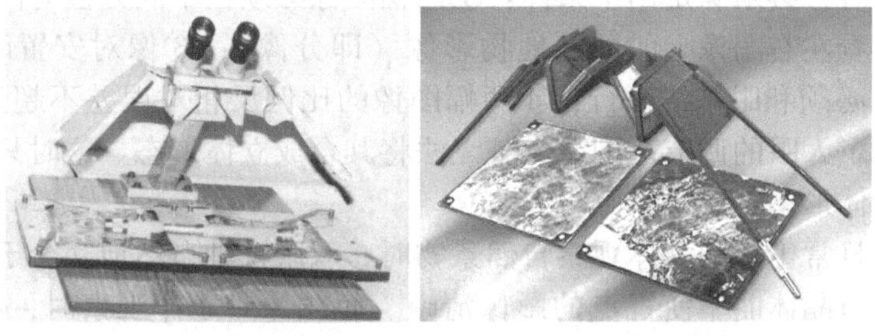

(a)目镜观察方式　(b)反射镜观察方式

图 3.37　反光立体镜

3）判读仪

判读仪是在立体镜的基础上开发的专业立体观察仪器。与立体镜相比，判读仪有两个特点：一是采用变焦镜头，观察基线的长短和光路方向可以调节；二是有观察台，图像可在各个方向上移动和旋转。例如，西安 1001 光学仪器厂生产的 XP1 型判读仪（图 3.38），为双光路变焦观察系统，放大倍率的变化范围为 3 ~ 9 倍，两光路独立变焦，可对两幅不同比例尺的图像进行立体观察，比例尺的匹配范围是 3 : 1。

4）透镜式屏幕立体镜

透镜式屏幕立体镜的原理与桥式立体镜观察模拟图像相同，它是在计算机屏幕上创建两个视窗，将立体像对中的左右图像同时显示在左右两个视窗中，利用安置在计算机屏幕前方的透镜式立体镜实现分像而达到立体观察的效果。为了方便观察，该立体镜可上下转动和左右移动，如图 3.39 所示。

图 3.38　XP1 型判读仪

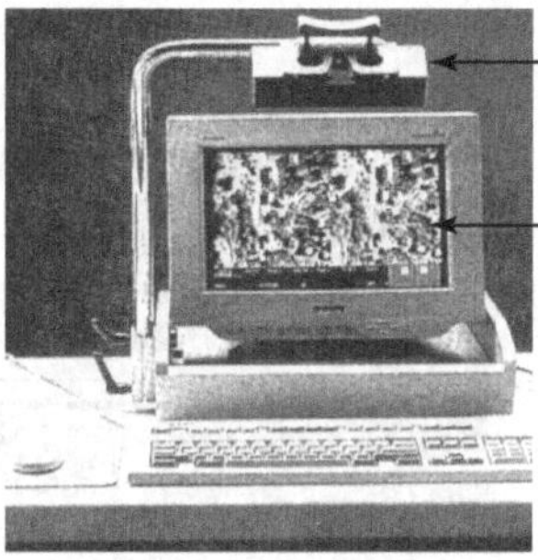

图 3.39　透镜式屏幕立体镜

5）液晶立体镜

液晶立体镜用于观察在计算机屏幕上交替显示的遥感图像。

利用液晶立体镜进行立体观察的基本原理是：左右图像交替显示在计算机屏幕的同一位置上，并在同步控制信号的作用下，使左图像显示时左边液晶镜片开启、右边的关闭，右图像显示时右边的液晶镜片开启、左边的关闭。这样当判读人员戴上液晶眼镜后，左眼只能看到左影像而右眼只能看到右影像，根据视觉暂留现象而达到分像的效果，如图 3.40 所示。

用液晶立体镜实现立体观察是目前国际上流行的一种方法，在很多领域中已经被广泛采用。对隔行扫描的显示器，左右视图按场序交替显示在计算机屏幕的同一位置上。对逐行扫描的显示器，左右图像分幅交替显示在计算机屏幕的同一位置上。为了克服这种立体显示方式特有的闪烁感，帧频应尽可能提高到 100Hz 以上（此时基本上与人眼的刷新频率一致）。

图 3.40　用液晶眼镜实现立体观察

6）偏振光立体镜

这种方法是利用液晶的旋光作用和偏振片的选光作用实现的。左右图像交替显示在屏幕的同一位置，在屏幕前放置一块液晶偏振调制板，在同步控制信号的作用下，将左右图像的光线分别调制为相互正交的偏振光。当观察者戴上偏振镜时，左眼只能看到左图像，右眼只能看到右图像，从而达到分光和立体观察的目的，如图 3.41 所示。

在计算机屏幕上进行遥感图像判读的优势是可针对判读的目的，灵活方便地对图像进行增强、滤波、多源遥感数据融合、彩色合成和彩色变换等处理，从而大大提高遥感影像解译的质量。

3.3.3　立体观察效果

观察遥感图像立体像对的基础是满足在不同的位置获取同一地区的影像，即两幅图像必须存在有相当于生理视差的左右视差，才能产生立体效果。如果像对的两幅图像安置位置不同或方向不同，观察时会产生正立体、反立体或不产生立体感觉。

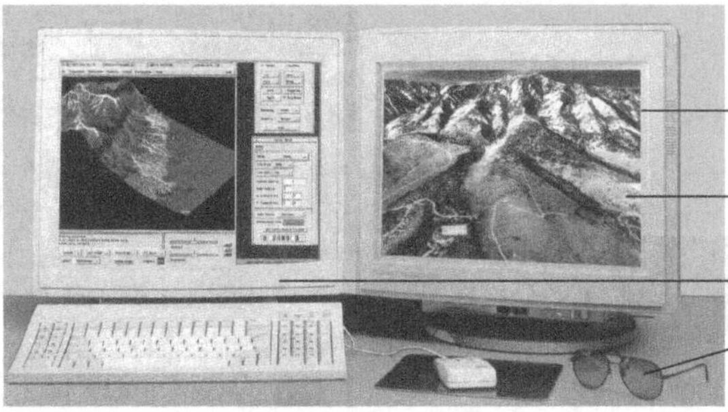

图 3.41　偏振光立体观察

1. 正立体

将立体像对按图像获取时的左右顺序平放在桌面或计算机屏幕上显示，并使两幅图像上的相应地物连线与观察基线平行，然后在立体镜下两眼分别观察两幅图像，调整两幅图像的距离，当两眼看到的相同地物影像完全重合时，就得到与地面起伏一致的立体模型，这种立体称为正立体，如图 3.42(a)所示。

2. 反立体

如果将正立体效果时的左右图像互换或各自旋转 180°，则得到与地面起伏相反的立体效果，这就是反立体，如图 3.42(b)所示。在判读时，有的人有观察突出地面地物比观察低于地面地物清晰的习惯，在观察沟谷、洼地等负向地貌时，采用反立体观察，以便于迅速准确地判读。图像立体观察时是用正立体观察或用反立体观察，主要取决于判读人员的习惯。

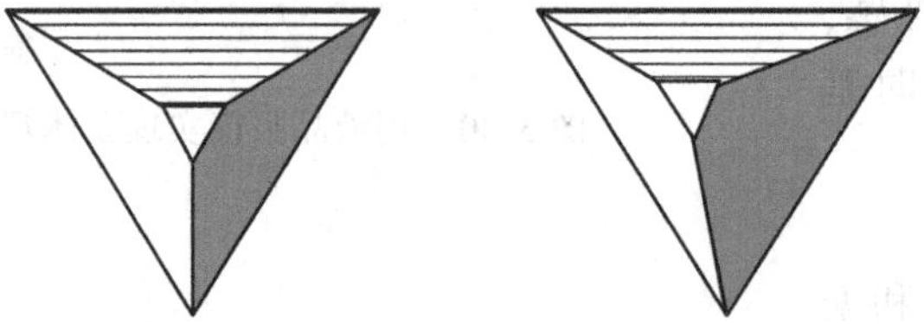

(a)正立体　　(b)反立体

图 3.42　正反立体效应

微波图像的投影误差方向与其他图像相反，所以在对微波图像进行立体观察时，如要获得正立体效果，左右图像应互换。

3. 零立体

当眼基线和图像基线垂直时，或者在正立体的情况下，将两幅图像分别旋转 90°，则左右视差为零，立体感消失，这种立体效果称为零立体。

4. 超高感

在像对立体观察中所看到的立体模型是视觉模型，观察者有时会感到视觉立体模型的起伏程度与实地不完全一致。这种现象是由于立体模型的水平比例尺和垂直比例尺不一致造成的。当立体模型的垂直比例尺大于水平比例尺时，立体模型比实际地形显得陡峭，这种现象称为立体观察时的超高感。

产生超高感的原因是立体观察仪器的主距和图像获取时传感器的焦距不一致。如果立体观察中放大倍率为 1，观察主距为 d，眼基线为 b，图像基线为 B，传感器的焦距为 f，则立体模型的垂直比例尺和水平比例尺分别为

$$\frac{1}{m_{垂}} = \frac{d}{f} \cdot \frac{b}{B} \tag{3.6}$$

$$\frac{1}{m_{水}} = \frac{b}{B} \tag{3.7}$$

垂直比例尺与水平比例尺之比为立体模型的高程变形率

$$k = \frac{1}{m_{垂}} : \frac{1}{m_{水}} = \frac{d}{f} \tag{3.8}$$

图像获取时，为了得到较大的基高比，采用短焦距传感器，图像立体观察时往往会产生超高感。例如，$f = 70\text{mm}$，$d = 250\text{mm}$，立体模型的垂直比例尺比水平比例尺大 3.5 倍，模型的起伏比实地明显。当观察主距小于传感器的焦距时，立体模型的起伏比实地矮缓，如图 3.43 所示。

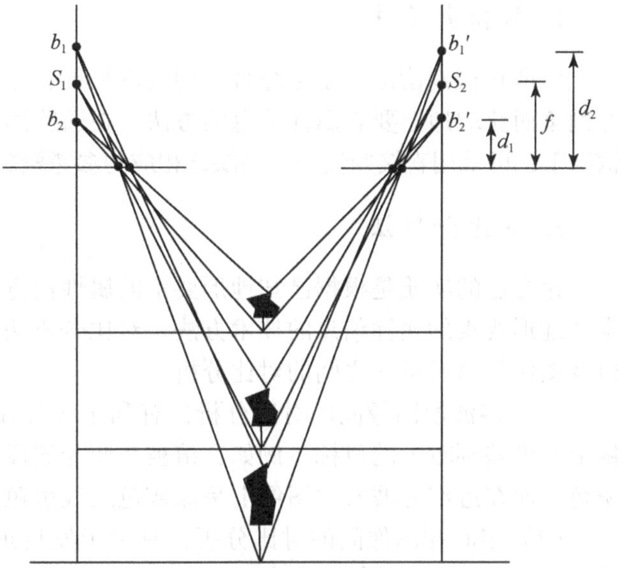

图 3.43　不同观察主距立体感不同

3.4　目视判读方法与程序

3.4.1　目视判读的一般原则

在遥感图像上需要判读的对象种类繁多，类型复杂，如何得到有效的判读结果与具体情况有关，但一般应遵循以下原则。

（1）从“已知”到“未知”。“已知”主要是指判读者所熟悉的地形要素的实际状况和地学知识，“未知”是指遥感图像上的影像对象。从“已知”到“未知”就是将两者对比，使已知的要素与遥感图像上的对象联系起来，并作为判读其他要素的条件和标志。

（2）先“整体”后“局部”。先对遥感图像进行整体观察和分析，了解较大范围组合目标的空间分布规律和影像特点，然后再对具体的、详细的要素进行判读。

（3）先易后难。图像判读时，先将那些特征明显、影像清晰、容易识别的要素判读出来，然后再根据要素与背景以及周围地物之间的相互关系，进行分析、推理和判断，判读比较困难的要素。

（4）逐步近似判读。该原则的基本思想是从正确判读要素的积累开始，使判读结果的正确率逐步增加，当得到整幅图像的初步判读结果，经验证和修正补充后，再重新判读，这样判读与归纳总结反复多次后，使判读结果更加完善和可靠。

3.4.2　目视判读方法

遥感图像判读方法很多，可根据资料情况和判读任务的要求选择不同的判读方法，但概括

起来主要有以下四种。

1. 直接判读法

所谓直接判读法，是指综合利用判读特征，在立体观察设备的辅助下，直接对遥感图像进行判读而获取地形要素属性信息的方法。在遥感图像比例尺较大、分辨率较高、现势性较好的情况下，可采用直接判读法。当缺乏相应的参考资料时，也只能采用直接判读法。

2. 对比分析法

该方法的实质是根据已知地形要素的属性信息，通过与相应资料的比较和分析，从而确定未知地形要素的属性信息的技术方法。对比分析法包括多波段图像、多时相图像、多类型图像以及图像与参考资料之间的对比分析。

（1）多波段图像间的对比分析，有利于区分在某一波段图像上灰度相近而在其他波段图像上灰度差别较大的目标。例如，植被在蓝光波段的图像上呈浅灰色，在绿光波段的图像上呈灰色，而在近红外波段的图像上呈深灰色或浅黑色。

（2）多时相图像间的对比分析，有利于发现地形要素的动态变化，如河流改道、入海口泥沙沉积、森林开发情况和湖泊面积的变化等。多时相图像间的对比分析，有利于对随季节变化较大的目标的判读，如在生长季节获取的图像上，落叶树与常绿树、草地与农作物等不易区分，但利用多时相图像经过对比分析可发现其差异。

（3）多种类型图像间的对比分析，包括不同传感器类型、不同高度、不同波段范围图像的对比分析。对影像较小且难以判读的目标，如与较大比例尺的图像进行对比，可发现灰度相对均一区域内影像的细微差别；可见光图像与近红外图像的对比，可发现绿色的军事伪装；黑白图像与彩色图像的对比，可判读出更丰富的细节；光学图像与雷达图像的对比分析，可更好地识别铁路、桥梁和电力线塔等硬目标。

（4）与地形资料间的对比分析，一般是指与上一代相同比例尺地形图、现势性好的大比例尺地形图或其他地形地理参考资料间的对比分析。通过与地形或地理资料进行对比，可确定细小地物属性、要素注记等信息。

3. 信息融合法

信息融合法判读地形要素的属性信息，根据资料情况有两种技术途径：一是图像间的融合；二是遥感图像与地理空间信息数据的融合或复合。

遥感图像信息融合方法，是将不同性质的遥感图像进行融合处理，充分挖掘各种遥感图像的潜力，实现信息优势互补，为提高地形要素整体判读精度和可靠性提供保证。遥感图像与地理空间信息数据进行融合或复合，可根据不同的专业信息特点与地理空间的诸多信息，识别遥感图像上各类地形要素的属性。

4. 立地分析法

该方法是指在没有其他图像、地形资料或地理资料可参考的情况下，利用现地调查数据和立地环境因子（地形、土壤和植被等），采用相关分析和综合推理的方法，确定遥感图像各类要素的属性。

3.4.3 目视判读程序

目视判读是首先了解判读图像的性质和判读地区的特点，然后进行立体观察，并综合运用判读特征进行分析和判断，将图像中的地形要素识别出来的过程。图像判读的实质是综合运用判读特征和参考资料进行分析、比较、推理和判断的过程。

1. 了解图像的性质

对于判读图像必须了解获取的方式、响应波段、灰度等级、比例尺、地面分辨率和获取时间与季节，以及影响判读特征运用的其他信息。

2. 了解判读区域的地形特点

遥感图像测绘地形图时，应了解判读地区的主要内容如下。

(1) 各种类型居民地的建筑形式、结构特点、分布特点和平面图形。

(2) 大型的工厂、矿山、文化体育设施和宗教建筑的类型和分布。

(3) 铁路、公路、机场、管道和高压输电线路等交通运输设施及其附属建筑物的分布。

(4) 主要河渠的岸线、岸、滩的性质和分布，大中型水库、湖泊及缺水地区水源分布状况。

(5) 植被类型、分布规律及特点。

(6) 地貌类型及其形态特征等。

3. 建立判读标志

建立判读标志的过程，就是对“样本”进行判读的过程。其实质是通过对影像的分析，建立影像判读特征与实际目标间的对应关系。例如，什么样的色调是什么目标、哪几种色调都属于同一目标等。

4. 室内判读

根据判读特征和建立的判读标志，结合参考资料，在室内进行影像判读，得到初步判读结果。

室内判读时，首先对图像进行总体观察，分析图像的可判读程度和各要素间的内在联系。观察各种直接判读特征在图像上的反映，可将图像信息分成几个大的类别以及易于识别的地面特征。

在总体观察的基础上，判读每一种要素时应综合运用判读特征。所谓综合运用判读特征，主要是根据图像性质和获取时间以及已有资料的情况，综合分析比较判读特征，以达到识别目标性质和位置的目的。

综合分析时应注意以下问题。

(1) 不同目标在图像上所表现的判读特征不完全相同，判读时应抓住最能反映目标性质的特征。

(2) 有些目标的主要判读特征随图像的性质、获取的时间与季节、图像比例尺的大小和地区特点的不同而变化。

(3) 单靠一种特征判定目标性质是不可靠的，还应依据其他特征和参考资料验证。对有的影像很难直接根据判读特征判定其目标性质时，则通常是与其他资料、典型判读样片和不同时相的图像相比较，采用分析、推理的方法确定。

（4）当有些目标影像不可能根据判读特征和参考资料确定其性质时，则应在实地调查后确定。

5. 野外判读验证

室内初步判读结果是在忽略大气、太阳辐射和物体波谱特性等细微差别的情况下，按照影像特征进行判读的，对于随季节、波段等变化大的目标和细小的目标可能会判读错误。因此，一般情况下应对室内判读结果进行野外判读检查验证。

3.5 判读质量影响因素分析

遥感图像在获取、传输、处理和记录等过程中，会受到各种因素的影响，在图像判读的过程中也有许多影响因素。例如，图像的性质、获取的时间和季节、采用的图像判读方法、判读人员的技术水平和仪器设备等。研究影响图像判读可靠性和精度的因素，以便在判读的过程中趋利避害，提高判读成果的质量。

3.5.1 影像空间分辨率和比例尺

一般情况下，判读人员不能从图像上获得小于地面分辨率的判读内容（特殊情况除外，如与背景反差较大的线状目标、点状水域等）。因此，在需要判读的内容确定后，必须正确选择分辨率合适的图像，对于军事地形图测绘中的地形要素判读，要求图像摄影比例尺或地面分辨率应满足下列要求。

1. 航空摄影图像

基本比例尺的地形图测绘中对地形要素的判读，采用胶片航空摄影图像作为基本判读资料时，图像的比例尺一般应满足表3.5的要求。表3.5中的规定是根据室内判读的需要和航空摄影装备所能获得航空摄影图像的影像分辨率提出的。当摄影装备改进，影像分辨率有很大提高时，根据摄影系统可能达到的影像分辨率，可选择小于规定比例尺的图像进行地形要素的判读。

专题地形要素的判读，对图像比例尺的要求可根据判读成果的可靠性和精度进行选择，一般可按表3.5适当放宽。

表3.5 判读图像比例尺的要求

成图比例尺	图像比例尺
1：10 000	1：8 000～1：20 000
1：25 000	1：20 000～1：30 000
1：50 000	1：30 000～1：50 000
1：100 000	1：50 000～1：75 000

注：荒漠地区图像比例尺可适当缩小

2. 航天遥感图像

航天遥感图像影像分辨率较高，不同航天遥感系统差异较大，按胶片航天遥感图像空间分辨率要求，应满足的规定为

$$D_1 \leqslant 0.1M \tag{3.9}$$

式中，D_1 为图像空间分辨率，单位为 mm；M 为成图比例尺分母。

3. 数字遥感图像

采用航空航天数字遥感图像判读时，影像的空间分辨率应满足的规定为

$$D_2 \leqslant \frac{0.1M}{2} \tag{3.10}$$

式中，D_2 为数字图像的空间分辨率，单位为 mm；M 为成图比例尺分母。

3.5.2 图像波段

供判读的图像有全色波段、全色近红外波段、近红外波段、热红外波段、微波波段和可见光/近红外多光谱各波谱段以及高光谱图像等。

图像类型的差异以及对判读的影响主要表现在两方面。首先，由于获取图像的平台高度和传感器性能的不同，造成图像的影像分辨率、空间分辨率、比例尺以及记录介质等方面的特点不同，对图像判读的性能差异影响很大。其次是图像波谱段的影响，对同一地区，一般来说彩色图像比黑白图像容易判读，全色图像比单一波段的图像容易判读。但有时也会出现反作用，如彩色摄影图像的地面分辨率明显低于黑白图像，多光谱图像合成的彩色影像的分辨率低于原始的黑白影像。

对图像波谱段的要求应根据有利于识别大多数地形目标确定。

（1）作为判读全部地形目标位置和性质的图像，一般应选用全色波段。对于大气中气溶胶密度较大的地区（如钢铁联合加工厂地区），可选用全色红外波段或近红外波段。

（2）仅为了确定大部分地形目标的属性，可选用多光谱图像，采用计算机分类或彩色合成技术，判读效果较好。

（3）对于长期被云层覆盖无法取得可见光波段图像的地区，则只有选用微波图像。

（4）如果仅为了判读某一类地形要素，则可选用波谱宽度较窄的单波段图像。例如，判读植被选用近红外波段，判读浅海地貌选用可见光的蓝绿波段，判读水系选用近红外波段等。

3.5.3 图像获取的时间和季节

图像获取时间对地形要素判读的影响较大，有时会给判读带来困难。随季节变化的地面目标的判读，应尽量选择目标状况与地形图表示的要求一致的季节。

（1）水域岸线。江、河、湖的岸线随流域降水情况而变化，洪水季节岸线高，旱季岸线低，而地形图上表示的是一年中大部分时间的平稳水位形成的常水位岸线。因此，对于常年有水的河流和水网地区的图像，在常水位季节获取的图像上可准确地判读岸线，而在洪水或枯水季节获取的遥感图像上，影像中的水陆分界线不是地形图中要表示的常水位岸线。

（2）冰川与冰川地貌。地形图上表示的冰川是指常年积累的粒雪原和冰川舌。为了正确判读常年积雪的范围，一般应选择在冰雪覆盖山体面积最小的夏季获取的遥感图像，并应尽量

避免使用雪后获取的图像。

（3）森林和其他植被。森林和其他植被的生长状态受季节影响大，夏季森林植被枝叶繁茂，影像反差较小，不利于地物间影像的区分，特别是居民地内外的树木影像压盖房屋和街道，影响居民地外围轮廓的准确判定和主次街道的判绘。有行树的道路、水渠由于树木影像压盖而不易识别。居民地密集的平原、丘陵地区应避免在夏季获取遥感图像。春、秋季获取的林区遥感图像，对区分不同的树种比较有利。

（4）沙漠、戈壁和风蚀地等荒漠地。荒漠地区地形要素简单，植被是重要的判读特征，选择在夏季获取的图像对判读有利。

（5）海岸线。海岸线为多年大潮高潮的平均潮面形成的水陆交界线。潮汐每时每刻都在变化，一般不可能获得平均大潮高潮时刻的影像，海岸线根据海蚀坎部、植被和海滩堆积物等影像特征判读。为了便于干出滩性质和范围的判读，海岸线地带的图像应在海水处于平均海水面以下的时间内获取。

关于图像获取时刻的确定：雷达图像可全天时全天候获取，不受太阳辐照的影响；热红外扫描图像的获取应考虑太阳热辐照的影响；可见光图像的获取受太阳照射影响最大。一般地区的可见光摄影图像可选择在中午前后获取，不仅对保证地面景物亮度，限制影像阴影有利，而且太阳高度角较大，山地、高山地阴影对山脚地物覆盖的影响较小。沙漠地区的可见光图像，阴影的影像可提高图像判读的立体效果，有利于高出地面目标和沙丘轮廓的识别，一般是在满足正常曝光所需照度的前提下，选择在太阳高度角较小的时间内获取。

3.5.4 判读仪器和图像放大倍数

供判读的图像大多都有很高的影像分辨率。航空摄影像片影像分辨率一般为 30 线对/mm 左右，航天摄影像片影像分辨率更高，数字遥感图像的像元分辨率为 6 ~ 17μm，人眼分辨率为 5 线对/mm，必须放大影像判读才能发挥高分辨率影像的潜力。影像放大可采用光学放大、在计算机观察屏幕上放大或立体观察仪器放大等形式。

一般情况下，图像的放大倍数越高，目标判读的效果越好，但用放大图像比例尺的方法提高判读性能是有条件的，即保证放大后图像的影像分辨率不低于 5 线对/mm，否则会因图像质量的衰减而降低图像的判读性能。放大倍率应与图像的影像分辨率相匹配。例如，对于分辨率为 30 线对/mm 的图像，应放大到 6 倍。

3.5.5 环境因素

遥感图像的质量在获取的过程中不仅会受到地面状况、景物反差、光照条件和大气变化等因素的影响，还会受到图像处理技术方法的影响。为了提高影像的判读性能，对质量衰减的图像可进行有针对性的处理。

例如，图像存在灰度层次少、细小地物影像模糊不清、目标与背景的色调差别较小而不易区分时，需要对图像作对比度拉伸的增强处理；图像中影像色调变化缓慢，高频成分不突出时，需进行边界增强处理；多光谱图像目视判读通常应进行彩色合成处理，合成波段及其色彩的选择，以突出主要判读目标影像为原则；有多波段、多时相、多遥感器或多平台的遥感图像时，为了充分利用各图像对不同目标具有突出显示的特点，可进行图像融合处理。

3.5.6　判读方法和经验

对于相同的图像，采用不同的判读方法，其判读效果的差异是很大的。例如，使用立体观察仪器构成立体模型判读比单幅图像判读效果好。

在目视判读中，人是主体，当判读图像、仪器设备和判读方法确定后，人的技术水平和判读经验起决定性的作用。因此，判读人员不仅要熟悉判读知识，而且要了解地学等方面的知识，不断加强野外判读的经验积累，只有这样才能在复杂的地形要素判读中进行精确可靠的判读。

3.6　计算机判读

长期以来，目视判读一直是从遥感图像上获取各种地形要素属性信息的重要手段。但是，由于目视判读方法存在工作量大、判读效率低等问题，难以满足实时或准实时获取大量地形要素属性信息的要求。随着遥感图像空间分辨率、辐射分辨率、光谱分辨率、时间分辨率的提高，模式识别理论、人工智能技术的进步以及相关学科的发展和交叉融合，使得计算机自动判读技术成为重要的发展方向和人们追求的目标。

遥感图像的计算机自动判读也称计算机自动判读或计算机图像解译。计算机判读既是一门学科，又是图像处理的一个过程。作为一门学科，它是通过提取和分析地形要素在遥感图像上的各种特征，自动确定其属性信息和位置信息的技术。作为一个过程，它完成地形要素信息的传递并起到自动判读遥感图像内容的作用。

3.6.1　计算机判读技术流程

遥感图像计算机判读主要是运用相关特征和知识进行推理分析得到遥感图像上深层信息的过程。讨论的问题是，为完成某一任务，需要从图像上获取哪些信息，以及如何利用这些信息获取必须判读出来的内容。因此，在计算机判读系统中，三项最基本的任务是：一是需要对遥感图像进行处理、分类和特征提取，从图像中提取与任务相适应的图像结构或线索，即获取图像特征知识及其参量化的过程；二是需要依据判读专家的知识和经验，构建图像判读的特征和知识库，并形成推理机制；三是在基于特征和知识的支持下进行推理、分析和判读，在图像中识别与特征和知识相对应的地形要素的属性信息完成图像判读任务。因此，计算机判读是一种混合方式的复杂的系统。根据这一思路，笔者设计的混合方式遥感图像计算机判读技术系统的基本流程如图 3.44 所示。

由图 3.44 可以看出，遥感图像计算机判读系统既需要对图像进行处理、分类和特征提取，又需要从遥感图像判读专家那里获取判读知识。构成图像判读知识库，在基于知识的引导下，由计算机完成遥感图像判读，即获取地形要素属性信息。

3.6.2　判读特征知识表达

利用计算机自动判读时，遥感图像判读特征的运用与目视判读方法不同，它是利用模式识别的方法提取遥感图像的各种影像特征，为计算机自动判读提供依据，同时应用人工智能技术，运用遥感图像判读专家的经验和方法，模拟遥感图像目视判读的具体思维过程，完成遥感图像的计算机自动判读。因此，必须将影像特征转换成能够被计算机识别的特征模型，并进行

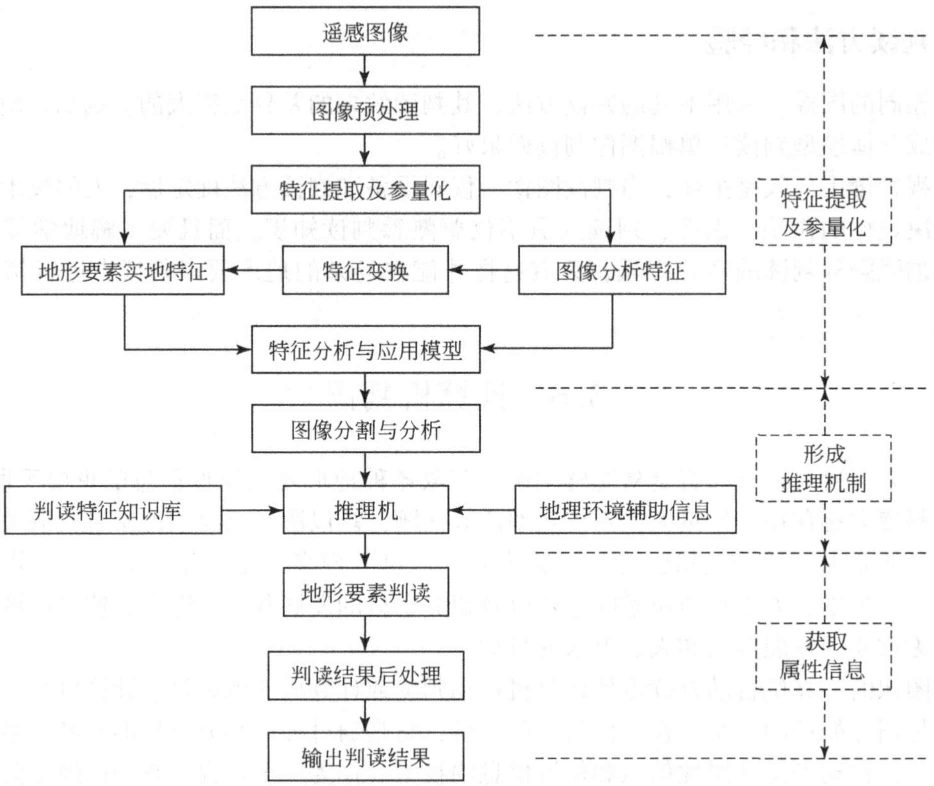

图 3.44　计算机判读系统的基本流程

参量化表达。

遥感图像上有很多特征可采用计算机统计分析的方法获取。概括起来，可将影像特征分为辐射特征、空间特征、纹理特征和光谱特征等。

1. 辐射特征

地物的辐射特征反映了地物发射或反射电磁波的能力，通常采用发射率或反射率描述地物电磁波辐射特征。不同的遥感影像、不同的地物类型、地物含水量、粗糙度以及环境因素对辐射特征都有不同程度的影响。

对黑白图像而言，辐射特征相当于目视判读时的色调特征。遥感图像的辐射特征通常包括图像灰度值的基本统计分析量、灰度概率分布特征以及灰度值的空间分布特征。

(1) 图像灰度值的基本统计分析量。遥感图像灰度值的基本特征包括灰度的均值、中值、值域和反差等，反映与位置无关的不同灰度值出现的情况。其中，图像的反差反映各像元灰度值与图像平均灰度值的总的离散度，是图像统计分析中重要的统计量之一。遥感图像灰度值的基本统计量及其含义见表 3.6。

表 3.6　图像灰度基本特征分析

统计类型	计算公式	含义
均值	$\bar{f}=\dfrac{\sum_{i=0}^{M-1}\sum_{j=0}^{N-1}f(i,\ j)}{MN}$	反映图像中地物的平均辐射强度信息

续表

统计类型	计算公式	含义
中值	$f(i,j)=\dfrac{f_{\max}(i,j)+f_{\min}(i,j)}{2}$	图像所有灰度级中处于中间的值
值域	$f_{\text{range}}(i,j)=f_{\max}(i,j)-f_{\min}(i,j)$	灰度值的变化区间
反差	$\Delta f=f_1-f_2$	反映图像的显示效果和可分辨性
方差	$S^2=\dfrac{\sum_{i=0}^{M-1}\sum_{j=0}^{N-1}[f(i,j)-f]^2}{MN}$	反映像元灰度值与图像平均值的总的离散程度

（2）图像灰度概率分布特征。直方图是图像中所有灰度值的概率分布，体现了灰度的分布状态，也可看作是图像灰度值概率密度函数的离散化图形，或看作是图像灰度基本统计量的图形化表达方式。

（3）图像灰度值的空间分布特征。地面目标的空间分布特征在遥感图像上表现为图像灰度值在空间上的相关性。将灰度分布与空间距离综合考虑，可得到它的各种动量矩。图像灰度的动量矩是指相对于一点或者一轴的距离之和，可用于描述图像灰度值的空间分布特征，特别是图像的轴对称性。表 3.7 列出了图像灰度的动量矩及其含义。

表 3.7　图像灰度动量矩及其含义

动量矩	计算公式	含义
0 阶矩	$m_{00}=\sum_{x=0}^{M-1}\sum_{y=0}^{N-1}f(x,x)$	总灰度值积累
图像行（x）方向一阶矩	$m_{10}=\sum_{x=0}^{M-1}\sum_{y=0}^{N-1}x\cdot f(x,y)$	像元的灰度值在行方向上的分布情况
图像列（y）方向一阶矩	$m_{01}=\sum_{x=0}^{M-1}\sum_{y=0}^{N-1}y\cdot f(x,y)$	像元的灰度值在列方向上的分布情况
图像行（x）方向二阶矩	$m_{20}=\sum_{x=0}^{M-1}\sum_{y=0}^{N-1}x^2\cdot f(x,y)$	像元的灰度值在行方向上的惯量
图像行（y）方向二阶矩	$m_{02}=\sum_{x=0}^{M-1}\sum_{y=0}^{N-1}y^2\cdot f(x,y)$	像元的灰度值在列方向上的惯量
图像行、列（x，y）方向二阶矩	$m_{22}=\sum_{x=0}^{M-1}\sum_{y=0}^{N-1}x^2\cdot y^2\cdot f(x,y)$	像元的灰度值在行、列方向上的惯量

如果图像在 x 方向上的二阶矩 $m_{20}=0$，则说明图像的像元对称于 y 轴分布；如果图像在 y 方向上的二阶矩 $m_{02}=0$，则说明图像的像元对称于 x 轴分布；如果 $m_{11}=0$，则表明图像对于中心对称。

2. 空间特征

这里讲的空间特征，相当于目视判读时的形状特征和大小特征。地物在遥感图像上空间特征的统计量主要包括地物的位置、方向、周长、面积、长轴和短轴、形状、球状性、扁心率以及拓扑属性等。

1）空间位置

空间位置特征用地物面积的中心点表示。面积中心是单位面积质量恒定的相同形状图形的质心。

如果影像中地物对应的像素位置坐标为（x_i，y_j），图像大小为 MN，则计算质心位置坐标可表达为

$$\begin{cases} \bar{x} = \dfrac{1}{MN}\sum_{i=0}^{M-1}\sum_{j=0}^{N-1} x_i \\ \bar{y} = \dfrac{1}{MN}\sum_{i=0}^{M-1}\sum_{j=0}^{N-1} y_j \end{cases} \tag{3.11}$$

2）方向

我们不仅需要知道图像中地物的位置，而且还要知道地物在图像中的方向。如果目标是细长的，则可把较长方向的轴定为目标的方向。通常将最小二阶矩轴（最小惯量轴在二维平面上的等效轴）定义为较长目标的方向。也就是说，要找出一条直线，使定义的 E 值最小

$$E = \iint r^2 f(x, y)\mathrm{d}x\mathrm{d}y \tag{3.12}$$

式中，r 为点（x，y）到直线的垂直距离。

3）周长

区域的周长即区域的边界长度。一个形状简单的目标用相对较短的周长包围它所占有面积内的像素，周长就是围绕所有这些像素的外边界的长度。通常，测量这个长度时包含了许多60°的转弯，从而夸大了周长值。区域的周长在区别具有简单或复杂形状目标时特别有用。由于周长的表示方法不同，因而计算方法也不同，主要方法如下。

（1）当把图像中的像素看作单位面积小方块时，则图像中的区域和背景均由小方块组成。区域的周长即区域和背景缝隙的长度和，此时边界用隙码表示。因此，求周长就是计算隙码的长度。

（2）当把像素看作一个个点时，则周长用链码表示，求周长即计算链码长度。此时，当链码值为奇数时，其长度记作$\sqrt{2}$；当链码值为偶数时，其长度记作 1，即周长 p 表示为

$$p = N_e + \sqrt{2}N_o \tag{3.13}$$

式中，N_e 和 N_o 分别为边界链码（8 方向）中走偶步与走奇步的数目。

周长也可简单地从目标分块文件中通过计算边界上相邻像素中心距离的和得到。

（3）周长用边界所占面积表示，即边界点数之和，每个点占面积为 1 的一个小方块。

4）面积

面积是目标总尺寸一个方面的度量。面积只与该目标的边界有关，而与其内部灰度级的变化无关。一个形状简单的目标可用相对较短的周长包围它所占有的面积。

（1）像素计数面积。最简单的（未校准的）面积计算方法是统计边界内部（也包括边界上）像素的数目。在这个定义下面积的计算非常简单，求出域边界内像素点的总和即可。

（2）由边界行程码或链码计算面积。由各种封闭边界区域的描述来计算面积也很方便，可分如下情况：已知区域的行程编码，只需把值为 1 的行程长度相加，即为区域面积；若给定封闭边界的某种表示，则相应连通区域的面积应为区域外边界包围的面积与内边界包围的面积（孔的面积）之差。

(3) 用边界坐标计算面积。Green（格林）定理表明，在二维平面中的一个封闭曲线包围的面积由其轮廓积分给定，积分沿着该闭合曲线进行。

5）长轴和短轴

当地物的边界已知时，用其外接矩形的尺寸刻画它的基本形状是最简单的方法。求地物的外接矩形，只需计算地物边界点的最大和最小坐标值，就可得到地物的水平和垂直跨度。但是，对任意朝向的目标，水平和垂直并非是我们感兴趣的方向。此时，就有必要确定地物的主轴，然后计算反映地物形状特征的主轴方向上的长度和与之垂直方向上的宽度，这样的外接矩形是目标的最小外接矩形（minimum bounding rectangle，MBR）。

计算 MBR 的一种方法是：将目标的边界以每次 3°左右的增量在 60°范围内旋转。每旋转一次记录一次其坐标系方向上的外接矩形边界点的最大和最小 x 值、y 值。旋转到某个角度后，外接矩形的面积达到最小。取面积最小的外接矩形的参数为主轴意义下的长度和宽度。此外，主轴可通过矩（moments）的计算得到，也可用求目标的最佳拟合直线的方法求出。

6）形状

地物形状可采用以下方法描述。

(1) 矩形度。矩形度反映的是目标对其外接矩形的充满程度，用目标的面积与其最小外接矩形的面积之比描述，即

$$R = \frac{A_0}{A_{\mathrm{MBR}}} \tag{3.14}$$

式中，A_0 为该目标的面积；A_{MBR} 为最小外接矩形的面积。

R 的值为 0 ~ 1，当目标为矩形时，R 取最大值 1；圆形目标的 R 取值为 $\pi/4$；细长的、弯曲的目标 R 的取值变小。

(2) 长宽比。长宽比为目标最小外接矩形的宽与长的比值。利用长宽比可将细长的目标与圆形或方形的目标区分开来。

(3) 圆形度。度量圆形度最常用的是致密度，即周长 P 的平方与面积 A 的比。

边界能量是圆形度的另一个指标。假定目标的周长为 P，用变量 p 表示边界上的点到某一起始点的距离。边界上任一点都有一个瞬时曲率半径 r（p），它是该点与边界相切圆的半径。在面积相同的情况下，圆形地物具有最小的边界能量。

(4) 圆形性。地物的圆形性是用一个区域 R 的所有边界点定义的特征量。当区域 R 趋向圆形时，该特征量是单调递增且趋向无穷，它不受区域平移、旋转和尺度变化的影响，可推广用于描述地物的三维特征。

圆形性的另一个指标可用面积与平均距离平方的比值表示，它是边界点上的点到地物内部某点的平均距离。

7）球状性

地物的球状性 S 既可描述二维地物，也可描述三维地物。

在二维情况下，当区域为圆形时，球状性 S 的值达到最大值 1，而当区域为其他形状时，球状性 S 小于 1。S 不受区域平移、旋转和尺度变化的影响。

8）偏心率

偏心率（eccentricity，E），也称伸长度（elongation），它在一定程度上描述了区域的紧凑性。偏心率有多种计算公式，一种常用的简单方法是区域主轴（长轴）长度 A 与辅轴（短轴）长度 B 的比值；另一种方法是计算惯性主轴比，它基于边界线上的点或整个区域计算质量。

3. 纹理特征

地物的纹理特征是遥感影像的像素灰度级在空间上分布模式的描述，反映地物的质地，如粗糙度、光滑性、颗粒度、随机性和规范性。纹理特征通常与地物的位置、方向、尺寸和形状有关，但与平均灰度无关。

总体来讲，纹理特征表现为：局部的空间变化次序在更大的区域内不断重复；序列是由基本元素非随机排列组成；纹理区域内任何地方都有大致相同的结构尺寸。

纹理特征的描述方法可分为统计分析法、结构分析法、模型分析法和空间/频率域联合分析法四类。

（1）统计分析法纹理特征表达。统计分析法主要描述纹理基元或局部模式随机和空间统计特性，以表示区域的一致性以及区域间的差异性，包括自相关函数法、纹理边缘法、结构元素法和灰度的空间共生概率法等。

（2）结构分析法纹理特征表达。结构分析法假定地物的纹理模式是由纹理基元的空间排列组合而成，使用模式基元和特定的排列规则表达和描述纹理特征。结构分析法研究的主要内容是基元及其空间关系。基元一般定义为具有某种属性而彼此相连的单元的集合，属性包括灰度、连通区域的形状和局部一致性等。空间关系包括基元的相邻性、在一定角度范围内的最小距离等。

应用结构分析法首先要确定基元的形状和属性，然后确定控制这些基元位置的空间关系。属性包括灰度、连通区域的形状、局部一致性等。结构分析法有数学形态学方法、图论方法和拓扑方法等。

（3）模型分析法纹理特征表达。模型分析法假定纹理是以某种参数控制的分布模型方式形成。利用模型参数定义纹理，通过纹理图像的实现估计模型参数，以参数作为纹理的特征进行纹理特征分析。模型分析法可采用自相关模型、自回归模型、马尔可夫随机场模型和分形模型等。

（4）空间/频率域联合分析纹理特征表达。地物纹理特征的空间/频率域联合方法的典型就是对影像进行傅里叶变换，从傅里叶变换成分的分布中获取纹理特征信息。频谱分析技术是用区域自相关函数或傅里叶变换域的能量分布提取纹理特征的周期，包括计算峰值处的面积、峰值处的相位、峰值与原点的距离平方和两个峰值间的相角差等。

应用空间/频率域联合分析法提取影像的纹理特征，实际上是将纹理基元及其在影像区域中不同形式出现的“副本”用在不同尺度和方向上的子波能量分布表示出来。

利用纹理特征提取地物时，是通过纹理特征相似性的对比分析实现的。因此，纹理相似性度量与纹理特征提取都是基于纹理特征地物识别提取技术的重要依据，有效、准确的纹理特征提取，只有通过纹理特征相似的比较，才能发挥其优势，最终获得精确、可靠的分类识别结果，二者相辅相成、缺一不可。

纹理特征相似性度量，可采用网格距离度量法、欧拉距离法、Hausdorff 距离法、马氏距离法以及基于聚类空间模型的纹理特征相似性度量等方法进行参量化表达。

4. 光谱特征

光谱特征反映的是地物波谱反射率随波长变化而变化的特性。光谱特征参量化的内容主要包括光谱斜率和坡向、单峰吸收特征、光谱吸收指数和光谱特征相似度测度等。

（1）光谱斜率和坡向。在某个波长区间内，如果光谱曲线可非常近似的模拟成一条直线段，这条直线的斜率就被定义为光谱斜率，可用光谱坡向指数（spectral slope index，SSI）表示光谱曲线斜率的变化，当光谱曲线斜率为正时，SSI＝1；当光谱曲线斜率为负时，SSI＝－1；当光谱曲线为平向坡（斜率为 0）时，SSI＝0。

（2）单峰吸收特征。一般光谱曲线的单吸收峰宽度为 10～20nm，而整个的吸收光谱可看作是物质内部不同成分所引起的单个吸收峰特征叠加的结果。

单峰吸收特征主要包括：吸收峰值、吸收位置、吸收宽度、变程角、吸收面积和吸收对称性。

（3）光谱吸收指数。光谱吸收指数可用于高光谱遥感图像处理和鉴别光谱吸收特征，也可进行混合光谱分解。光谱吸收特征由光谱吸收的谷点和光谱吸收的两个肩部组成。

（4）光谱特征相似度测度。光谱相似性测度是高光谱影像分类和信息提取的基础，光谱匹配模型是通过像元光谱与参考光谱的比较，求算光谱向量间的相似性或差异性，以有效提取光谱维信息，对地物性质进行详细的分析。

结合模式分类的理论，目前已经形成了一些较为成熟的光谱相似性度量算法，可分为几何空间测度、概率空间测度、变换空间测度以及综合相似性测度等。

3.6.3　判读特征知识库

1. 特征知识库的组成

特征知识是推理分析的基础，在遥感图像计算机判读的过程中，主要是运用相关知识进行推理分析得到遥感图像中的深层信息。知识表示就是把知识表示成为便于计算机存储和利用的某种数据结构。只有通过知识表示才能使知识变成计算机能够利用的资源。因此，特征知识库应包括四部分内容，即地物特征库、遥感影像库、特征模型库、先验知识库。特征知识库的组成和结构如图 3.45 所示。

2. 特征库建设流程

特征知识库系统的建设应包括系统应用要求分析（需求分析）、系统结构设计、系统功能设计、系统研发、数据入库、系统测试以及数据库运行与维护等环节和过程，其流程如图 3.46 所示。

3. 特征知识库功能

特征知识库的基本功能应包括以下六个方面。

（1）应用管理。应用管理通过浏览器访问，经应用认证管理。应用管理包括注册、应用权限管理和登录。

（2）数据管理。数据管理包括数据上传、数据审核等。

（3）信息查询。根据查询条件，输入描述信息，将这些信息按照“与”、“或”和“非”进行组合，从数据库中查询符合条件的信息。

（4）模型计算。模型从功能上包括特征生成模型、工具模型和应用模型。

（5）应用示范。应用示范教给用户如何利用特征知识信息得到满足需要的专题数据和应用方法。

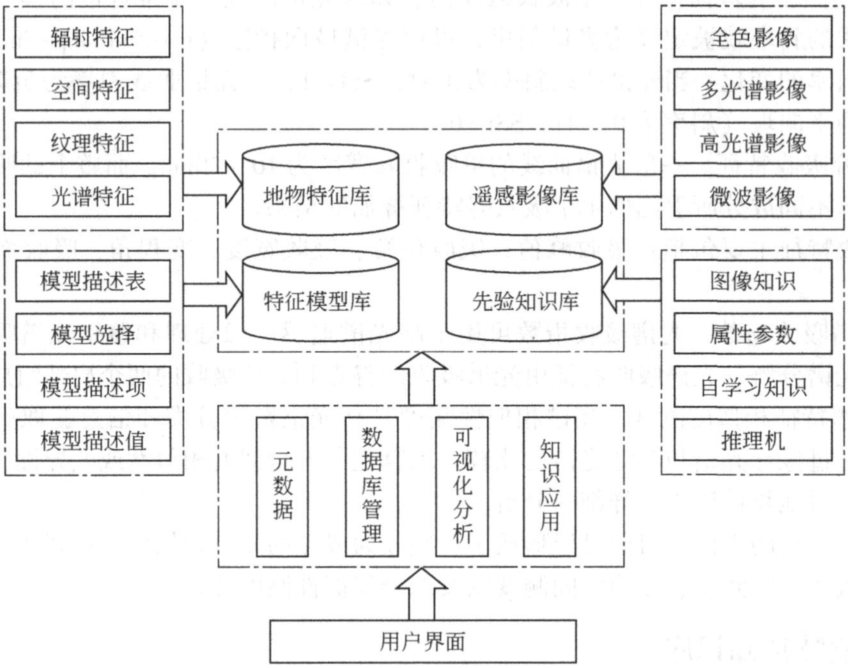

图 3.45　特征知识库系统结构

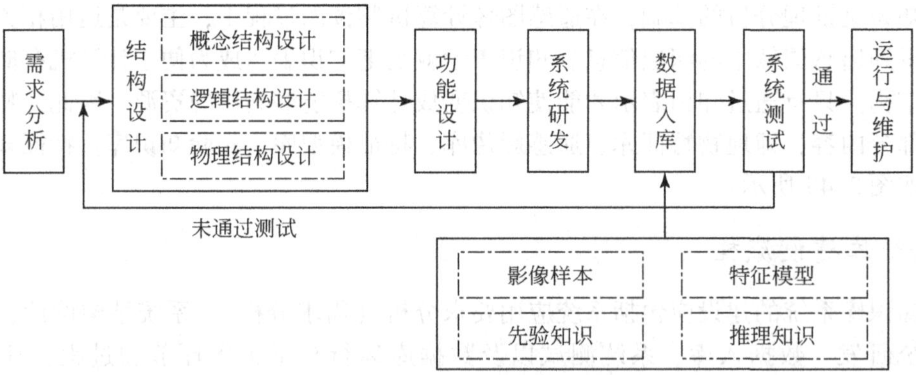

图 3.46　特征知识库建设流程

（6）系统管理。系统管理部分主要用于系统配置，包括全局参数设置、系统帮助和栏目设置等。

3.6.4　人机交互判读

由于遥感图像测绘地形图时需要判读的地形要素极为复杂，现有的计算机分类识别提取关键技术还没有得到很好解决，使得自动判读结果的正确率和可靠性还很难满足判读任务的要求，因此，自动判读在短期内还难以达到实用化的目标。

长期以来，遥感图像的目视判读方法是获取地形要素属性信息的主要手段，但目视判读方法是十分复杂而艰巨的工作，存在明显的局限性。因此，如何使图像判读人员充分运用目视判读的经验，同时又能发挥计算机处理图像信息的优势，达到优势互补的目的，成为亟待解决的问题。而采取人机交互判读或智能化人机交互判读的方式完成地理空间环境属性信息的提取是切实可行的技术途径。

人机交互判读技术旨在通过人机交互或智能化人机交互方式，综合利用各种影像特征，有效地引入遥感成像、自然和人文规律、数据分析判读知识，把人工目视判读和数字图像处理系统、地理信息系统、交互判读分析与影像理解等技术结合起来，以充分发挥判读人员的专业知识、判读经验和主观能动性，在不断使用的过程中提高其智能化、自动化水平和大型、高效作业的能力，使遥感图像判读人员从繁重、乏味和高劳动强度的判读作业过程中解放出来。因此，人机交互判读技术能够充分发挥判读人员的主观能动性，顾及目视判读的作业方式和习惯，满足优质高效、轻松愉快地完成遥感图像判读任务的需要，具有广阔的发展空间和美好的应用前景。

第4章 图像判绘与表示方法

地形要素是指构成地球表面固定物体和起伏形态的基本内容，主要有测量控制点、居民地、工农业和社会文化设施、交通运输设施、水系及其附属建筑、植被、地貌与土质、境界等。遥感图像判绘的内容仅是地形要素中的一部分，即地物和变形地貌。

目前，遥感图像判绘主要采用像片调绘和数字判绘两种方法。无论采用哪种方法，图像判绘的结果都需要进行综合取舍，并按照规定的图式符号描绘和注记。因此，本章主要介绍图式符号的制定及其应用要求、地形要素的综合取舍、图像判绘方法和地物关系处理原则等内容。

4.1 地形图图式符号及其运用

地形图图式是测绘和使用地形图所依据的各种符号和注记的法规性技术规定，它既是测制地形图的基本技术文件，也是识图用图的重要工具。因此，研究图式符号，理解其意义和实质，不但能为正确运用图式符号打下好的基础，而且还是对图式进行充实、修改和完善必不可少的过程。图式符号的内容包括四部分：①地形图符号的图形、尺寸以及颜色规定；②符号表示实地地形要素的含义；③地形要素注记的内容以及字体的大小、字形和排列方式；④地形图的整饰形式和说明。

利用遥感图像测制军用地形图的比例尺主要有 1∶10 000、1∶25 000、1∶50 000 和 1∶100 000等。《1∶25 000、1∶50 000、1∶100 000 军用地形图图式》曾有 1952 年、1958 年、1965 年、1968 年、1971 年和 1987 年等版本，现行的图式是 2001 年版本。现行的《1∶10 000 军用地形图图式》是 2004 年颁布实施的。虽然这些图式在内容上有较大的差别，但是也有其本身的变化原则和规律。

4.1.1 图式符号制定基本原则

军用地形图主要用于国防建设、作战指挥和研究地形，它应反映地形要素的类型、位置、性质、大小、范围及其对军事行动的影响。另外，从用图者的角度考虑，要求地形图简单明了。图式符号是地形图的基本组成单元，它的优劣直接影响地图的使用价值和美感。因此，制定图式符号时必须遵循科学概括、精确定位和易读易绘三个基本原则。

1. 科学概括原则

地面目标多种多样，千差万别，不可能一个地物对应一个符号，必须认真分析各种地物地貌，分析它们的共同特性，对地物地貌进行科学的分类、分级和概括，从而确定符号数量，设计相应的符号反映实地地形。

现行图式把地形要素分为八大类，即测量控制点、居民地、工农业和社会文化设施、交通运输设施、水系及其附属建筑物、植被、地貌与土质、境界。每一大类再按照面积、长宽、高低、坡度和坚固程度等条件进行区分和概括，并以其对军事行动的价值，决定地形图上是否表示。凡需要表示的，则设计专门的符号。

实践表明，地形图质量的高低并不取决于符号的多少，在一定数量的基础上，重点在于符号的科学性，即应从大量客观存在中找出共性的特征进行科学的概括。例如，在 1958 年版图式中，植被有 59 种符号，也未能完全反映植被的分布规律、种类等特点，而现行图式根据植被的树种、分布范围、疏密程度、高矮和方位作用等情况，仅设计了 20 个左右的符号便能很好地在地形图上表现植被。再如，1958 年版图式中，桥梁有 14 个符号也未能完全概括其类型，而现行图式中依据桥梁的通行情况，仅用人行桥、车行桥和双层桥等几个符号加注记表示。

图式符号的科学概括，并不意味着符号的数量越少越好，还要与地形图的用途和当前经济及军事发展状况相结合。现行的军用地形图图式，就充分考虑了军事用图及当前经济发展的特点，与 1987 年版图式相比增加了一些对军事行动有较大影响的地物符号，如高层建筑区、广播电视台、飞机场和医院等。虽然符号数量有所增加，但对军事行动和指挥提供了较大的便利。

2. 精确定位原则

为满足用图者在地形图上确定目标的位置、量取地物间的距离、标定自身方位的需要，图式符号必须能准确反映目标的位置、形状、大小以及地物地貌之间的相互关系。在高斯投影的地形图上，平面图形能够准确反映地物的占地范围和相互关系，因此，平面图形符号在地形图表示中占据了重要的地位。对于某些重要的地物用平面图形不能反映其特点时，为了突出这些目标，也采用了一些侧形符号，但都规定了明确的定位点或定位线。不同符号的定位点、定位线见表 4.1。

表 4.1　图式符号及定位点、定位线

符号类型		常用符号	定点位置
不依比例尺	带点符号	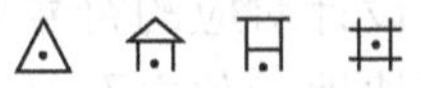	点上
	简单规则几何图形符号	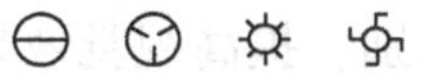	图形中心
	宽底符号	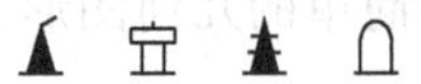	底部中心
	底部为直角形的符号	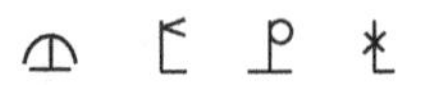	直角顶点
	组合图形符号		主体中心
	其他符号	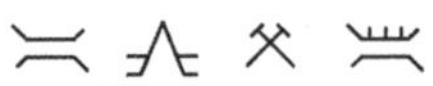	符号中心
半依比例尺	轴对称线性符号		中心线
		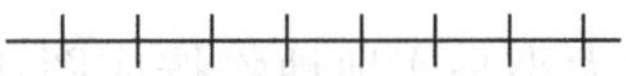	

	非轴对称符号		底线
		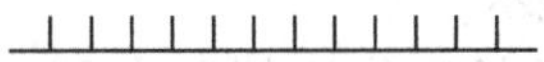	
			缘线

3. 易读易绘原则

易读是指用图者能在地形图上很容易地识别地物符号的意义，迅速确定目标的性质。要实现易读，在制定符号时，要求符号和地物之间应有一定的联系，使人一看到符号就能联想到对应地形要素的性质，这就要求符号在形状、颜色等方面与地物有较强的逻辑关系，如表4.1中的水塔、古塔等符号。易绘是指符号要适合人工或计算机绘制，尤其是现行的图式符号更多地考虑了计算机自动绘制的特点。因此，符号的构图必须简洁，应由规则的几何图形组成，并在大小、方向和用色方面有规律。易绘要以易读为基础，简洁要与美观相结合，否则将会影响地形图的可读性和整体美感。

4.1.2　图式符号的特点

根据上述原则设计的图式符号在形状、大小、定位、方向和颜色等方面都有各自的特点和明确的规定。

1. 符号图形

符号图形是对实地物体基本形态有规律的概括，具有形象、明显、简洁的特点。

符号的图形与实际地物有较强的逻辑联系，根据符号的图形与地物形状之间的关系，可分为以下三种类型。

（1）正形符号。与地物的顶部形状相似的符号称为正形符号，如居民地、道路、河流和桥梁等。

（2）侧形符号。与地物的侧面形状相似的符号称为侧形符号，如亭、古塔、烟囱、水塔、突出树和城墙等。

（3）象征性符号。还有些地物的形状不规律，或者实地无实体存在的某些现象，或为组合目标，不宜用正形或侧形符号表示，可设计对应的符号象征性表示。用于象征性地表示对应地物或现象的符号称为象征性符号，如石块地、独立石、变电站、气象站、医院和境界等。

符号的图形简洁不仅有利于记忆、区别，提高视觉效果，而且也便于绘制。因此，很多符号都采用点、线、三角形、圆和长方形等简单的几何图形，或者将它们进行简单地组合，参见表4.1。

2. 符号大小

符号图形的差别是区分地形要素性质的基础，而符号的大小、线划的粗细对区分地形要素的性质、等级和主次等具有重要的作用。

根据符号尺寸与实地对应的地形要素大小之间的比例关系，表示在地形图上的符号可归纳为三类。

（1）依比例尺符号。这类符号的大小是实地地物按成图比例尺缩小后的尺寸，即符号的外轮廓线是物体外轮廓的按比例缩绘，故也称轮廓符号。它不仅能反映目标的位置、性质，还能真实地反映物体占地的实际分布。实地面积较大的地物，如较大的街区、大面积的森林和较大的湖泊等在地图上用依比例尺符号表示。

（2）半依比例尺符号。这类符号的长度依比例尺表示，而宽度不依比例尺表示。用这类符号表示的地形要素，只能准确反映地物的长度、性质和位置，不能反映其宽度。地面上的线状地物，如高压线、管道、单线沟渠和境界等符号都是半依比例尺符号。

（3）不依比例尺符号。这类符号的大小有固定的尺寸，但不是实地要素按比例尺的缩小。它只能表示地形要素的性质和位置，而不能反映轮廓范围和实际大小，属于标记性符号，故也称标记符号。一些实地面积较小，但对应用很重要的目标，如水塔、烟囱、矿井、独立树和亭等地物均用不依比例尺符号表示。一些有专门职能的集团目标，如电厂、医院、政府驻地和电视台等，为充分说明其性质和主要建筑的位置，在地形图上也用不依比例尺符号表示。

3. 符号定位

依比例尺的符号一般与实地的地形要素的形状和位置相一致，不依比例尺和半依比例尺符号都是扩大表示的图形，符号的轮廓不能完全反映地物的形状和位置。为准确表示物体的位置，图式对不依比例尺符号的定位点和半依比例尺符号的定位线都有明确的规定，参见表 4.1。

按照符号的定位方法，可将符号分为以下三类。

（1）点状符号。用规定符号中某一点表示物体实地位置的符号称为点状符号，图上所有不依比例尺符号都是点状符号，如不依比例尺的独立房、水塔、塔形建筑物、注记和政府机构等。

（2）线状符号。用线表示物体位置的符号称为线状符号，图上半依比例尺符号都是线状符号，如电力线、铁路、半依比例尺的公路、单线路和单线沟渠等。

（3）面状符号。用地形要素的外部轮廓表示其范围和位置的符号称为面状符号，图上依比例尺符号都是面状符号，如双线河流、大面积街区、大面积树林和依比例尺的独立房等。

4. 符号方向

图式符号在地形图上的描绘方向，主要是对不依比例尺符号和非轴对称半依比例尺符号而言，有真实方向、固定方向和依从方向符号三类。

（1）真实方向符号。真实方向符号是指符号方向与实地地物方向一致的符号。这些地物都有明显的方向性，如独立房屋、窑洞、山洞、泉、梯田坎和陡崖等。

（2）固定方向符号。固定方向符号是指按垂直于南北图廓线方向描绘，而不考虑地物真实方向的符号。大多数点状地物符号属于固定方向的符号，如水塔、烟囱和突出树等。

（3）依从方向符号。依从方向符号是指方向依风向、光照或相关地物而变化的符号。例如，风积沙丘和风蚀残丘符号的方向与所形成的主要风向一致；溶斗符号的方向依从光线法则处理；城墙和围墙符号的突出部分一般向外描绘，但当与重要地物矛盾时也可向内描绘；城门、城楼、古关塞符号垂直于城墙向外描绘，但不能倒置。很多注记都为依从方向符号，如河流的流速注记、简易公路的宽度注记和公路的性质注记。

5. 符号颜色

符号的色彩不仅有较好的视觉效果，而且对简化符号图形、地物分类分级和识别地图有重要意义。因此，地形图上符号的颜色与对应地物基本相似。目前，在四色地形图上符号颜色的使用规定是：水系和冰川要素用蓝色，地貌要素用棕色，植被用绿色，人文地物用黑色。

6. 符号逻辑性

地图符号是对地物的科学概括，所以符号和地物之间以及符号和符号之间都有一定的逻辑关系。符号的图形、大小、方向、颜色与其对应的地物都有密切的联系。例如，实线符号一般表示地上的、固定的、有实体的、可见的地物；而虚线符号一般表示地下的、不固定的、无实体的、临时或季节性的地物，如时令河、高水位岸线、干河床、徒涉场、境界、坎儿井和隧道等。又如齿线符号的含义是陡峭的坡壁，当以不同的颜色或形式出现时，则能表示土堆、土坑、梯田坎、采掘场、冲沟、陡崖和瀑布等不同的地物。符号之间的配合使用可派生出新的符号，如堤、路堤、陡岸和堤岸等。再如植被，当单个符号的含义确定后，符号之间不同的排列组合就形成了很多新的符号和含义。

4.1.3 正确运用图式符号

图式符号运用的正确度直接影响成图的质量，只有正确地使用符号才能客观反映地物地貌的性质和内容，否则会给用图者造成错觉。正确运用图式符号，首先应掌握图式符号制订的原则和特点，根据各个符号的含义并对照判读的地形要素选择对应的符号，然后按照图式规定的规格描绘在图像相应位置上。

1. 符号的选定

图式符号是对地面上错综复杂、成千上万种目标经过高度概括抽象出来的，与实地目标并不是一一对应的关系。图像判绘中要用有限的符号解决实际存在的大量地物地貌的表示问题。另外，图式中每个符号的含义说明也不能完全包括所代表的全部内容。因此，符号的使用与实地状况往往存在矛盾。在实际作业中，判绘人员经常会感到图式符号太少，不够用或不知道使用哪个符号表示比较合适。如何解决这些矛盾呢？

（1）当图式上没有与地物完全对应的符号时，首先要分析地物的性质、特征和作用，然后在图式中的相应分类中寻找含义、逻辑联系与其相近的符号表示。

例如，窑的种类很多，有烧焦炭的窑、烧水泥的窑、烧陶瓷的窑和烧炭黑的窑等，它们的形态与典型的立式砖瓦窑相差很大，又没有对应符号表示这些特殊的窑，但这些窑的作用与典型的砖瓦窑相近，故仍用窑的符号，并采用注记烧制产品名称的方法表示。

（2）当有的地物具有多重属性，选择符号困难时，则要根据地形图的用途、地区特点以及主要使用对象等因素进行综合分析，以用图者能正确理解所表示的地物地貌为前提选择合适的符号。例如，军事地形图主要是为用图者提供对军事行动有影响的地面信息，如方位情况、机动条件、隐蔽条件、障碍情况和人文情况等，而地物的经济价值、政治意义则处于相对次要的地位，这是选择图式符号的一个基本原则。

很多地方为了纪念发生在本地区的近代历史事件或人物，相继建造纪念性建筑物，它们具有明显的政治色彩和纪念意义，但这些地物并不能都用纪念碑符号表示，而是以其外形为主进行符号选择，外形是纪念碑的用纪念碑符号表示，外形是雕塑的用雕塑符号表示，外形像古塔的用古塔符号表示，如郑州二七纪念塔。

（3）对于特殊的地物，的确找不到恰当的符号时，可设计新的符号，并拍摄实地的景观图像，并在图历簿中详细说明地物特征，并报告上级批准。

一般情况下，不宜增设新符号，因为图式符号不仅是测制地图的标准，而且是识图用图的依据，有很强的规范性，增设过多的符号会给用图者造成麻烦。

2. 符号的描绘

当选定符号后，就要把符号描绘在图像或图纸上。从视觉上看，符号由形状、大小和颜色组成，作业人员在描绘符号时应使其满足图像判绘规范的要求。

遥感图像判绘成果中，符号的描绘应注意以下问题。

（1）无论采取何种判绘方法，除因综合取舍允许移位表示的以外，图像判绘表示的地形图符号的定位点和定位线，影像明显的，应与相应影像一致；影像不明显或新增的，与附近明显地物相关位置正确，重要地物移位差不得大于 0.5mm，次要地物移位差不得大于 0.75mm。

（2）判绘图像上，独立地物地貌符号的尺寸，在任何情况下，不得小于图式规定的尺寸。

（3）独立地物地貌的地面范围较大，应按规定的符号尺寸绘出，不能压盖相应影像，当为独立房屋、油库等正形符号时，则符号依比例尺绘出；当为古塔、窑、地下窑洞和发电厂等侧形或象征性符号时，则用 0.1mm 粗的实线依比例尺绘出其轮廓，并在其中心位置按规定尺寸绘出相应符号。

（4）描绘符号颜色，一般应与图式规定的相同。但作为中间产品的调绘像片和单帧数字判绘图像，也可改变符号的用色，或采用少量简化符号，但必须在技术设计书中明确规定。

（5）在图像判绘成果中，应正确反映符号间的相接、相离或相切的关系。

3. 简化符号的使用

野外条件下为提高工作效率，减少描绘符号的工作量，可使用图式中规定的几种简化符号。简化符号的内容有铁路、公路、地类界、植被、滑坡、干出滩和土质范围线。所有的简化符号及注记均用红色绘注。

（1）是否使用简化符号要由作业单位统一规定，一个测区内应一致，避免正规符号和简化符号混合使用。图式中对简化符号的尺寸没有明确的规定，在使用时，一定要主次分明，不要产生混淆。

（2）公路符号要粗，地类界、范围线要细。一般公路用 0.5mm 实线表示，地类界用 0.1mm 粗的实线表示。

（3）当地物间发生矛盾时，不能使用简化符号。例如，两条并行的道路，距离小于图像上 1mm 时不能同时准确表示，要么两个道路同时向外移位共边线表示，要么低一级的道路移位共边线表示，这在其他作业过程中是无法处理的，所以判绘时不能使用简化符号。

4.2　地形要素的综合取舍

地形图是表示地表起伏形态和地物地貌位置、形状和大小，并按照投影方式和比例尺缩绘的一种普通地图。由于地形要素大量性和地图载荷有限性的矛盾，不可能把所有要素都表示在地形图上，必须选择主要要素，对数量和质量进行概括。对地形要素的选择、化简、概括的过程在制图学中称为制图综合，在图像判绘中通常称为综合取舍。

图像判绘综合取舍的目的是使各要素的表示重点突出、主次分明、关系协调、图面清晰，以满足用图的需要。

测绘工作者一直在探索综合取舍的数学方法，建立综合取舍的数学模型，使综合取舍满足标准化、定量化和自动化的新要求。在这方面的研究虽然取得了较大的进展，但与实用化要求还存在一定的差距。目前，图像判绘的综合取舍仍然采取定性定量分析的方法，根据地形图的用途、成图比例尺以及测区特点进行综合取舍。

4.2.1 根据地形图的用途进行综合取舍

1∶10 000、1∶25 000、1∶50 000 和 1∶100 000 地形图是国家基本比例尺地形图，它分为军用地形图和民用地形图（即经济版地形图）。不同的地形图有不同的应用范围和用途，这决定了对同一地物主次程度划分标准的不同。

1. 地形图的基本用途

1）1∶10 000 地形图

在社会发展和国民经济建设中的用途主要有：小范围内详细研究和评价地形；城市、乡镇、农村、矿山建设的规划、设计；土地利用调查、土地利用规划；林业调查；大比例尺地质测量和普查；水电等工程的勘察、规划和设计；编制更小比例尺地形图或专题图的基础资料。

在军事上的用途主要有：重要城镇、重要关隘、要塞、基地以及国界重点地区供团以下组织计划战斗时详细研究和判断地形；炮兵联测战斗队形，准备射击诸元；重点设防和国防工程设计等。

2）1∶25 000 地形图

在社会发展和国民经济建设中的用途主要有：较大范围内研究和评价地形；大面积土地规划；灌溉和排水设计；研究土壤和植被分布；一般水库设计；地质详查和地球物理研究；铁路、公路和大型沟渠、运河的选线；林业规划和管理；城市初步规划和设计；编制更小比例尺地形图或专题图的基础资料。

在军事上的用途主要有：计划和组织战斗时详细研究地形和判断地形，指挥战斗；计划炮兵的运动、火力配备和联测战斗队形，指示目标，准备射击诸元；设计和建设军事工程建筑物、军事枢纽、军事公路和飞机场；组织对空防御，研究轰炸目标、接近目标，选择降落场；选择通信建筑物场地和通信线的路线；判断化学辐射沾染和消毒影响的范围等。

3）1∶50 000 地形图

在社会发展和国民经济建设中的用途主要有：一定范围内较详细地研究和评价地形；国民经济各部门勘察、规划、设计；科学研究；我国国民经济部门的基本用图。

在军事上的用途主要有：供军、师（旅）、团各级指挥员研究判断地形，组织指挥、机动、军兵种协同动作；战斗行动中实地判定方位；炮兵量取射击诸元，计划火力配备；工程兵研究工程设施，空降兵选择着陆场；标绘各种情况和调制各种要图等；合成军队的基本用图。

4）1∶100 000 地形图

在社会发展和国民经济建设中的用途主要有：一定范围内较详细地研究和评价地形；国民经济各部门勘察、规划和初步设计等。

在军事上的用途主要有：诸兵种合成兵团的指挥员和司令部研究地形和一般判断地形，指挥部队作战和训练；军事工程及各作战保障的概算；在没有 1∶50 000 地形图时，也可供炮兵射击、空降兵选定着陆场使用。

2. 综合取舍要求

根据地形图的用途，图式和规范规定了图上需要表示的基本内容，判绘中应选取这些内容进行表示，而没有规定的内容就不一定表示。例如，对于土壤，只规定了盐碱地、沙地和龟裂地等特殊类型需要表示，而对一般的土壤没有要求，可不表示。

但是，图式和规范不可能非常详尽地规定哪些要素应该表示，哪些要素可不表示，图像判绘中就必须根据这些地形要素对部队作战、训练、非战争军事行动以及国防建设的影响程度决定其综合取舍。从地形对军事行动的影响考虑，就应根据目标对判定方位、实施机动、观察射击、隐蔽伪装、工程构筑和防原子防化学等方面的作用大小决定取舍。

例如，有明显方位作用的第一类、第二类方位物和突出建筑物有利于判定方位；道路、水系和沟堑影响部队实施机动；居民地、山坡形状、植被的疏密和高度对隐蔽、射击阵地和支撑点的选择以及观察哨所设置都有较大的影响；大面积森林、果园、灌木和高草地等各种植被是部队隐蔽的天然条件；土壤岩石的性质直接影响各种军事工程设施的修筑；山洞、隧道、矿井对原子和化学武器有较强的防护能力。这些要素都应在军用地形图上重点表示。

4.2.2　根据成图比例尺进行综合取舍

根据成图比例尺进行综合取舍包含两层含义：其一，成图比例尺不同，主要用途不同，图上所表示内容的多少不完全相同；其二，成图比例尺不同，覆盖实地范围的面积相差很大，受图面负载量的限制，图上所表示的详细程度也不同，比例尺越大，地形要素表示的越详细，反之就越粗略。

基本比例尺地形图是按标准分幅方法分幅的，各种比例尺或同一比例尺地形图的图幅面积虽然不同，但相差不大。但是，不同比例尺的地形图所覆盖的实地面积则相差很大，例如，1：50 000地形图的实地面积是 1：25 000 地形图的 4 倍，1：100 000 地形图又是 1：50 000 地形图的 4 倍。所以不同比例尺地形图对地物表示的多少和详细程度有较大差别。例如，实地 $1200m^2$的水池，在 1：25 000 形地图上可以依比例尺表示，但是在 1：50 000 地形图上就不能依比例尺表示，在 1：100 000 地形图上，其面积仅有 $0.12mm^2$，是否表示则要看周围地物的分布情况。又如，图 4.1 为同一地区的 1：100 000～1：10 000 地形图，实地有 33 幢散列式房屋，在 1：10 000 地形图上全部表示；在 1：25 000 地形图上表示 21 个；在 1：50 000 的地形图上表示 11 个；在 1：100 000 地形图上仅能表示 4 个。图 4.2 为有方位作用旱地的地类界，在 1：25 000 地形图上比较详细地表示了轮廓范围，有 55 个拐点；在 1：50 000 和 1：100 000 图上分别表示 28 个和 14 个拐点。

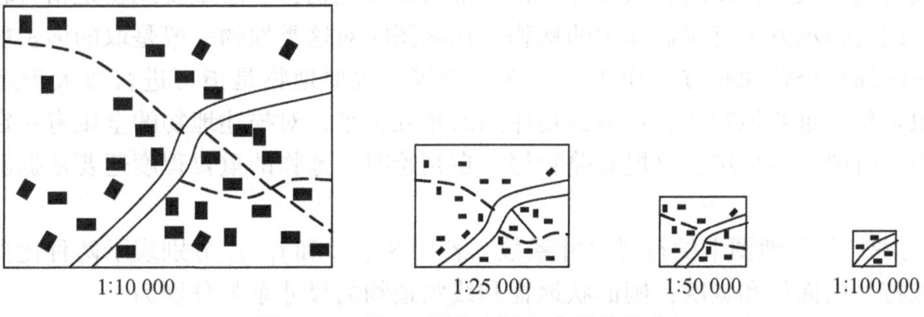

图 4.1　不同比例尺地图上房屋的取舍

值得注意的是当不同比例尺地形图判绘作业相互交叉时，由于习惯，往往在取舍问题上处理不好。例如，当从 1：10 000 成图转为 1：50 000 作业时，对地物取的较多，舍的过少，使图面不清晰；当从 1：50 000 成图转为 1：10 000 作业时，往往舍的过多，取的太少，虽然图面很清晰，但详细程度较差。因此，作业员应对各种比例尺地图的取舍规律有清晰的认识。

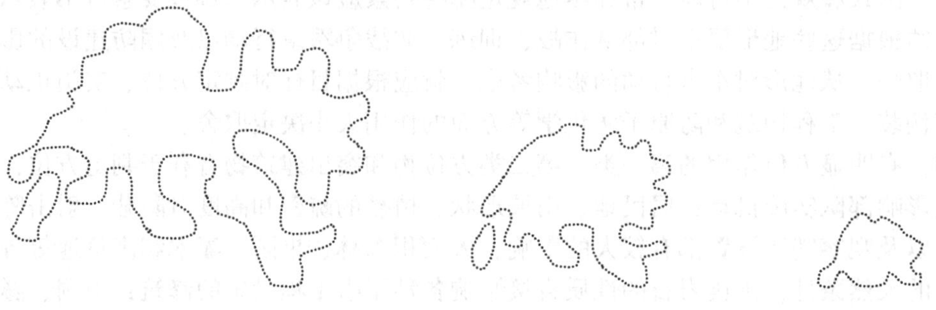

图 4.2　地类界在不同比例尺地图上的取舍

同一地区不同比例尺地形图上表示的同类地物的数量关系可用特普弗尔公式描述。特普弗尔公式也称开平方规律，其具体形式为

$$n_1 = n_2 \cdot C_B \cdot C_Z \cdot \sqrt{\frac{M_2}{M_1}} \tag{4.1}$$

式中，n_1、n_2 为两种比例尺地图上同类地物表示的数量；M_1、M_2 分别为两种比例尺分母；C_B 为地物的重要系数；C_Z 为两种比例尺地图上的符号尺寸系数。

特普弗尔按地物对用图的重要程度将地物分为一般重要、特别重要和次要 3 类，每类的重要系数依次为

$$C_{B1} = 1 \tag{4.2}$$

$$C_{B2} = \sqrt{\frac{M_1}{M_2}} \tag{4.3}$$

$$C_{B3} = \sqrt{\frac{M_2}{M_1}} \tag{4.4}$$

从各类地物的重要性系数可以看出，特别重要地物是指在各种比例尺地形图上都必须表示的地物，也就是规范规定只取不舍的地物，在 1∶100 000～1∶10 000 比例尺测图中，铁路、公路、双线河流、大面积湖泊、城市和乡镇等都为此类地物；一般重要地物是指有较大经济或军事价值，或对指示方位有明显作用的地物，在测图时对这类地物一般是取的多舍的少，如大车路、较短的简易公路和有方位作用的独立地物等；次要地物是指可进行较大程度取舍的地物，它一般是配合重要地物来表示地面物体间的相互关系，对描述地物的全貌有一定的辅助作用，如小路、行树、零星房、路堤和路堑等。在判绘时，地物的重要程度还要依据测区的具体特点确定。

C_Z 是两种比例尺地图上的符号尺寸系数。若用 S_1、S_2 和 f_1、f_2 分别表示两种比例尺地图上面状和线状符号的面积和宽度，则面状地物和线状地物的尺寸系数分别为

$$C_{Z1} = \frac{S_2}{S_1} \cdot \frac{M_2}{M_1} \tag{4.5}$$

$$C_{Z2} = \frac{f_2}{f_1} \cdot \sqrt{\frac{M_2}{M_1}} \tag{4.6}$$

1∶100 000～1∶25 000 地形图图式中，对不依比例尺表示的符号尺寸的规定是相同的，这时式（4.5）和式（4.6）可以简化为

$$C_{Z1}=\frac{M_2}{M_1} \tag{4.7}$$

$$C_{Z2}=\sqrt{\frac{M_2}{M_1}} \tag{4.8}$$

4.2.3　根据测区特点进行综合取舍

由于不同地区地物的疏密程度和自然条件不同，使得同样地物在不同地区的作用和意义不同，因此对它的取舍选择原则也有差别。例如，水井在干旱地区必须全部表示，而在一般地区只择要表示；在地物稀少地区，如草原上的季节性蒙古包应表示，而在地物密集地区，固定的零星房屋也不一定表示；通信线在一般地区不表示，在荒漠地区应表示。

地物密集地区，因地形图负载的限制，即使图式、规范中有明确规定的地形要素也不可能全部准确地表示在地形图上，而需要比较其重要程度进行综合取舍。当两个地物相距较近，在图上不能各自都按真实位置准确表示时，应准确表示主要的，依具体情况，次要的舍去、移位表示、断开、被压盖或与主要的共边线。例如，第一类方位物与道路或其他地物不能同时按真实位置表示时，第一类方位物按真实位置准确表示，而铁路、公路断开表示，单线表示的道路符号移位表示，街区被压盖；铁路通过居民地，铁路准确表示，而居民地移位表示；道路相交时，低一级的道路断开表示；铁路与普通公路并行，间距较小时，铁路准确表示，公路移位表示。在处理类似情况时要突出重要的，做到主次分明，地物间相关位置正确，清晰易读。

比较地形要素的主要和次要，在一般情况下，从主要到次要的顺序是：第一类方位物、国界、高速铁路、高速公路、铁路、用双线表示的河流和沟渠、普通公路、用单线表示的河流和沟渠，用符号表示的地貌、房屋、窑洞、管线、植被和土质等。

4.3　像片调绘

像片调绘也称野外（或实地）像片调绘，是指持像片到现场，根据影像特征进行实地对照、判读和调查，将地形图上需要表示的地物地貌要素用规定的符号描绘在像片或图纸上的技术。它是图像判绘的基本方法之一，具有成果准确可靠、对图像和参考资料要求低的特点。

随着图像判绘技术方法的发展，该像片调绘方法的适用范围也逐步缩小。但是，当判绘图像质量较差、空间分辨率不高或图像获取时间过久，数字图像判绘方法不能满足精度和可靠性要求时，必须采用像片调绘的方法。

像片调绘作业一般可分为调绘准备、野外调绘、着墨整饰与接边检查四个阶段。

4.3.1　调绘准备

调绘准备是摄影测量外业技术计划中的重要内容，包括像片检查和编号，选定调绘片和描绘调绘工作边，了解测区情况，学习技术指标，拟定工作计划等。

1. 像片检查和编号

在领取作业像片后应首先了解传感器的类型、焦距和像片比例尺的大小，然后检查像片的飞行质量和影像质量，并对像片进行编号。

1）像片检查

对像片进行检查时，主要检查能否满足摄影测量成图的要求，具体内容有以下三方面。

（1）满幅。为满足测区立体测图满幅的要求，像片航向覆盖超出航线两端图廓线不少于一条基线，旁向覆盖超出平行航线方向的图廓线，一般不少于像幅边长的50%，最小不小于30%。成图区域范围内无航摄漏洞，如有漏洞和云影，应提出补测方法。

（2）影像质量要求。影像反差适中，细部影像清晰，无云影。

（3）重叠度要求。以航空摄影像片作为基本判绘图像时，为保证立体模型的构成、立体量测精度以及模型间的接边精度，像片航向重叠度一般应为60%～65%，最大不超过75%，最小不小于56%；像片旁向重叠度一般应为30%～35%，最大不超过45%，最小不小于15%。当重叠过大时，在满足重叠的前提下，可抽出一些像片或航线。

2）像片编号

像片编号一般以图幅为单位，按照从上到下，从左到右的顺序分别对航线和像片进行编号。像片编号由两个数字组成，中间用横线隔开，如“2—1”表示第二航线第一张像片。也可按照区域网布点方案确定的一个区域为单位，对区域内的所有像片统一编号。

2. 选定调绘片和描绘调绘工作边

调绘像片一般隔号选取，如把单号像片或双号像片定为调绘片。在特殊情况下，如航向重叠小于56%时，才逐片定为调绘片。

在调绘像片上用调绘工作边确定调绘面积，故调绘工作边也称调绘面积线。调绘工作边一般绘在航向或旁向重叠中线附近，距离像片边缘应大于1cm，尽量避免与重要的线状地物重合，不能压盖重要的独立地物，并尽量不分割居民地。相邻调绘片的工作边所通过的影像应一致，调绘范围既不能遗漏也不能重叠。遗漏将造成地形图表示的漏洞，重叠处有两个地物符号，内业处理困难。为使相邻调绘片的工作边准确接边，平地一般用直线或折线绘出，丘陵地、山地一般是右、下工作边用直线，左、上工作边用曲线绘出。同期作业的图幅之间，调绘工作边可以破图廓描绘。图幅内调绘工作边用蓝色0.1mm的实线表示，图廓边用0.1mm红色实线描绘。按规定，为便于接边，自由图边和已测图边调绘工作边应绘出图廓线外4mm。

当调绘工作边描绘后，为使相邻的调绘片接边方便，可在调绘工作边外注明相邻调绘片的像片编号。

3. 了解测区情况

了解测区情况是为了正确运用图式、规范，使调绘成果真实反映测区的特点，且同一测区的表示方法基本一致。了解测区情况，可通过两个途径进行：一是收集测区资料，从已有地形资料中分析研究测区的特点；二是测区勘察，组织人员进入测区，了解测区的自然、地理、社会、工业、农业、水利和交通等情况，收集相应资料。测区勘察结束后，应及时编写勘察报告，并将此作为制订业务计划和拟定技术指示的依据。

测区情况的了解，应重点分析以下内容。

（1）各种类型居民地的建筑形式、结构特点、分布特点和平面图形。

（2）大型的工厂、矿山、文化体育设施和宗教建筑的类型和分布。

（3）铁路、公路、机场、管道和高压输电线路等交通运输设施及其附属建筑物的分布。

（4）主要河渠的岸线、岸、滩的性质和分布，大中型水库、湖泊及缺水地区水源分布状况。

（5）植被类型、分布规律及特点。

（6）地貌类型及其形态特征等。

4. 学习技术指示

图像判绘规范、地形图图式是图像判绘作业的法规性文件。技术设计书是结合测区特点对图式、规范的具体运用的说明，是对图式和规范的补充和细化，是图像判绘中的指导性技术文件。对图式、规范和技术指示的学习，达到统一认识、统一标准和统一要求的目的。当从一种地区类型转到另一种地区类型作业，或从一种比例尺成图转到另一种比例尺成图作业时，必须进行业务学习和训练。

5. 拟定工作计划

工作计划的拟定，主要依据调绘范围、任务数量、作业力量、驻地、通行情况、车辆装备以及天气等因素。工作计划的内容主要包括：出测时间、驻地、任务数量及分工、检查验收时间建议、技术总结以及收测时间等。

4.3.2 野外调绘

1. 调绘路线的选择

调绘路线的选择以不遗漏、少重复和视野开阔为原则。一般以驻地为中心，按花瓣形路线实施野外调绘，如图4.3所示。花瓣形的大小，应根据测区情况和每天的工作量而定。

调绘路线的选择应根据测区特点灵活确定。地物密集的平原地区，以“之”字形路线进行调绘，地物较少且视野开阔时也可沿道路进行调绘；水网密集分布的地区，根据河网的分割情况和桥梁、渡口的分布情况按区域进行调绘；丘陵地和山地，沿居民地之间的道路或山脊线行进；城镇和大的农村居民地，一般是先外围，后沿重要街道分块调绘；对分布面积较大的企事业单位应进单位内部调绘。

调绘路线应尽量沿大的河流、沟渠、铁路和公路行进，以避免遗漏其附属建筑物。

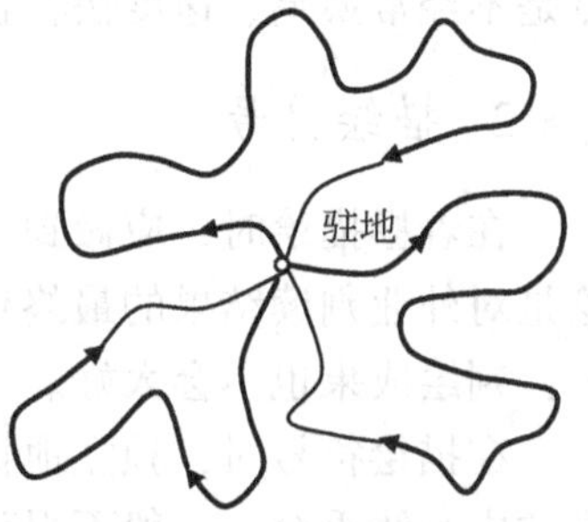

图4.3 花瓣形调绘路线

2. 判定站立点

沿调绘路线行进时要边走边看边记，选择并判定视野开阔、目标明显的地物点作为判绘的站立点。在一个站立点判绘完毕后还要注意在像片上选定下一个站立点。

3. 判读、量测与着铅

为了便于着铅和着墨，对调绘像片应用细沙质橡皮纵横擦磨，并在正面贴盖防潮的透明纸，以便野外调绘注记和保护像片影像。

在站立点上根据影像与实地对照判读，像片方位与实地方位应一致，并按由远及近、从大到小、从不明显到明显的顺序进行。对在像片上没有影像或在像片上不能准确判读和量测的地形要素应注意调查和量测。野外判读、调查和量测的同时，将结果按规范、图式的要求准确、清楚地描绘和注记在像片或拷贝纸上。

对影像不明显而位置精度要求高的地物，或新增重要地物的拐角、转弯处要准确刺点。对复杂地物和注记在像片上着铅不能清楚表示时，还应在拷贝纸上绘出示意图和注记，以备着墨参考。

立体成图的图幅，10m 以下的比高由外业量注，10m 以上的比高由内业测注。当图幅仅进行地物更新时，10m 以上的比高外业也应量注。

4. 地理名称调查注记

野外调绘前，应对照分析上一代地形图与标准地名资料，当两者一致且实地没有变化时，可直接注出；不一致时，以实地调查为准注记。没有标准地名资料时必须全部实地调查注记。

4.3.3 着墨整饰

1. 着墨整饰的顺序

着墨整饰应层次分明、有条不紊地进行。通常采用按调绘路线顺序、主次顺序和颜色顺序三种方式着墨，它们各自有其特点和优缺点。

按调绘路线顺序着墨是从调绘出发点开始边回忆边着墨，绘完一条路线的地物再绘另一条路线，其优点是不易遗漏。

按主次顺序着墨是先绘主要地物，再绘一般地物。一般是按独立地物、居民地、道路、河流、地貌、名称注记、地类界、植被、水域渲染物顺序进行着墨，其优点是保证重要目标位置准确和不遗漏。这是普遍使用的着墨方式。

分色着墨是绘完一种颜色的符号后，再绘另一种颜色，次序是黑、绿、棕、蓝、红。其优点是不经常换笔、速度快，且同一地形要素表示连贯。

2. 描绘符号

在着墨描绘时，应做到位置准确、层次分明、图面整洁、相关地物关系处理恰当。符号描绘是对外业判读结果的最终体现，即使判读的水平再高，但在描绘符号时如果达不到上述要求，判绘成果也不会太好。

在描绘符号时，独立地物的定位点与地物影像的中心应一致，线状地物的中心线与相应影像的中心线重合，一般不得移位。符号的用色和尺寸，应按规定执行。当地物间发生矛盾，不能同时准确表示时，则应根据地物的主次程度进行相应处理。

为使调绘像片线划清晰、易于保存，一般应采用不退色墨水。

3. 着墨检查

为确保着墨无遗漏、无差错，应对调绘像片的描绘进行全面认真地检查。检查应该边着墨边进行，绘完一块检查一块，绘完一片检查一片。

检查的方法主要有：按照调绘路线回忆检查；根据着铅痕迹对照检查；利用透明纸上的标注检查；在立体观察下检查。

为减少着墨遗漏，调绘着墨应及时，要做到“天天清”、“片片清”，养成良好的作业习惯。

4.3.4 接边检查

调绘像片一般以一幅图为单位整理上交。由于不同时间、不同作业员或不同方式施测，往往在同一图幅内片与片之间，或不同图幅的接边处会产生矛盾，即使同一作业员调绘，有时也会在接边处产生表示不一致的现象。产生矛盾的主要原因有：一是判读不准造成的描绘不一致；二是对综合取舍的标准掌握不一致；三是不同时期作业时，所依据的图式、规范版本不一致。接边的目的就是要妥善地解决这些矛盾。接边时，要根据不同的情况分别对待处理。

1. 同期作业像片的接边

同期作业，不论是图幅内还是图幅间，调绘像片之间均应严密拼接。即同一地物的衔接位置要一致；线状地物的形状、宽度应一致，不得相互错开，实地为直线时，不能在接边处变为折线；同一道路相接，符号的等级、注记应一致；地类界、植被的性质和注记应一致；同一地理实体的名称应统一；补测无影像的新增地物，互差不超过图上 1mm 时，各改一半相接，超过 1mm 时，则实地检查改正。

2. 同已测但未出版图幅接边

一般与已完成图幅的抄边资料进行拼接。对于接边中的矛盾均应仔细查明原因，现地处理。当矛盾是取舍认识不一致，或非原则性问题时，一般不改动已完成的调绘像片，只在新测调绘片上改动；如是邻图的重大差错、遗漏或新增的重要地物，则应在本幅图调绘像片的图廓线外，增绘这些地物，并在像片上用红笔加以说明，及时将资料移交内业成图单位，以便在已完成图幅出版前，对其进行修改和增补。

3. 与已出版的地形图接边

对于接边处的问题一般只改新调绘片，当遇到的重大问题确系已出版图的错误时，则不必勉强拼接，以新调绘片为准，并在图历簿中说明。

与不同比例尺地形图拼接时，不要求所有地物地貌表示一致，但在较小比例尺地形图上所表示的地形要素应与较大比例尺地形图上的相应地物地貌相接。

图幅间的图边拼接和自由图边，必须经第二人检查，并在调绘面积线外签注接边者、检查者、接边和检查日期。整饰格式如图 4.4 所示。

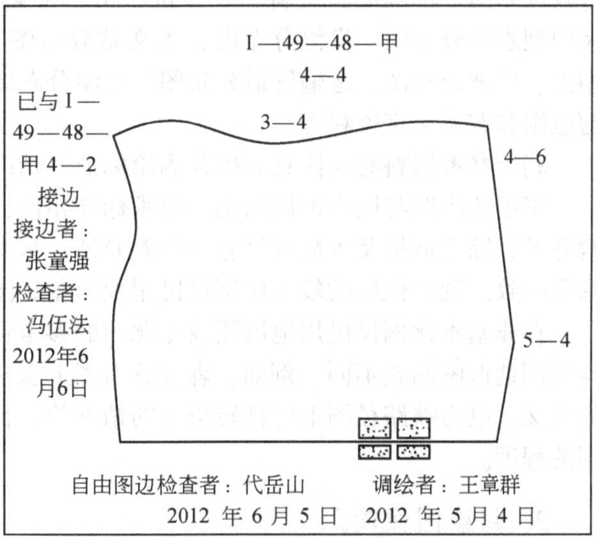

图 4.4　调绘像片接边整饰格式

对于自由图边还应抄边。抄边在多余的像片上实施，用红色墨水准确绘出图廓线，并转绘图廓线内 10mm 和图廓线外 4mm 范围的判绘内容；转刺图边附近的大地点、军控点和航测外业控制点，注明本图幅和邻幅图编号。转绘、转刺像片按调绘像片和控制像片的要求着墨整饰，并随同本图幅资料上交。

4.4　数字图像判绘

数字图像判绘是指根据图像特征和参考资料，利用判绘软件系统，按照编码标准，在计算机屏幕上判读并采集地形图上需要表示的地形要素的技术。它是遥感图像判绘的基本方法之一，具有劳动强度低、智能化程度高、成图周期短的特点。

进行数字图像判绘作业时，应满足图像的影像质量好、图像资料新、获取季节恰当、图像比例尺（或空间分辨率）合适、必要的参考资料、判绘人员必须具备丰富的野外像片调绘经验等条件，同时，还应有满足应用要求的计算机判绘软件系统。

数字图像判绘作业包括准备工作，地物和变形地貌的判绘和野外检查、补绘三个阶段。

4.4.1　准备工作

准备工作阶段包括判绘资料整理与分析、判绘图像输入、采集判绘面积线和图像预处理等。

1. 资料整理与分析

数字图像判绘中，参考资料可用于确定目标的位置、性质和注记。判绘作业前，应对参考资料进行科学的分析与评价，在全面、科学分析的基础上，编写参考资料分析报告，以便正确指导图像判绘作业。

（1）参考图像。指用于图像判绘参考的遥感图像，对几何精度和地面分辨率等没有同判绘基本资料那样严格的要求，不同传感器、不同波段的航空航天遥感图像均可利用。在利用时应注意了解图像获取的波谱段、灰度级、投影方式、比例尺和分辨率等。对航天遥感图像还应了解其轨道参数。

（2）其他参考资料。可供图像判绘利用的其他参考资料主要有：民用（经济版）地形图、行政区划图、标准地名资料、省（区、市）界勘察资料、公路普查资料、交通图、河道图、大中型水库分布图、灌溉分布图、水文站分布图、气象台（站）分布图、森林普查资料、林相图、植被分布图、运输管道分布图、沙漠分布图、土地利用现状图、沼泽分布图以及其他专题地图和有关文字资料等。

利用参考资料时应注意分析其测绘标准、精度和现势性，以便正确运用和转化。

军用地形图与民用地形图测绘技术标准相比，除所采用的坐标系、图幅编号不同和地形要素分类、综合概括及少数符号有一些差异外，基本规格、精度、地形图的主要内容和测绘方法基本一致。现势性好的较大比例尺民用地形图是图像判绘作业可利用的参考资料。

在非基本比例尺民用地形图或专题图的参考资料中，有些地物名称、含义、分类和分级等与军用地形图图式不同。例如，森林分布图上森林与疏林的区分标准，公路普查资料上路面宽的定义，电力线路径图上电杆转折点的精度等。在利用这些资料时必须注意标准的转换和可利用的程度。

2. 判绘图像输入

判绘图像是数字成果时，直接输入数字图像判绘系统；判绘图像是模拟图像时，可按照有关要求扫描数字化后输入判绘系统。

3. 采集判绘面积线

选择功能菜单，按照图像判绘面积线描绘的要求用光标在图像上依次采集判绘面积线的边界点，判绘面积线在图像上自动闭合。如果采集判绘边有错，可重新采集。按规定依次输入判绘面积线编号。

4. 图像预处理

如果图像反差过小或影像不清晰，应利用系统的图像预处理功能有目的的改善影像质量。

4.4.2　地物和变形地貌的判绘

根据影像特征和参考资料，在立体观察下按照图像判绘规范的要求识别地形图上需要表示的地形要素，在系统模块的提示下，逐片采集地物和变形地貌，进行文字、数字注记和图形编辑。

1. 数据采集

按照图式和编码规则，将地形要素分层采集。根据目标及其相应符号、注记的特点，数据采集分为点状目标（包括有向点和无向点）、线状目标、面状目标和文字、数字注记。

数据采集时，对影像清晰、特征明显、能够准确识别其位置和性质的目标，可直接采集确定；对细小目标、目标密集的区域，不能准确判定目标的性质、位置时，应利用参考资料、判绘样片以及系统提供的图像局部放大功能识别其位置和性质；对只能准确判读位置而不能识别性质的目标和相互关系表示不清的目标，以及不能确定的文字和数字注记，必须在屏幕和参考资料图上标注，以便野外调查、补绘。一个像对范围数据采集完毕后应进行全面认真的检查。数据采集应注意成图比例尺与屏幕影像比例尺的关系，正确进行综合取舍。

（1）点状目标的采集。采集无向的点状目标时，在相应图层中选择符号，将其移动至相应的影像位置即可。采集有向的点状目标，先选择相应的符号，将其移动至影像位置，再将符号旋转至正确的方向。

（2）线状目标的采集。选择线状目标符号，在影像上沿定位中心线断续采集定位点。定位点的间隔，应随目标弯曲程度的增加而缩小。在采集用不对称线状符号表示的线状目标时，如陡崖和堤岸等，应注意符号的方向。

（3）面状目标的采集。沿面状目标的轮廓边缘线的转折点和弯曲线采集定位点，连接定位点形成闭合图形。

（4）文字和数字注记。进行文字和数字注记，首先应选择注记的字体、字形、颜色和字级，然后选择从键盘输入。若需改变注记字体的方向，可围绕字体中心点旋转。

2. 图形编辑

在一幅图像数据采集完成后，必须对采集的地形要素进行图形编辑。图形编辑包括对点状目标、线状目标、面状目标和注记数据等内容的编辑。

图形编辑应将目标叠加在屏幕上。根据需要可采取全要素目标叠加、点目标叠加、线目标叠加、面目标叠加和文本目标叠加。但最后的编辑检查必须是全要素目标的叠加。

根据规范要求，对点状目标采用平移、旋转、增加、删除、复制和属性修改等方法进行编辑；对线状目标还可采用分段、连接、增加节点和减少节点等方法进行编辑；对面状目标还可采用分割、合并、压盖和填充等方法进行编辑。通过编辑可正确处理各要素间和符号间的相互关系。

3. 数据整理

在系统的提示下进行判绘成果的整理。成果整理包括定向、数据检查、判绘图像及图幅的接边等。

4.4.3 野外检查、补绘

野外检查、补绘是保证室内像片判绘成果质量的重要步骤。除特殊情况外，数字判绘成果必须进行野外检查、补绘。

野外检查和补绘的重点是交通线两侧、隐蔽地区及判绘时有疑问的地区。

检查、补绘的内容是：①室内只判定位置而未确定其性质的地物符号或注记；②核实室内已判绘但无把握的地物性质及其位置；③室内不能确定的目标和注记；④核实和补充必要的地理名称和注记；⑤补绘新增地物；⑥处理消失或变异的要素；⑦检查已绘出的地形要素表示和注记的正确性，并修改其中的错误。

野外检查、补绘的内容和发现的差错要及时修改，经野外检查、补绘的图像判绘成果应符合有关标准的要求。

4.5 数字判绘系统简介

解放军信息工程大学测绘学院研制的数字判绘系统（digital image interpretation system, DIIS）是一套适合图像判绘工序的生产作业系统，已得到广泛的推广应用。该系统在普通微机上能进行单片及立体影像的数字判绘，地物采集精度为 1 ~ 2 个像素（0.1mm 以内），符合规范标准，可以进行 1∶100 000 ~ 1∶2000 地形图判绘作业。采用该作业方法比传统作业的效率提高 1 倍以上，且大大降低了外业强度。

4.5.1 系统特点

数字判绘系统是根据摄影测量数字化生产的特点进行研制的，采用了并行化作业方式，缩短了成图周期，提高了数字化测图效率，对解决当前测绘矛盾、提高测绘保障能力具有重要的作用。该系统的软件结构如图 4.5 所示。

与其他系统软件相比，DIIS 系统具有以下特点。

（1）在图像判绘工序完成地物及部分地貌要素判绘结果的数字化，避免内外业数据采集的重复性；

（2）采用了并行化作业方式，实现了地物数据采集与空三加密、DEM 采集作业的同步性，提高了测图效率；

（3）通过屏幕立体观察、室内判绘及外业检查补绘的方式，减少了外业工作量，明显提高了图像判绘的作业效率；

（4）支持多种类型遥感影像的判绘和几何处理，内含军标和国标图式符号库多达十余种，

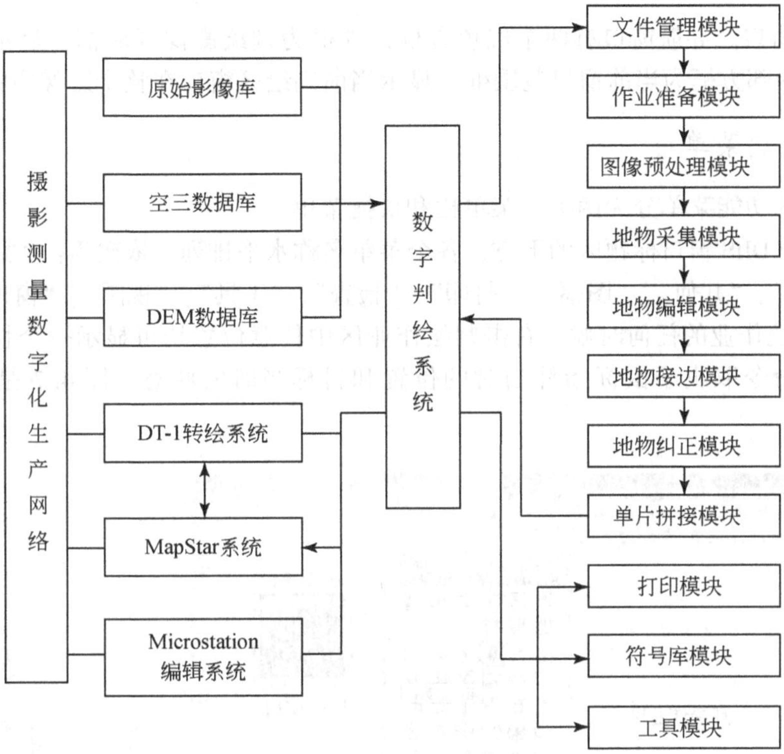

图 4.5　DIIS 软件系统结构

系统作业面广，适应性强；

（5）实现了地物数据采集、纠正一体化，又可与其他数字纠正系统单独连接，有利于各作业工序间的人员调配，判绘数据可以转换为多种格式，方便与有关编辑软件的衔接；

（6）系统硬件配置要求较低，利用普通计算机就可实现传统工作站的测绘能力，大大节省了测图系统的装备成本，且支持摄影测量通用平台和野外移动终端；

（7）系统完全针对判绘工序作业生产设计，设计合理、自动化程度高、操作简便、通用性好，并且通过多年的生产维护，功能日趋完善。

4.5.2　系统菜单与工具

1. 系统界面

DIIS 系统界面由下列构件组成：标题栏、菜单栏、工具栏、状态栏、判绘作业区、工程窗口、输出窗口、查看窗口、导航窗口、文件标签栏、水平滚动条和垂直滚动条等（图 4.6）。

DIIS 系统界面主要分为以下五个工作区域。

（1）判绘作业区。地物目标数据的采集、编辑以及影像和符号显示均在判绘作业区。

（2）工程窗口。工程窗口包含四个页面：数据文件列表、定向文件列表、属性窗口和地物列表。其中，数据文件列表显示采集数据文件和图幅数据文件；定向文件列表显示定向参数文件；属性窗口显示选中目标的属性数据；地物列表显示地物的图层。

（3）输出窗口。输出窗口显示系统的提示信息，特别是在复杂编辑功能时查看操作提示。

（4）查看窗口。查看窗口显示目标的基本信息，包括符号代码、符号名称、坐标点数以及坐标值。

(5) 导航窗口。导航窗口有两个红色方框，外框为判绘影像区域框，显示整个判绘影像和采集数据；内部方框为当前窗口范围框，显示当前判绘区窗口在整个影像中的位置。

2. 系统功能菜单

DIIS 系统的功能菜单分为两类：菜单栏和快捷菜单。

菜单栏位于 DIIS 窗口标题区的下方，各个菜单名称水平排列。依次为："文件"、"图像"、"采集"、"编辑"、"几何"、"图幅"、"打印"、"检查"、"工具"、"视图"、"窗口" 和 "帮助"。

在 DIIS 系统作业的任何时候，右击判绘作业区中任意位置均可显示一个快捷菜单。快捷菜单中有哪些命令取决于鼠标指针当时的位置和目标当时的状态。图 4.7 是一个快捷菜单示例。

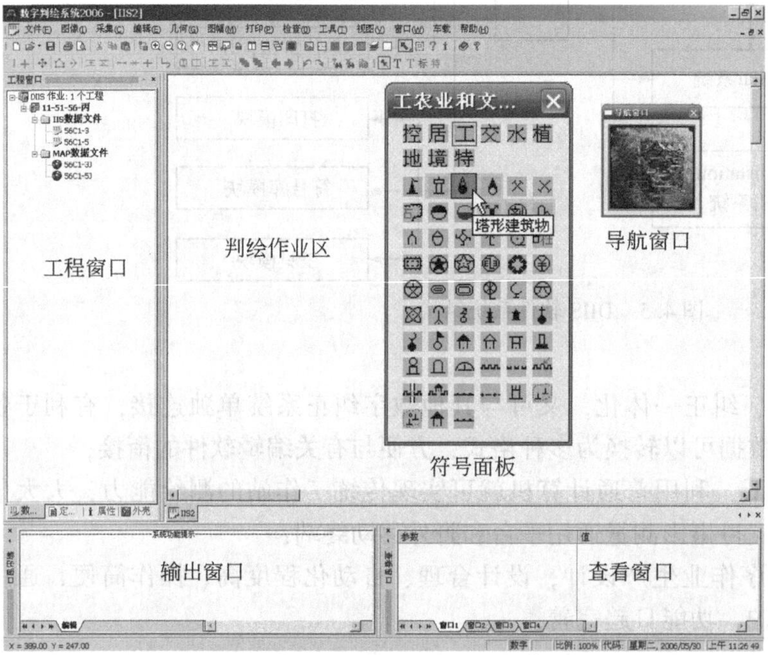

图 4.6　DIIS 系统界面

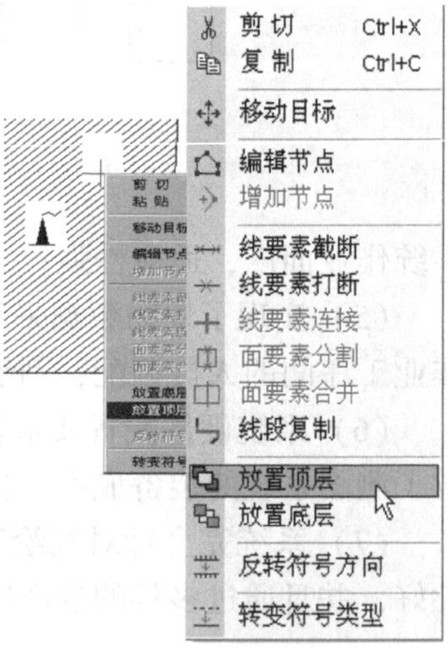

图 4.7　快捷菜单

3. 系统工具

工具栏为用户提供了另一种比较简单的操作方式。DIIS 系统中部分常用菜单命令的功能可通过单击工具栏相应的按钮实现。系统的工具栏共有 3 个，分别是主工具栏、编辑工具栏和采集工具栏。分别排列在主窗口的上方和左方。主工具栏的快捷按钮如图 4.8 所示。快捷按钮的符号、名称和含义见表 4.2。

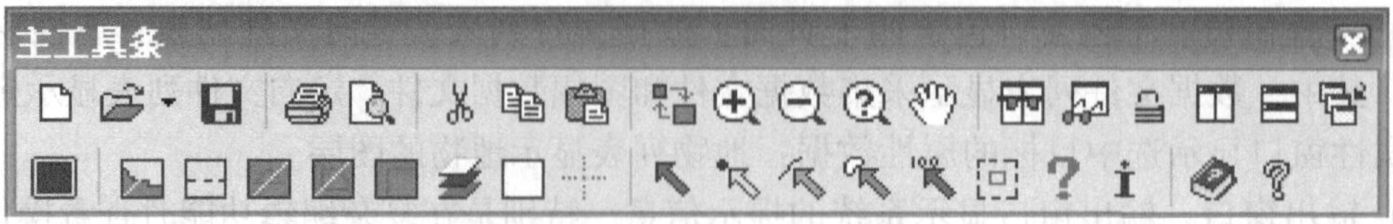

图 4.8　系统主工具栏的快捷按钮

表 4.2　主工具栏快捷按钮及其含义

图形符号	名称	含义
	新建	新建一个图像判绘数据文件
	打开	打开一个图像判绘数据文件
	保存	保存图像判绘文件
	打印	打印判绘影像或采集数据
	打印预览	显示打印时的外观
	剪切	将选择的目标对象从数据文件中删除，并将其置于剪贴板中
	复制	复制选择的目标对象，并将复制的对象送入剪贴板中
	粘贴	将剪贴板中的目标对象粘贴到数据文件中
	窗口还原	将窗口显示还原成前一次的状态
	窗口放大	将影像或图形显示比例放大 1 倍
	窗口缩小	将影像或图形显示比例缩小 1 倍
	改变比例	改变影像或图形数据的显示比例
	拖动	拖动影像或图形在窗口内任意移动
	立体观察（光学）	进入立体观察状态，利用光学立体镜观察立体影像
	立体观察（液晶）	进入立体观察状态，利用液晶立体镜观察立体影像
	锁定	进入立体观察状态，通过锁定，可同时移动立体影像
	水平并列	将主窗口内所有子窗口（不超过 3 个）按顺序排列成一行，每个子窗口大小一致。超过 3 个子窗口排列成多行
	垂直并列	将主窗口内所有子窗口（不超过 3 个）按顺序排列成一列，每个子窗口大小一致。超过 3 个子窗口排列成多列
	窗口列表	显示、管理全部打开的文档窗口
	全屏	全屏显示判绘区域，其他窗口隐藏
	隐藏/显示背景影像	隐藏或显示背景的影像
	隐藏/显示采集数据	隐藏或显示采集的地物目标
	隐藏/显示控制点	隐藏或显示控制点
	隐藏/显示判绘边	隐藏或显示判绘边
	隐藏/显示图廓边	隐藏或显示图廓边
	图层显示设置	设置要显示或不显示的地物图层
	清屏	清除屏幕多余显示或错误显示
	显示/隐藏格网点	显示或隐藏格网点
	选择	选择一个或某一区域内所有的目标
	选择点	选择一个或某一区域内所有的点目标
	选择线	选择一个或某一区域内所有的线目标

续表

图形符号	名称	含义
	选择面	选择一个或某一区域内所有的面目标
	选择文本	选择一个或某一区域内所有的文本目标
	单选	保证一个区域内只选中一个目标对象
	信息查询	查询一个目标的信息
	属性录入	录入被选择目标对象的属性信息
	帮助	显示系统帮助信息
	关于	显示系统软件信息、版本号和版权

DIIS 系统的编辑工具栏提供常用编辑工具的快捷按钮，如图 4.9 所示。快捷按钮的符号、名称和含义见表 4.3。

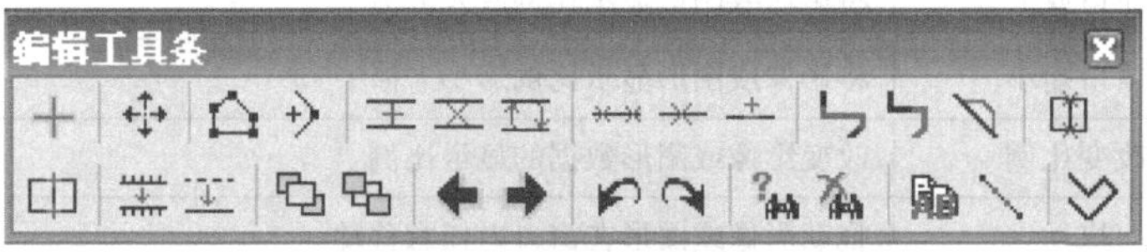

图 4.9　编辑工具栏快捷按钮

表 4.3　编辑工具栏快捷按钮及其含义

图形符号	名称	含义
	显示定位点	显示所有采集数据目标对象的定位点
	移动	移动被选择的目标对象
	编辑节点	编辑目标对象的采集点位置
	增加节点	增加目标对象的采集点
	合成双线	两个线目标对象连接成一条双线目标对象
	分解双线	一条双线目标对象分解成两个线目标对象
	双线互换	交换双线目标的两条边线
	线截断	一个线目标对象从中间截断一部分
	线打断	一个线目标对象打断成两个目标对象
	线连接	把两个线目标对象连接成一个线目标对象
	线段复制	复制线或面目标的部分线段
	线延长	延长线目标继续采集
	线替换	替换线目标的部分线段
	面分割	一个面目标对象分割成两个面目标对象
	面合并	两个面目标对象合并成一个面目标对象
	反转符号方向	把一个线目标对象的方向颠倒过来

续表

图形符号	名称	含义
	转变符号类型	改变被选择目标对象的符号类型
	放置顶层	将选中目标放在所有目标的最上面显示
	放置底层	将选中目标放在所有目标的最下面显示
	后退	目标搜寻时查找前一个目标
	前进	目标搜寻时查找后一个目标
	取消	撤销最后一步编辑操作
	恢复	重新执行上一次已撤销的编辑操作
	检查数据	检查数据的正确性，包括检查重复数据、删除空白字符串、检查非法数据等
	查找错误数据	查找坐标超出范围的错误数据
	文字复制	将选中注记的文字复制至剪贴板
	屈曲注记坐标内插	将屈曲注记的多个坐标按直线等分进行内插
	直角采集	进入线面直角采集状态

采集工具栏提供常用采集工具的快捷按钮，快捷按钮的符号、名称和含义见表 4.4。

表 4.4　采集工具栏快捷按钮及其含义

图形符号	名称	含义
	地物采集	打开地物号符号采集面板
T	注记	打开注记对话框（注：符号为黑色）
T	说明注记	打开说明注记对话框（注：符号为绿色）
标	问题标记	进行疑问目标的问题标记
	直角采集	线面采集时自动进入直角采集状态
	长度提示	线面采集时自动显示采集线长度

4.5.3　文件管理

文件管理包括从摄影测量数据库中下载作业图幅必需的文件和参数、建立和保存各种数据文件以及数据的导入和导出等。

数据下载是指从生产网络工程中下载图像判绘作业所涉及的数据，因此，需要访问原始影像库、空三数据库、DEM 数据库、影像数据库、地形图数据库和软件数据库等。

对于其他格式的数据文件，可通过数据转换功能导入数字判绘系统进行作业。例如，标准编码文本数据、DIIS 系统编码文本数据、数字地图数据、高斯坐标下的数据以及像素坐标表示的数据等。

DIIS 系统提供了导出其他数据格式要求的数据的功能。例如，可转换为地形图生产格式的数据、地形图交换格式的数据、MapStar 系统要求格式的数据以及文本数据等。

4.5.4 判绘作业准备

数字图像判绘作业准备包括：参数设置、读取高程库、读取地物数据库、作业信息输入、载入影像数据、判绘工作边描绘以及图像预处理等。

1. 参数设置

作业准备中的参数设置，包括软件系统、作业图幅、判绘图像和符号库等基本信息。

在建立新的测图文件之前，应进行参数设置，这样在每次新建文件时作业图幅相同的作业信息可不用手工输入，由软件自动赋值。软件系统的参数设置包括软件运行路径选择、图幅数据文件存放路径选择和当前作业图幅的选择等。

作业图幅的设置是将判绘作业图幅所涉及的图像参数、图幅元素以及判绘作业人员的基本信息进行选择和录入。

符号库设置是根据判绘作业任务选择不同标准、不同测图比例尺所规定的符号系统。DIIS 系统中挂接了多种符号库，作业时可根据任务需要在不同的符号库之间切换。

2. 判绘工作边描绘

DIIS 系统提供了判绘工作边描绘、编辑和作业区域划分功能。判绘工作边可以是直线或折线，也可以是曲线，具体要求见前述有关内容。在描绘判绘工作边时，如果出现错误或者描绘不当，可重新选点描绘。

当判绘区域范围内所有判绘图像的工作边描绘完成后，DIIS 系统可自动将各判绘图像的判绘范围拼接成判绘作业区域。

3. 图像预处理

如果判绘图像的质量存在缺陷，或者不利于判绘作业时，可有针对性地对图像进行预处理。DIIS 系统提供的基本方法包括：图像对比度调整、亮度调整、对数增强、指数增强、直方图调整、直方图均衡化、立体图像调整以及图像旋转等功能。

4.5.5 地物采集

DIIS 系统采集时，根据地物和变形地貌数据类型的不同，将其分为五大类：点目标（包括无向点目标和有向点目标）、线目标、双线目标、面目标和文本目标（包括正常注记、旋转注记和屈曲注记）。不同类型的目标采集的方法也不同。

1. 立体观察

地物和变形地貌符号采集时，一般采用单片影像判读采集，个别地物目标（如陡坎或独立地物）需要在立体观察方式下采集，可进入立体观察方式。系统的立体观察方式有两种：光学立体和液晶立体。

在进行立体观察前，需要在系统菜单提示下，打开作业基本信息对话框，选择输入采集的影像文件名和立体像对文件名，并设置左右片的位置（即确定用于矢量化采集的判绘片是左片还是右片）。以光学立体观察方式为例，首先应选择“立体观察（光学）”菜单，屏幕上会同时出现左右两个窗口，分别显示左右两幅影像，如图 4.10 所示。

图 4.10　光学立体观察方式

在地物和变形地貌判读采集时，可分别调整左右两幅影像的相对位置，调整至适当位置后可利用光学立体镜观察到地物的立体形态。这时可在立体观察状态下采集相应地物。调整左右影像至适当位置进入立体状态后，可利用系统提供的“锁定”功能，锁定左右图像的相对位置，这时移动任一影像，另一影像也会同时移动，以保持左右影像的立体状态。

2. 符号化采集

（1）采集无向点目标（如烟囱、水塔等）时，只需选择符号，并在确定位置单击鼠标左键即可。

（2）采集有向点目标（如单个窑洞、涵洞等）时，应先在影像位置上单击鼠标左键确定地物的定位点，松开鼠标左键，移动鼠标，符号会随着鼠标移动并围绕定位点旋转，旋至相应位置后再次单击鼠标左键完成地物的采集。因此，采集有向点目标需要两个点：第一个确定定位点的位置，第二个点确定方向。

（3）采集线目标时，在线状地物的中心线上连续采集定位点（单击鼠标左键），最后单击鼠标右键结束采集。

（4）采集面目标和采集线目标的方法一致，在面状地物的一系列轮廓点上单击鼠标左键，最后单击鼠标右键结束采集。

面目标和线目标采集的区别在于面目标采集结束后会自动闭合形成一个封闭的面，而线目标不会自动闭合。

（5）双线目标是指宽度依比例的线目标，如依比例高速公路、依比例堤和双线河流等。双线目标按边线平行与否分两种类型，采集方式也不相同。

平行双线目标采集。边线平行的双线目标，采集第一边时与采集单线目标方式相同，单击鼠标右键结束第一边线采集，移动光标，出现平行线，单击鼠标左键，确定平行线位置。

非平行双线目标采集。采集非平行双线目标则是分别采集目标的两个边线（当作两个单线目标采集两次，而非一个），此时这两条边线均无符号显示（只显示紫色线）。同时选中两条边线，然后单击编辑工具栏上的相应功能按钮，两条边线转变成一个依比例双线目标，此时会显示该目标的符号。

（6）疑问目标采集。对于有疑问或判读不准的目标，首先选中该目标，再按下系统设定的特殊功能键，目标符号会变成橘黄色，表示该目标有疑问，同时可进行问题标注，以便外业检查时进行修改。

3. 文本注记

系统提供多种字体、字形、字色和字级可供选择。注记方式提供正常注记方式、旋转注记方式和屈曲注记方式。注记与地物符号可采用压盖或非压盖方式。注记内容可直接在对话框中输入。

正常注记只需确定一个位置；旋转注记需要确定位置和方向（两次单击左键）；屈曲注记是注记内容的每一个汉字均需要确定一个位置点，有几个汉字就确定几个位置点。

对于独立地物、道路、管线、水系、地貌和植被等要素的说明性注记，系统提供了符合规范和图式要求的标准化注记名称。

4. 属性录入

地物目标的坐标数据采集完成后，还应录入相应的属性信息。DIIS 系统提供两种属性录入方式：一是选择“属性录入”功能菜单，在地物目标位置上单击鼠标左键，弹出“地物属性”对话框，进行选择和录入；二是选择工程窗口的“属性”页面，当选中地物目标时，该页面显示目标的属性信息，在各属性输入框中录入、修改属性信息。

5. 接边检查

一幅图像数据采集完成后，需要与相邻判绘图像进行接边检查。根据判绘图像接边检查的相关位置，可分别采取窗口“水平并列”检查和“垂直并列”检查方式，如图 4. 11 所示。

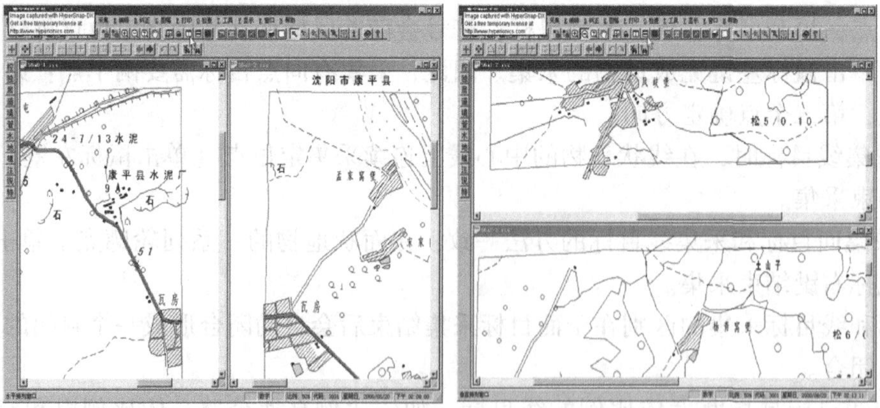

(a)水平并列方式　　　　　　　　　(b)垂直并列方式

图 4. 11　判绘结果接边检查示意图

6. 数据质量检查

一幅图像判读采集和接边完成以后，在转入下道工序之前，必须要检查数据的正确性，以免错误数据传入后面工序，影响编辑和纠正。

DIIS 系统提供数据质量检查功能，其方法是打开数据文件，单击菜单“检查数据”或选择编辑工具栏上的数据检查快捷按钮，系统自动检查数据的正确性，包括检查重复数据、删除空白字符串和检查非法数据等。若有非法数据会提示是否要删除非法数据，并提供非法数据的属性编码和起始点坐标。

4.5.6　数据编辑

1. 地物选择

在对判绘数据进行编辑整理前，应首先选择待编辑的地物目标。DIIS 系统提供了全部选择、选择点目标、选择线目标、选择面目标和选择文本五种选择类型。

对于目标的选择，系统提供了以下两种方式。

(1) 点击选择。即在地物目标的位置点附近单击鼠标左键选择。对于点目标，单击定位点位置，可选中该目标；对于线状目标，单击采集线上的任何位置均可选中该目标；对于面状目标，单击其范围内的任一位置，均可选择该目标；对于文本注记，单击注记的文本范围就可选中它。

(2) 拖拉选择。即按下鼠标拖拉出一个矩形区域选择目标。

2. 图形编辑

DIIS 系统除提供通用的目标删除、复制、移动和旋转功能外，根据地物目标类型，还分别提供了节点编辑、线目标编辑、面目标编辑功能。

(1) 节点编辑。首先选中待编辑的线目标或面目标，显示目标的采集线，选择“编辑节点”菜单，或者单击编辑工具栏上的快捷键按钮，或者单击右键弹出菜单，这时目标的每一个节点处会出现一个方块符号，其中起始处节点是红色的小方块，结束处节点是蓝色的小方块，方块的中心就是采集点的位置，如图 4.12 所示。

系统提供的节点编辑功能，包括节点移动、节点删除和节点增加等基本功能。

(2) 线目标编辑。系统主要提供线目标截断、线目标打断、线目标连接、线目标复制、线目标延长、线目标部分替换、合成双线、分解双线和双线互换等功能。

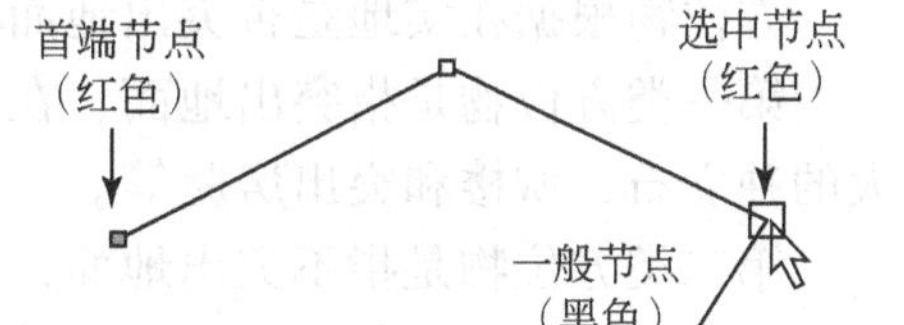

图 4.12　节点类型

线目标截断是将线要素分成两段而中间一段被删除；线目标打断是将线要素分成两段，即分成两种不同类型的线目标；线目标连接是将两个类型相同的线要素连接成一个线目标；线目标复制，可直接采取选中后复制，也可在采集线目标的过程中复制；线目标延长是将较短的线目标进行适当延长绘制；线目标部分替换是将采集过程中某一段位置错误的线段，用正确位置的线段替换；合成双线是指距离较近的两个单线表示的目标合成为用双线符号表示的线目标；分解双线与合成双线正好相反；双线互换是指将两条不同线形符号的目标位置互换。

(3) 面目标编辑。系统提供面目标的分割、合并和移位等编辑操作。

此外，DIIS 系统还提供了符号压盖处理、目标反向、转变符号类型以及入库编辑等功能。

4.6　地形要素表示关系处理的原则

地形要素经过综合取舍后解决了在地形图上“表示什么”的问题，《地形图图式符号》给出了表示地形要素必须采用的符号样式。一方面，由于地形图负载量的限制，不可能把地面复杂多样的所有目标都表示出来；另一方面，大量符号同时出现，容易造成图面凌乱，从而大大降低地形图的可读性。因此，确定表示哪些地物目标以及用什么符号表示后，在具体的符号描绘和符号间的关系处理上必须遵守一定的原则，以保证地形图清晰易读。这个原则称为地物关系处理的一般原则，它能协调图面上大量符号之间的“秩序”，最大限度地增强地形图的可读性。

4.6.1　方位物准确表示

方位物是指实地容易识别，并根据它能够迅速判定方位的固定物体。例如，烟囱、水塔、独立石、桥梁和道路交叉口等。

方位物并不是指某个特定的地物，而是地形图测制和使用时的一个基本概念。指示方位是地形图的基本功能之一。地形图判定方位是根据地形图和地面物体的高度相似性，这就要求地形图必须是地面物体的科学、全面、形象的概括。不同地物或同一种地物所处的位置不同，其方位作用是大不相同的。有的地物外形高大、有的形状或颜色特殊、有的在道路上或道路边特征明显，这些地物对用图者来说都有很强的方位作用；有些地物不太明显，在实地识别比较困难，其方位作用相对较弱。

独立地物是指在结构上自成一体，与相邻地物目标的性质和建筑形式不同的单个物体。例如，水塔、窑和矿井等。独立地物大多具有突出地面和有一定方位作用的特点。因此，独立地物是方位物的重要组成部分。但是，并非所有的独立地物都是方位物，而方位物也不一定都是独立地物。

方位物根据在实地是否突出地面区分为第一类方位物和第二类方位物。

第一类方位物是指突出地面，在远处易于识别的地物，如塔形建筑物、突出树、岩峰、高大的独立石、城楼和突出房屋等。

第二类方位物是指不突出地面，在实地易于识别的地物，如桥梁、水井、涵洞、街道口、固定的河床转弯处、林中空地和森林防火线等都是较好的第二类方位物。

另外，还有些地物在夜间容易识别，称为夜间方位物。例如，各种能发光的航行标志、化工厂燃烧有害气体的火炬和油田燃烧多余天然气的火炬等是典型的夜间方位物。

方位物不仅是判定方位的依据，也是地形图修测或简易测量的基础，因此，在地形图上应着重表示。由于方位物的作用重大，所以在判绘方位物时应做到以下三方面。

（1）位置准确。在判绘时，要保证方位物的位置准确必须做到判读准确，符号描绘与影像一致，不能移位。为了保证精度，对第一类方位物的处理可采用较为特殊的方法。有人建议第一类方位物和加密点一起处理，则其精度可与加密点同级，这样可保证地形图修测和其他简易测量的精度。

（2）数量适当。在识图用图时，一个方位物的控制区域是有限的，所以一幅图内的方位物应达到一定的数量。以 1∶50 000 地形图为例，根据经验，如果一幅图内的方位物少于 60

个，用地图判定方位就比较困难。在作业中，一幅图内取多少个方位物，主要由测区的地物密集程度决定。城镇、工矿、经济发达地区、名胜古迹处，可用来作方位物的地物就多一些，而山地、荒漠、草原地区就少得多。在地物较多地区，选择更明显、更突出的地物作为方位物；在地物稀少地区，则应从一般中选特殊或选有地区代表性的地物作为方位物。

（3）分布合理。方位物在一幅图内分布均匀不仅使判定方位方便，而且使地图比较美观。但是，由于地物的分布差异，可作为方位物表示的地物在一幅图内往往是不均衡的。在判绘时，应根据地区特点进行适当的取舍，尽量使方位物的分布比较合理。

4.6.2　重要地物优先表示

重要地物是识图用图的“兴趣点”，是用图者完成判定方位、计划行进路线等任务的主要参照物和依据，必须清晰突出、位置准确、符号完整地进行表示。

一般情况下，地物目标重要性次序为：方位物和独立地物、国界、高速公路、铁路、双线表示的河流与沟渠、普通公路、单线表示的河流与沟渠、变形地貌、房屋、窑洞、管线、植被和土质等。

当表示地物目标时，如遇到地物密集，符号之间发生冲突而不能同时准确表示的情况，则应根据地物重要性次序，首先选择较重要的地物准确表示，对较次要的地物则视具体情况，可采用压盖、移位、共边线和舍去这四种方法处理地物间的相互关系。

例如，当双线河流或沟渠与普通公路并行而不能同时准确表示时，双线河流或沟渠准确表示，普通公路移位表示；当单线河流或沟渠与普通公路并行而不能同时准确表示时，普通公路准确表示，单线河流或沟渠移位表示；当单线河流或沟渠与单线道路并行而不能同时准确表示时，单线河流或沟渠准确表示，单线道路移位表示。

4.6.3　正确处理符号之间的位置关系

正确处理地形图上表示的地形要素符号的位置关系，是图像判绘和地图制图作业必须严格遵循的原则，也是识图用图者必须掌握的基本内容。

地图符号之间的位置关系处理有以下五种情况。

（1）实交。符号之间实线相交的情况包括：某些单线符号与面状或线状符号相遇时，由于单线符号的占图面积小，不影响对其他地物的阅读，可与这些地物实线相交，如电力线与居民地街区；地物目标性质相同或相近，实地连为一体的应实线相交，如单线道路与双线道路，单线河流或沟渠与双线河流或沟渠，河流或沟渠与坑塘、湖泊、水库，双线表示的街道与街区等。

（2）间隔。地形图上表示的符号（包括文字数字注记、注记点等），除图式中明确规定为组合符号，或者是上述规定必须实线相交的外，不同性质地物目标的符号与符号之间应有0.2mm 的间隔，目的是保证地形图清晰易读。

对地物稀少地区，这一点很容易做到。对地物密集地区，就必须通过采取断开、移位、压盖等措施，来保证符号与符号之间有 0.2mm 的间隔。符号是相隔或相连，由符号的性质所决定。例如，点状符号与点状符号、点状符号与其他符号、公路与街道、道路与桥梁、注记与其他符号等，它们之间一般都应有 0.2mm 或以上的间隔。

（3）压盖。压盖是处理不同性质、不同级别地物关系的常用方法。当两地物符号重合或不能分别准确表示时，重要地物符号可压盖较次要的地物符号。

例如，作为方位物表示的点状符号，具有最高的重要性等级，它可压盖与其相矛盾的所有线状和面状符号，而被压盖的地物要断开表示，如图 4. 13(a)所示；道路平面相交时，高一级的道路压盖低一级的道路绘出，如图 4. 13(b)所示；单线河流或沟渠通过居民地街区，而二者之间又没有可通行地段时，由于符号颜色不同，河流或沟渠可压盖街区表示，如图 4. 13(c)所示；不同的地物在空间位置上构成上下层关系时，上层的地物可压盖下层的地物表示，如图 4. 13(d)所示的立交桥；地形图的注记在不影响识图用图时，也可压盖线状或面状地物符号。

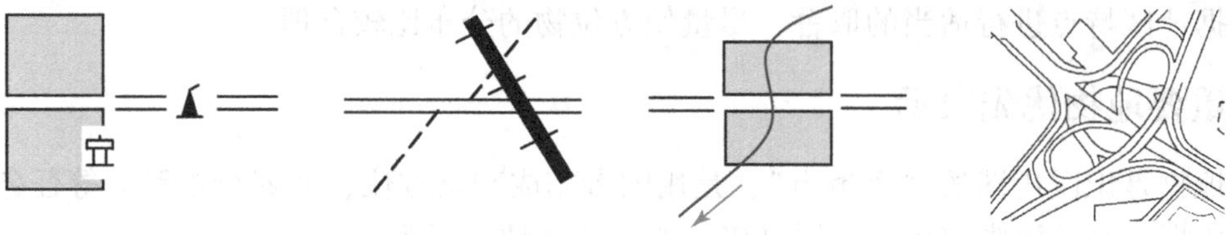

(a)点状符号压盖　(b)道路相互压盖　(c)河流压盖街区　(d)立交桥上下层压盖

图 4. 13　符号之间的压盖

(4) 移位。符号移位是为了反映地物间的相互关系和重要程度，保持地形图与实地的相似性而采用的一种处理方法。

例如，当两个地物相距较近，又不能同时准确表示时，在图面允许的情况下，将重要的准确表示，次要的则在保持相对位置关系正确时移位表示，如图 4. 14(a)所示；居民地边线与变形地貌（陡坎等）相遇，将变形地貌准确表示，居民地外围轮廓移位绘出，如图 4. 14(b)所示；公路两边的房屋与公路发生矛盾时，公路准确表示，房屋则紧靠公路边线移位绘出，如图 4. 14(c)所示；不同性质的线状地物（如道路、河流等）并行，不能同时准确表示时，重要的地物准确表示，次要的移位绘出，如图 4. 14(d)所示。

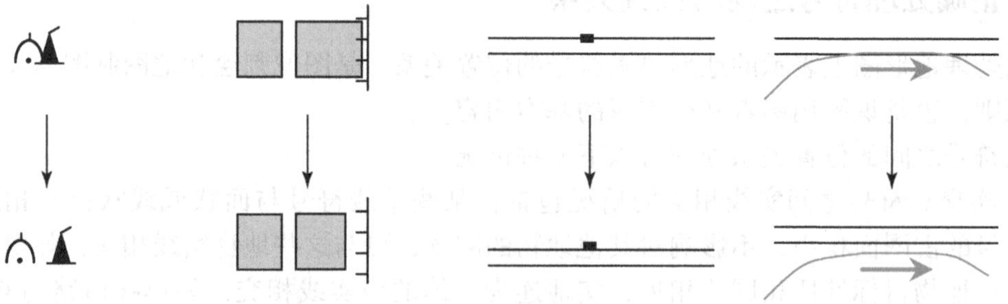

(a)　(b)　(c)　(d)

图 4. 14　地物符号移位

当重要地物与次要地物发生矛盾，不能同时准确表示，又不能采用移位方法处理时，可将次要地物舍去不表示。但有时也有例外，如成排的高大烟囱，在不能逐个表示时，两端的准确表示，中间应进行取舍。当必须用两个符号表示时（如实地两个以上成排分布的窑洞等），根据实地情况可采取一个地物准确表示，另一个移位，或者两个均向两侧移位表示。

(5) 共线。共线也称共边线，其实质是重要地物的边线代替次要地物的边线，是在双线地物发生矛盾时采用的一种处理方法。

例如，铁路与公路相距较近，不能同时准确表示时，可共用一条边线表示，如图 4. 15(a)所示；当公路与路堤相距较近时，可用公路和路堤共边线表示，如图 4. 15(b)所示；当地面线状地物与地类界重合时，线状地物可代替地类界（境界和地面上的线状地物除外），如图 4. 15 (c)所示。

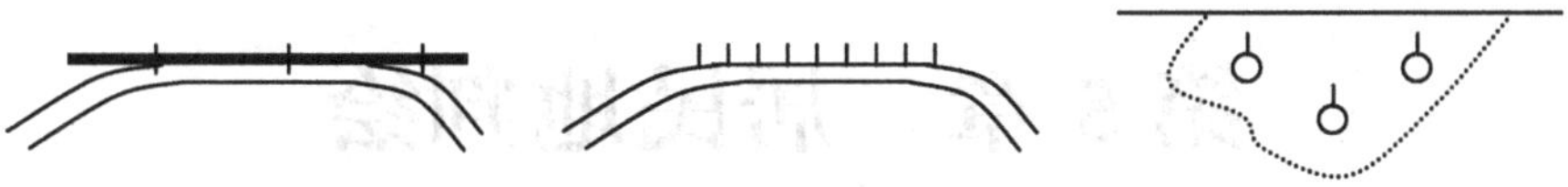

(a)　　(b)　　(c)

图 4. 15　地物之间的共边线表示

第 5 章　居民地判绘

居民地是人们在长期的生产、生活中形成的集聚定居地。它是人们活动的中心场所，是重要的地形要素。在军事上，居民地对部队行军、宿营、作战和判定方位有重要作用。处于交通枢纽、渡口、大桥两侧或其他重要位置的居民地控制着部队的机动作战能力，历来是兵家必争之地。居民地是地形图上表示的主要内容，不论是何种判绘方法，在大部分地区基本上都是围绕居民地进行作业，在判绘过程中居民地所花费的时间最多。研究居民地的判绘方法，不但可以保证地形图的成图质量，而且能提高图像判绘的工作效率。

5.1　居民地分类及其表示基本要求

5.1.1　居民地分类

我国是一个幅员辽阔、地理复杂、历史悠久、人口众多和多民族的国家。不同的地理条件，不同的历史时期，不同的生活和风俗习惯形成了各种各样的居民地。由于用途不同，对居民地的分类标准和表示方法的要求也不同。有的按行政等级分类，有的按人口数量的多少分类，有的按地形特点分类，有的按建筑形式和结构特点分类，有的按经济发展状况分类，有的按分布特点和平面图形分类。对测制国家基本比例尺地形图来说，居民地的分类必须满足国民经济建设和国防建设的需要，并兼顾其他行业的发展需求。

我国广大地区的居民地多为房屋建筑形式；黄土覆盖地区有窑洞建筑形式；草原和荒漠地区还有蒙古包和帐篷等建筑形式的居民地。因此，我国的居民地按照建筑形式可分为三大类：房屋式居民地、窑洞式居民地和其他类型的居民地。按照分布状况，房屋式居民地又可分为街区式居民地和散列式居民地，街区式居民地还可细分为稀疏街区式居民地和密集街区式居民地；窑洞式居民地又可分为地面上窑洞和地面下窑洞，地面上窑洞还可细分为散列的、单层成排的和多层成排的窑洞。测制国家基本比例尺地形图的现行规范和图式中，按居民地的建筑形式和分布状况，将其区分为街区式居民地、散列式居民地、窑洞式居民地和其他类型居民地四类。图 5.1 是居民地分类的结构图。

5.1.2　居民地表示基本要求

据调查，在大多数地区居民地判绘作业的工作量都在所有判绘内容的 60% 以上，因此，居民地表示的准确度对成图质量具有重要影响。居民地判绘的基本要求如下。

（1）居民地表示应正确区分居民地的类型；

（2）充分反映居民地街道类型和通行情况；

（3）准确表示居民地内外具有明显方位作用的建筑物及独立地物；

（4）形象表示居民地的外轮廓，恰当运用居民地各类符号；

（5）正确确定和注记居民地名称；

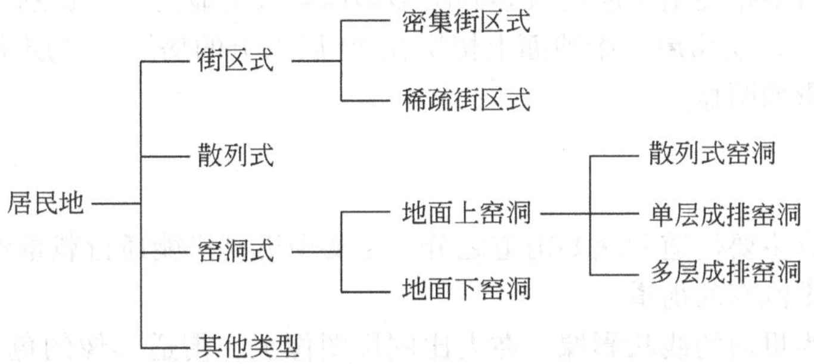

图 5.1　居民地分类

(6) 恰当处理居民地和其他地物地貌的关系。

图像判绘中，只有满足以上要求，才能全面正确反映居民地的各种特征。

5.2　街区式居民地

街区式居民地是指城市、集镇及农村中房屋毗连成片或间距较小，有明显的外轮廓和主次街道，按街道形式排列的居住区。

街区式居民地主要分布在华北平原；其次还分布于汾河和渭河谷地，呼和浩特至包头一线，兰州至西宁一带；东南沿海、台湾西部沿海及长江下游的九江、安庆、芜湖、南京一线有分布。

5.2.1　街区式居民地的判读

1. 房屋

房屋是街区式居民地的基本要素。房屋在遥感图像上的影像由其顶部、一两个或多个侧面及阴影组成。房顶影像的色调与其结构、材料和光照方向有关。我国南方地区多为人字形屋顶，因两个屋面与太阳照射方向的夹角不同，影像色调有明显的差别，其分界线就是屋脊。

在全色影像上，当脊形房屋的房顶是水泥瓦或红瓦时，两屋面影像色调反差较小。平顶房多见于城市、工矿和雨水较少的北方农村，形状多为长方形，色调则和房顶的建筑材料有很大关系。当房顶为沥青时，影像色调为深灰色；当为水泥、碱土和黄土时，影像为浅白色调。在立体观察的条件下，中小比例尺的遥感图像上的房屋比较容易识别，在大比例尺图像上，还可识别出房屋的建筑材料和楼层数。在没有进行立体观察时，要注意平顶房屋与其他有相似影像形状地物的区别，如无水的储水池、小的打谷场和居民地内的小空地等。现代城市高层建筑越来越多，由于比较高大，在地面分辨率较高的遥感图像上一般可分辨其建筑层数。

(1) 独立房屋。独立房屋是指在建筑结构上自成一体的各种形式的单幢房屋。根据其顶部、一个或两个侧面影像以及阴影影像判读。房屋的色调与其结构、建筑材料、太阳照射方向(或雷达波束发射方向)以及在图像上的位置有关。在大比例尺图像上，单幢房屋容易识别，可根据阴影特征和立体感与其有相同形状、相同色调特征的地块背景相区分。在较小比例尺图像上，单幢房屋的判读比较困难，一般可根据有关参考资料判断。

(2) 突出房屋。突出房屋是指比较高大，外形或颜色特殊，明显区别于周围房屋的建筑物。可在立体观察条件下，根据建筑高度明显突出于周围建筑或建筑形式特殊的特点判读确定。在单张图像上可根据突出房屋的投影和阴影影像均很明显的特征识别。

（3）高层房屋。高层房屋是指地面上楼层在 20 层以上的房屋。高层房屋在立体模型下高大，其投影和阴影影像明显。

2. 街道

街区内的街道有主要街道和次要街道之分。主要街道是指能通行载重汽车的街道，次要街道是指不能通行载重汽车的街道。

街道在图像上为贯通的线状影像。在大比例尺图像上，街道影像的色调取决于路面性质、图像波段和获取时间。在全色图像上，路面为混凝土或黄土时，街道为浅白色色调；路面为沥青时，则为灰色色调；路面被树木的投影或阴影压盖时，则为深色调。在小比例尺图像上，直接根据影像宽度判读主次街道有困难，可根据所连接的道路等级或者参考上一代地形图和其他资料判读。与居民地外围的简易公路、普通公路相连的街道一般为主要街道。

3. 街区

街区是指居民地内房屋毗连成片或间距较小密集分布的地段。

在大比例尺图像上，街道和组成街区的房屋轮廓均能清晰显示，可根据街道和房屋毗连分布、相距很近、街区轮廓明显的影像特征识别；在较小比例尺图像上，主要根据街道和房屋所组成的粗糙纹理特征以及与道路相连接的相关位置特征识别。

破坏房屋较多的地段与完好的房屋街区相比，在全色图像上，图案规律性不强，分布不均匀，色调较浅。

5.2.2 街区式居民地的表示

街区式居民地的表示主要是街道、街区、突出房屋、独立房屋、高层房屋的表示以及与其他地物关系的处理。

1. 正确反映居民地内的通行情况

为了正确反映居民地内的通行情况，主要街道一般都要表示，次要街道可进行取舍。对次要街道的取舍，要从反映通行情况、街区的形状及图面美观等方面出发，经过取舍以后，不但要反映居民地内各部分街道的疏密程度和各自特点，而且街区的面积不可太大，以免影响图面的美感。

（1）城市中可通行载重汽车的街道较多，为了突出连接公路、车站、广场、码头和公园等的重要通道，对不能并行两辆载重汽车的非主要通车街道，可降为次要街道表示。农村居民地中，街道密集时，可舍去死胡同和拐弯过多、短小和无重要通行方向的次要街道。范围较大的企事业单位的内部通道，应根据通行情况用主要或次要街道符号表示。

（2）农村居民地中，主要街道与次要街道仅以是否具有通行载重汽车的能力作为区分标准，而不考虑是否曾经通行过载重汽车。与小路相连接的能通行载重汽车的街道也以主要街道符号表示。当一条街道绝大部分地段能通行载重汽车，仅有很短的地段不能通行载重汽车时，不能用主要街道符号表示，根据实际情况用次要街道表示或舍去。

（3）街道取舍应反映街区的通行情况。凡与道路相连的主、次要街道均不能舍去。不能因街道取舍而造成街区不适当的大面积合并。

2. 街道及其交叉口的表示要准确、形象

凡十字交叉的街道不能舍去一条而以丁字交叉表示。实地能依比例尺表示的曲折街道，不能绘成直通街道；实地不为十字交叉的街道，不能因错开较小而绘成十字交叉；实地不相交的交叉口，不能因距离较近而表示为相交，如图 5. 2 所示。

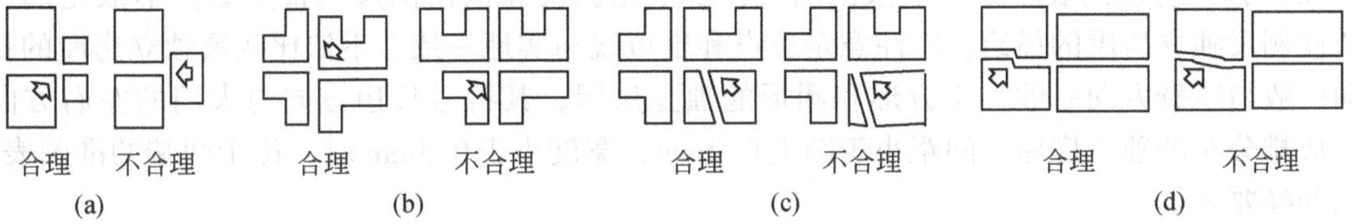

图 5. 2　街道交叉口的表示

3. 正确运用街道线

街道线是表示街道范围边缘的细实线。为了反映街道的贯通情况和准确表示道路进出居民地的位置，要正确使用街道线。

当用单线或双线符号表示的道路与街道口相接时，若两边街区不等长，应在短街区一边绘街道线补齐，如图 5. 3（1）所示；当单线道路沿街区边缘通过时，若街道明显，应用街道表示，如图 5. 3（2）所示；若没有形成明显街道时，道路符号直接通过，不绘街道线，如图 5. 3（3）所示；用双线道路沿街区或独立房屋一侧通过时，不绘街道线，街区或独立房屋紧靠道路边缘绘出，如图 5. 3（4）所示；用单线符号表示的道路沿独立房屋边缘通过时，不绘街道线，独立房屋准确表示，单线道路移位表示，如图 5. 3（5）所示；单线道路通过不依比例尺表示的街区时，道路可绘至街区边缘线，如图 5. 3（6）所示；当两条街道相通且相距较近，用道路符号连接不能显示其特点时，则用街道线连接表示，如图 5. 3（7）所示。

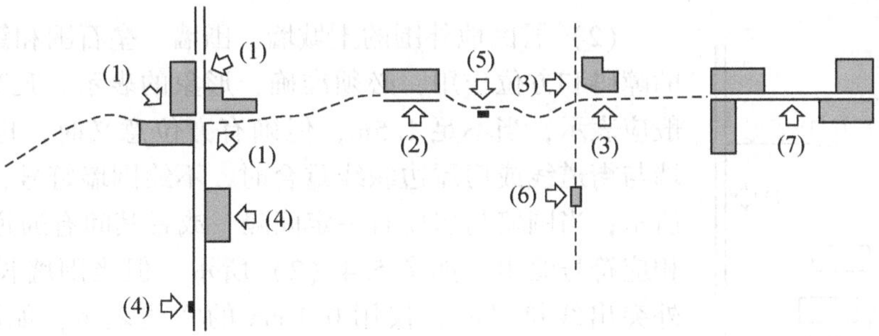

图 5. 3　街道线的运用

4. 准确表示居民地内的方位物

居民地内的方位物包括突出房屋、高层房屋、大块空地及其他有方位作用的建筑物和构筑物。

（1）突出房屋是第一类方位物，对判定方位、指示目标和军事防御等有重要意义，判绘时要准确表示。

突出房屋的表示分为依比例尺和不依比例尺，符号的外框线为房屋的实地轮廓。房屋密集

式街区内的突出房屋用独立房屋符号表示，不绘外框线。应注意突出房屋与高层房屋之间的区分。房屋是否突出是相对的，同样形式的建筑在一个地区是突出的，在另一地区就可能不突出。现代城市有各种各样的高楼大厦，在处理时要注意突出房屋与高层建筑的区别。在一个居民地内，不能有过多的突出房屋。在大城市中很多高层房屋不一定用突出房屋符号表示；在高层房屋较少的中小城市中，用突出房屋符号表示的房屋不一定达到20层。

（2）独立房屋的表示分为不依比例尺、半依比例尺和依比例尺三种类型。不依比例尺和半依比例尺独立房屋的描绘，应注意定位点和定位线与实地一致。不依比例尺独立房屋的长边方向一般与屋脊方向一致，正方形和圆形的独立房屋，其符号长边方向与大门的左右方向一致。成排分布的独立房屋，间距小于图上0.2mm，宽度小于0.3mm时，位于两端的准确表示，中间的择要表示。

（3）高层房屋的表示分为依比例尺、半依比例尺和不依比例尺三种类型。高层房屋之间的距离小于图上0.4mm时可综合成高层房屋建筑区表示。

（4）居民地内的空地对空中判定方位和选择空降场地有重要作用。所以对范围较大的空地，一般不能综合为街区，以显示其特点和方位作用。短边大于图上1mm的空地，不宜综合为街区，应予以表示，否则可进行综合。

（5）居民地内的其他方位物，如水塔、烟囱、无线电塔、堤、坎、池塘和桥梁等用相应符号准确表示。

5. 形象表示居民地的外围轮廓

街区式居民地的外围轮廓对判定方位、通行和障碍等均有影响，因此，必须准确、形象地表示。

（1）街区外围轮廓实地无重大变化时，可按影像位置描绘。外围的拐角，图上大于0.4mm时，一般应表示；当拐角过多时，在保持轮廓形状的前提下，可舍去小的拐角，以突出主要轮廓特征。

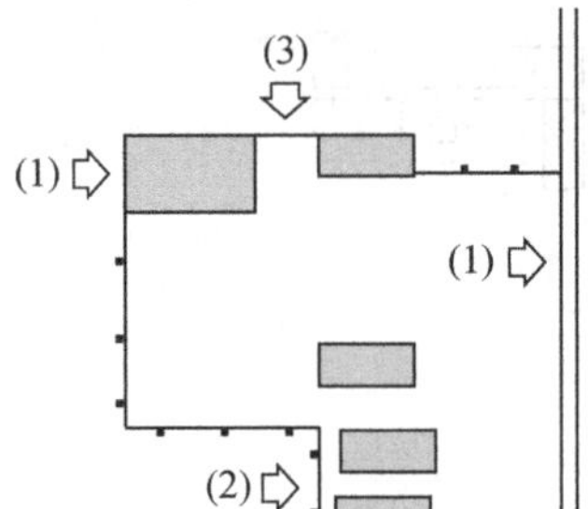

图5.4　居民地外围的围墙

（2）居民地外围的土城墙、围墙、垒石围和篱笆等具有明显的障碍和方位作用，必须准确、形象的表示。凡高于1.5m的一般应表示，当不足1.5m，但确有方位意义时，也应表示。当围墙与街道线或房屋边缘线重合时，不绘围墙符号，如图5.4（1）所示；当围墙与房屋有一定间隔，或者其间有通道时，应分别用相应符号绘出，如图5.4（2）所示；但当围墙长度绘不下两个外突出线符号时，仅用0.1mm的实线表示，如图5.4（3）所示；围墙、篱笆等与房屋边缘或街道线重合时，则不表示。

（3）街区范围内的表示应根据房屋分布的情况用房屋密集式街区符号或房屋稀疏式街区（独立房屋）符号表示。街区边缘的零星房屋、牲圈等地物与其街区的距离在图上0.4mm以内的，可合并在街区内表示；距离街区大于图上0.4mm，并确有方位作用的用相应符号表示，无方位作用的则不表示。

（4）分割居民地的冲沟、干河床、河流、沟渠、堤和陡崖等应注意表示，一般不应舍去。河流、沟渠通过居民地，两岸无通行地段时，单线河流、沟渠的符号可压盖街区表示，双线河流、沟渠与街区共边线表示。

5.2.3　街区式居民地判绘示例

1. 城市街区

城市街区的街道一般呈棋盘格网状或辐射状。低层房屋分布地段间距较小，分布密集；突出房屋、高层房屋建筑形式多样、风格各异，形体高大明显，与周围房屋间距较大；城区内工厂林立、绿地遍布、交通发达、街道宽度变化大；政府驻地、军事机关、电信机构、银行、医院、体育场、游乐场和广场等散布其中。

被街道、河流等分割的街区，当房屋毗连或间距小于图上 0.4mm 时分别用街区、高层房屋或突出房屋符号表示；房屋间距大于 0.4mm 时应用独立房屋、高层房屋或突出房屋符号表示。高层房屋底部楼层占地面积大、楼层数少、仅主体部分超过 20 层的，是否依比例尺表示，应根据其底部占地范围和成图比例尺确定，而不能仅关注主体部分的面积大小。图 5.5 是城市街区的航空摄影图像和判绘成果。

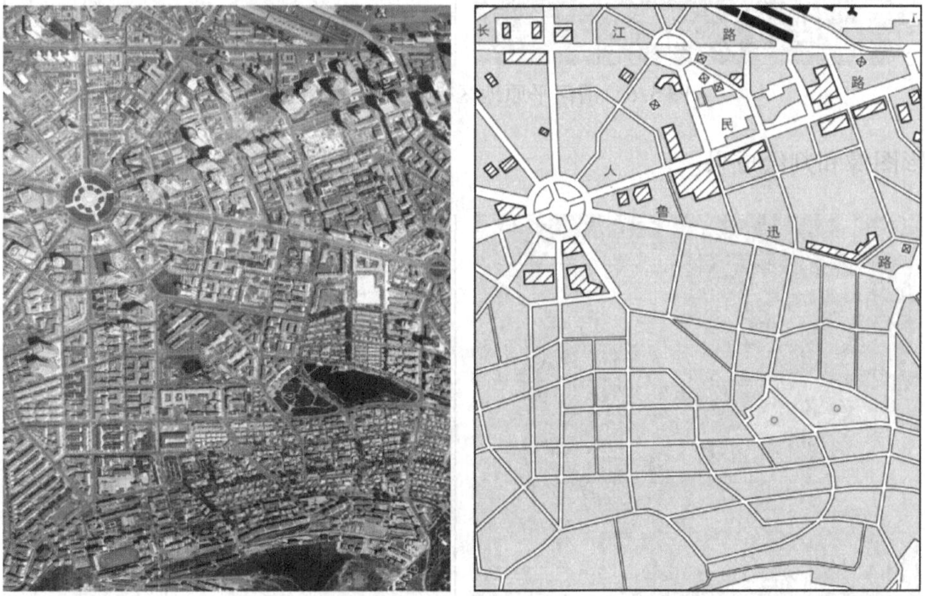

图 5.5　城市街区的表示

2. 西北平原街区式居民地

陕、甘、晋、青、宁等西部省(区) 平原地区街区式居民地，房屋毗邻成片，间距较小，外围轮廓明显，主次街道分明，外围的道路呈辐射状向四周延伸。该区农村街区式居民地与其他地区的明显不同在于院落占地相对较大，多有围墙分割各户。图 5.6 是位于渭河平原地区的居民地航空摄影图像及其判绘成果。

3. 黄淮海平原街区式居民地

津、冀、豫、皖等黄淮海平原地区的农村街区式居民地，分布均匀且密度大，房屋毗连密集，间距小，外围轮廓明显，主次街道分明，多有树木散布其间。该区农村居民地的房屋一般坐北朝南，街道呈东西、南北向格网状，形状规则，居民地间道路贯通成网。图 5.7 是该区域

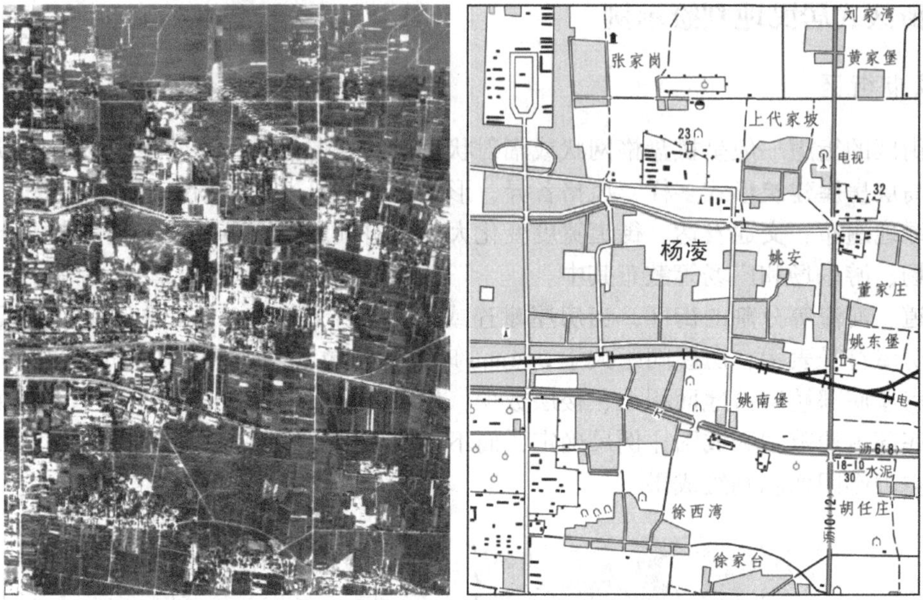

图 5.6　渭河平原地区街区式居民地的表示

的航空摄影图像和判绘成果。

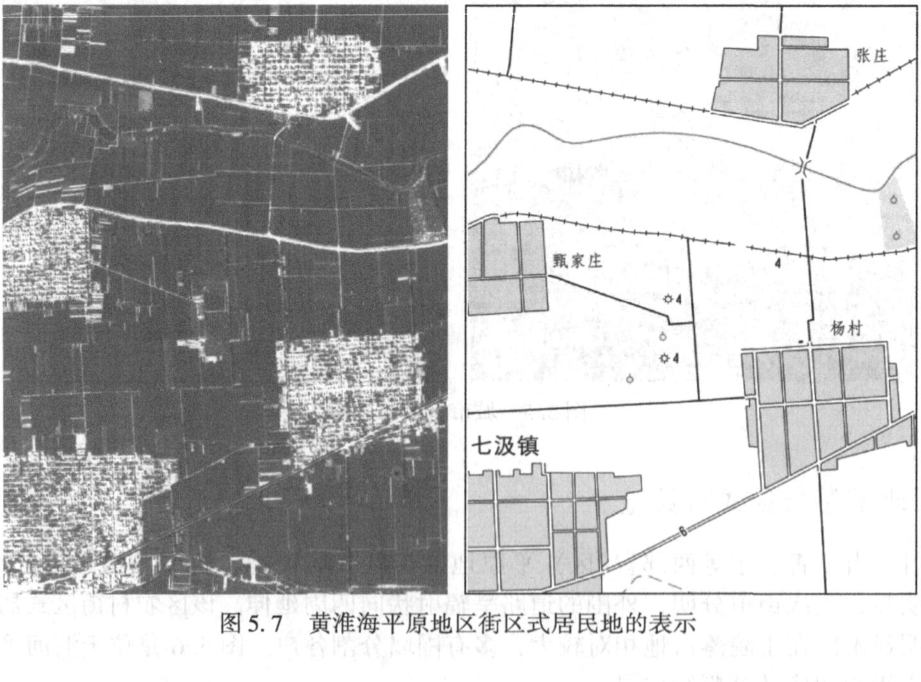

图 5.7　黄淮海平原地区街区式居民地的表示

4. 稀疏街区式居民地

稀疏街区式居民地的基本特点是房屋一般不相毗连，且间距较大，但有明显的主次街道和外部轮廓。这种居民地一般分布在地域广阔，人烟不太稠密的平原地区。图 5.8 是稀疏街区式居民地的地面景观图像。

图 5.8　稀疏街区式居民地

稀疏街区式居民地用独立房屋和街区组合表示。在判绘时，以街道和垣栅等符号将居民地划分为若干小区，其内的房屋主要以独立房屋表示。对房屋进行取舍时，要注意表示位于街道口、拐角处及其他有明显方位作用或控制居民地范围的房屋，其他房屋则以反映分布特点为原则，择要表示。当房屋比较密集时，可综合成街区表示。

东北平原地区的稀疏街区式居民地分布广泛，多成排分布，房前有空地或院落，房屋以单层砖结构为主，房顶大多有小型烟囱。图 5.9 是该区典型的稀疏街区式居民地的航空摄影图像和判绘成果。

图 5.9　东北平原地区稀疏街区式居民地的表示

新疆农垦区的稀疏街区式居民地与东北平原地区的稀疏街区式居民地的分布特征不完全相同。其特点是房屋间距相对较大，房前有空地，排列规则；街道明显，呈格网状；街区外围轮廓不规则，有的街区内或街道两旁有树木覆盖；村与村之间的街区几乎连接在一起，界线不明显。图像上，街道呈格网状分布的线形形状，判绘时注意区分主次街道，街区外围可适当综合，无方位作用、零星分布的房屋可舍去，如图 5. 10 所示。

图 5. 10　新疆垦区稀疏街区式居民地的表示

5. 丘陵地区街区式居民地

不同区域的丘陵地区，街区式居民地的分布规律、平面图形和判读特点也不完全相同。

1）东部丘陵地区街区式居民地

我国东部、东南部的鲁、苏、浙、闽、赣、皖等丘陵地区农村街区式居民地，街道两侧和房屋周围多有树木覆盖，外围轮廓明显但平面图形不规则，主次街道明显但转弯多，位于局部相对平坦的地方。图像上街道呈直线、折线或曲线形状，街区呈深黑色、灰色和浅白色相间的块状粗糙纹理。

2）西部丘陵地区街区式居民地

我国西南部的云、贵、川、渝等丘陵地区的街区式居民地内多有树木覆盖。但位于西部、西北部的晋、陕、甘、青、宁等省（区）丘陵地区的街区式居民地，则树木覆盖较少。但总的分布规律大多具有依地形地势、沿道路河流分布，房屋走向不一，高低分层修建房屋的特点；位于高处、外围的房屋间距较大，零散分布。

3）判绘要求

图 5. 11 为西部丘陵地区街区式居民地的航空摄影图像和居民地及其他地形要素的判读结果。判绘该类居民地时，房屋间距较小、毗连成片形成街区的用街区符号表示，位于高处、居民地外围和道路交叉处等房屋间距大于图上 0. 4mm 的分别用独立房屋符号表示，注意与道路、河渠和陡崖相互关系的处理。

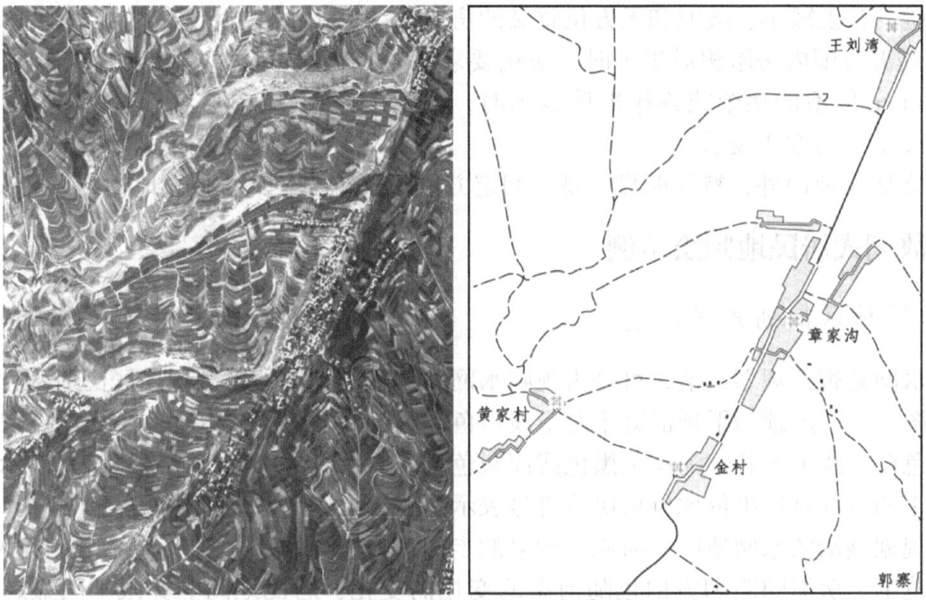

图 5.11 丘陵地区街区式居民地的表示

5.3 散列式居民地

散列式居民地是指房屋散列分布、间距较大和未形成街区的居民地。

散列式居民地的特点是沿山坡、河流、沟渠、道路和堤岸等依天然地势散列构筑，房屋间距一般较大，大多零散不规则分布，也有的经规划整齐排列；没有形成明显的街区、街道和外轮廓；水网地区的散列式居民地，村庄之间没有明显的分界线。

散列式居民地在我国主要分布于各地山区、南方丘陵区、成渝平原以及江苏、浙江沿海水网地区。

5.3.1 散列式居民地的判读

散列式居民地的判读主要是对独立房屋进行判读。不同地区散列式居民地的分布规律和判读特点也不相同，一般情况下，房屋周围有树丛或竹林，房前有空地，有道路相通。植被、空地与房屋的明显反差和贯穿居民地的道路的影像，有助于房屋的发现和判读。

在高分辨率的遥感图像上，房屋的形状、色调和阴影特征明显，易于识别；在中低分辨率的遥感图像上，除房屋整齐排列的可以识别外，零星分布的房屋不容易识别。

5.3.2 散列式居民地的表示

散列式居民地在地形图上的表示应遵循以下原则。

(1) 正确反映居民地与道路、水系及其他地物、地貌的相互关系。位于道路交叉口、渡口和桥梁附近的独立房屋要注意表示，并做到相关位置正确。穿越散列式居民地的道路、河渠、堤和电力线等符号应不间断绘出。

(2) 真实反映房屋的疏密程度。在保持居民地外围特征的前提下，可对其内部房屋进行取舍。通常，取位于道路交叉处、道路旁、河渠边、山顶和鞍部等有方位意义的房屋，或坚固稳定的房屋，舍去矮小、破旧和无方位意义的房屋。

（3）局部范围内房屋相对集中时，应按要求综合成街区表示。当房屋整齐排列，间隔大于图上 0.4mm 但不能逐个或逐排准确表示时，可采用“两头准确、中间内插”或“前后准确、中间选择”的方法表示。

（4）在居民地内外，特征明显、易于判定方位的建筑物及其他独立地物应准确表示。

5.3.3　散列式居民地判绘示例

1. 水网地区散列式居民地

根据水网是否经规划整治，可分为规则水网和非规则水网地区散列式居民地两种类型。

摄影图像上，屋顶为平顶混凝土时呈浅白色，为倒“V”形结构时呈浅灰色；道路为浅灰色或浅白色调的线形形状，河渠呈黑色或深灰色调。表示时一般用独立房屋符号表示，成排分布间距较小的可综合用半依比例尺房屋符号表示，但遇道路、沟渠通过时应断开。

未经规划整治的水网地区，河流、沟渠的走向和分布密度不一致，呈不规则的网状结构。居民地的范围、房屋间距和方向也随河渠的变化而变化；居民地间的界限不明显。在较大河流、公路一侧，有的地段房屋相对集中而形成街区。如图 5.12 所示，该类居民地的表示应注意选取位于外围、河渠交叉处、道路交叉处和桥梁附近的房屋准确表示，内部的可取舍，房屋集中成片的用街区符号表示。

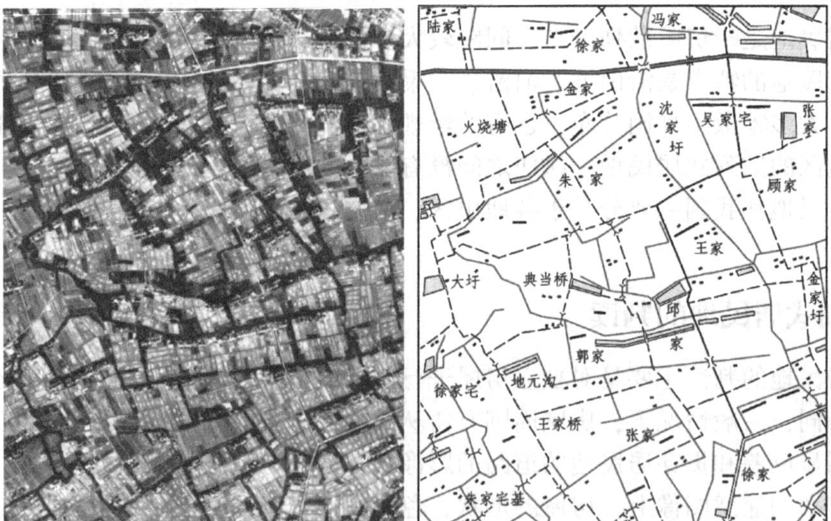

图 5.12　水网未整理地区散列式居民地的表示

规则水网地区是指经过规划整治、疏密有致、排列规则的河渠密集分布的地区。该地区的居民地依河渠、道路呈行列式排列，多数房屋走向一致；居民地一侧有道路贯通；局部地段房屋密集成片形成街区，如图 5.13 所示。该类居民地一般用独立房屋符号表示，位于两端的房屋准确表示，中间的择要内插表示，局部形成街区的用街区和街道符号表示。

2. 成渝平原地区散列式居民地

成渝平原地区散列式居民地的特点是房屋沿道路、沟渠、河流和堤岸等散列分布，房屋间距

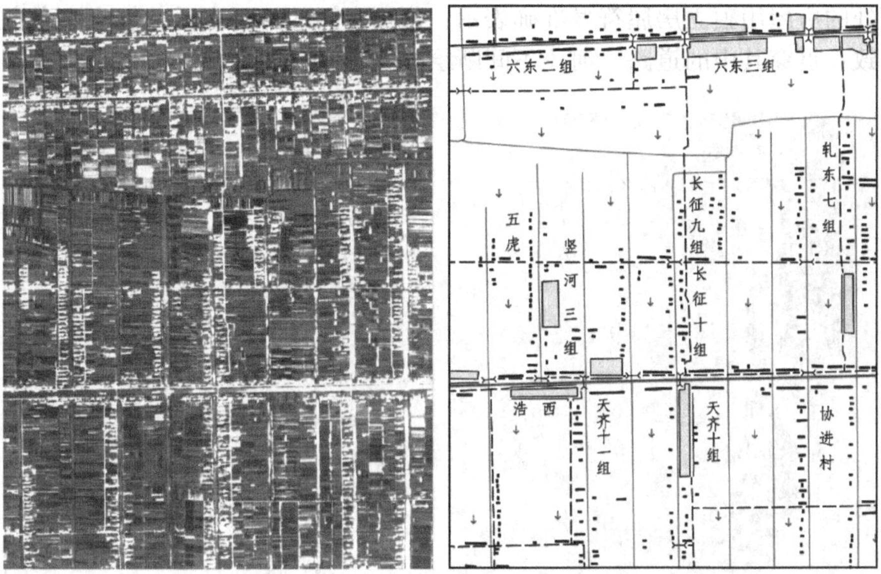

图 5.13　规则水网地区散列式居民地的表示

疏密不一，有单家独院，也有三五幢连片分布，无街道网和规则的外轮廓，房前空地呈浅色调，房屋周围多有竹林或树木，如图 5.14 所示。表示时主要用独立房屋符号表示，房屋三五成团的用小居住区符号表示，局部密集分布的用街区符号表示。注意反映其疏密程度和分布范围。

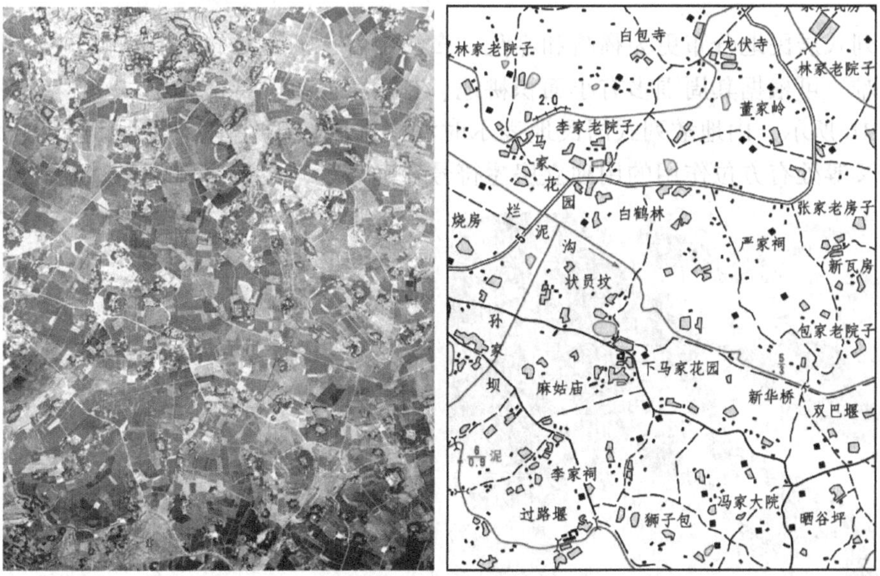

图 5.14　成渝平原地区散列式居民地的表示

3. 丘陵地区散列式居民地

丘陵地区的散列式居民地多沿山谷、水源处分布，范围较小，房屋间距大，也有三五幢密集分布的，多随地势错落修建，房屋走向不一，房前院落大小各异，有的房前屋后有树木。可根据房屋、空地以及与道路、河流的相关位置进行识别，但坐落较远、孤立的房屋判读困难。

如图 5.15 所示，丘陵地区散列式居民地的表示，应注意选取位于外围、高处、水源处和道路交叉等处的房屋用独立房屋符号准确表示；位于中间的择要表示，但应注意房屋的疏密程度与实地一致；贯穿其中的道路、河流不间断绘出。

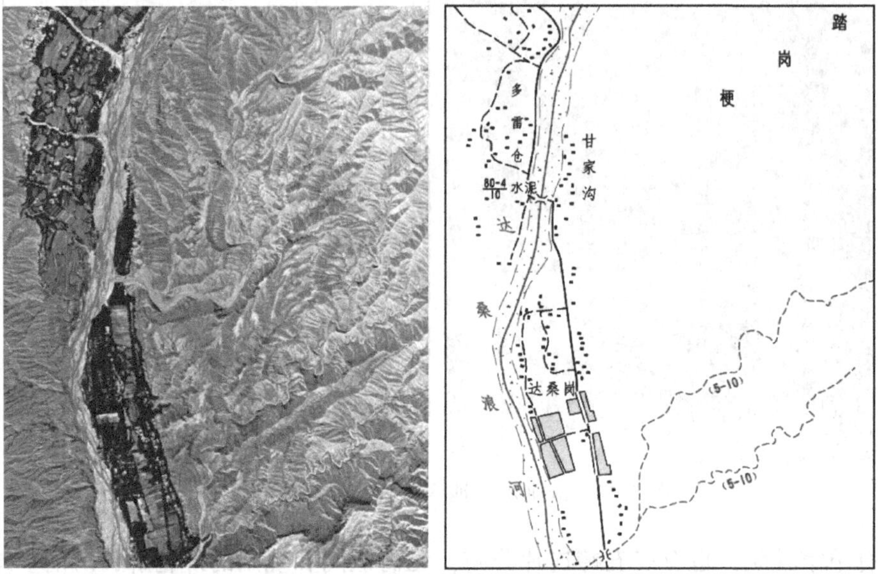

图 5.15　丘陵地区散列式居民地的表示

4. 山地散列式居民地

山地散列式居民地分布更为稀疏和零乱，多沿山谷、河流分布，有道路贯穿其中。该类居民地判读困难，可根据其周围多有小面积耕地、有道路连接等特征识别。

如图 5.16 所示，山地散列式居民地表示时注意选取位于外围、高处、鞍部、水源处、道路转弯或交叉等处有方位作用的用独立房屋符号准确表示，内部房屋较多时应取舍，但取舍后

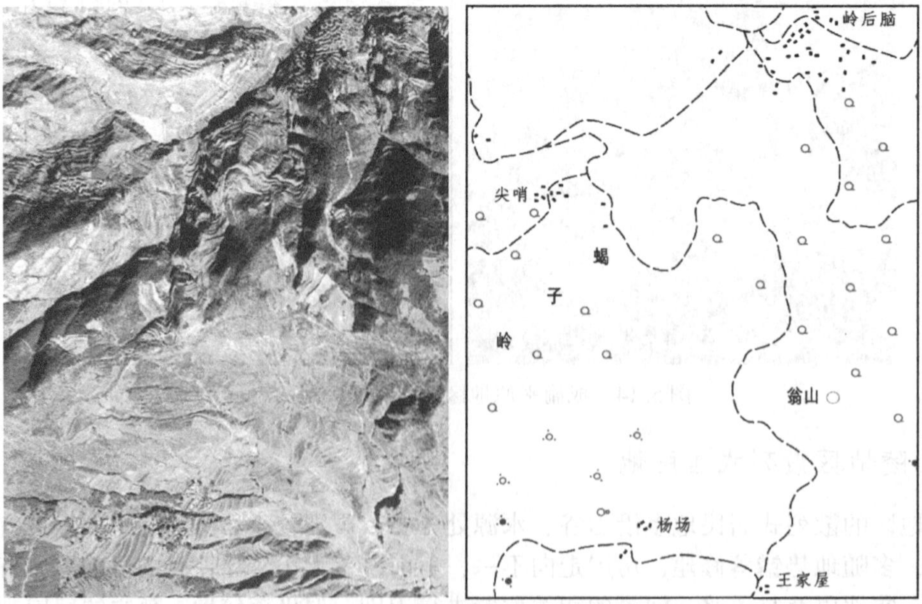

图 5.16　山地散列式居民地的表示

应反映其疏密程度和分布特点。

5. 客家民居

闽西南丘陵地区坐落着数以千计造型独特、结构精巧、气势非凡的古堡式建筑——客家民居，是世界上独一无二的土生建筑。

客家民居的外观主要有圆形、方形、“交椅”形，也有三角形、曲尺形、扇形、五边形和综合形等，多为 2 ~5 层土木结构，内围“天井”。圆形最典型，呈圆柱状；方楼雄伟壮观，宛如古代的城楼，如图 5. 17 所示。

该类建筑一般根据形状用半依比例尺独立房屋符号表示，著名的应加注记。

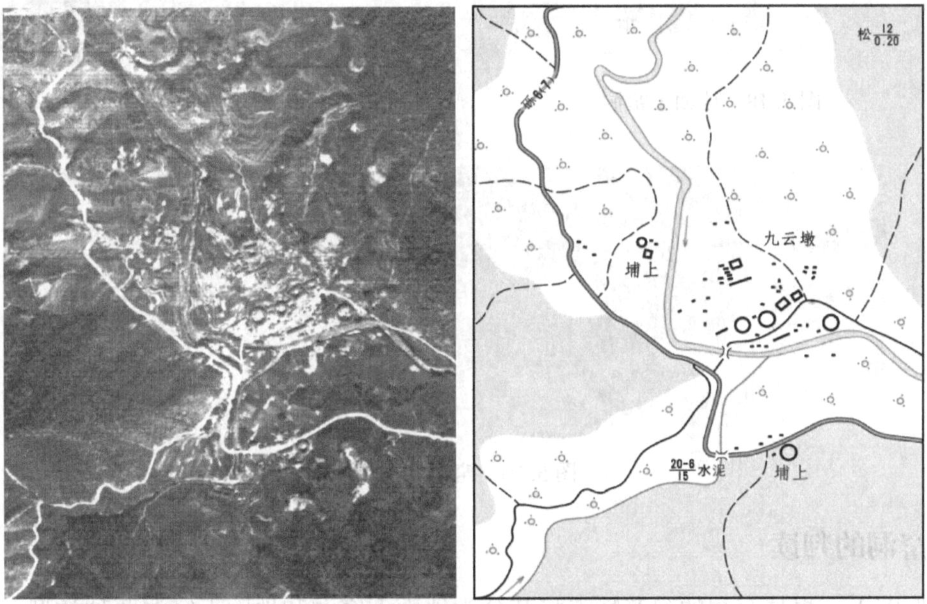

图 5. 17　客家民居的表示

5. 4　窑洞式居民地

5. 4. 1　窑洞的分布及建筑特点

窑洞是我国西北黄土高原地区居民的古老居住形式，这一“穴居式”民居的历史可追溯到 4000 多年前。在陕甘宁地区，黄土层非常厚，有的厚达几十公里，我国人民创造性地利用高原有利的地形和土质性状，凿洞而居，创造了被称为绿色建筑的窑洞建筑。

我国是一个窑居比较普遍的国家，在新疆吐鲁番、喀什，甘肃兰州、敦煌、平凉、庆阳、甘南，宁夏银川、固原，陕西乾县、延安，山西临汾、浮山、平陆、太原，河南三门峡、洛阳、巩义以及福建龙岩、永定和广东梅县等地区都有分布。

近年来，随着国民经济的发展和农村生活水平的提高，虽然不少地区的农民弃窑洞而建房屋，窑洞有逐渐减少的趋势，但窑洞建筑省材、占地少，且有冬暖夏凉的特点，经过结构的改进也能够满足现代生活的需要，故仍然是以上这些地区农村居民地的一种建筑形式。据统计，目前仍采取窑洞方式居住者仍有 4000 万人之多，其分布区域以经济欠发达的中西部为主。

窑洞是在黄土高原土崖壁上开挖的拱形洞窑式住房，一般有3m宽，7～8m深。窑洞的类型很多，有靠山崖或冲沟陡崖开挖的地上窑洞（图5.18），也有在平地挖下去一个方坑再从四壁开洞的地面下窑洞（图5.19）。近年来有的在平地用砖、石砌筑，并在顶部修筑成平台，内部结构是窑洞，但外观是房屋的窑洞式房屋，应注意与窑洞的区别（图5.20）。

图5.18　地面上窑洞

图5.19　地面下窑洞

图5.20　窑洞式房屋

5.4.2　窑洞的判读

在地形图上，根据窑洞的建筑特点将其分为地面上窑洞和地面下窑洞两种类型。地面上窑洞与地面下窑洞的判读特征和表示方法不完全相同。

1. 地面上窑洞的判读

地面上窑洞是直接在黄土陡崖坡壁上挖掘筑成，建筑的主体在地下，在近似垂直获取的图像上，一般不能直接判读出窑洞口的位置，但可根据坡壁棱线的形状变化、植被和院落的色调以及相关地物识别。

（1）坡壁棱线的变化。自然形成的坡壁形态呈弯曲状且是连续变化的，当需要开挖窑洞时，为了美观或采光，窑洞口大多经过辟坡形成直线段，使棱线出现人工开挖的缺口，在遥感图像上呈现稍凹向陡崖的平直影像。建有窑洞处的缺口尺寸虽小，但在中高分辨率的图像上仍能识别，特别是在立体观察条件下，缺口影像清晰可辨，这是判读地面上窑洞的可靠依据。

（2）窑洞前的空地。地面上窑洞前一般都有一个小院子或小块空地，在全色图像上呈浅白色，这也是判读窑洞的有利条件。

（3）洞边植被。黄土地区植被较少，但在大多数窑洞的前面都种有树木或在坡壁上长有灌木和杂草，这些植被在全色图像上呈灰黑色，在判读时可作为一个参考条件。

（4）洞顶的色调变化。在坡壁不太高的地方挖成的窑洞，为了防止水的下渗，窑洞顶上的地块是不耕种的，有的长满了杂草，有的碾压为平地作为打谷场或存放柴草之用，在图像上窑洞顶上的色调与周围物体明显不同，这对判读窑洞的位置是有利的。

（5）相关地物。窑洞多建在缺水地区，因此，窑洞附近多有河流或沟渠。另外，有道路通至洞前。这些相关地物对判读窑洞位置是有帮助的。

2. 地面下窑洞的判读

地面下窑洞是在黄土塬上先向下挖一方形大坑，形成四面坑壁，再由坑壁水平掏成窑洞。

地面下窑洞比较容易判读。它一般为方形或长方形平底大坑，在全色图像上呈现相应形状的白色影像。另外，坑的四周都为陡壁，图像上阴影明显。为防止地表水大量下渗，窑洞顶部都不为耕地，多为荒草地、打谷场或碾压平实的空地，与坑底有明显反差。有的窑洞还有明显的道路通至方坑的边缘。

5.4.3　窑洞的表示

1. 地面上窑洞与地面下窑洞的区别

地面上窑洞和地面下窑洞在地形图上用不同的符号表示，因此，判绘时应正确区分。但在实际作业中，经常会遇到一些窑洞是建在陡坎棱线边缘附近，以很短的隧道或豁口与坎下的道路相通［图 5.21(1)，(2)］，它们与典型的地面上窑洞［图 5.21(3)］和地面下窑洞［图 5.21(4)］不完全相同。这时应该如何区分呢？区分地面上窑洞和地面下窑洞的关键是看有没有封闭的土坑。图 5.21(1) 属地面下窑洞，不管方坑与陡崖棱线之间的黄土层多宽，都应按地面下窑洞符号表示；而图 5.21(2)，豁口较大，明显为不封闭的坑穴，且黄土层较窄，像一面围墙，因此可以确定它为地面上窑洞。

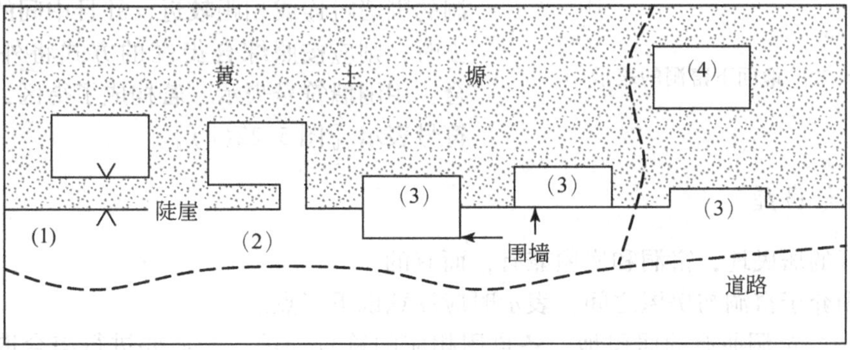

图 5.21　各种形式的窑洞

2. 地面上窑洞

地面上窑洞有散列、成排单层和成排多层等几种分布形式，表示时应反映其分布特点。

（1）散列式窑洞多分布在冲沟谷地，依谷地自然形态散列配置，其特点是零乱、散列、无序，方向不一致。表示时应注意位置准确和符号方向与实际方向一致，同时还要反映窑洞的分布范围和内部分布的疏密程度。当散列式分布的窑洞不能逐个准确表示时，应注意选取进出村口、路岔附近、高处、离水源较近处和能反映村庄范围的窑洞表示，舍去零散的无方位作用的窑洞。废弃的窑洞一般不表示。

地上窑洞是真实方向符号，描绘时应注意窑洞符号的方向要和窑洞主体的方向一致，一般情况下，应垂直坎壁描绘。

（2）成排分布的窑洞是指在同一坡壁上按照同一高度以大致相等的距离挖掘的窑洞。判绘中不能逐个准确表示时，在保持两端位置准确的前提下，用两个或两个以上窑洞符号并联表示；当其长度不能依比例尺用两个符号表示，而用一个符号表示又不能反映其分布特点时，则用两个符号并联表示，定位点可根据实地情况，保持一端位置准确，另一端移位，或者向两端移位。

（3）成排多层的窑洞，当不能逐层准确表示时，应按层状分布特点，上下两层准确表示，中间择要表示。当只有两层，不能都按真实位置表示时，则选择其中有方位意义的一层准确绘出，另一层移位表示。

3. 地面下窑洞

地面下窑洞最重要的特征是从地面向下挖掘的方坑，应根据方坑的大小区分依比例尺和不依比例尺表示。

（1）当方坑较大能依比例尺表示时，用0.1mm的细实线绘出方坑范围，其内绘一示意性的地面下窑洞符号，符号的方向垂直于南图廓线［图5.22(a)］；当方坑较小，不能依比例尺表示时，则只用一个地面下窑洞符号表示。由于方坑四周可能都有窑洞，为形象表示窑洞的分布特征和突出显示街道，其定位点通常选在靠近街道一边的坑壁或出口一边坑壁的中心，符号倒向坑内，压盖方坑影像绘出［图5.22(b)］。

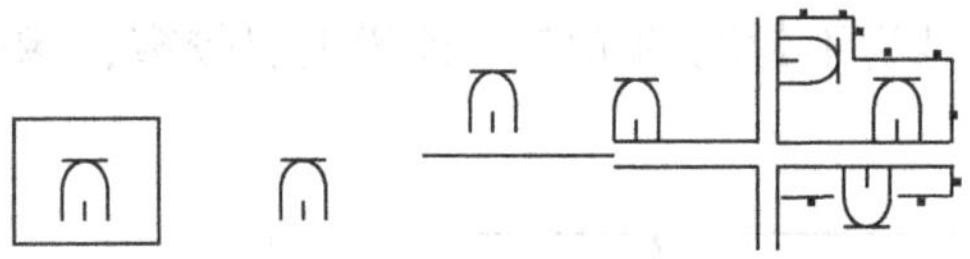

(a) (b) (c)

图5.22 地面下窑洞的表示

（2）有些地区为防护地面下窑洞，在地面上围绕窑洞筑有围墙。当其图上面积小于窑洞符号时，仍以一个地面下窑洞符号表示；若各地面下窑洞的围墙毗连或相距较近，并且中间的通道又可舍去时，则应按照综合街区的方式将外轮廓进行综合，用围墙符号表示，若构成了街区，则以街道线符号表示［图5.22(c)］。

4. 窑洞与房屋

有些地区的居民地，窑洞和房屋兼有，而有的建筑的特点则介于窑洞与房屋之间，表示时应注意以下三点。

（1）房屋与窑洞兼有的居民地，各自用相应的符号表示。当需要进行综合取舍时，在窑洞占多数的居民地，由于房屋位于地面，方位作用明显，要注意选择房屋表示；在以房屋为主的居民地，则应注意表示窑洞，即一般中表示特殊的。

（2）黄土地区有一种窑洞式的房屋，其外形与普通房屋基本相同，正面和内部结构为窑洞式，这种用砖石砌成、顶部填土的窑洞式房屋，应用房屋符号表示。

（3）当前半部暴露在外似房屋而后半部建筑在地内似窑洞的建筑，应视具体情况区分用窑洞或房屋符号表示。如果暴露在外的部分明显，有房屋一半以上的宽度（2m以上），而且周围多为典型窑洞，则用房屋符号表示；如果周围多为房屋或暴露在外的房屋不明显，则用窑洞符号表示；若与房屋街区的间距较小，则综合为街区，不必区分表示。

5. 窑洞与其他地物的关系处理

窑洞与冲沟、陡崖关系密切，地上窑洞都构筑在其坡壁上，描绘冲沟、陡崖时应反映这一特点，并注意对分割窑洞式居民地的冲沟的表示。

窑洞式居民地的通行一般比较困难，因此在窑洞和道路发生矛盾时，以表示道路为主，宁可少取窑洞，也要把居民地内的道路表示清楚。在具体表示窑洞式居民地内的通行情况时，要注意三个要点。

（1）对于散列分布的窑洞式居民地，不论是单线或双线道路都要贯穿整个居民地，不得断在村口［图5.23(1)，(2)］。

（2）正确处理道路和窑洞的相关位置。在道路和窑洞的关系处理上应注意符号之间的相互衔接。贯穿窑洞式居民地的道路，应表示清楚道路是从窑洞前通过还是从窑洞上通过［图5.23(1)，(2)］。当双线道路通过窑洞式居民地或形成街道时，则用相应的符号表示通行情况［图5.23(3)］。

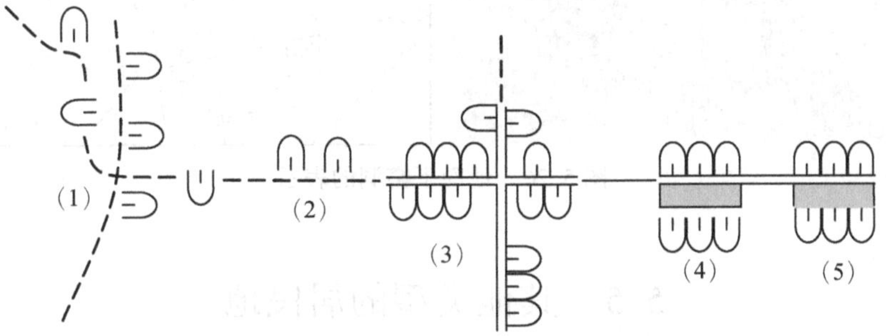

图5.23　窑洞、房屋与道路的关系

（3）对窑洞和房屋兼有的居民地，有的窑洞与房屋形成的街区间距较小，当其间有通道时，间隔0.2mm分别表示［图5.23(4)］；当其间无通道时，则省去街区一边线，窑洞符号与街区实交表示［图5.23(5)］。这样表示有利于显示窑洞与房屋的关系和居民地的通行情况。

5.4.4　窑洞判绘示例

散列分布、密集分布的地面上窑洞以及地面下窑洞的判绘示例分别如图5.24～图5.26所示。

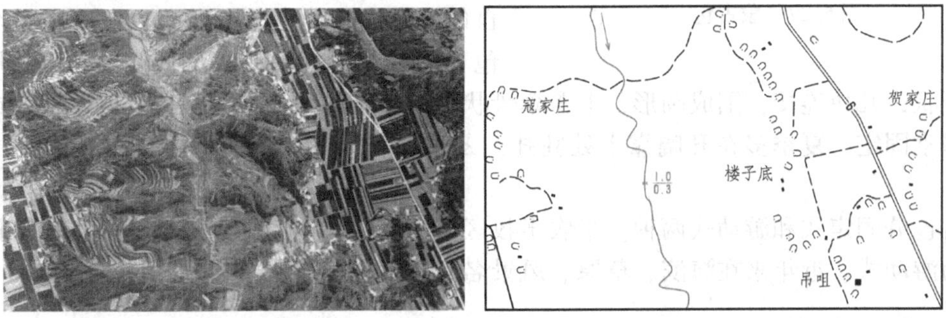

图5.24　散列分布地面上窑洞的表示

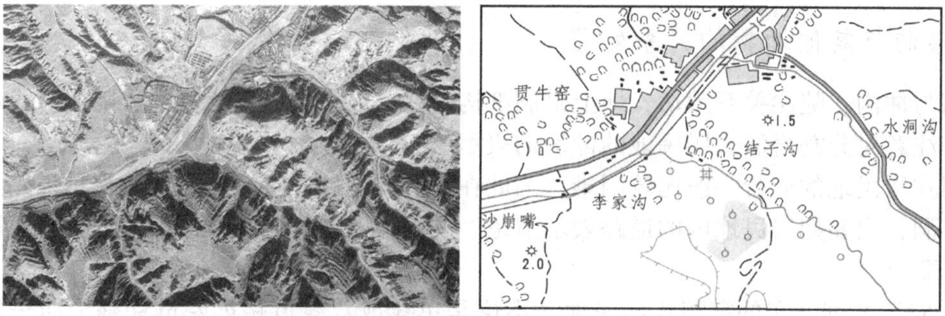

图 5.25　密集分布地面上窑洞的表示

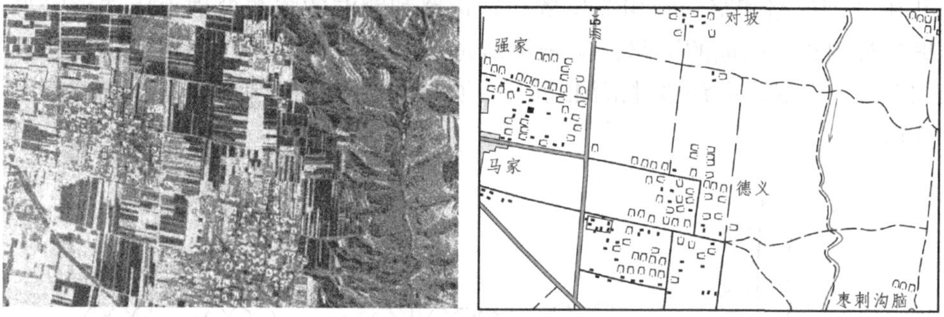

图 5.26　地面下窑洞的表示

5.5　其他类型的居民地

其他类型的居民地主要有蒙古包、牧区帐篷、棚房和季节性居住的渔村等。

5.5.1　蒙古包

图 5.27　蒙古包

蒙古包是蒙古族牧民居住的活动毡房。“包”是“家”、“屋”的意思，古称穹庐，也称毡帐、帐幕和毡包等。蒙古语称格儿，满语为蒙古包或蒙古博。游牧民族为适应放牧生活而创造的这种居所的特点是搭拆方便、避暑防寒、宜于游牧。自匈奴时代起就已经出现，一直沿用至今。蒙古包（图 5.27）呈圆形，四周侧壁分成数块，用木条编成网状，几块连接，围成圆形，上盖伞骨状圆顶，与侧壁连接，帐顶及四壁覆盖或围以毛毡，用绳索固定，夏季多在开阔靠水处驻扎，冬季在背风朝阳处，主要分布在内蒙古和新疆等地。

蒙古包分固定式和游动式两种。半农半牧区多建固定式，周围砌土壁，上用苇草搭盖；游牧区多为游动式。近年来在海滨、草原、风景名胜等地也建有蒙古包。

1. 蒙古包的判读

蒙古包一般是单个零散分布，也有密集分布的。在全色遥感图像上，蒙古包呈白色或灰色圆点影像，与草地影像有较大反差。在空间分辨率大于 2m 的图像上，蒙古包或其痕迹一般能够直接识别，但在地面分辨率小于 2m 时则很难辨别，或者不能发现，这时可用其他相关地物进行判读。例如，道路的交叉处、黑色的牲口圈影像等都可用来辅助确定蒙古包的位置。

根据一个时相的图像上蒙古包影像的位置只能判读一个季节的牧场，而其他季节的牧场，则应根据蒙古包遗留下的痕迹和牲口圈的影像间接识别。蒙古包的位置在较长的时间内不长草，色调较周围草地的色调区别明显，尤其是蒙古包附近的牲口圈为黑色色调，比较容易判读。另外，冬季牧场的蒙古包多设在低洼背风处，夏季牧场的蒙古包多设在开阔处。不论是冬季牧场还是夏季牧场，蒙古包都设在有水源的地方，即在河流、湖泊边或水井附近。

2. 蒙古包的表示

移动的蒙古包位置不固定，而是随着季节的变化从一处草场搬迁至另一处草场，有较强的季节性。在地物分布较多的地区，一般季节性的地物可不表示，但在牧区，季节性的蒙古包则必须表示，这是因为草原上其他地物较少，蒙古包对社会发展、经济建设以及军事行动都有一定的价值。

零散分布的蒙古包，只在蒙古包影像中心或牲口圈痕迹附近用单个蒙古包符号表示，并加注居住月份，有名称的还应注记名称。居住月份的注记除参考老图外，还可通过其他资料确定，也可向当地群众调查确定，还可根据遥感图像获取时间以及蒙古包所处的地形位置判断。密集分布的蒙古包，不能逐个准确表示时，外围的准确表示，内部的择要表示，但应注意反映其分布范围和疏密程度，如图 5.28 所示。

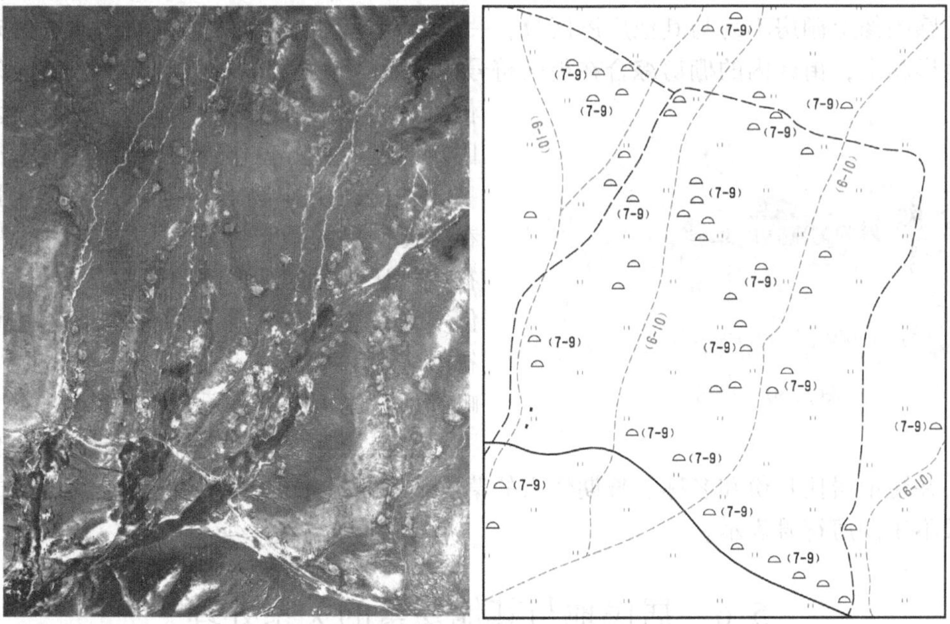

图 5.28 蒙古包的判读与表示

有的牧区，在所谓“冬营盘”的地方建有简易房屋（俗称崩工）、地窝子（半地下式房屋）、窑坑，这些建筑可用房屋符号表示，并加注居住月份。

5.5.2　牧区帐篷

帐篷是牧区放牧的临时居住地。在西藏、青海及四川西北高原等草原地区，常见有藏族牧民居住的游牧帐篷，用牦牛毛编织搭建而成，呈黑色方形，也有用帆布搭建的白色帐篷（图5.29）。

图5.29　牧区帐篷

帐篷的判读和表示方法与蒙古包相同。但是，帐篷的流动性更大，虽然也是季节性的，但每年的位置并不固定，因此对帐篷符号的位置不必严格要求。

5.5.3　棚房

棚房是有顶棚而四周无墙或仅有简陋墙壁的建筑物，如工厂的工棚、简易仓库等。

在遥感图像上棚房不易与其他房屋区分，一般是参考其他资料或通过实地调查后确定。

在地形图上，街区内的棚房综合在街区符号内表示，没必要单独区别表示，街区附近无方位意义的棚房或临时性工棚不表示；远离街区、固定、有明显方位作用的用棚房符号表示。

图5.30　暖房

种植经济作物和疏菜的暖房（图5.30），在大比例尺的地形图图式中有专门的符号，而在中小比例尺的地形图图式中没有专门的符号，但实地位置固定、确有方位作用的也可用棚房符号表示，并加注“温”字。暖房距离较近、毗邻成片的可综合表示。

沿海简易修筑的季节性渔村，也用棚房符号表示，并注记居住月份和名称。长期住人的草房或渔村，根据具体情况用独立房屋或街区表示，一般不用棚房符号表示。

5.6　居民地与其他要素的关系处理

在居民地判绘中，经常遇到与其他地物不能同时完整表示的问题。在处理这些问题时，可根据地物关系处理的基本原则，准确、突出表示重要的，次要的地物可被压盖、移位表示或舍去不表示，以正确合理地反映地物间的关系。

5.6.1　居民地与控制点

现行规范要求在判绘图像上应调查绘出国家等级的天文点和水准点，还应按坐标展绘国家 GPS 点、三角点和军控点，并注记高程，土堆上的测量控制点还应量注土堆的比高。同一点位既是 GPS 点又为三角点时用 GPS 点符号表示。

居民地内的控制点绘出后如果影响图面清晰，可不表示，或者只绘出符号不注记高程。但水准点的符号和高程必须同时表示或者同时舍去。

5.6.2　居民地与方位物

居民地和方位物发生矛盾时，以表示方位物为主。街区内的方位物，如水塔、烟囱、古塔和车行桥等，应压盖街区准确表示（图 5.31）。街区外的房屋和方位物不能同时准确表示时，方位物准确表示，房屋移位或舍去。

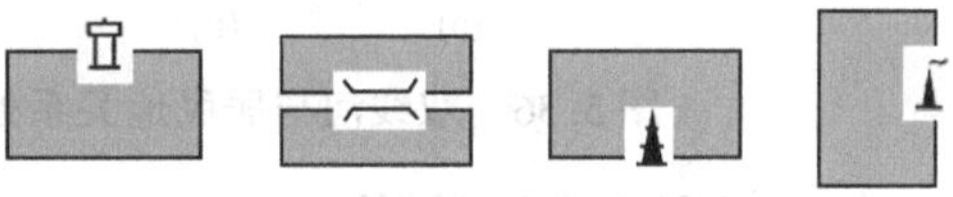

图 5.31　居民地与方位物

居民地内没有特殊方位作用的彩门、水井、牌坊和石碑等地物，如影响居民地图形清晰时，可不表示。

5.6.3　房屋与堤

当房屋与堤不能同时准确表示时，主要显示它们的相关位置以及堤对居民地所起的作用。

当房屋在堤顶或居民地以堤为街道时，房屋或街区准确绘出，堤断开表示［图 5.32(1)］；当房屋或街区在堤坡时，房屋或街区按照相应位置准确表示，堤断开或省略一边的短线［图 5.32(2)］；当房屋或街区在堤脚时，堤准确表示，房屋或街区移位绘出［图 5.32(3)］。

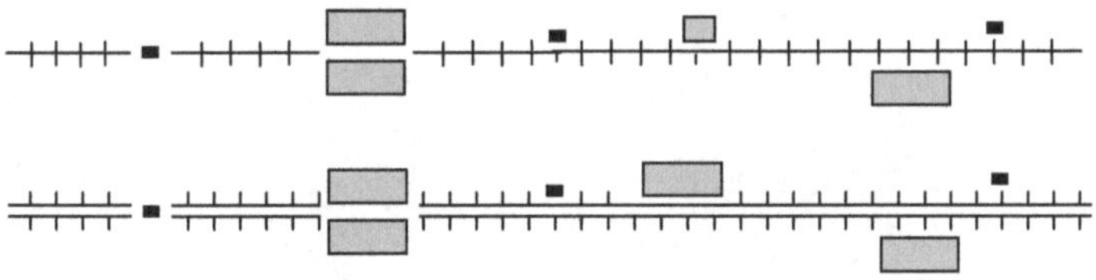

图 5.32　居民地与堤的关系处理

5.6.4　房屋与水系

高架在河湖水面上的房屋，按真实位置绘出，连接房屋的通道按实际情况用相应符号表示，如图 5.33 所示。房屋部分伸入水面时，水涯线绘至房屋边缘间断（图 5.34）。沟渠上的水磨房、抽水房，用独立符号压盖沟渠表示（图 5.35）。

在表示分割居民地的河、渠和池塘时，应注意它们之间的位置关系。当房屋紧靠双线河渠，且中间没有通道，则以房屋边线代替水涯线绘出［图 5.36(a)］；但当房屋与河流之间有通道，则应根据实际情况间隔表示［图 5.36(b)］。单线河流或沟渠通过居民地时，若之间没有通道或空地，则河流或沟渠压盖居民地绘出［图 5.37(a)］；否则依实际情况间隔表示［图 5.37(b)］。

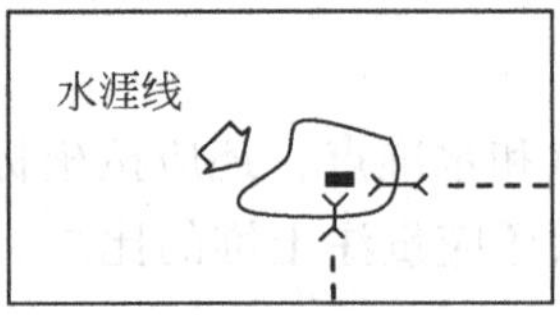

图 5.33　房屋在水面

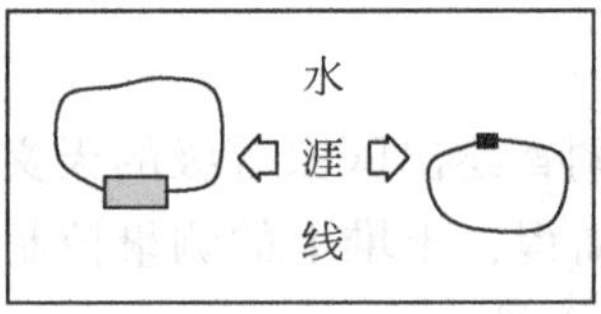

图 5.34　房屋在水涯线上

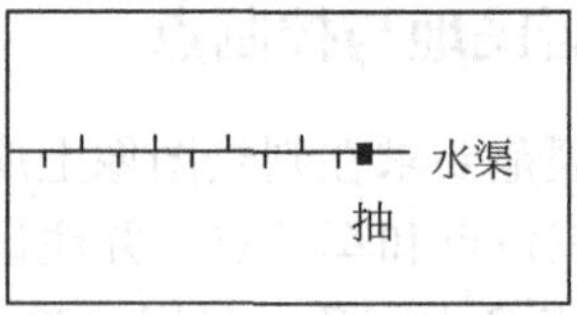

图 5.35　房屋在渠上

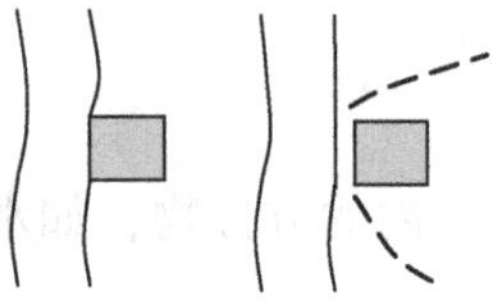

图 5.36　双线河与居民地关系处理

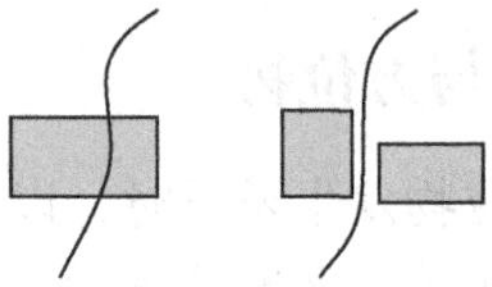

图 5.37　单线河与居民地关系处理

5.6.5　居民地与陡崖

当陡崖分割街区时，房屋与陡崖的处理方法目前仍有争议。有的主张居民地内不同高度层的房屋不能综合到一起，应把陡崖表示出来，以示居民地的层次特征；有的主张居民地内的陡崖可不表示，以完整地反映居民地的整体形状，并保证图面清晰易读。

作者认为，居民地内的陡崖不加任何区分而一概认为表示或不表示是不科学的。居民地内的陡崖是否表示，应主要从两方面进行考虑：一是看陡崖对居民地分割的程度；二是看在描绘了陡崖之后对居民地表示的影响程度。有的陡崖确实很高，明显将居民地分为上下两层，严重影响了居民地内部的通行，这样的陡崖一般应表示。有些陡崖，虽然高度已达到表示的规范要求，但居民地较小，表示后使居民地非常零碎，对居民地的表示有较严重的影响，在判绘时可舍去不绘。

第6章　工农业和社会文化设施判绘

6.1　工厂的基本特征

工厂是生产生活资料和生产资料的场所，对社会发展、国民经济建设和国防建设具有重要的作用，是图像判绘的重要内容。

工厂的种类很多，建筑形式多样，生产设施复杂。为了准确判断工厂的性质和正确表示各种建筑设施，必须首先了解工厂的分布特征、生产流程、建筑特点和影像判读特征，然后才能根据规范和图式的要求合理表示各类建筑物、构筑物和其他设施。

工厂判绘应根据位置特征和生产设施的建筑特征正确判读，注意核心车间（或建筑）、高大方位物、内部通道、外轮廓的表示和名称的注记，以正确反映工厂建筑的类型和特点。工厂生产区的厂房不同于居住区，一般不应综合成街区，而用独立房屋符号表示。

与一般居民地相比，工厂在位置、组成、建筑和设施分布等方面不尽相同，但也具有较强的规律性。

6.1.1　工厂位置

工厂的位置反映了工厂的一般要求。工厂的位置应满足国家工业布局和城市总体规划的要求；工厂在生产过程中，需要消耗大量的原料、燃料和水，所以工厂通常都设在原料、燃料产地和水资源丰富的地方；为了避免产品的长途运输以及不合理的周转，又尽量将工厂建设在城镇附近或交通便利的地方；厂址的选择应符合环境保护的要求，防止“三废”、噪声等对城市居民的影响。

事实上，任何一个工厂的位置，要想同时具备上述条件往往是有难度的。因为各种工厂的生产特点不同，生产水平也不同，以及受到资源的影响等多方面的限制，它们的位置要求也只能满足主要的条件。例如，棉纺厂一般在产棉区，水泥厂在石灰石产地。有些工厂还有特殊的位置要求，如造船厂一般都在江、河、湖、海边。另外，为方便运输、避免不合理的周转，大中型工厂一般都建在城镇附近或交通方便的地方。

近年来，我国各地的生产制造业相对集中连片建设，厂房标准化和生产设施精密化发展迅速，各种产品生产设施的特征不是很明显，所以增加了判读工厂属性的难度。

6.1.2　工厂组成

工厂是一个有机的整体，每个工厂从原料到成品，都必须经过一定的生产过程，因此，每个工厂都有与生产过程相适应的建筑以及设备。

工厂一般由生产区、行政管理区和生活区组成。生产区包括基本车间、辅助车间、动力设备、仓库和运输设施等。生产区的建筑物具有结构特殊多样、高大明显、间距较大等特点。

基本车间是生产成品和半成品的车间。例如，金属冶炼工厂中的炼铁、炼钢和轧钢车间；

机械制造工厂的铸造车间、锻造车间、金属加工车间和装备车间；发电厂的主厂房等。工厂中的基本车间占地面积较大，高大明显，是工厂的重要组成部分，一旦遭到破坏，整个工厂将无法生产，所以应重点判读与表示。

辅助车间是为生产服务的车间，如工具车间和机修车间等。

动力设备（车间）是保证工厂用电、用热和用气的重要建筑，如锅炉房、煤气站、变电所，有的大型工厂还有自己的发电厂等。工厂的生产性质和所在地区的条件不同，其动力设备的种类和规模相差很大。例如，在工厂有条件从当地或邻近企业获得电力、蒸汽和煤气时，工厂的动力设备就可大大减少，否则其规模就可能增大。

仓库通常分为原料仓库、燃料仓库、半成品仓库和成品仓库。按建筑形式有露天堆放场、棚房式仓库、房屋式仓库、圆柱式仓库和高架仓库等。其特点是占地面积较大且与各种运输设施相连。

运输设施也是工厂的重要组成部分。一般有铁路、公路、航道、管道以及皮带走廊（皮带运输机）等几种。

6.1.3　建筑设施

不同类型的工厂有不同的建筑设施，归纳起来，各种工厂曝露在外的建筑设施主要有车间、仓库、烟囱、水塔、水池、管、罐、塔、办公设施和运输设施等。其建筑形式、数量及分布与工厂的性质和规模有关。

工厂的建筑设施主要是为适应工业生产要求，按照生产工艺流程进行设置。厂房的平面形状一般以长方形为最多。有时也可能将若干个长方形厂房连接在一起，组成“L”形、“[”形或“E”形，这几种形式的厂房具有通风良好的特点，所以凡是生产时能够散发大量热量的车间，如铸造和锻造车间等，一般都采用这几种建筑形式。

厂房建筑的层数与工厂的性质有关，一般重工业工厂大多采用单层建筑，轻工业工厂多采用多层建筑，厂房的高度与车间性质有关。

厂房的顶部结构形式多样。普遍采用的有平顶式、单坡面式、双坡面式、凹坡面式、平台式、复斜式、锯齿式、拱式、曲式等几种。

6.1.4　设施分布

各种工厂建筑设备与生产过程相适应，而这些建筑物、构筑物以及其他设备不是孤立存在的，都有一定的联系，必须按照工厂的生产过程进行合理的布置。不同性质的工厂，其组成与布局特点不完全相同，反映在遥感图像上也具有不同的判读特征，这也是识别工厂性质的重要依据之一。

工厂的各种设施一般依据生产流程和利于管理的原则进行布局。通常按运输设施（铁路、公路、码头）→仓库（库房、露天货场）→生产区→行政管理区→生活区的顺序划区分布。这些设施的分布规律及形成的位置布局特征是遥感图像上识别工厂性质的主要依据。

6.2　钢铁联合工厂

6.2.1　钢铁联合工厂的组成与布局特点

钢铁联合工厂是从原料到成品生产全过程的工厂。钢铁生产的主要过程是：铁矿石经过选矿、烧结成块后与焦炭和石灰石配合送入高炉炼铁；将生铁送入炼钢炉精炼成钢；钢锭经加工后轧成各种钢材。因此，大型的钢铁联合工厂，主要由炼焦厂、烧结厂、炼铁厂、炼钢厂和轧钢厂等组成。这种工厂的厂区范围大，烟囱林立，铁路和管道纵横，建筑物种类繁多、形状复杂，工厂上空常常烟雾弥漫。这些都是钢铁联合工厂的基本特征。

1. 炼焦厂

炼焦厂一般位于炼铁厂附近，以便将炼成的焦炭直接送入高炉。炼焦时产生的煤气和煤焦油是化工原料，所以在炼焦厂的附近有小型化工厂通过管道与其相连。

炼焦厂的原料是烟煤，产品是焦炭，主要设备有炼焦炉、储煤塔、熄焦塔、烟囱、皮带走廊等，如图6.1所示。

炼焦炉一般是一个长条状平顶建筑，顶部有能够移动的装料车，料车滑轨直接进入储煤塔。储煤塔是储存炼焦用煤炭的高大建筑，一般为方形，也有圆形。皮带走廊将储煤场的煤送到储煤塔顶部。装料车从储煤塔取煤后，从炉顶装入炼焦炉内，由均煤车将炉内的煤推平。炼成焦炭后，出焦车将焦炭推出另一侧炉门，装入列车运往熄焦塔。熄焦塔是双曲线形或长方形高大建筑，位于炼焦炉一端或一侧，通过铁路与炼焦炉连接，用喷水方式对焦炭冷却。冷却后的焦炭被送往焦炭分配车间，筛选后送入高炉炼铁。

2. 烧结厂

烧结是将精选的铁矿粉烧结成块，以便于冶炼。烧结厂由卸料仓、储料仓、破碎间、配料间、皮带走廊和烧结主厂房等设施组成，如图6.2所示。

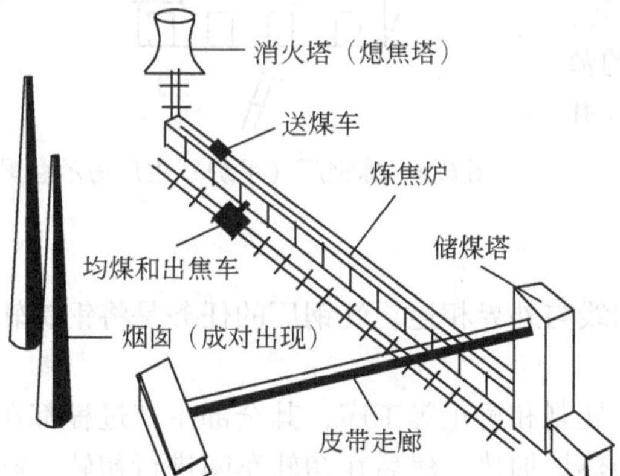

图6.1　炼焦厂示意图

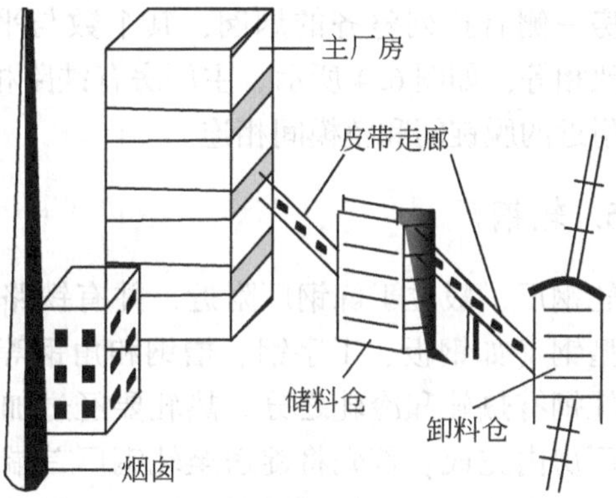

图6.2　烧结厂示意图

生产过程是将精矿粉、石灰石和焦炭等原料在配料间配好后，经皮带走廊送至烧结主厂房的储矿槽，然后在烧结机内烧结成块或球，经分选后送入高炉冶炼。

3. 炼铁厂

炼铁厂的任务是冶炼生铁，是钢铁联合工厂中最重要的组成部分。高炉和热风炉是其主要设备，也是判读炼铁厂的主要依据。另外还有煤气除尘器和原料厂等，如图6.3所示。

高炉是上小下大的圆桶形建筑物，高度为45～60m。运送原料的斜桥将高炉顶端与原料场

1.高炉　2.除尘器　3.热风炉

图 6.3　炼铁厂的组成

的料槽栈桥连接起来。高炉的另一侧为热风炉，是直径 4 ~ 9m、高 20 ~ 40m 的圆筒形建筑，为高炉供应热空气。每座高炉旁，通常有三四个并列的热风炉，热风炉旁有烟囱。

高炉旁有净化煤气的除尘器。除尘器也是圆筒形建筑，但比热风炉矮，一般高为 12 ~ 23m，并有管道与高炉顶部和使用煤气的车间相连。

高炉两侧还有铁路线相通。一侧是将炼出的铁水送往混铁炉或铸铁车间，另一侧将炉渣运送到炉渣场。有的高炉是用水力的作用通过斜槽将水和炉渣一起流入炉渣池。

4. 炼钢厂

根据炼钢炉的种类，可分为平炉炼钢、转炉炼钢和电炉炼钢三种，以平炉炼钢和转炉炼钢居多，电炉一般用于冶炼优质钢。

生铁炼钢要经过配料、冶炼、铸锭、脱锭和整模等工序。因此，炼钢厂一般由主厂房、脱锭间和整模间三部分组成。

主厂房内要进行配料、冶炼和铸锭三道工序，所以主厂房的面积很大。平炉炼钢的主厂房近似长方形，宽约 80 ~ 100m，长度则视平炉的个数而定。主厂房一侧有排列整齐的烟囱，其个数与平炉的数量大致相等，如图 6.4 所示。主厂房有铁路相通，并与其附近的脱锭间和整模间相连。

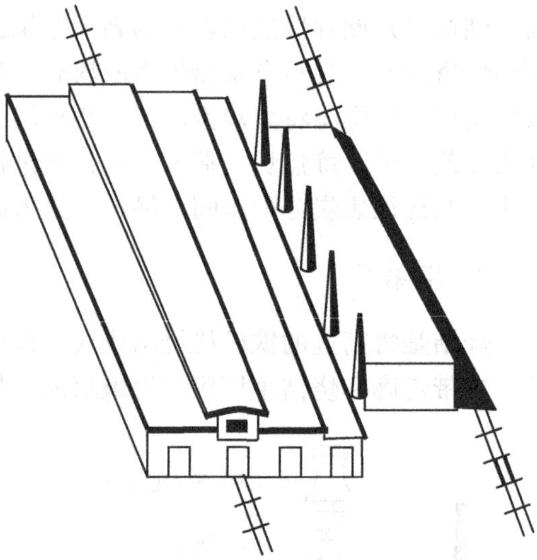

图 6.4　炼钢厂（平炉）主厂房示意图

5. 轧钢厂

轧钢厂一般位于炼钢厂附近，并有铁路专用线与外界相连。轧钢厂的任务是将钢锭轧成板材或型钢（如钢板、工字钢、槽钢和角钢等）。

轧钢有热轧和冷轧之分。热轧要经过加热、轧制和矫正等工序，其全部生产过程都在轧钢厂主厂房内完成。首先将锭送至轧钢厂首端的均热炉加热，然后在初轧车间进行初轧，制成一定规格的块状钢。初轧钢送至库房，库房与初轧间垂直布置。从库房往下分成两部分，一部分是轧制板材的车间，另一部分是轧制型钢的车间，如图 6.5 所示。冷轧没有加热过程，直接将

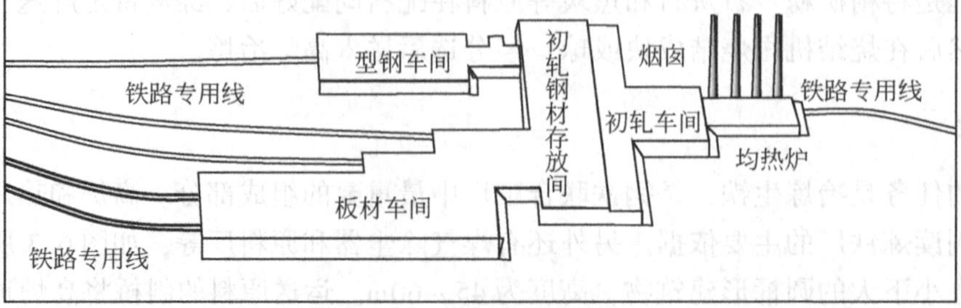

图 6.5　轧钢厂示意图

块钢轧制成材。

6.2.2　钢铁联合工厂的判读

钢铁联合工厂主要根据多位于城市边缘、占地面积大、建筑物特殊且种类多、由于大气烟尘的影响在全色遥感图像上影像反差小等特点判读。不同工厂的建筑物特点不同，判读特征也不同。

1. 炼焦厂

在全色遥感图像上，炼焦厂中的炼焦炉呈黑色窄条状影像，附近的储煤塔和高大的烟囱的阴影非常明显，容易判读（图6.6）。

熄焦塔呈圆形或方形影像，正值熄焦时获取的遥感图像上，常因冒出的白烟而影响熄焦塔本身影像的判读。

2. 烧结厂

烧结厂在炼铁高炉的附近，主厂房高大明显，厂房顶部有排气孔，主厂房的一侧有一个高大的烟囱。卸料仓下有铁路相通，卸料仓—储料库—主厂房之间有皮带走廊相连（图6.7）。

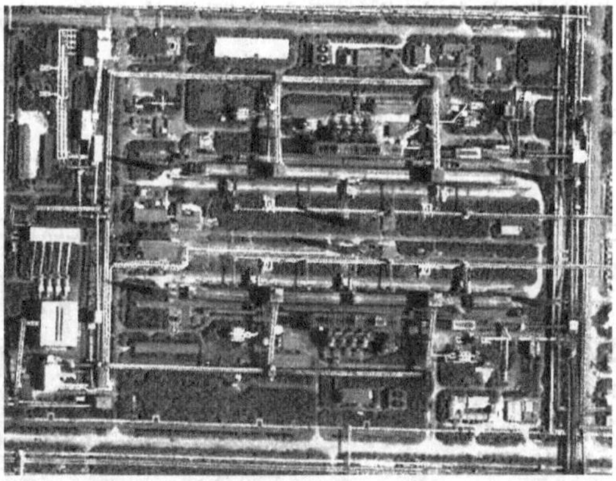

图6.6　炼焦厂影像

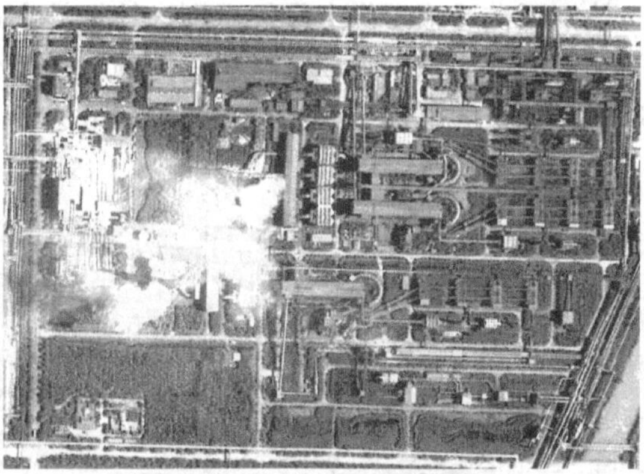

图6.7　烧结厂影像

生产时厂区矿尘飞扬，常呈现雾尘状。因此，可以根据炼焦厂中的建筑设施的结构特点、建筑形式所表现出来的直接判读特征识别，也可根据不同设施间的空间位置布局特点进行验证性的判读，这些直接或间接的特征是判读烧结厂的主要依据。

3. 炼铁厂

炼铁厂的主要设备是炼铁炉，高大明显，具有很好的方位作用。因此，炼铁厂主要根据上小下大、呈圆筒状的高炉和高炉旁的多个并排的热风炉及其两侧的铁路专用线和管道等特征判读，如图6.8所示。

4. 炼钢厂

平炉炼钢厂中多跨度的主厂房、两侧的铁路专用线和厂房一侧的一排烟囱，是其主要的判读特点，如图6.9所示。

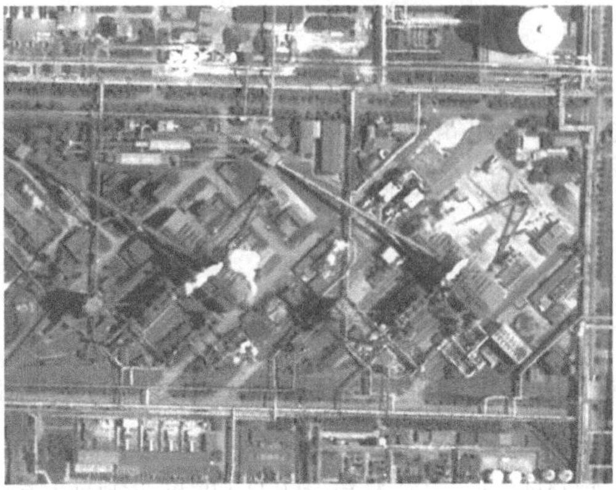
图 6.8　炼铁厂影像

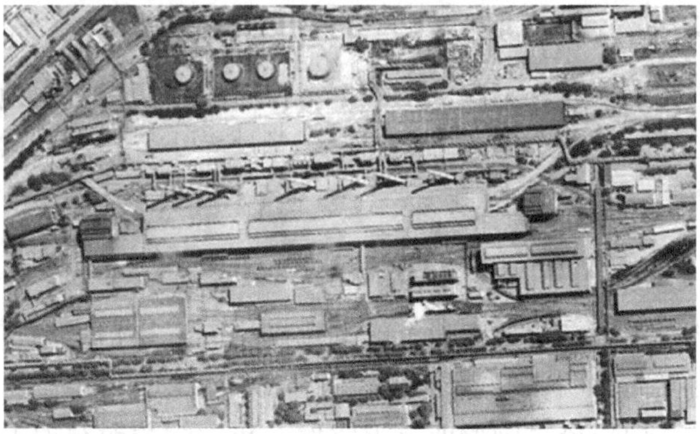
图 6.9　炼钢厂影像

转炉炼钢厂的主厂房比较狭长，其烟囱在主厂房的顶部一线排开，数量与转炉的个数大致相同。烟囱较低矮，远不如平炉炼钢厂主厂房附近的烟囱高大明显。

5. 轧钢厂

轧钢厂在遥感图像上最好识别。轧钢的全过程都在厂房内完成，厂房按照加热车间、初轧车间、库房、型钢车间、板材车间的顺序一线分布，并相互连接，是钢铁联合工厂中最大最长的厂房，其长度可达 1km，大型的厂房可达 2km 左右，如图 6.10 所示。

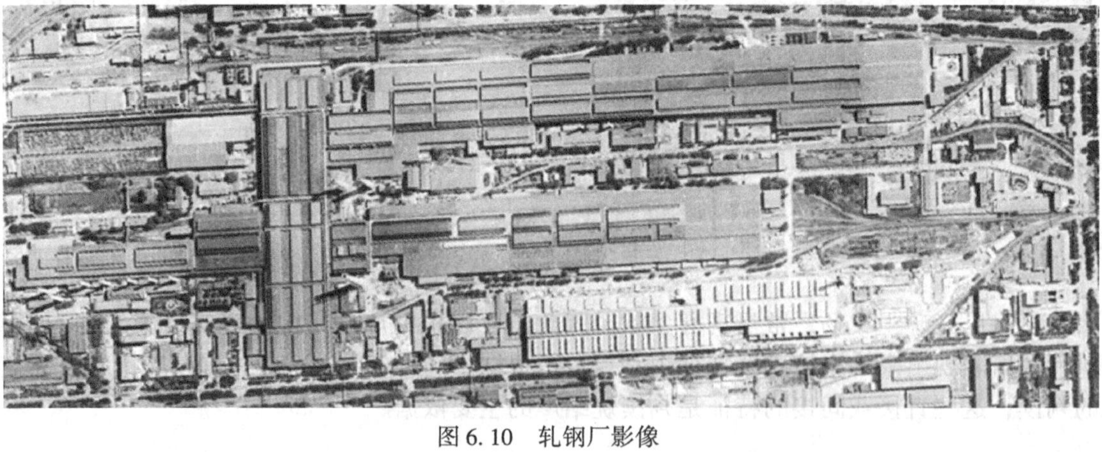
图 6.10　轧钢厂影像

轧钢厂的烟囱位于均热炉的一侧密集成排分布，影像明显。

6.2.3　钢铁联合工厂的表示

（1）在判绘图像上，炼焦厂中的储煤塔可根据其外形用独立房符号或塔形建筑物符号表示。熄焦塔用塔形建筑物符号表示，并加注“熄焦”二字；炼焦炉按独立房屋符号表示，并加注“焦”字；其他地物视情况用相应的符号表示。

（2）判绘烧结厂时，主厂房、储料库、卸料仓均用房屋符号表示。主厂房附近的烟囱用烟囱符号表示，当与其他房屋发生矛盾时，以表示烟囱为主，烟囱可压盖房屋或将房屋舍去。有方位意义的较长的皮带走廊可用架空索道符号表示，并加注“传送”二字。铁路符号绘至卸料仓处中断。

（3）炼铁厂中的高炉是炼铁的主要设备，高大明显，有很好的方位作用，在判绘时应准确表示。高炉用塔形建筑物符号表示，并加注“高炉”二字。而它附近的烟囱、热风炉和煤气除尘器等都是高炉的附属设施，在判绘时应以表示高炉为主。如果图面允许，这些地物可以表示，其中热风炉用塔形建筑物符号表示，否则，只表示高炉，其他的舍去。

离高炉较远的炉渣堆用土堆符号表示，并加注“渣”字，炉渣池用储水池符号表示，并加注“渣”字。

（4）平炉炼钢厂的主厂房用独立房符号表示，烟囱用相应符号表示，当一排烟囱不能逐个表示时，首末两端的按真实位置绘出，中间的进行取舍，但不能内插。

（5）轧钢厂中的主厂房用房屋符号表示，成排烟囱不能逐个准确表示时，首末两个准确表示，中间的可以取舍。

（6）钢铁联合工厂中的铁路、管道以及其他地物应根据实际情况用相应的符号表示。应注记工厂名称。

钢铁联合工厂判绘示例如图 6.11 所示。

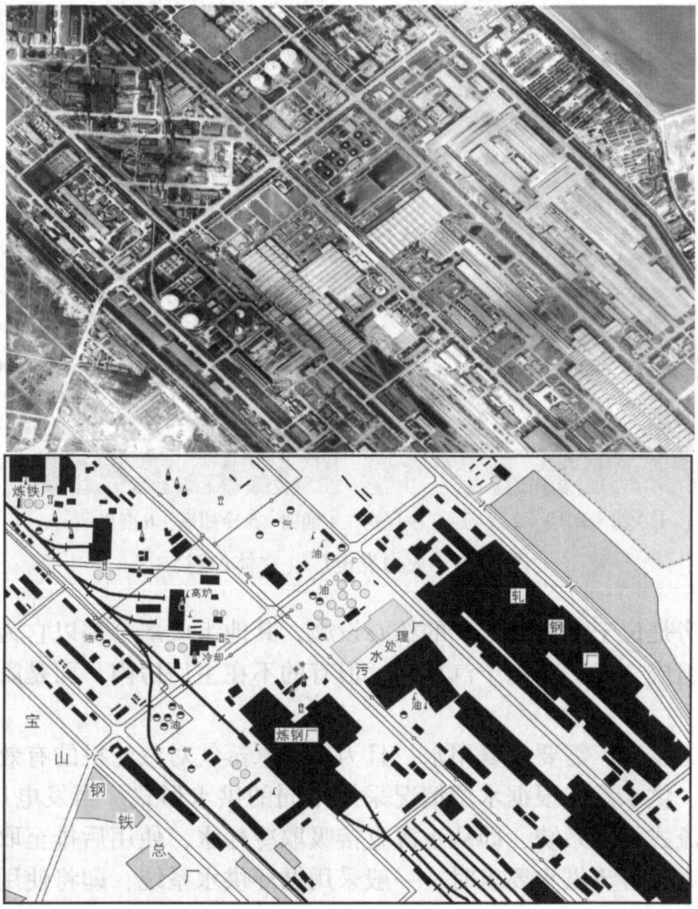

图 6.11　钢铁联合工厂判绘示例

6.3　发　电　厂

发电厂的种类很多，按动力不同有火力发电厂、水力发电厂（站）、原子能发电厂（核电站）、风力发电厂、太阳能发电厂、潮汐发电厂和地热发电厂等。目前，火力发电厂、水力发电厂和核电站最为普遍。

6.3.1　火力发电厂

1. 火力发电厂的组成和布局特点

火力发电厂是以煤、石油或天然气为燃料发电的工厂。火力发电厂主要由燃料场（或燃料库）、主厂房、供水设备和变电所（站）等部分组成，如图6.12所示。

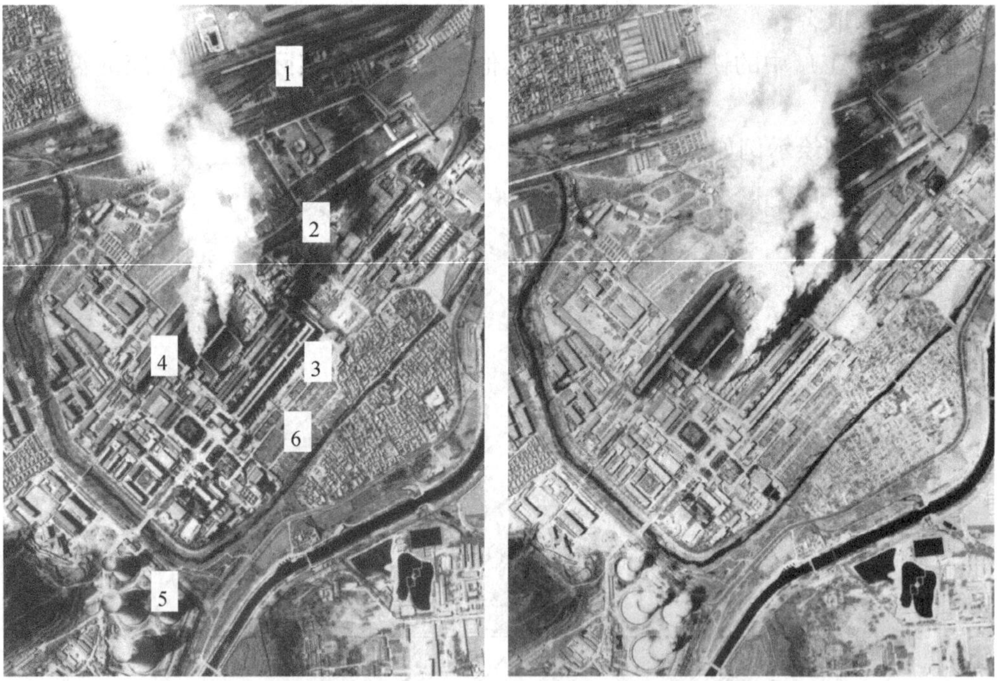

1.铁路专用线　2.煤场　3.主厂房　4.烟囱　5.冷却塔　6.变电所

图6.12　火力发电厂（立体像对）

主厂房。主厂房是位于火力发电厂的核心设施，其他组成部分都以它为中心配置。主厂房由锅炉间和汽机间组成，锅炉间高于汽机间，但有的不在主厂房内，而是露天配置。锅炉间的一侧有高大的烟囱。

供水设备。火力发电厂需要大量用水，且为提高水蒸气对汽轮机的有效推力，蒸汽通过汽轮机后应迅速冷却。供水系统根据水源情况采用不同的供水形式。当发电厂位于江、河、湖、海边时，常采用直流式供水系统，即从水源直接吸取冷却水，使用后排至取水口下游；当发电厂地区的水源不能满足直流供水要求时，一般采用循环供水系统，即将使用后的热水在冷却设备中冷却后再次使用。

冷却设备有冷却塔、喷水池和冷却池。冷却塔有自然通风冷却塔和机力通风冷却塔。自然通风冷却塔的塔身高大，呈双曲线形。机力通风冷却塔的建筑形式似长方形房屋。

喷水池和冷却池均为人工冷却水池，不同的是喷水池有很多喷嘴喷成细水滴以提高冷却效率。

变电所是集中电力、变换电压、分配电力以控制电力流向的场所，通常位于主厂房一侧。变电所的主要设备为变压器和各种控制设备，大多露天配置，四周有围墙或铁丝网。

燃料场是储存燃料的地方。用煤作燃料的发电厂，一般都有专用铁路线进入厂内，或厂房靠近码头。

2. 火力发电厂的判读

火力发电厂的判读主要根据其建筑特点、位置布局以及活动特征进行识别。主厂房、烟囱以及冷却塔高大明显，在立体观察条件下容易识别；以煤为燃料的燃料场在摄影图像上呈深色调，与铁路相连接或位于码头一边。正在生产的发电厂烟雾弥漫，活动特征明显。

3. 火力发电厂的表示

火力发电厂判绘示例如图 6. 13 所示。

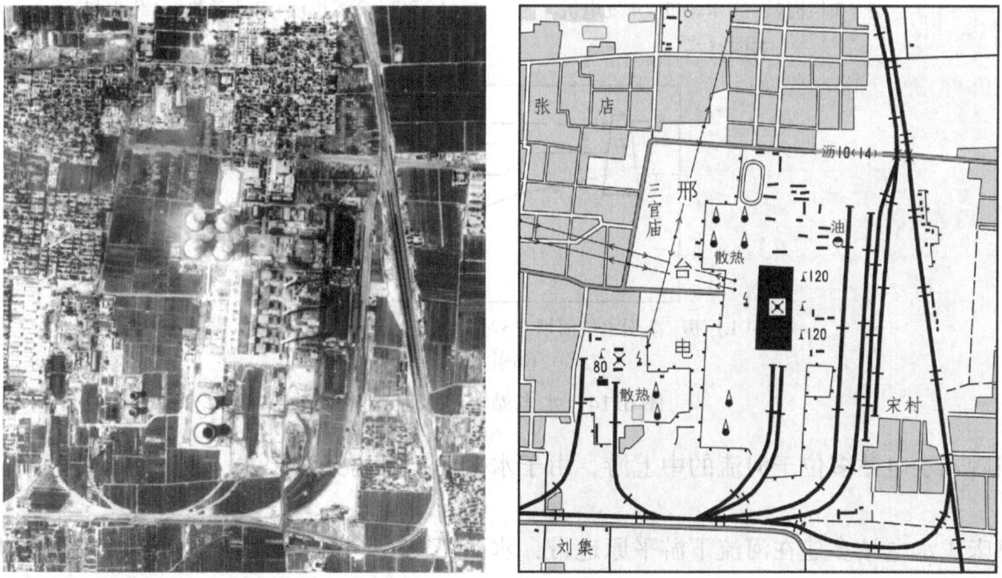

图 6. 13　火力发电厂判绘示例

当主厂房较小，不能用依比例尺房屋符号表示时，用发电厂符号绘在主厂房中心位置；当主厂房能依比例尺用独立房屋符号表示时，则用独立房屋符号表示，发电厂符号压盖房屋符号在其中心位置绘出，并尽量注记加注名称。当烟囱表示与主厂房或其他地物有矛盾时，烟囱可压盖主厂房或其他地物符号表示。

自然通风冷却塔用塔形建筑物符号表示，并加注“散热”二字。当冷却塔集中配置不能逐个表示时，可取舍，但不能综合。机力通风冷却塔用房屋符号表示，加注“散热”二字。喷水池和冷却池用储水池符号表示，若冷却池为坑塘、水库，则用相应符号表示。

变电所若能依比例尺表示，用黑色实线绘出范围，变电所符号绘在中间位置；若不能依比例尺表示时，符号绘在变电所中心位置。

储煤场可视其规模在相应范围内注记“煤场”二字或不表示。以石油、天然气为燃料的发电厂，燃料库用储油罐符号表示，并加注“油”或“气”字。

6.3.2　水力发电厂

1. 水力发电厂的类型和布局特点

水力发电厂，也称水电站，是利用水能发电的场所。构成水能的基本条件是水的流量和落差。水力发电的基本过程是水能冲动水轮机旋转、水轮机带动发电机发电。

水电站分为堤坝式和引水式两种类型，而堤坝式又以厂房的位置不同分为坝后式与河床式，如图 6. 14 所示。

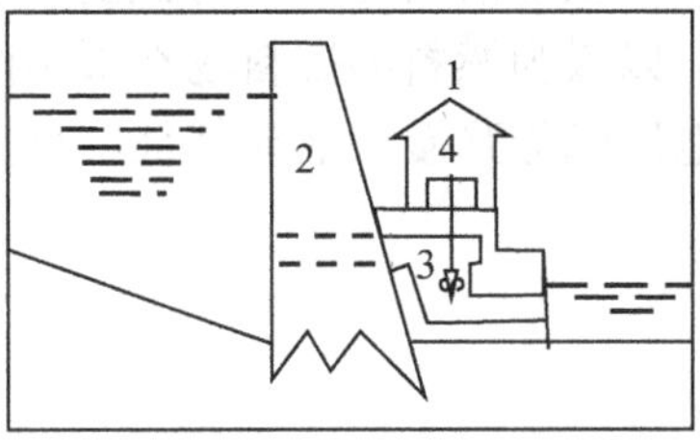

1.厂房　2.拦河坝　3.水轮机　4.发电机

(a)坝后式

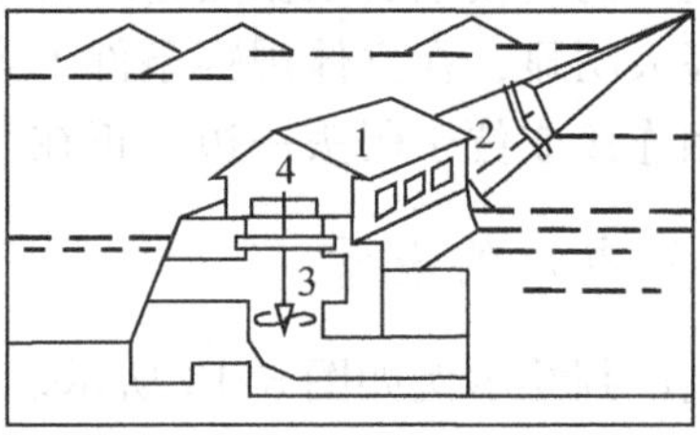

1.厂房　2.溢洪坝　3.水轮机　4.发电机

(b)河床式

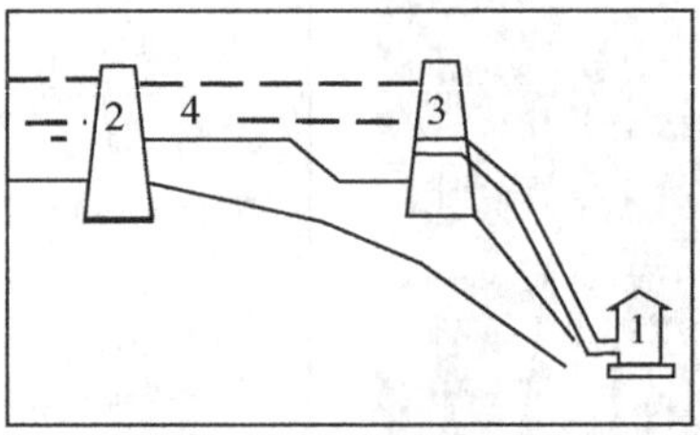

1.厂房　2.引水拦河坝　3.水轮机进水管　4.引水道

(c)引水式

图 6. 14　水电站类型及其结构

坝后式水电站多位于河流的中上游，由于水头高，厂房无法挡水，故厂房置于坝体下游或坝内。

河床式水电站多建在河流下游平原地带，水头不高，厂房和堤坝均位于河床之中，厂房为坝的一部分，也起到挡水作用。

引水式水电站多建于河流上游，因河段上游不允许大面积淹没或不具备构筑大型水库的地形条件，下部有急滩、陡坡，不便于建筑厂房，所以用引水渠道、压力隧道、压力水管等方式将水引到下游，集中落差发电。抽水蓄能发电站也是引水式发电站，该类发电站是指在用电高峰期用位于高处的大型蓄水池的水发电，低谷时用其他电网的电将位于低处的水抽回高处的蓄水池中蓄能发电的水电站。

为达到各项水利工程兴利除害的目标，在大江、大河的适宜地段修建不同类型的水工建筑物的综合体称为水利枢纽。水利枢纽是在江河中拦水修坝，集航运、防洪、发电于一体的水利工程。主体为拦水坝，配有制水坝、船闸、泄洪闸、溢洪道、发电厂房、输电线和变电所等。拦水坝横断江河，高大壮观；溢洪道位于河岸一侧，用于泄洪；水闸调节水位；制水坝与拦水坝垂直修筑控制水的流向。

2. 水力发电厂的判读

水力发电厂主要根据水库、拦水坝、厂房、变电所和输电设备的影像特征进行判读。厂房位置可根据水轮机排出的尾水激起的白色浪花及其附近的变电所判定；变电所在立体模型下特征明显。

3. 水力发电厂的表示

图6.15是水利枢纽判绘示例。水利枢纽的表示：当发电厂房与拦水坝为一体时，拦水坝用相应的符号表示，发电站符号绘制在拦水坝符号中心位置；当发电厂房与拦水坝不为一体时，厂房用独立房屋符号表示，发电站符号在独立房屋符号中心绘出。水利枢纽中的变电站一般规模较大，变电站符号在其范围中心绘出，周边有围墙或铁丝网时用相应符号绘出。水利枢纽中的制水坝、船闸、泄洪闸、溢洪道等用相应的符号表示，并注记名称。

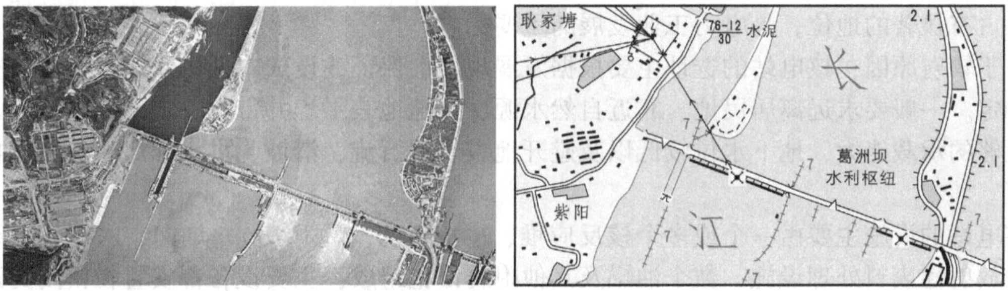

图6.15 水利枢纽判绘示例

图6.16是坝后式水电站判绘示例。坝后式水电站主厂房较小时用发电厂符号在其中心位置准确表示；主厂房较大时，符号未压盖的部分用独立房屋符号表示，并注记发电站名称，拦水坝应准确表示，变电所符号在其中心位置绘出，其他地物用相应符号表示，图6.17是抽水蓄能发电站（引水式）判绘示例。

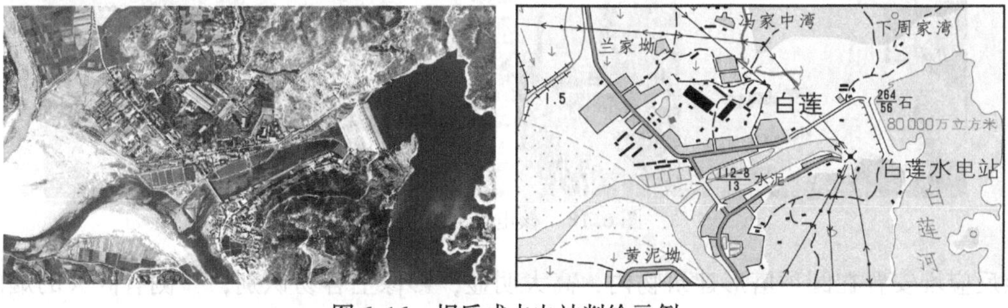

图6.16 坝后式水电站判绘示例

图6.17显示的是位于西藏羊卓雍湖的抽水蓄能水电站。该水电站是世界海拔最高（海拔4500m）、我国最大的三机（发电机、水轮机、水泵）同轴抽水蓄能电站。该站进、出水口落差达820m，输水管道总长超过8190m（其中5833m在地下），主厂房位于管道最低处。表示时，发电站符号绘在主厂房位置；输水管道按影像绘出，加压站用独立房屋符号表示，地下部分示意绘出，其他地物用相应的符号表示，并注记发电站名称。

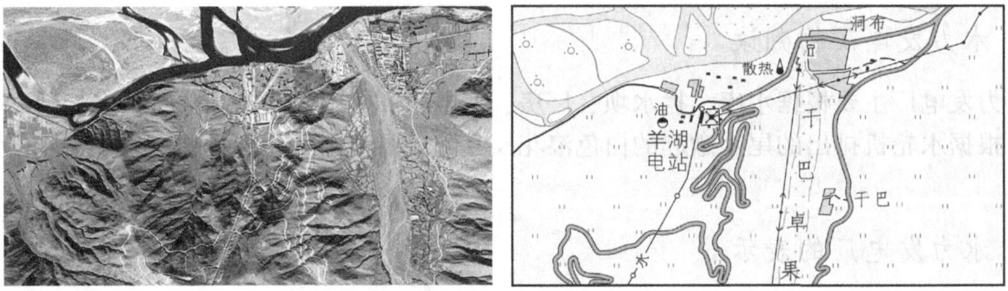

图 6.17　抽水蓄能发电站判绘示例

6.3.3　核电站

核电站利用核原料聚变释放高能量进行发电。核燃料所含的能量很高，1g 铀裂变释放的能量与 2660t 煤炭或 2000t 石油燃烧时发出的热能相当。核电站生产的电能在世界各先进国家中已经占有显著的地位，是电力工业发展的重要标志。

由于辐射原因，核电站的选址主要根据发展规划、保证建设成本低以及运行方便、安全等条件确定。一般要求远离居民地、靠近自然水源、场地地表平坦并带有一定的排水坡度、地基应有足够的承载能力、地下水位较低以及避开地震、泥石流、滑坡、洪水和海啸等严重自然灾害地区。

核电站的设施主要由一个或多个核反应堆、主控机房（主厂房）、烟囱、水循环系统、变电所、放射性废料处理设施、数个油罐及其他附属设施组成，主要设备都安置在密闭的钢筋混凝土结构的安全壳体内，如图 6.18 所示。

图 6.18　核电站景观图像

核反应堆安置在圆顶塔形建筑物内，高大明显，影像上容易识别，一侧有高大的烟囱用于抽换空气以保持空气清洁。反应堆一侧呈长方形的主控机房，影像明显。建于海边的核电站，附近的海域岸线一般是混凝土结构的防波堤，呈浅白色条状影像。核电站判绘示例如图 6.19 所示。

发电站符号绘在核电站的主厂房中心位置，符号未压盖的核反应堆用塔形建筑物符号表示，并加注“核”字；烟囱用相应符号准确表示；瞭望塔用塔形建筑物符号表示，并加注“了”字；附近的防波堤用加固岸符号表示。

核电站内其他地物用相应符号表示，注意注记核电站名称。

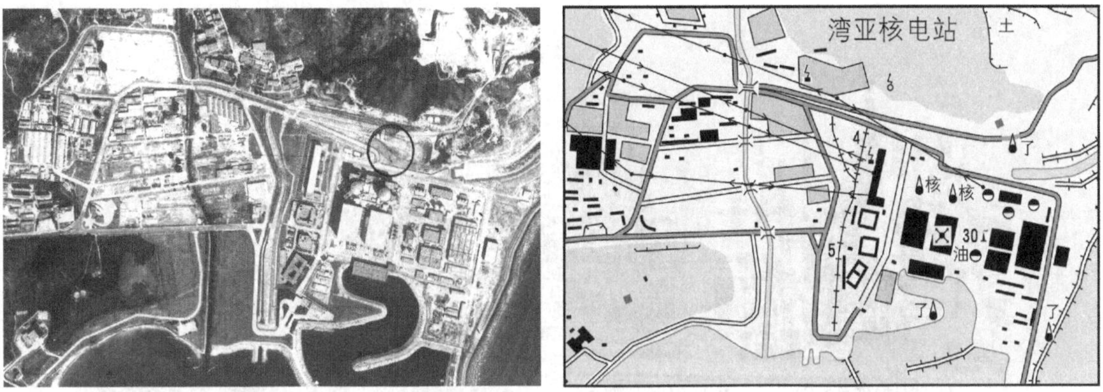

图6.19　核电站判绘示例

6.3.4　风力发电站

风能作为一种清洁的可再生能源，越来越受到世界各国的重视。其蕴量巨大，全球可用来发电的风力资源约有100亿kW，比地球上可开发利用的水能总量还要大10倍。风很早就被人们利用，如利用风车抽水、磨面等，而现在人们更感兴趣的是如何利用风能发电。

风力发电的原理是把风能转变成机械能，再把机械能转变成电能。风力发电的装置称为风力发电机组，可分为风轮、发电机和铁塔支架。

风力发电机分为水平轴风力发电机和垂直轴风力发电机两种类型，前者风轮的旋转轴与风向平行，后者风轮的旋转轴垂直于地面或者气流方向。

一般情况下，风力发电机组多由数组组成，成排有规律的分布，也有单个分布的，高大明显，在立体观察下明显，易于识别。在地形图上用风车符号表示，并注记“发电”二字。当分布密集，不能逐个表示时，可以取舍，但不能综合，取舍后应注意反映其分布范围和密度。大范围的风力发电站，有名称的还应注记名称。

6.4　化　工　厂

化工厂的种类很多，有石油炼油厂、橡胶厂、纤维厂、塑料厂、化肥厂和酸碱盐化工厂等。

化工厂与其他工厂有着许多不同的地方，主要表现在以下三个方面：其一，化工厂在生产过程中，常常使用和生产易燃易爆和有毒物质，设备一般是露天布置，其中以生产和储存这些物质的塔、罐为最多；其二，化工厂的原料、半成品和成品多是液体或气体，在生产过程中，都以管道输送，从化工厂的第一个车间引出，按照生产顺序连接主要车间和设备，把整个化工厂连接成一个有机的整体，因而厂内管道众多；其三，化工厂厂房建筑形式复杂，有些生产设备常常突出于厂房的顶部，有些化工厂设有排气筒以排出有害气体。

虽然化工厂的生产流程和产品不同，但都具有储罐遍布、塔架林立、管道纵横和火炬通明的共同特点，如图6.20所示。这些特征既是识别化工厂的标志，也是在地形图上需注意表示的主要建筑物。

图 6.20　石油化工厂景观

6.4.1　化工厂组成和分布特点

1. 油罐、气罐

储油罐、储气罐是用来储存气体和液体原料、中间产品和成品的设备。它们既有成群分布，也有单个分布。形状多为圆柱形，也有球形或其他形状。

罐的外表涂有颜色，以不同的颜色显示储存物质的不同，如石油油罐涂以蓝灰色，轻油油罐涂以银白色，气罐一般为黑色，腐蚀性的物质涂成其他颜色，如碱性物质为黄色。

有的圆柱形气罐外壁设有许多滑轨，供气罐随着储存气体的多少而自由升降。

2. 化工塔、器装置

化工产品的炼制加工一般在炉塔内完成，因此，化工厂内有很多圆筒形的塔、器装置。例如，炼油厂的常减压塔（图 6.21），催化裂化装置，以及沉降塔、蒸发塔、提浓塔、吸收塔、解吸塔、脱硫塔、洗碱塔、蒸馏塔等。这些塔、器的作用不同，粗细、高低和分布特点也不相同。有的装置多，密集分布，有的装置少，但外形相似，大多为圆筒形。

为了正确判读和表示化工厂的核心生产塔、器装置，判绘者必须了解化工厂的生产流程以及各种装置的特点。例如，石油炼油厂的常减压塔是石油加工的基本设备。它一般由初馏塔、常压塔、减压塔和热交换器等部分组成。原油加热后经过这 3 个塔蒸馏而得到石油产品。常压塔高而细，相比之下减压塔粗而矮，具体高度和直径随生产能力不同而异，两塔一般并排配置。催化裂化和催化重整装置也是炼油厂的重要设备，形态高大明显，其作用是将大分子的油品分裂为小分子的油品和气体，同时生成少量焦炭。

3. 火炬、排气筒

在很多化工厂有高大的火炬或排气筒，用于燃烧或排放有害气体。其特征与烟囱不同，它们一般为金属结构，直径不大，是工厂的最高建筑，如图 6.22 所示。

1.常压塔　2.减压塔

图 6.21　常减压装置

图 6.22　化肥厂的排气筒

石油化工厂的一些加热炉，也有排气筒，但大多都不高，比锅炉房的烟囱矮小。

4. 管道

很多化工厂从原料到中间产品，从中间产品到成品都是通过管道运送，所以在地面上管道纵横。

6.4.2　化工厂的判读与表示

油罐、气罐在图像上根据其圆形形状、阴影，以及与铁路专用线和管道相连接等特征判读。油罐、气罐不仅具有良好的方位作用，而且也是很明显的地标，表示时不论形状和颜色如何，均用油罐、气罐符号表示，并加注“油”、“气”字等。当油罐、气罐成群分布，不能逐个准确表示时，应着重表示拐角和四周的，以显示其范围，其他的按分布密度择要表示，但不能综合。

圆筒状的塔、器装置可根据其阴影、投影，以及与管道相连接的相关特征进行识别。化工厂中方位作用明显的分馏塔、反应塔、再生塔、合成塔，以及其他圆筒状塔、器装置等，用化工塔、器符号表示。当数量较多或方位作用不明显时，不是工厂的核心组成部分，不能也不需要逐个表示，因此，判绘时应注意选取目标高大、明显或塔形独特、易于识别，以及具有重要作用的塔、器准确表示。

火炬、排气筒一般比较细小，但是化工厂中的最高设备，具有明显的方位作用，在立体下可根据阴影、投影判读位置。现行图式中没有火炬和排气筒的专用符号，但其作用、形态与烟囱相同，故用烟囱符号表示。为了与烟囱有所区别，除用符号表示外，还应加注“火”字。

在较小比例尺全色图像上，管道的识别比较困难。厂区内的管道方位作用不明显，在 1∶5 万、1∶10 万地形图上一般不表示；厂区外的管道，如果有长远方向，并具有一定的范围作用，则应表示。在 1∶1 万或更大比例尺的地形图上，应根据具体情况确定是否表示。

石化企业具有次生危害，能引起二次杀伤，除用相应地物符号表示之外还应注记名称。图 6.23 是石油化工厂判绘示例。

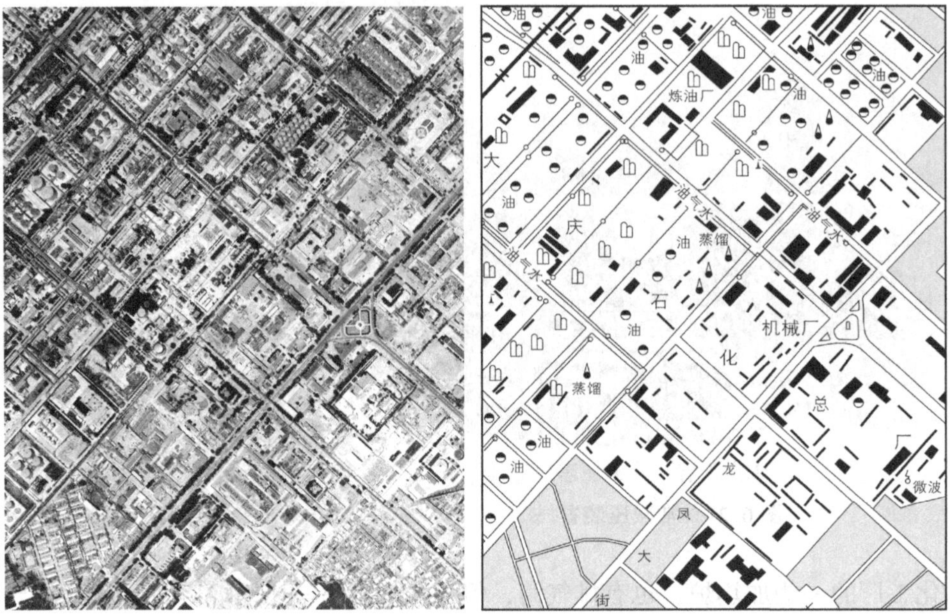

图 6. 23　石油化工厂判绘示例

6.5　其他工厂

6.5.1　水厂

1. 自来水厂

1）自来水厂的组成与布局特点

自来水厂是将江、河、湖水或地下水通过净化、消毒后生产符合饮用水标准的工厂。净水的生产一般是将天然水经过沉淀、过滤和消毒等步骤完成，如图 6. 24 所示。生产过程是在各种不同形式的水池中进行的。水厂主要由水源、加矾室（一般为房屋）、沉淀池、过滤池、洗沙水塔、加氯室（一般为房屋）、清水池和化验室等组成。沉淀池多为长方形或方形，池中有隔墙，以利于水在池中迂回流动，提高沉淀效果。过滤池一般有顶盖。自来水厂的主要建筑有各种各样的水池、洗沙水塔及供水泵房等。

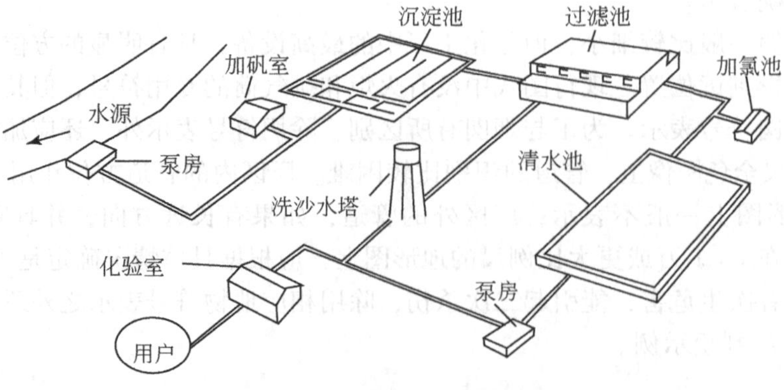

图 6. 24　自来水厂示意图

2）自来水厂的判读与表示

自来水厂主要根据位于城市、靠近水源的位置特征和多个互相连接的水池的形状、色调特征识别。沉淀池为长方形池子，池内有隔墙，以利于水在池内迂回流动，提高沉淀效果。过滤池内铺有几层细沙和石子，当水通过砂石层时，起到自然过滤的作用，过滤池一般都有顶盖。清水池是把加氯（漂白粉）后的水进一步澄清，然后送给用户；清水池有的有盖，有的没盖，有盖的清水池，顶盖上有通气孔。

自来水厂用水厂符号表示，符号绘在供水泵房的中心位置上，并加注水厂名称。各种水池均用储水池符号表示，其他地物用相应符号表示，自来水厂判绘示例如图 6.25 所示。

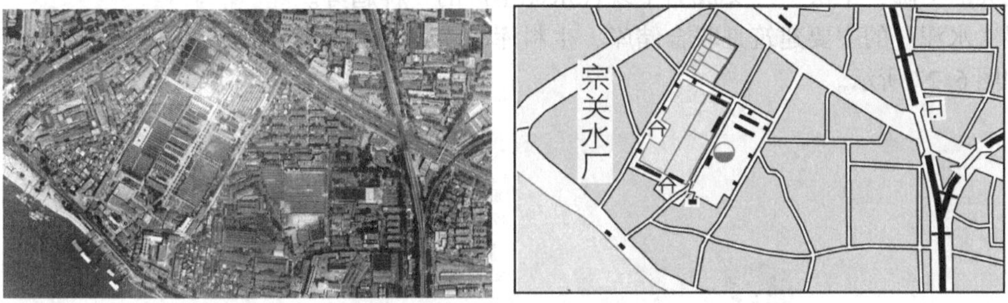

图 6.25　自来水厂判绘示例

2. 污水处理厂

污水处理厂是将工业、生活污水经过沉淀、过滤和消毒等处理使其达到排放水标准的工厂。一般位于城镇外围，与管道、沟渠或河流连接，各种水池多为露天。沉淀池、过滤池为长方形或方形，消毒池一般为圆形，一侧有消毒剂加料房或塔。厂区内有化验、检测和办公用房。

污水处理厂内的各种水池均用储水池符号表示，水厂符号绘在成品水泵站的中心位置，加注厂名，其他地物用相应的符号表示。污水处理厂判绘示例如图 6.26 所示。

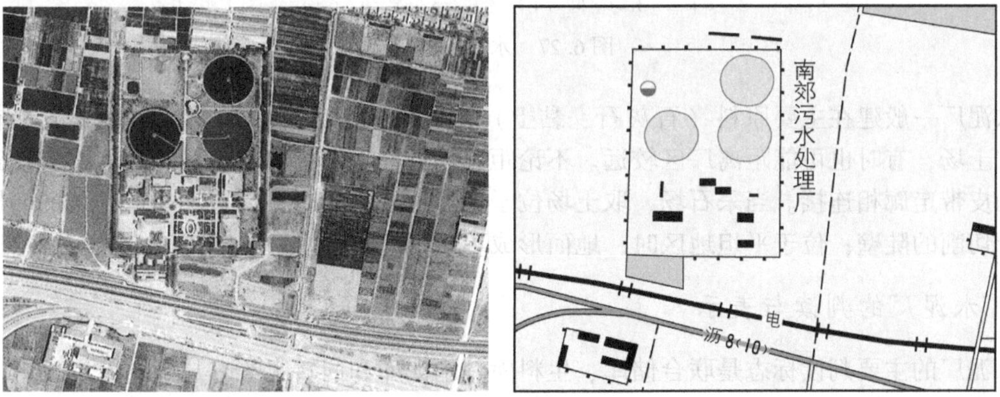

图 6.26　污水处理厂判绘示例

6.5.2　水泥厂

1. 水泥厂的组成及特点

水泥厂是利用石灰石（或泥灰岩、白垩等）、黏土以及硅质（或铝质、铁质）校正料为原料来生产水泥的工厂。

水泥生产有湿法和干法两种，由于湿法生产的水泥质量高，所以我国大中型水泥厂都采用湿法生产。

湿法水泥厂的生产工艺流程是：首先将各种原料进行破碎，并按照一定的比例进行预均化处理；其次是将各种原料、燃料、熟料、混合料、石膏等按照一定的颗粒度制备成生料并进行均化，再将生料进行预热分解，做到物料分散、气固分离，经预热分解后的熟料送入回转炉进行烧制；最后将其粉磨和包装即为水泥成品。

随着生产技术的进步，特别是悬浮预热器窑和窑外分解窑的出现，使产量成倍提高，热耗也有较大的下降，干法生产又成为了现代水泥生产的一种趋势。

湿法水泥厂的主要建筑是联合储库、生料库、均化间、预热间、回转炉、粉磨间和水泥库等，如图 6. 27 所示。

1.联合储库　2.生料库　3.均化间　4.预热间　5.回转炉　6.粉磨间　7.水泥库

图 6. 27　水泥厂景观

水泥厂一般建在主要原料（石灰石、黏土）产地附近，因此，水泥厂附近一般都有采石场、取土场，有时也可能距离厂区较远。不论距离远近，采石场、取土场与厂内都有铁路线或架空的皮带走廊相连接。当采石场、取土场位于丘陵地或山地时，采石场、取土场的四周形成若干个切削的陡壁；位于平坦地区时，地面形成不规则的坑穴。

2. 水泥厂的判读与表示

水泥厂的主要判读标志是联合储库、生料库、水泥库和回转窑等。

联合储库是存放石灰石、黏土等原料和储存熟料的场所，是厂内占地面积最大的“厂房”建筑。联合储库一般只有顶棚而无墙壁，在判绘时用棚房符号表示。

生料库、水泥库是分别存放生料和水泥的建筑。它们的建筑形式相似，为圆筒形建筑，有的单个分布，有的多个并立排列，有明显的方位作用。判绘时单个圆筒形建筑用塔形建筑物符号表示，多个并立排列的圆筒形建筑用独立房符号表示为宜。

回转窑是将生料烧成熟料的旋转式窑。它是水泥厂的关键设备。回转窑一般长 50 ~ 100m，直径 4m，斜卧在水泥墩上，曝露在外。在遥感图像上呈灰色调的线状影像，如果在其顶部建有棚盖，则呈长条形。它一端为粉磨间，另一端有高大的烟囱。烟囱应准确表示。回转窑如不影响其他地物的表示，可用窑的符号加注“转”字表示，否则不表示。

有的水泥厂采用立窑生产，立窑是塔形建筑物，内径 2.5 ~ 4m，高度在 10 ~ 12m，顶部设有烟囱，生产时排放大量浓烟，有的立窑安装在厂房之内。

水泥厂内的其他地物用相应的符号表示，规模较大的还应注记名称。水泥厂判绘示例如图 6.28 所示。

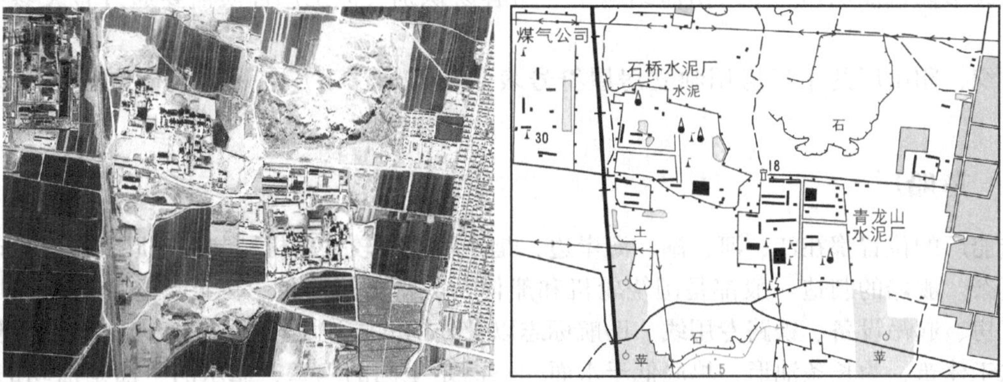

图 6.28　水泥厂判绘示例

6.5.3　纺织、印染厂

1. 纺织、印染厂的结构特点

纺织厂是将原棉、羊毛或人造纤维加工成布料、毛料或人造毛（布）料的工厂。从原料到成品的整个生产过程都在主厂房内完成，所以，纺织厂的主厂房占地面积较大，多为单层房屋，自然采光的房顶开设有密集的锯齿形天窗，天窗大多朝北偏东，以获得柔和的散射光，如图 6.29 所示。

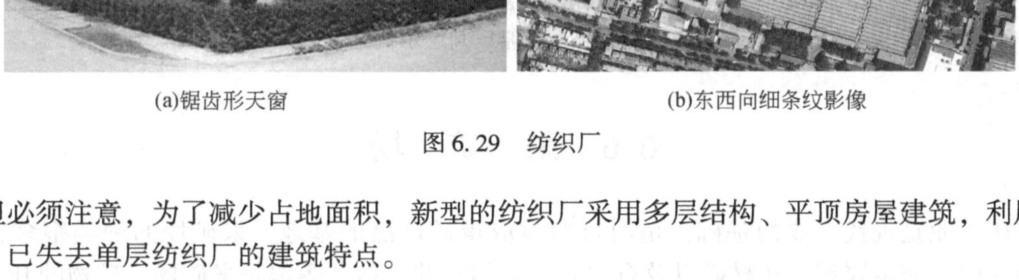

(a)锯齿形天窗　　(b)东西向细条纹影像

图 6.29　纺织厂

但必须注意，为了减少占地面积，新型的纺织厂采用多层结构、平顶房屋建筑，利用灯光照明，已失去单层纺织厂的建筑特点。

为了生产安全，纺织厂区内部一般没有烟囱。

印染厂的主厂房结构与纺织厂基本相同，只是厂房顶部的排气孔较多。因为在漂炼、染色、印花处理中会产生大量的水蒸气和有害气体，必须用排气孔排出车间，以保证人员健康和安全生产。

2. 纺织、印染厂的判读与表示

单层房屋结构的主厂房的判读，可根据较大的方形或长方形形状和房顶为东西向排列整齐的细条纹影像特征识别。多层房屋结构主厂房容易识别，但工厂性质需要通过有关参考资料确定。

纺织、印染厂的主厂房用独立房屋符号表示，并加注工厂名称。其他地物用相应符号表示。

6.5.4　造船厂

造船厂的位置都在江、河、湖、海岸边，是一种规模较大的机械制造工厂，但其生产过程设施复杂。舰船的制造一般都是围绕轮机和船体两大部分进行的，因此，造船厂由船坞、码头、厂房、起吊设备、铁路专用线、助航标志以及外围的防波堤等组成。船坞是建造和检修舰船的水工建筑，为长条池形，坞底低于水面，三面是坚固的坞壁，靠水的一面是活动的坞门，影像明显。

靠江河的造船厂的设施布局与靠海的基本一致，但规模较小，有的设有铁路专用线，船坞靠近江河岸边，斜向江河的上游方向。

船坞用干船坞符号按真实方向表示，码头依其性质用相应符号表示，助航标志准确表示，防波堤用相应符号准确表示，厂房用独立房屋符号，加注厂名。造船厂判绘示例如图 6.30 所示。

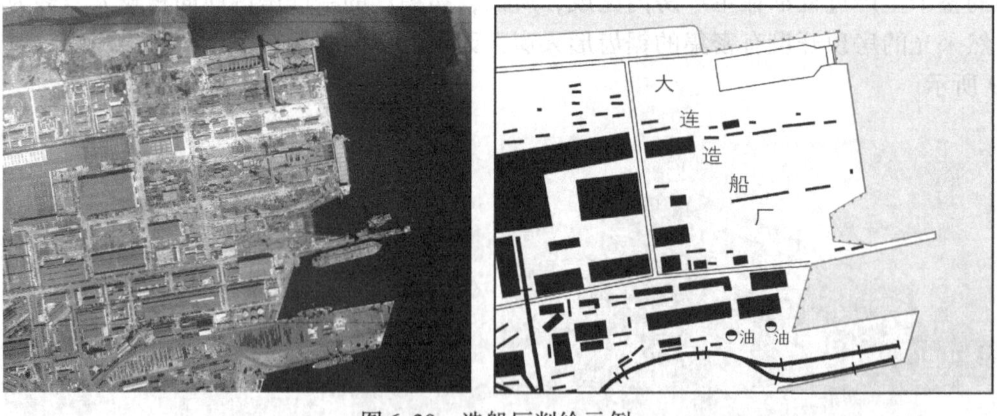

图 6.30　造船厂判绘示例

6.6　采　矿　场

采矿工业是现代工业的基础，是向自然界取得矿产品的基地。采矿场的种类很多，如煤矿、金属矿、非金属矿、建材矿以及石油井、天然气井、盐井等都是采矿场。矿物的开采方式大体有两种：一种是地下开采矿井，用于开采深埋于地下的矿物资源，如煤矿井、铁矿井、石油井、天然气井、盐井等；另一种是露天开采方式，用于开采地表上或地表附近的矿物资源，如露天煤矿、露天铁矿、露天铜矿和露天铝矿等。

6.6.1 矿井

矿井是地下开采矿物质的总称。不同矿物开采矿井的组成和地面建筑形式各不相同，其中煤矿井的建筑设备最为完备，具有一定的代表性。

1. 煤矿井

1）煤矿井的结构和布局特点

地下开采煤矿的地面建筑主要有矿井、皮带走廊、装车煤仓、矸石堆、储木场、储煤场和铁路专用线等，如图 6.31 所示。

1.主井　2.副井　3.井楼　4.皮带走廊　5.装车煤仓　6.装车煤仓

图 6.31　煤矿的主要地面建筑

大型煤矿的矿井按用途不同分为主井和副井，主井主要用于提运煤炭，副井则用于人员出入、通风、运送物资和运出矸石等。

矿井按照建筑形式有竖井和斜井两种。竖井中的主井由井架和绞车房组成，井架有的是钢材结构，侧方有斜架支撑的亭式井架；有的是混凝土结构，呈圆筒状或方形塔式井架。主井的井架和井楼一般都比副井高大，有皮带走廊与装车煤仓相连。副井一般有轻便铁路与矸石堆相连。斜井是由地面斜向通往采矿面的矿井，采矿时用于运输、通风、排水。井外设有绞车房，或有铁路直接通向井底。

装车煤仓是高架在铁路上的储煤建筑物，有的为圆柱形，有的为长方形，一侧有皮带走廊与主井井架相连接。

2）地下煤矿的判读

竖井高大明显，根据投影和阴影特征易于识别，主井根据与装车煤仓相连接的皮带走廊判定；副井可依据其与轻便铁路、矸石堆相连的相关特征判读。斜井一般可根据缆车路线入口位置判读；装车煤仓可根据阴影、投影，以及与皮带走廊、铁路连接的相关特征进行判读；矸石堆高大明显，在图像上呈深色调，易于识别。

3）地下煤矿的表示

主井、副井以及斜井用矿井符号表示，并在主井符号旁注记开采矿物的性质“煤”字。当主井和副井在图上不能同时准确表示时，只表示主井。

装车煤仓外形为房屋时，用房屋符号压盖铁路符号表示，外形为圆柱形时，用塔形建筑物符号压盖铁路符号表示。

矿渣堆根据面积大小用依比例尺或不依比例尺的土堆符号表示，并加注“渣”字。依比例尺表示的矿渣堆，当有明显棱线时，土堆符号以棱线为准描绘；当为没有明显棱线的圆锥形时，土堆符号以其短线的连线与矿渣堆范围线一致绘出。

大型煤矿有用于分拣煤炭的洗煤池，用池塘符号表示。矿区内的其他地物用相应符号表示，并注记名称。地下煤矿判绘示例如图 6.32 所示。

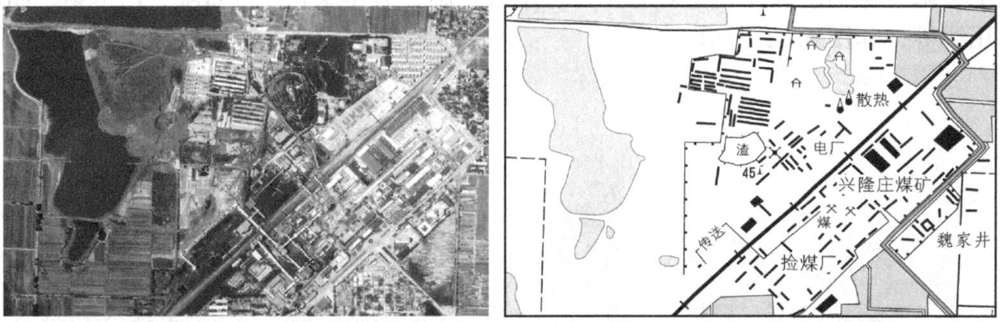

图 6.32　地下煤矿判绘示例

2. 油气田

石油、天然气不但是重要的工业燃料，而且也是重要的化工原料。因此，石油、天然气是衡量一个国家国民经济、工农业生产水平的重要标志之一。特别是发生战争时，石油、天然气工业更是具有特殊的意义。在地形图上，对油气田的判读和表示的重点是油气田的面积、油气井的分布以及其他主要设施情况。

石油和天然气通常蕴藏在地下，生成在沉积岩内，绝大多数储积在沉积岩的孔隙、裂缝和溶洞中，要通过钻探进行开采，主要经过探、采、输和加工等几个过程，因此，油气田主要由钻井、采油设备、油气集输设备和储油（气）库组成。

1）钻井

钻井是通过一定的地面设备和井下工具钻穿地层，完成油、气藏勘探和开发任务的重要设施。因此，油气田具有井架林立、钻井星罗棋布的特点。一个油气田根据任务、目的和作用的不同，可能有数百至数千个各种类型的钻井。

2）石油井、天然气井

当钻井钻探出石油、天然气时，必须有一套完整的地面设备，对石油、天然气的生产进行控制、计量和对原油保温。这些设备主要有采油树、抽油机、加热炉和油气分离器。

石油井根据液压情况，有自喷和人工举升方式两大类。自喷井是利用油层的自身能量将原油举升到地面的采油方式，人工举升井是通过人工给井筒增加能量而达到将井底原油举升到地面的采油方式，详细分类如图 6.33 所示。

由于非自喷或自喷产量过低的油、气井需要采用人工举升的办法进行采油。目前采用机械

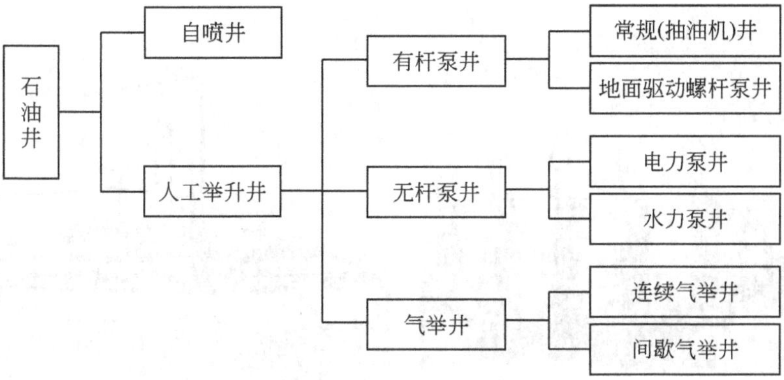

图 6.33　石油井分类

设备进行举升的主要有游梁、潜油泵、气举和链条式抽油机等几种。

游梁抽油机，习惯上称为“磕头机”，如图 6.34 所示，是通过安置在井底的深井泵完成采油的。目前，在国内外的油田上，有 80% 的非自喷井都是用这种抽油机采油的。

潜油泵抽油机，如图 6.35 所示，主要由井下电动机、离心泵保护器和地下电缆组成。其功能比游梁抽油机的生产效率高，节能效果好，适用于深井和高产井。

图 6.34　游梁抽油机（磕头机）

图 6.35　潜油泵抽油机

气举抽油机是用人工的方法将天然气注入石油管道，将石油举升到地面。这种油井需要大量的天然气，要在地面安装天然气压缩机，一般只适用于少数含沙井，高油、气比井和情况复杂的井。

链条式抽油机（图 6.36）是一种大功率、高效率的抽油机，适用于高产深井和斜井的采油。

自喷井只装有采油树，如图 6.37 所示。有的自喷井旁还有一小房屋，房屋内安装测试设备，房顶立有清蜡装置的长杆。当自喷井生产到一定程度时，由于地层能量的下降，不能保持自喷时，可将其改造成抽油井或专用注水井。

图 6. 36　链条式抽油机

图 6. 37　自喷井

天然气是一种以甲烷为主要成分的气态烃类混合物。天然气井的设施主要是管道和阀门，其影像判读特征与石油自喷井基本相同。

3）油气田的判读与表示

正在钻探的高大的钻井不一定都能钻探出石油或天然气，因此，地形图上一般不表示。

有抽油机的实地明显，易于识别，在较高分辨率的遥感图像上有机械式抽油机的阴影和影像，油井所处位置的影像呈浅色调的方形影像，油井、气井的背景一般为耕地、草地、盐碱地、沙地或戈壁，耕地、草地色调深，沙地、戈壁色调浅，反差明显。有的油井旁还有试喷池，呈黑色块状影像。油井之间有小路连接，图像上呈浅色调线形影像。

天然气井井口设施主要是阀门，判读特征与石油自喷井相似。

油井、气井是油田、气田的核心设施，除用符号表示外，还应注记产品名称。油气田内的油、气库和管道等其他地物用相应的符号表示。

6. 6. 2　露天矿

1. 露天矿及其特点

露天矿是将矿体上面的土石剥离后直接露天开采矿物质的场所。根据采掘设备的不同，分为机械开采和水力开采两种。一般用于开采储量丰富、埋藏较浅的厚矿体。用露天矿开采的有铁矿、铜矿、煤矿和石灰石矿等，图 6. 38 是露天铁矿的景观图像。

图 6. 38　露天铁矿

露天矿随着地表面土石的剥离和矿物质的不断开采，形成大的矿坑，在附近有高大的矿渣堆，以及通向矿坑和矿渣的铁路线或能通行载重汽车的道路。

在大型的采矿场附近一般有选矿厂。选矿厂由原料库、破碎间、主厂房、浓缩池、干燥间和精矿库等组成。

2. 露天矿的判读

露天矿主要根据矿坑、矿渣堆影像判读。矿坑与天然坑或其他人工坑穴的不同之处有两点：一是矿坑周围有一条较大的排水沟，用于排除雨水、雪水，避免汇集到矿坑中；二是矿场开采是分层进行的，在矿坑内部自上而下形成阶梯状，台阶高度较大，正在开采的大型露天矿各层铺有铁路线路，与选矿场和矿渣堆相连接。

矿坑上大下小，坑壁为阶梯状，外围有排水沟，影像明显。矿渣堆为新覆盖的土石，影像色调浅，与其背景有较大的反差。在铁、铜等大型采矿场附近一般有选矿厂，将矿石洗选提出精矿。选矿厂中圆形储水池状的浓缩池和沉积矿渣的矿尾湖也是选矿厂与矿山的重要判读特征。

3. 露天矿的表示

露天矿判绘示例如图 6.39 所示。在表示露天矿时，应注意以下五点。

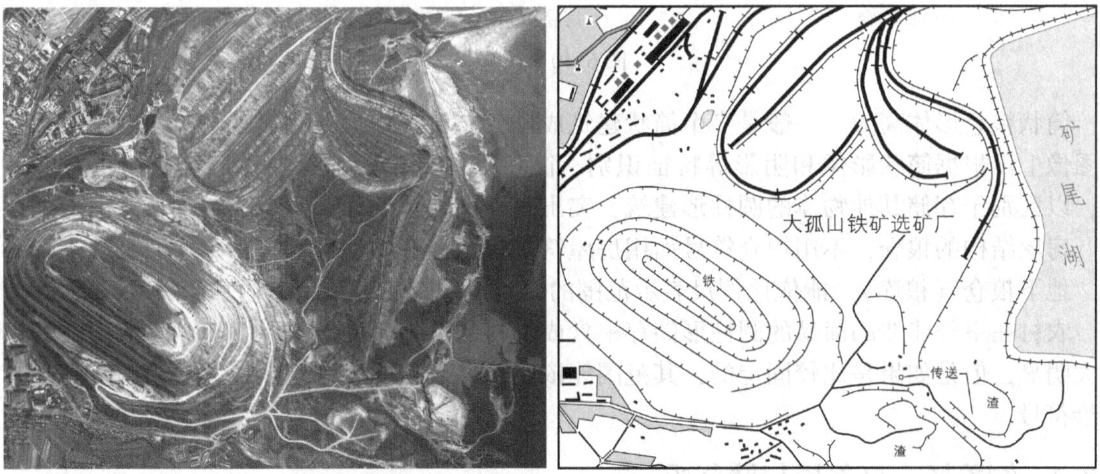

图 6.39　露天矿判绘示例（铁矿）

（1）矿坑用露天矿符号表示，符号以最上层坑壁棱线为准绘出，并注记开采矿物的性质。坑内的各阶梯状开采层，根据成图比例尺的大小择要准确表示或舍去不绘。

（2）矿坑外围的排水沟用干沟符号表示。

（3）矿渣堆用土堆符号表示，并注记“渣”字。描绘时应准确反映矿渣堆的范围。

（4）铁路专用线及进到矿坑、矿渣堆附近的一段线路应表示，矿坑内和矿渣堆上的铁路线路不固定，一般不表示。

（5）选矿厂的厂房用房屋符号表示，浓缩池用储水池符号表示，矿尾湖用湖泊符号表示，并注记“矿尾湖”三字。

6.7 农业设施

6.7.1 粮仓

粮仓是储藏粮食和饲料的专用建筑。粮仓的种类很多，不同的分类标准有不同的分类方法。根据仓内粮食堆装方式分类，有散装仓和包装仓；根据仓房的外形分类，有单层房仓、筒仓和楼房仓；根据仓库建筑条件及设备配置分类，有简易仓、一般粮仓、机械化粮仓和装配式粮仓；根据粮仓位置分类，有地上仓、地下仓和半地下仓；根据仓房的储粮性能分类，有气调仓、低温仓、准低温仓和一般常温仓。在地形图上，一般将粮仓分为筒状粮仓、房屋结构粮仓和简易粮仓，如图 6.40 所示。

(a)筒状粮仓　(b)房屋粮仓　(c)简易粮仓

图 6.40　粮仓

筒状粮仓形体高大，一般是多个筒状建筑成排分布，建筑形式明显区别于一般房屋，在遥感图像上可根据筒状影像和阴影等特征识别。筒状粮仓方位明显，在地形图上用粮仓符号表示，以区别于存储其他物体的圆柱形建筑，突出其存储粮食的作用。

房屋结构的粮仓，不用粮仓符号而用房屋符号表示，并加注“粮”字。

地下粮仓（粮库），能依比例尺表示范围的，用点线绘出范围，其内加绘符号。

农村在室外建造的简易的圆柱形储存粮食或饲料的设施，如图 6.40（c）所示，一般不太高大明显，但是如果是比较固定的，其范围能依比例尺表示的，则用点线符号绘出范围，其内加绘符号。

6.7.2 饲养场、打谷场与储草场

饲养场是指圈养禽或畜的场所。打谷场是农作物脱粒、晾晒的场所。储草场是堆放、保管农作物秸秆或其他牧草的场所。

居民地外不能依比例尺表示其范围的饲养场、打谷场、储草场，一般不表示。具有明显方位作用时，用饲养场符号按真实方位绘出，并加注其相应的性质“牲”、“谷”、“草”字。

居民地内和毗邻居民地的饲养场不单独表示，根据情况可综合在街区内，或者舍去不表示。

远离居民地、面积较大、能够依比例尺表示的大型饲养场、打谷场和储草场，其范围内的地物可根据实际情况用相应符号表示，并加注性质，当外围没有明显地物时，可用黑色实线表示其范围。

地物密集地区，饲养场、打谷场、储草场的方位作用不明显，一般可不表示。

6.7.3　水车、风车

水车是借助水的冲力使水斗轮旋转，将水从低处提升到高处的一种提水工具，如图 6.41 所示。水车也称孔明车，是我国最古老的农业灌溉工具，传为汉灵帝时华岚造出雏形，经三国时孔明改造完善后在蜀国推广使用，隋唐时广泛用于农业灌溉。

水磨房也称水磨坊，由引水道、水轮、磨盘和磨轴组成，它日夜旋转，磨面千斤，不但节约能源，而且是无污染的环保磨面工具，如图 6.42 所示。

图 6.41　水车

图 6.42　水磨房

在地形图上，只表示固定且有方位作用的水车、水磨房，符号绘在水车、水磨房的位置上。

风车是一种以风作能源的动力机械装置，也称风力机，如图 6.43 所示。目前，风车多用于发电。风车多见于沿海平原和草原地区，是良好的方位物。固定的风车一般应表示，符号绘在风车的位置上。

图 6.43　风车

6.7.4　水轮（锤）泵

水轮泵由水轮机和水泵组成，是利用水力冲动水轮并驱动水泵抽水的提水机械，也称水力抽水机。它直接利用水的下落作为动力推动水轮的运转。在有落差的河流、水库和水渠上均可安装水轮泵提水，如图 6.44 所示。水轮泵具有结构简单、制造容易、操作方便、费用低廉的特点，不抽水时接动力轴可带动加工机械或小型发电机，特别适合于丘陵、山区农村使用。据

图 6.44　水轮泵

有关资料统计，目前我国已建成近 5 万座水轮泵。

水锤泵也是一种利用水力的提水装置，是以水流为动力，水力冲击阀门产生水锤效应，将低水头能转换为高水头能的提水装置。它利用流动中的水被突然制动时所产生的能量，使其中一部分水压升高到一定程度，将水扬至高处。其特点是提水扬程高，利用流量少，适宜丘陵、山区解决农田灌溉和人畜饮水。

在地形图上，只表示实地固定、有方位的水轮泵、水锤泵。

6.7.5　温室、塑料大棚

温室是指能透光、保温（或加温），用来栽培植物的建筑。在不适宜植物生长的季节，能提供生育期和增加产量，多用于低温季节喜温蔬菜、花卉、林木等植物栽培或育苗。

温室的种类很多，依不同的屋架材料、采光材料、外形和加温条件等又可分为很多种类，如玻璃温室、塑料聚碳酸酯温室；单栋温室、连栋温室；单屋面温室、双屋面温室；加温温室、不加温温室等。现代化的温室中有控制温湿度、光照等条件的设备。

塑料大棚俗称冷棚，是一种简易实用的栽培设施。由于建造容易、使用方便、投资较少，随着塑料工业的发展，被世界各国普遍采用。利用竹木、钢材等材料，并覆盖塑料薄膜，搭成拱形棚，供栽培蔬菜、花卉等，尤其是我国北方农村非常普遍。

建筑坚固且位置固定的暖房、塑料大棚，在 1∶1 万地形图上用相应符号表示；在 1∶10 万～1∶2.5 万地形图上用棚房符号表示。当大棚毗连成片密集分布时，可综合表示，并正确反映其内外通道的情况。

6.8　社会文化设施

社会文化设施是博览文化设施、科学研究设施、艺术文化设施、历史文化设施和广播电视设施等设施的总称。社会文化设施的内容非常广泛，目前也没有统一的分类标准和方法。作者根据社会文化体育设施研究的内容，结合地形要素表示的要求和对使用者的影响程度，将地形图上需要专门表示的社会文化设施进行分类研究。

6.8.1　科学观测台（站）

1. 天文台

天文台是专门进行天文观测研究的场所，也称观象台。世界各国的天文台大多设在空气清新的山上。

天文台主要有三种类型：光学天文台、射电天文台和空间天文台。用现行图式规定符号表示的天文台，仅指主要装备光学天文仪器，如光学天文望远镜、太阳镜等，从事方位天文学或天体物理学方面研究的光学天文台，如图 6.45 所示。

光学天文台的观测室多呈圆柱状或球状，屋顶也与众不同，呈银白色的半球形，半圆球屋顶分为两部分，作为观测天窗可以自由开闭。在高分辨率的图像上容易判读，在中低分辨率的图像上识别困难。

天文台用科学观测台（站）的符号表示，符号绘在天文观察室的位置，并注记“天”字。其他地物用相应的符号表示，有专名的还应注记名称。

2. 气象观测台（站）

气象观测台（站）是指为取得气象数据而建设的观测台（站），如图 6.46 所示。一般的气象观测台（站）测量的基本气象要素包括温度、湿度、风向、风速、气压和雨量；较精密的可提供紫外线强度、太阳辐射量等内容。

图 6.45　天文台

图 6.46　气象观测站

不同的国家或地区因建制的不同，区分了不同类型的气象观测台（站），大致类型包括：气候观测站、地面天气观测站、高空观测站、航空气象观测站、农业气象观测站、太阳辐射观测站和天气雷达观测站等。

气象观测台（站）一般位于较高的位置，具有一定的方位作用。在判绘时，无论是哪一级的气象观测台（站），均用科学观测台（站）符号表示，并注记“气”字，符号绘在主要观测设备位置。当符号绘出后影响其他建筑物的表示时，其他地物可舍去，或移位表示。在地物密集地区，实地仅有简易设施且无明显方位作用的，气象观测台（站）一般可不表示。

3. 水文站

水文站是观测、收集河流、湖泊、水库等水体的水文、气象资料的场所。水文站的类型很多，按照测验项目分为：观测水位、流量或兼测其他项目的水文站；只观测水位或兼测降水量的水文站；只观测降水量的雨量站；只测水质的水质站；只测地下水的地下水井观测站；测量河流泥沙的泥沙站以及观测水面蒸发和陆地蒸发的蒸发站等。如图 6.47 所示，是观测水位流速、含沙量等变化的水文站。

水文站用科学观测台（站）符号表示，符号绘在主要设备或主要建筑位置，其他地物用相应符号表示，著名的还应加注名称。

图 6.47　水文站

4. 地震监测台（站）

地震监测台（站）是指用地震仪器记录地震所产生的波形，并由此确定地震基本参数的固定场所。

地震监测台（站）的设施主要包括地震监测仪器，监测使用的山洞、观察井，监测数据处理用房，地震监测标志以及供水供电设施等。为了获得精确的监测数据，地震监测台（站）周围一般没有爆破、采矿、钻井、抽水、注水等设施和活动，这是识别地震监测台（站）的间接特征。

地震监测台（站）用科学观测台（站）符号表示，符号绘在主要建筑位置，并注记名称。

5. 环境监测站

环境监测站是指通过对影响环境质量的代表值的测定，确定环境质量及其变化趋势的场所。其主要是负责对水质、噪声、空气、土壤、固体废物等进行监测检查。

图像判绘中，远离居民地独立存在的环境监测站用科学观测台（站）的符号表示，符号绘在主要设备位置或主要建筑位置，并注记“环”字。

6.8.2 电磁波发射接收设施

1. 雷达

现行测绘规范和图式中所指的雷达，是指利用雷达天线发射电磁波对目标进行探测并接收其回波，由此获取目标与电磁波发射点的距离、距离变化率、方位和高度等信息的固定设施。

雷达的外形多种多样，有的呈抛物面形，有的呈球形，还有的呈高大的多边堆形，如相控阵雷达等。

抛物面天线的接收天线和非保密的雷达，用雷达符号表示，符号绘在雷达天线的中心位置。架设在房屋顶部或其他建筑物顶上的不表示。

需要注意的是，射电天文望远镜是射电天文台的主要设备，直径可达数十米甚至数百米，有的射电天文台装备有多套射电望远镜，如图 6.48 所示，因外形特征与雷达天线近似，不用天文台符号，而用雷达符号表示。

2. 卫星地面站

卫星地面站分为卫星地面测控站和卫星地面接收站。

卫星地面测控站是直接对航天器进行跟踪测量、遥测、遥控和通信的场所，如图 6.49 所示。

图 6.48　射电望远镜

图 6.49　卫星地面测控站

卫星地面接收站是接收、分析、处理卫星向地面发送的卫星图像和其他资料的地面设施，分为实时接收站和指令接收站两种。前者接收卫星实时发送当时在轨道上观测的局地范围的数据，后者可根据地面站指令接收卫星上存储的大范围的数据。

卫星地面站的规模和任务不同，设施设备略有差异，但基本设施相同，最主要的是大型抛物面天线和主控机房，卫星测控站还有高大的避雷设施（避雷针），有的大型卫星地面接收站也有避雷设施。

卫星地面接收站和测控站是重要的目标，方位作用强，用雷达符号表示，符号绘在主要雷达或位于中间位置雷达的中心，其他地物用相应的符号表示，还应加注名称。

3. 广播电视台

电视台是通过无线电信号、卫星信号、有线网络或互联网播放电视节目的媒体机构。

广播电台是采编、制作并利用无线电波传送声音节目的传播机构。

在1：1万、1：2.5万地形图上，县属以上的电视台和广播电台用电视台符号表示，符号绘在主要建筑的中心位置，其他地物用相应的符号表示，注记电视台、广播电台的名称。广播电台除用符号表示外，还应注记“广”字。

4. 电视发射塔

电视发射塔是用于电视信号发送、传播的建筑。塔体越高，覆盖范围越广，因此，电视发射塔多是区域最高建筑，它的外形千姿百态，有的与旅游结合，成为多用途的塔。

电视发射塔、广播发射塔以及电视转播塔高大明显，具有很好的方位作用，一般是地标性建筑，均用电视发射塔符号表示，符号准确绘在中心位置，并注记比高。

在1：1万地形图上，能依比例尺表示电视发射塔、电视转播塔的塔基范围时，则还应该用0.1mm实线绘出其轮廓。

5. 无线电杆（塔）

无线电杆（塔）是指无线电发射和接收的天线杆、塔、架设备。

微波天线塔是为了增大通信距离，将微波天线高架在塔架上的设施。

电视差转台是改变接收到的电视信号的载频并经放大再转发出去的装置，多设置在房顶、山顶以提高覆盖范围，图6.50是设置在山顶的电视差转台。

图6.50　电视差转台

地面高架的微波天线塔、广播发射天线、电视差转台以及移动通信信号发射塔等均用无线电杆（塔）同一符号表示。广播发射天线由多个杆（塔）拉线布设，分布范围较大，当有明显高大的杆（塔）时，无线电杆（塔）符号绘在高大明显的杆（塔）位置；否则绘在分布范围的中心位置。

6.8.3 宗教与纪念设施

1. 庙宇

庙宇是供奉神佛或历史名人的处所。女性修行者居住的房屋建筑称为庵，神话中神仙居住的房屋称为宫，道教建筑称为观，帝王的宗庙称为神庙，供奉孔子的称为孔庙或文庙，等等。

庙宇建筑的建筑形式不同于一般的房屋建筑，它与传统宫殿建筑形式相结合，不仅具有明显的民族风格和民俗特色，且有明显的方位作用和文物、旅游价值。图像判绘中，将庙宇符号绘在大殿或主体建筑物位置，符号未压盖的其他地物用相应的符号表示，著名的还应加注名称。

当庙宇与一般民用建筑的差别不明显，而且也不独立分布，可不用庙宇符号表示，视具体情况可综合为街区，用独立房屋符号表示或舍去不表示。

2. 教堂

教堂是基督教（天主教、新教等）举行弥撒礼拜等宗教事宜的场所。按照级别分类有主教坐堂、大教堂（大殿）、教堂和礼拜堂等。

教堂的建筑形式不同于一般的房屋建筑，其建筑风格有罗马风格、哥特风格、巴洛克风格和现代风格四种。

有方位意义的教堂，符号绘在屋顶设有十字架标志的建筑物位置上，符号未压盖的其他地物用相应的符号表示，著名的还应加注名称。规模较小、没有明显方位作用的可不表示。

3. 清真寺

清真寺，也称礼拜寺，是伊斯兰教穆斯林礼拜、举行宗教功课、举办宗教教育和宣传活动的场所。世界各地的清真寺种类较多，主要有以下六类：圣寺，即先知穆罕默德时代有关的清真寺，如“三大圣寺”；皇家清真寺，主要以历代哈里发、素丹、埃米尔名义兴建的清真寺；主麻清真寺，在伊朗较多；加米清真寺，为地区中心寺，也称大寺；陵墓寺，附属于陵墓主体建筑的清真寺，如侯赛因清真寺；一般清真寺。

在世界各地，清真寺的建筑艺术形成了四大流派和风格：叙利亚-埃及派，主要以希腊、罗马和当地式样为范例；伊拉克-波斯派，以撒珊式样、古代迦勒底式样和亚述式样为基础；西班牙-北非派，即马格里布式样的马蹄形；印度派，大多为圆顶形，有明显的印度教色彩。

中国唐宋时期修建的清真寺的建筑风格主要是阿拉伯式，全部用砖石砌筑，平面布局，外观造型呈阿拉伯伊斯兰风格。元代清真寺逐步吸收中国传统建筑的布局和砖木结构体系，形成中、阿混合形制。明清两代修建的清真寺，受中国传统建筑影响较大，增设讲经堂和沐浴室，总体结构多为传统的殿宇式。

图像判绘时，建筑形式特殊、独立分布的清真寺，符号绘在屋顶设有月牙形标志或主体建筑中心位置上，著名的清真寺还应加注名称。当清真寺的建筑形式与民用建筑没有明显差别，方位作用不明显时，可不用清真寺符号表示。

4. 敖包、经堆

敖包是蒙古语，意即“堆子”，是人工堆积而成的“石头堆”、“木堆”等，上插木枝、挂多色神幡。原来是在辽阔的草原堆积成的道路和境界的标志，现多演变成祭祀山神、路神和祈祷丰收、家人幸福平安的象征。敖包一般位于高坡或丘陵之上，形状多为圆锥体，有的高达数丈，如图 6.51 所示。

经堆即藏族的嘛呢堆，有的译成玛尼堆，是用石块垒成方形、圆台形的石堆，多插有经幡，如图 6.52 所示。多见于山坡、山顶、林莽、湖边、河湾、渡口、桥头、村寨出入口及十字路口等地，常作为路标或地标而存在。

图 6.51　敖包

图 6.52　经堆

敖包、经堆一般都具有明显的方位作用，图像判绘时应注意表示。

5. 塔

塔是一种在亚洲常见的，有特定形式和风格的东方传统建筑。原专指供奉或收藏佛舍利、佛像和佛经等的高耸型点式建筑，称“佛塔”、“宝塔”。

目前，塔的建筑形式逐步形成了楼阁式塔、密檐式塔、亭阁式塔、覆钵式塔、金刚宝座式塔、宝箧式塔、五轮塔、多宝塔和无缝式塔等多种形态、结构各异的塔系。建筑平面图形从早期的正方形逐渐演变成了六边形、八边形乃至圆形。所使用的材质也从传统的夯土、木材扩展到砖石、陶瓷、玻璃和金属等材料。

一般来讲，塔都有高大突出的特点，是很好的第一类方位物，在地形图上应重点表示，有专名的还应注记其名称。

有些现代建造的塔，功能是纪念塔，如郑州二七纪念塔，但建筑结构也是建成古塔形式，高大明显，也应用塔的符号表示。

并不是所有的古塔都必须用塔的符号表示。例如，登封少林寺景区内的塔林，外形是古塔，含义是和尚墓地，因这些塔方位作用不明显，故不用塔的符号表示，表示为坟地更合理。

6. 纪念碑

纪念碑（塔）是为纪念伟大功绩、重大事件或重要人物而建立的碑（塔）状建筑。一般矗立在事件发生地、人物出生（故去）地或城市繁华地段的广场。

纪念碑有的建筑风格是碑，有的是塔，一般都比较高大明显，具有很好的方位作用，用纪念碑的符号表示，有名称的还应注记名称。

华表是具有中国特色的建筑，高大明显，方位作用强，也用纪念碑的符号表示。

7. 石碑

石碑是把功绩刻于石上以传后世的一种石刻，用作纪念物、标志或文告。

石碑也具有纪念意义，但相对纪念碑而言，一般比较低矮。在地形图上，有方位作用或有较大的文物价值的用石碑表示，没有方位意义的，则不表示。

8. 雕塑

雕塑是为美化城市或用于纪念意义而雕刻，具有一定寓意、象征或象形的观赏物和纪念物。雕塑是一种造型艺术，也称雕刻，是雕、刻、塑三种创制方法的总称。

雕塑按使用材料可分为铜雕、木雕、石雕、骨雕、漆雕、贝雕、根雕、冰雕、泥雕、陶雕和石膏像等。在地形图上，大型的纪念雕像、艺术雕塑用雕塑符号表示。

9. 坟地与独立大坟

在地形图上，一般只表示有方位意义的小面积坟地、独立大坟和能依比例尺表示的大面积坟地。散列分布在山坡、田野的小坟，一般不表示。

独立大坟是指高大明显的单个坟墓，具有方位作用和文物价值，应准确表示。当独立大坟旁有高大的碑、塔，不能同时准确表示时，可视具体情况选择适当的符号表示。

6.9 其他设施

6.9.1 体育设施

体育设施是指用于体育竞赛、训练、教学和群众健身并满足使用要求的场地、建筑物和相关固定附属物设施。

体育设施的判绘应注意以下七个问题。

（1）在1∶1万地形图上，居民地外有方位作用的篮球场及没有正规跑道的足球场用黑色实线绘出范围，并加注“球”字；在1∶10万～1∶2.5万地形图上，一般不表示。

（2）建有正规跑道的体育场，当图上长度大于3mm时依比例尺表示，否则符号绘在椭圆形场地的中心位置；在1∶1万地形图上还应注记“球”字。

（3）露天体育场有看台的，按看台外轮廓表示。

（4）房屋结构的体育馆，根据其方位作用和与周围房屋的相邻情况，用独立房屋符号、综合为街区或用突出房屋符号表示，如图6.53所示。

（5）游乐场符号一般绘在摩天轮或其他重要游乐设施位置上。游乐场内的其他地物用相应符号表示，大型游乐场还应注记名称。

（6）高尔夫球场除用相应符号表示植被、池塘和沙地外，还应注记名称。

（7）赛马场用体育场符号表示，并注记“赛马场”三字。

6.9.2 垣栅

垣，本义矮墙，也泛指墙。栅，指用竹、木、铁条做成的阻拦物，即栅栏。垣栅是各种障壁与栅栏的合称。

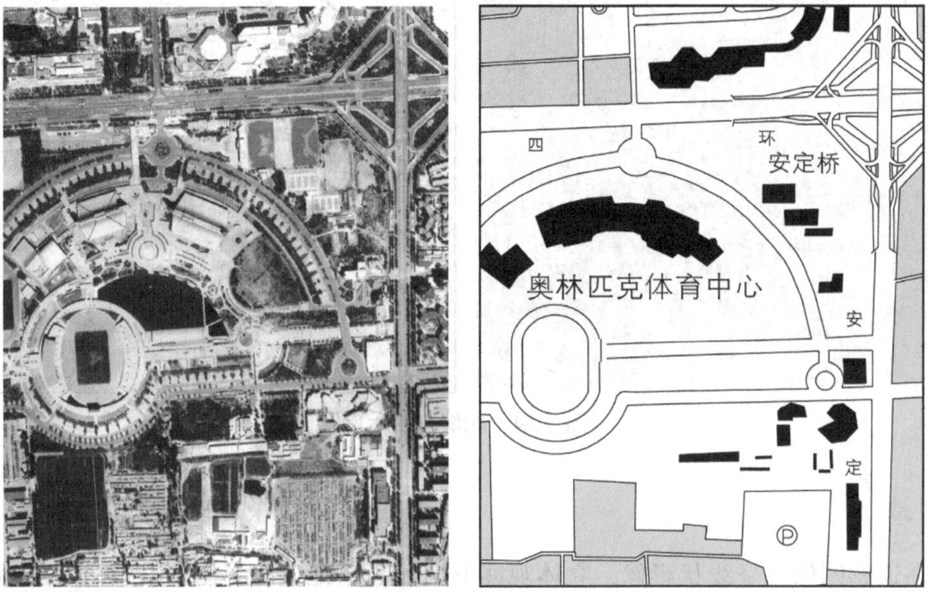

图6.53 体育馆判绘示例

在地形图上，需表示的垣栅主要有长城、城墙、围墙、土围、累石围、铁丝网、篱笆以及其他栅栏等。

1. 长城

长城也称“万里长城”，气魄雄伟，是历史上伟大的工程之一。从春秋战国至明代多次修筑长城。总长约6700km，大部分至今仍基本完好。居庸关一带，墙高8.5m，厚6.5m，顶部宽5.7m，女儿墙（指外墙高出的部分）1m。

长城在遥感图像上呈线状影像。在立体观察下，可见其顶部的“U”形结构和齿状边缘，影像特征十分明显。

长城用砖石城墙符号表示，并注记名称和比高。损坏的部分也用相应的符号表示。长城上的城门、城楼、古关塞和豁口等用相应的符号表示，并注意符号的方向及符号间的配合表示。

2. 城墙

城墙是旧时在都邑四周用作防御的墙垣，具有重大文物价值和历史意义，大多至今保存完好。

城墙虽是古代城池防御的重要组成部分，但在现代战争中仍有一定的障碍和方位作用。因此，凡能依比例表示的城墙均应表示。

城墙按建筑材料可分为砖石城墙和土城墙。砖石城墙的建筑形式类似于长城，只是在长度和规模上有所不及，在地形图上和长城一样用砖石城墙符号表示，并注记比高。主要城门、城楼符号顶部向城外方向描绘，但不得倒置。

图6.54是平遥古城墙的判绘示例。平遥古城城墙周长6km，墙高10m，外墙均匀构筑蝶楼71座，另有垛口3000个。

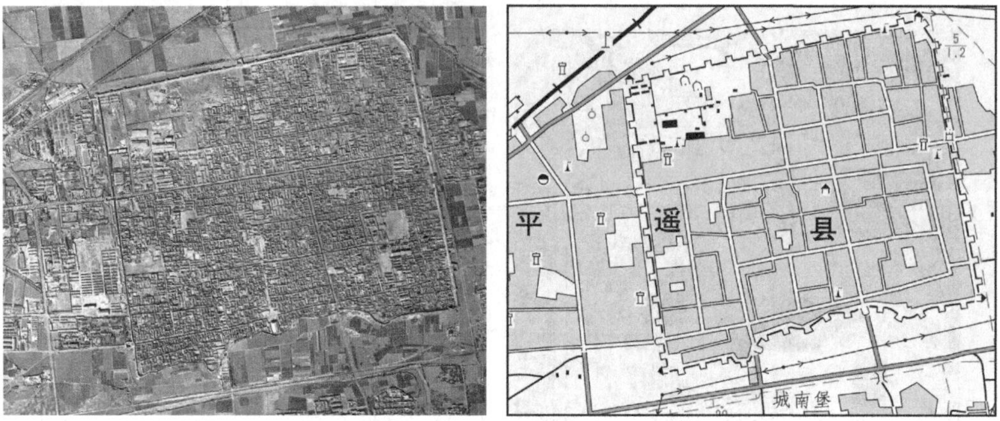

图 6.54　城墙判绘示例

3. 围墙

围墙在遥感图像上呈线状影像，立体观察下明显高于地面，是一种比较易于识别的地物。凡高大于 1.5m，长度大于图上 5mm 的围墙，不管是砖石结构或是土质，一般均应表示。高大于 1.5m，长度大于图上 5mm 的土围、垒石围，也用该符号表示。但位于高处，确有方位作用的土围、垒石围或过去残留下来的山寨石围，虽高度不足 1.5m，也应表示，著名的还要加注名称。

土质城墙也用围墙符号表示。

4. 栅栏

栅栏主要有木栅、铁栅、铁丝网和篱笆等，它们在地形图上均用栅栏符号表示。

一般只表示比高在 1.5m 以上、长度在图上 5mm 以上的。在地物稀少的荒漠地区，有的高不足 1.5m，但有方位意义的，也应表示。

铁路、高速公路两侧的栅栏、铁丝网不表示。

用秸秆、树枝、带刺类的枝条扎成的临时性的栅栏不表示。

6.9.3　烟囱、水塔及塔形建筑物

1. 烟囱

烟囱是将烟气导入高空的管状建筑物。

烟囱通常由砖、钢筋混凝土或金属管构成，一般紧靠厂房、锅炉和窑等建筑物而建，形体单一，实地易于识别。在中高分辨率的图像上容易判断。无论烟囱的建筑材料如何，只要是高大明显的，均用烟囱符号表示。

化工厂排放或燃烧有害气体的细高排气筒或火炬，图式上没有规定相应的符号，如确实明显突出，也用烟囱符号表示。

房顶或矮小而没有方位作用的烟囱，一般不单独用烟囱符号表示。

2. 水塔

水塔一般在居民区和工矿企业里起蓄水作用，有些还是水厂生产工艺的一个重要组成部

分。水塔一般建筑成用于储水和配水的高耸结构，用来保持和调节给水管网中的水量和水压。

水塔一般都比较高大明显，在居民地内外均可看到，是很好的第一类方位物。水塔有很多建筑形式，如亭状水塔、箱式水塔、房式水塔和普通水塔等，不管什么形式，只要明显高大的都用水塔符号表示。

普通水塔由支撑体和储水体组合而成，支撑体是一上细下粗的圆锥体，储水体一般是圆柱体或倒圆锥体。在全色图像上，塔顶的形状是白色小圆点，塔体的影像长短随其在图像上的位置不同而变化，色调同水塔表面材料和太阳照射方向、投影方向有关。水塔的阴影和光照方向一致，阴影的长度可确定水塔的高度。阴影和投影的交点是其在图像上的准确位置。

有的水塔和烟囱是合为一体的建筑物。储水部的直径明显大于烟囱的直径，在图像上可根据影像形状或阴影形状进行识别。现行图式中没有水塔烟囱符号，只能用水塔或烟囱符号代替表示。若储水部在烟囱的上半部，则用水塔表示；否则用烟囱表示。图 6. 55 给出了水塔烟囱的景观图像及其表示方法。

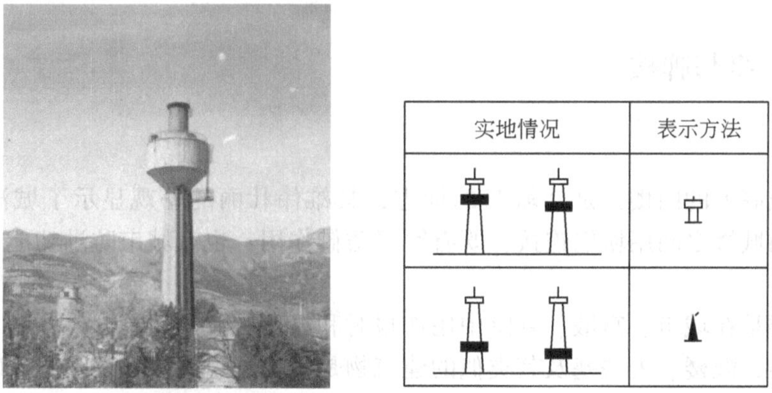

(a)水塔烟囱　　(b)表示方法

图 6. 55　水塔烟囱及表示

3. 塔形建筑物

塔形建筑物包括的含义较广，如散热塔、瞭望塔和跳伞塔等都称为塔形建筑物，用塔形建筑物符号表示。除此之外，凡是形体高大、突出的独立地物，如果在现行图式上没有专用的表示符号时，均可用塔形建筑物符号表示，并加注其性质。例如，化工厂的分馏塔、反应塔、再生塔和合成塔等均用塔形建筑物符号表示。冶金、建材和矿山等厂矿中储存固态原料或成品的高大圆筒形库房，也可用塔形建筑物符号表示；工厂、港口中的高大明显、实地固定的起重机，也可用塔形建筑物符号表示。

储存粮食的圆柱形粮仓，由于图式中规定了专用符号，不能用塔形建筑物符号表示，而用粮仓符号表示。

水塔、烟囱、塔形建筑物一般都是单个分布，可准确表示。但是，也有密集分布的，如平炉炼钢车间成排分布的烟囱、火力发电厂中成群分布的散热塔等，当不能逐个准确表示时，可进行取舍，但不得综合。有的圆柱形库房毗邻成排分布，顶部有皮带走廊相连接，如图 6. 56 所示，这种库房用单个的塔形建筑物符号不能反映其特点，又不能逐个同时准确表示，可用独立房屋符号表示。

图 6. 56　成排的塔形建筑库房

6. 9. 4　城楼、亭与牌楼

1. 城楼

城楼是指城墙上的门楼，是“城”的标志，其雄伟壮丽的外观显示了城池的威严和民族的风采。古城的城楼之间用城墙连接，既有军事防御作用，也有城市防洪功能，形成一道坚固的屏障。

钟楼和鼓楼是在城市、宫殿、寺院中用作报时和显示威仪的建筑。

城楼、钟楼、鼓楼、古关塞及其类似的建筑物是历史的遗迹，在建筑上反映了我国人民的智慧和才能，不仅具有重要的历史价值和文化意义，而且还有明显的方位作用。在地形图上均用城楼符号表示，有名称的还应加注名称。城楼及其类似建筑，正中一般为圆形拱门，结构对称，符号的定位点应绘在门洞的中轴线上。

2. 亭

亭是一种供休息眺望和观赏游览的小型建筑物，有顶无墙或有楼。亭的顶部大多有飞檐，建筑形式千姿百态，有六角、八角、扇面和梅花亭等，但最为常见的是方形。常设置在园林、风景名胜等地。设在路边或道路上的称为凉亭、长亭。此外还有警亭、碑亭、邮亭和书亭等。

凡有方位作用的亭及亭状建筑物，不论其性质和形状都用亭的符号表示。街区内或无方位作用的亭，以及不固定的警亭、书亭等一般不表示。

3. 牌楼

牌楼是一种有柱门型建筑，一般较高大。牌楼是中国文化的独特景观，是由文化诞生的建筑。旧时牌楼主要有木、石、木石、砖木和琉璃几种，现代牌楼主要是钢筋混凝土结构的。牌楼的建筑形式只有两类：一类是“冲天”式，也叫“柱出头”式，顾名思义，这类牌坊的间柱是高出明楼楼顶的；另一类是“不出头”式，这类牌坊的最高处是明楼的正脊。

牌坊来源于由表柱连成的大门，即“乌头门”，是为宣传礼教、标榜功德、旌表贞烈而建的门洞式纪念性建筑物。从修建的位置和功能角度分为街巷道路牌坊、坛庙寺观牌坊、陵墓祠堂牌坊、桥梁津渡牌坊和风景园林牌坊等不同类型，古时还有节孝坊、状元坊、百岁坊和德功坊等。

牌坊与牌楼的建筑结构是有明显区别的，牌坊没有“楼”的构造，即没有斗拱和屋顶，而牌楼有屋顶，如图 6.57 所示。

图 6.57　牌坊与牌楼

有方位作用的牌楼和牌坊，均用牌楼符号表示。有些机关、学校、工厂的大门，高大、明显，形态如同牌楼或牌坊，当这种大门与其他建筑距离较远，有必要单独表示时，也用牌楼符号表示。

描绘牌楼符号时，要注意符号的方向。当位于道路上时，符号方向与道路方向一致，但不得倒置；当不与道路相接时，符号垂直于南图廓线描绘。

6.9.5　碉堡和地堡

碉堡是军事上的专有名词，意思是用木、铁或混凝土构筑成的坚固的防御建筑物。用以隐蔽或防御炮火，故俗称炮楼，有圆形、方形和多角形等。

地堡是供步枪、机枪射击用的有掩盖的低矮工事，也可与其他工事相结合，构成防御支撑点。地堡用土、木、砖、石、钢铁或钢筋混凝土等材料构筑，通常为圆形。

碉堡和地堡均有一定的军事意义，在地形图上用碉堡符号表示。

6.9.6　窑

“窑”字源于古代烧制佳肴的“穴”，现指高温下烧制产品的热工设施。

窑的形态结构多种多样，烧制产品的种类也很多，如回转窑、倒焰窑、隧道窑、立窑、坩埚窑、池窑以及土法烧制砖、瓦、陶瓷器的窑等，如图 6.58 所示。

土法烧制砖、瓦、木炭和陶瓷的小立窑或隧道窑，当有方位意义时，用窑的符号表示。隧道窑（龙窑）较长时，将窑的符号绘在中心位置上。土法烧制焦炭的池窑，当数量较多、密集分布时，可用 0.1mm 细实线表示其范围，中间绘窑的符号。对大型的砖瓦厂、水泥厂，以及其他硅酸盐工业工厂，除表示窑外，房屋、烟囱、采石场和取土场等用相应的符号表示。所有的窑要简注产品性质，如“砖”、“炭”和“水泥”等，或注记工厂的名称。

建在房屋结构建筑之内的窑，一般不用窑的符号表示，而用房屋符号表示。

(a)回转窑　(b)倒焰窑　(c)立窑

(d)池窑　(e)隧道窑　(f)坩埚窑

图 6. 58　窑的类型

6. 9. 7　重要部门和单位

政府驻地、军事机关、电信机构、医院、各种观测台站、广播站和电视台等都是集团目标，由于这些目标对军事行动有较大的影响，故在军用地形图上应表示。在表示时，用相应的专用符号表示其位置，符号绘在主建筑或主观测设备处，并简注名称或性质，其余未被压盖的地物用相应符号表示。

表示重要部门和单位时，应注意以下四个问题。

（1）县（地级市中的区）级以上的政府和公开的军事机关（省军区、警备区、军分区）应用相应的符号正确标示。在 1 : 1 万地形图上，国家各部委和省属的主要厅、局、委及法院、检察院应注记名称，在特殊地区还需要表示其他政府部门和单位时，应在技术设计书中明确规定。

（2）在 1 : 1 万、1 : 2. 5 万地形图上应标示县属以上的电视台、广播电台、邮政局、电信局及三等甲级以上的医院，并加名称注记。

（3）在 1 : 1 万地形图上应标示支（区、县级）行以上的人民银行和各专业银行所在位置。

（4）学校只标示到大专以上的高等学校。

第7章　交通运输设施判绘

交通运输设施是道路、管线、机场及其附属建筑的总称。

交通运输设施对国民经济和社会发展具有重要作用，对军事行动也有较大的影响。因此，它是地形图上应表示的重要地形要素。判绘交通运输设施时，必须做到以下几点。

第一，类别分明。表示道路的关键是充分反映通行情况和运输能力，不同级别的道路，通行情况和运输能力差异很大，现行图式将道路分为铁路、公路、简易公路、大车路、乡村路、小路、时令路和无定路，以及架空索道等。在实际作业中有时难以区分道路类别，如公路与简易公路、简易公路与大车路、乡村路与小路，由于它们的等级相邻，在判绘中应对道路的通行情况进行全面的分析，正确确定道路的类别。

第二，注记正确。用同一符号表示的道路，实际的运输能力和通行情况可能有较大的差异，因此，必须用文字和数字对道路进行正确注记以显示道路的实际通行情况。例如，管道符号只有一个，而输送的物质却不相同，应正确注记其性质。注记正确有两方面的含义：一是指注记的格式要符合图式的要求；二是指注记内容必须和实地相一致。

第三，位置准确。道路、管线的中心线应与影像一致，道路交叉及其附属建筑物是很好的方位物，判绘时应准确表示。

第四，取舍恰当。能通行火车和载重汽车的道路一般都要表示。当乡村路和小路比较密集时，应根据实际情况进行取舍。一般取方向长远、通行情况较好的捷径道路，而舍去次要的、通行条件差的道路。通过取舍，使道路贯通成网，并使相邻居民地在一般情况下有捷径相通。工厂、矿山范围内的地面上管道一般可舍去，主要表示外围的、有长远方向的管道。地下管道一般不表示，但具有战略意义的地下管道应表示。

第五，正确表示附属设施。道路的附属设施，如车站、桥梁、路标、里程碑、路堤、路堑、行树、隧道、明洞等，既是道路的组成部分，又是沿道路行进时的良好方位物，同时还对道路的通行情况有较大的影响，因此在判绘时，不但要着重表示这些内容，而且还要位置准确。

第六，正确处理交通运输设施与其他地物的关系。例如，当道路并行、相交或与其他地物的表示发生矛盾时，应按实际情况进行合理地处理，从而交代清楚道路的走向及与其他地物的相互关系。

7.1　铁　　路

铁路是现代运输的重要组成部分，是国民经济的大动脉，也是部队调动和军需物品运输的主干道。铁路是一个庞大的运输系统，主要设施有线路、桥梁、隧道设备，信号、通信设备，站场设备，机车、车辆、供水、供电以及其他设备。

7.1.1 铁路线路

1. 铁路线路的分类

铁路线路是在路基上铺设轨道，供机车车辆和列车运行的土工构筑物。不同的分类标准有不同的分类方法。通常有以下八种分类方法。

（1）按线路的轨矩有标准轨铁路和窄轨铁路。

标准轨铁路是指两根钢轨顶面下 16mm 处内侧间距为 1435mm 的铁路；非标准轨铁路有窄轨铁路、轻便铁路和缆索铁路等。

窄轨铁路是指轨距小于标准轨距的铁路，其轨距有 600mm、762mm、1000mm 和 1062mm 等。

轻便铁路是在矿区、林区内供机动牵引车、手压机车或手推车行驶的铁路。很早以前，各国铁路的轨矩各不相同，窄的有 610mm、762mm、891mm，中等的有 1000mm、1067mm、1372mm、1435mm，宽的甚至达到 1524mm、1880mm、2141mm。1937 年，国际铁路协会规定：1435mm 的轨矩为国际通用的标准轨矩，轨矩在 1520mm 以上的是宽轨，轨矩在 1067mm 以下的是窄轨。出于战争的考虑，越南的轨矩为 1200mm。在东北亚地区，中国、朝鲜、韩国使用轨矩为 1435mm 的标准轨，而独联体国家和蒙古国仍沿用 1520mm 的宽轨。

缆索铁路也称缆车，是一种登山铁路，多见于矿区或游览区，如图 7.1 所示。

（2）按线路的用途分为正线、站线和特别用途线。

正线是指连接车站并贯穿或直股进入车站的线路。

站线包括到发线、调车线、编组线、牵出线、装卸线和段管线等。

特别用途线包括站内和区间的安全线、避难线以及通向路外单位的专用线。

（3）按一条路基上正线数目的多少，可分为单线铁路和复线铁路。

在一条路基上只有一条正线的铁路为单线铁路；一条路基上有两条或三条正线的铁路称为复线铁路。我国复线铁路都是双正线铁路。

（4）按动力牵引方式可分为电气化铁路、非电气化铁路和磁悬浮铁路。

电气化铁路是可以用电力机车牵引的铁路；非电气化铁路是只能用蒸汽机车或内燃机车牵引的铁路；磁悬浮铁路是一种靠磁悬浮力（即磁的吸引力和排斥力）推动列车运行的铁路，如图 7.2 所示。

图 7.1 缆索铁路

图 7.2 磁悬浮铁路

（5）按列车运营速度分为高速铁路和非高速铁路。

高速铁路简称“高铁”，是指通过改造原有线路（直线化、轨距标准化），使运营速度达到每小时 200km 以上，或者专门修建“高速新线”，使运营速度达到每小时 250km 以上的铁路线路。仅从列车的运营速度来说，磁悬浮铁路也应属于高速铁路，但它与双轨铁路的结构完全不同，属于独轨铁路的一种。

（6）按铁路轨道的类型分为普通路轨铁路和齿轨铁路。

齿轨铁路是一种登山铁路。一般铁路可以攀爬的斜坡坡度为 4% ~6%。齿轨铁路是在普通路轨中间的轨枕上，另外安置一条特别的齿轨的铁路，如图 7.3 所示。行走齿轨铁路的机车，配备了一个或多个齿轮，跟齿轨啮合着行走。这样机车便能克服黏着力不足的问题，把列车拉上坡度达 48% 的陡峭斜坡。瑞士、日本、美国等均建有齿轨铁路。

（7）按列车运行的轨道数，分为双轨铁路和独轨铁路。

独轨铁路是指由架空的单根轨道构成的铁路，主要架设在地面交通拥挤的地区，车辆沿架空的轨道运行，如图 7.4 所示。独轨铁路工程造价低廉，线路用地少，行车速度高，不受地面交通干扰，运行平稳安全。日本、德国、美国等非常重视独轨铁路的发展，已有多条线路运营。

图 7.3　齿轨铁路

图 7.4　独轨铁路

（8）按铁路线路等级。我国根据铁路线路在铁路路网中的作用、性质、客货运量、最大轴重和列车速度，将铁路线路划分为客运专线、Ⅰ级铁路、Ⅱ级铁路和Ⅲ级铁路。

客运专线是指专供旅客列车行驶的路网铁路。目前我国在原有Ⅰ级、Ⅱ级、Ⅲ级铁路外，新增加了“客运专线”。

Ⅰ级铁路是指在路网中起骨干作用的铁路，远期年客货运量大于等于 2000 万 t。

Ⅱ级铁路有两种情况：一是在路网中起骨干作用的铁路，远期年客货运量小于 2000 万 t；二是在路网中起联络、辅助作用的铁路，远期年客货运量大于等于 1000 万 t。

Ⅲ级铁路是指为某一区域服务，具有地区运输性质的铁路，远期年客货运量小于 500 万 t。

2. 铁路线路的判读

除特殊的齿轨铁路和缆索铁路外，在遥感图像上，铁路线路具有坡度很小（平），转弯缓和（直）的特点，呈灰色调条带影像。

我国铁路建设标准，对区间线路的最小曲率半径和最大限制坡度都有明确的规定，以电力机车牵引方式为例，具体规定见表 7.1。

表 7.1　铁路线路曲率半径和坡度限制

铁路等级	最小曲率半径/m		最大坡度限制/‰			
	一般地区	困难地区	电力机车牵引		内燃机车牵引	
			一般地区	困难地区	一般地区	困难地区
客运专线	2800	2200	2.0	3.0		
Ⅰ级铁路	800	400	6.0	15.0	6.0	12.0
Ⅱ级铁路	800	400	6.0	20.0	6.0	15.0
Ⅲ级铁路	600	350	9.0	25.0	8.0	18.0

从表 7.1 中可以看出，铁路线路具有平、直的特点，并有修筑完好的桥梁、涵洞、隧道、路堤、车站等附属设施，与其他道路容易区分，如图 7.5 所示。

1.单线铁路　2.普通公路　3.简易公路　4.小路

图 7.5　道路影像

常年运营的铁路线路，在图像上的色调较深。在高分辨率的图像上还可识别出没有铺设碎石（路肩）的浅色调影像。

在中低分辨率的图像上，可能看不清线路的条数，则主要根据路基的宽度识别单线铁路与复线铁路。单线铁路路基宽度一般在 6m 左右，双线铁路的路基宽度则在 10m 以上。

电气化铁路和非电气化铁路在高分辨率的图像上可根据路基边缘有无架设接触电网的支柱（电线杆）区分。电气化铁路有等间距的电线杆，非电气化铁路则无此电线杆。要注意的是，不要因为铁路边的通信线杆或电力线杆而把铁路判为电气化铁路。一般的铁路边都有通信线杆或电力线杆，但这些线杆的间距较大，且离铁路线路较远。在中低分辨率的图像上，判读电线杆困难，可参考有关资料确定。

高速铁路在大部分地段是高架建筑，立体观察下明显，容易识别。

窄轨铁路在图像上的影像与标准轨非电气化铁路的特征基本相同，但是它的路基窄，行驶的列车比标准列车短，转弯的曲率半径有的较小，坡度限制也不严格。表 7.1 列出了标准轨铁路的转弯曲率半径和坡度限制，在判绘时，可用于区分窄轨铁路和标准轨铁路。

轻便铁路的路基一般是简易修筑而成。在全色图像上的影像色调视运送的物品而定，如果是运煤的则为黑色，若是运送石灰、泥土则呈浅色。轻便铁路一般以所处的位置为主要判读特征。

缆索铁路（绞车道、缆车道）的最大特点是建筑在斜坡上，倾斜而上的多条平行线状影像是它的主要判读特征。

3. 铁路线路的表示

标准轨铁路与非标准轨铁路、单线铁路与复线铁路、电气化铁路与非电气化铁路以及高速铁路与非高速铁路在运输能力上不同，因此，在地形图上的表示方法也有所区别。铁路线路表示的基本方法和要求如下。

（1）标准轨铁路中的正线、特别用途线，要区分单线铁路和双线铁路表示，并注记名称，如系电气化铁路、高速铁路时，应分别在符号上加注“电”、“高速”。

（2）当标准轨复线铁路的某段中途分为两条单线铁路，其间隔能依据比例尺用单线铁路符号绘出时，应分别用单线铁路符号表示；不能同时准确表示时，应选择其中一条用双线铁路符号表示。

（3）延伸至地面的地铁线路用相应轨距铁路符号表示，并准确绘出进入地下的位置；地下线路不表示。

（4）轨距小于标准轨距的，用窄轨铁路符号表示；固定的轻便铁路、缆索铁路（绞车道、缆车道）、城市中的有轨电车和高架轻轨铁路也用窄轨铁路符号表示，并在符号上加注“轻便”、“缆”、“电车”、“高架”；图上长度小于2cm的一般不表示。

（5）到发线、调车线、编组线、牵出线、装卸线和段管线等站线能够逐条如实表示时，则逐条绘出；否则，外侧的站线准确绘出，中间的站线可均匀配置。

（6）建筑中的标准轨、窄轨铁路用相应的符号表示，但不加注记；没有定型的路堤、路堑等附属建筑不表示。

（7）矿区、林区、大型工厂企业等铺设的临时性铁路，如果路基不固定，可不表示。

（8）铁路符号在自由图边出图廓处，要注出通往最近客运站的名称。

7.1.2 铁路车站

铁路车站简称铁路站，俗称火车站，是铁路运输生产的基地。旅客乘降、货物承运、列车到发及解编、机车和乘务组的整备和换乘、列检和货物检查，都在车站办理，车站集中了与行车有关的技术设备。铁路车站根据所担负的任务和在国家政治、经济上的地位，分为特等站、一等站、二等站、三等站、四等站和五等站；按照技术作用的不同，分为会让站和越行站、中间站、区段站、铁路枢纽；按照其业务性质不同分为客运站、货运站、客货运站和编组站。

1. 各级车站的组成和特点

（1）会让站和越行站。会让站是设在单线铁路上办理列车到发和会让的车站。越行站是设在复线铁路上的主要办理同向列车越行业务的车站。有的会让站和越行站也办理少量的客货运业务。因此，会让站和越行站的设备较少，除正线外，有1～2条站线（到发线），并设置信号及通信设备，线路一侧设置有小型站房和站台，但没有专门的货运设备。

（2）中间站。中间站是为沿线城乡人民及工农业生产服务，并为提高铁路区段通过能力，保证行车安全而设的车站。中间站一般设在区段站之间或支线上。中间站的业务主要有四项：

列车的通过、会让和越行，在双线铁路上还进行调整反方向运行列车的转线作业；旅客的乘降，行李、包裹的承运、交付和保管；货物的承运、交付、装卸和保管；沿零摘挂列车、甩挂车辆的调车作业。

为了完成以上作业，中间站的设备也包括四部分：客运设备，包括站房、1～2个站台、雨棚和跨越设备（天桥、地道、平过道）等；货运设备，包括货物仓库、货物站台、货运室和装卸机械等；站内线路，除正线外，有2～4条站线；信号及通信设备。

(3) 区段站。区段站多设在中等城市和铁路网上牵引区段的起点和终点。技术作业包括五部分：客运业务，与中间站基本相同，只是数量较大；货运业务，与中间站大致相同，但作业量大；转运业务，包括旅客列车的接发、始发、终到和个别车辆的甩挂，以及货物列车的沿零摘挂、解体和编组等；机车业务，包括换挂机车和乘务组，对机车进行整备、检修等；车辆业务，包括车辆的检查与修理业务。

区段站办理的业务在数量和种类上比中间站繁多，站内设备齐全，主要包括：客运设备，包括站房、站台、雨棚及跨越线路的设备（天桥、地道）等；货运设备，包括装卸线、货物站台、仓库及装卸机械等；转运设备，包括客车到发线、货物列车到发线、调车线、牵出线（有时设置有驼峰）和机车行走线等；车辆设备，包括车辆段、列车检修所等；信号、通信、照明、办公房舍等设施。

(4) 铁路枢纽。铁路枢纽是铁路干线交会处或与其他线路的连接处，是由铁路车站、联络线和进出站线等技术设备构成的铁路综合设施。铁路枢纽的功能是沟通各向铁路线，并与其他运输方式顺畅衔接。其主要作业内容是组织各向列车的到发和通过、客货的集散和中转、车辆改编以及货物承运与换装等。铁路枢纽通常设有编组站、客运站和货运站。

为了完成复杂而繁重的业务，铁路枢纽的技术设备繁多，主要包括：铁路线路，包括引入线路、联络线、环线、工业企业专用线等；车站，包括客运站、货运站、编组站以及工业专用车站；疏解设备，包括铁路线路之间的平面和立交疏解设施，铁路线路与城市道路间的立交桥、道口等；其他设施，包括机务段、车辆段、客车整备所等。

2. 铁路车站的判读表示

(1) 会让站和越行站用会让站符号表示。

(2) 中间站、区段站和铁路枢纽中的客运站，都具有客运业务，用车站符号表示。符号绘在主要站台的位置，符号中的黑块绘在站房一边，并注记车站名称，如“郑州站”。车站符号未压盖的其他地物用相应的符号表示。

(3) 货运站是专门办理货物运输过程中的货物集结、暂存、装卸搬运、信息处理和车辆检修等业务的车站。货运站的设施包括：为接发、解体、编组列车以及装卸货物服务的站线；货场设备，如仓库、货物站台、雨棚及散装货场；装卸设备；办公、休息用房等。如图7.6所示。

判读时注意货运站与客运站的区别。货运站有横跨线路的吊装设备，线路一侧有大跨度房屋或棚房结构的货物仓库，站内有一条或多条岔线和断线，一般设有站前广场和横越站线的天桥。货运站不具备客运业务，不用车站符号表示，用相应的房屋、正线、站线等符号表示，并注记名称，如“郑州货运站”。

(4) 编组站是铁路网上集中办理货物列车到达、解体、编组出发和其他列车作业，并设有完善的调车作业的车站。编组站主要组成为各种车场，包括调车场、到达场和出发场，这3

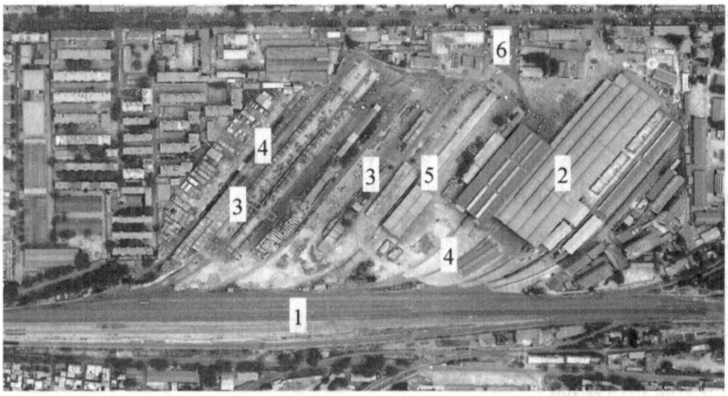

1.正线和站线　2.货物仓库　3.货物站台　4.装卸线　5.雨棚　6.站房

图 7.6　货运站

种车场有纵向排列、横向排列和混合排列 3 种方式。此外，编组站还有驼峰调车设备、机车整备和车辆检修设施等。编组站是各类车站中占地面积最大、线路最多的车站，由很多线路群组成。编组站的线路用正线和站线符号表示，其他地物用相应符号表示，并注名称，如“郑州编组站”。图 7.7 是编组站判绘示例。

图 7.7　编组站判绘示例

（5）其他车站。除上述的几种车站外，还有军供站与兵站、地铁站，以及城市或城际间的轻轨车站。

军供站是提供或调拨军用物资的场所。兵站是向行军部队提供住宿、膳食和油料等的场所。它们都位于火车站站内、附近或公路边，有重要的军事价值。军供站和兵站都用军供站符号表示，符号绘在主要建筑物的中心位置，有名称的还应加注名称。

地下铁路是大城市内的重要公共交通设施，有较强的运输能力，地面上的地铁站入口都在城市的主要街道旁边，并设有明显的标志。在地形图上，地下铁路的线路由于在地下，不予表示，但地面上的地铁出入口处则要用地铁出入口符号准确表示，符号尖端指向入口方向。成对出现的地铁入口，若全部表示有困难时，可进行取舍。

城市轻轨车站的功能是客运站，因此，也用车站符号表示。

7.1.3　车站的主要附属设施

1. 机车库

机车库是机务设备中的主要建筑物，是机车检修的场所，具有高大、明显的特点。一个机务段有多个机车库，多呈矩形、阶梯形或扇形排列，有铁路线与之相通。机车库用独立房屋符号表示。

2. 机车调转设备

供机车转轨、转向的设备有呈圆形的回转线、呈三角形的三角线和机车转盘三种。回转线、三角线用正线符号表示，机车转盘用规定的符号表示，并与正线或站线符号相连接。

3. 天桥、地道

天桥是铁路车站内供行人横过铁路而在铁路上架设的桥形建筑，判绘时按真实方向用天桥符号表示，符号的两端为实地天桥两头的位置。

地道是铁路车站内连接站台的地下通道，在地形图上不表示。

4. 信号机

信号机按构造可分为色灯信号机和臂板信号机，按用途又可分为进站信号机、通过信号机、出站信号机、遮断信号机、预告信号机和调车信号机。

车站内外的信号机很多，不同位置的信号机其作用也不同。在正常情况下，进站信号机和通过信号机距车站不小于1000m，出站信号机不小于400m。

车站外的信号机有方位作用，应用信号机符号准确描绘。车站内的信号机和矮型信号机可不表示。车站两端相同作用的信号机和车站大体是对称的，当有远近几套信号机时，一般表示离车站最远的一对，并注意其对称性。

固定的有方位作用的探照灯架，也用信号机符号表示，并注记“灯”字。

车站内横跨线路的灯桥，一般有明显的方位作用，判绘时用门式路标符号表示，并加注“灯”字。

5. 巡道房、扳道房

巡道房和扳道房一般都建在线路边沿，可用独立房符号紧靠线路边缘描绘。

调车场中的信号楼等也用独立房屋符号表示。

7.2 公　路

公路是指主要供汽车行驶并具备一定技术标准和设施的道路，是连接城市间、乡村间及工矿基地间的主要道路。按照国家《公路工程技术标准》（JT GB01—2003）的规定，公路根据其交通量及作用和性质，分为高速公路、一级公路、二级公路、三级公路和四级公路 5 个等级。地形图上表示的公路包括高速公路、普通公路和简易公路。一级公路至四级公路即为普通公路，简易公路不属于国家等级公路。

7.2.1 高速公路

高速公路是指专供汽车分向、分车道行驶并全部控制出入的干线公路。

尽管各国对高速公路的命名不同，但都是专指有四车道以上、两向分隔行驶、完全控制出入口、全部采用立体交叉的公路。此外，有不少国家将部分控制出入口、非全部采用立体交叉的直达干线公路也称为高速公路。

按照我国的设计标准，高速公路有四车道、六车道和八车道之分。按高速公路年平均日交通量计算，四车道为 25 000 ~ 55 000 辆，六车道为 45 000 ~ 80 000 辆，八车道为 60 000 ~ 100 000辆。

高速公路的主要技术参数见表 7.2。这些参数可作为判读高速公路的依据。

表 7.2　高速公路主要技术参数

设计速度/(km/h)		120	100	80	备注
路基宽度/m	八车道	45.0	44.0	—	1. 当地形地质条件受限时，设计时速可采用 100km/h 和 80km/h；特殊困难时也可采用 60km/h，但路线长度一般不超过 15km 2. 车道宽度指单行车道的宽度 3. 公路-Ⅰ级相当于 1997 版标准的“汽车-超 20”；公路-Ⅱ级相当于“汽车-20”
	六车道	34.5	33.5	32.0	
	四车道	28.0	26.0	24.5	
车道宽度/m		3.75	3.75	3.75	
分割宽度/m	一般	3.0	2.0	2.0	
	最小	2.0	2.0	1.0	
硬路肩宽/m	一般	3.0/3.5	3.0	2.5	
	最小	3.0	2.5	1.5	
土路肩宽/m		0.75	0.75	0.75	
最小曲率半径/m	一般	1000	700	400	
	极限	650	400	250	
最大纵坡/%		3	4	5	
桥涵荷载		公路-Ⅰ级			

高速公路的特点是和其他道路的交叉处都建有立交桥，公路两边有封闭的铁丝网或栅栏，公路中间有上下行隔离带，这些特点在遥感图像上都会表现出明显的影像特征，易于识别。

高速公路因有严格的技术标准，所以只需用高速公路符号表示，不注记路面性质，属于国道或省道的，应注记名称和编号。当路面的图上宽度大于图式上规定的符号尺寸时，应依比例尺表示，公路边线沿高速公路两侧的护栏绘出。

当高速公路的上行线和下行线路基分开建筑，相距较大可分开表示时，则分别用普通公路的符号表示。半幅高速公路也用普通公路的符号表示。

7.2.2 普通公路

普通公路是指路基坚固且路面铺有材料的常年都能通行载重汽车的公路。在地形图上国家一、二、三、四级公路和地方公路都用普通公路符号表示。

一级公路是供汽车分向、分车道行驶，并可根据需要控制出入的多车道公路。当一级公路作为集散公路时，可设慢车道供非汽车交通行驶；作为干线公路时，则根据需要采取控制出入措施。四车道一级公路年平均日交通量为 15 000～30 000 辆，六车道级公路为25 000～55 000 辆。二级公路是供汽车行驶的双车道公路，年平均日交通量为 5000～15 000辆，为保证运行速度和交通安全，在交通量大的路段，可设置慢车道。三级公路为主要供汽车行驶的双车道公路，年平均日交通量为 2000～6000 辆。四级公路为主要供汽车行驶的双车道或单车道公路，双车道四级公路平均日交通量在 2000 辆以下，单车道的年平均日交通量在 400 辆以下。

普通公路的主要技术参数见表 7.3。这些参数可作为判断普通公路的依据。

表 7.3　普通公路主要技术参数

公路等级		一级			二级		三级		四级
设计速度/(km/h)		100	80	60	80	60	40	30	20
车道宽度/m		3.75	3.75	3.5	3.75	3.5	3.5	3.25	3.0 或 3.5
分割带宽/m	一般	2.0	2.0	2.0	2.0	2.0	—		
	最小	2.0	1.0	1.0	1.0	1.0			
硬路肩宽/m	一般	3.0	2.5	2.5	1.5	0.75			
	最小	2.5	1.5	1.5	0.75	0.25			
土路肩宽/m	一般	0.75	0.75	0.5	0.75	0.75	0.75	0.5	0.25 或 0.5
	最小	0.75	0.75	0.5	0.5	0.5			
车道数	路基宽度/m								
八车道	一般	44.0	—	—					
	最小	41.0							
六车道	一般	33.5	32.0						
	最小	—	—						
四车道	一般	26.0	24.5	23.0	—				
	最小	24.5	21.5	20.0					
二车道	一般	—			12.0	10.0	8.5	7.5	6.5
	最小				10.0	8.5	—	—	—
一车道		—							4.5
最小曲率半径/m	一般	700	400	200	400	200	100	65	30
	最小	400	250	125	250	125	60	30	15
最大纵坡/%		4	5	6	5	6	7	8	9

从表7.3中可以看出，不同等级普通公路的通行情况和运输能力差别较大。因此，为了客观反映普通公路的通行情况和运输能力，判绘时应注意以下六个问题。

（1）公路判绘原则上只取不舍，一般不得降级表示。农村中凡达到国家公路工程技术标准的乡间道路也用普通公路符号表示。

（2）正确注记铺面材料。铺面材料直接关系着车辆行驶的速度及公路的使用寿命。水泥混凝土路面在全色图像上呈白色条带影像，容易识别，简注为“水泥”；沥青路面在全色图像上呈深灰色调影像，同其他材料的色调有明显的差异，简注为“沥”；由碎石和黏性土壤铺筑的路面为碎石路面，其影像色调较浅，简注为“碎石”；由砾石和黏土混合铺筑的路面为砾石路面，在全色图像上砾石路面和碎石路面色调相近，不易区分，判绘时简注为“砾”；用整块石头或条石铺筑的路面，简注为“石”；用贝壳和黏土混合铺成的路面，简注为“贝壳”；用炉渣为主料铺筑的路面，简注为“渣”。

在注记公路的铺面材料时，若同一公路的不同地段使用不同的铺面材料，则在铺面材料的分界处垂直于公路绘一短线，并分别注记铺面材料。

（3）准确量注路面宽度和铺面宽度。路面宽度是指路基顶部的宽度。路面的中间为行车部，供车辆行驶，行车部的两侧为路肩，供行人或错车使用，并保护行车部。当有行树时，路面宽度为两排行树之间的距离；当没有行树时，路面宽度为两侧排水沟的距离。

铺面宽度是铺筑路面材料部分的宽度，即行车部宽度。

（4）注意注记公路编号。为了反映公路的级别和通向的远近，连接各省的国家干线公路和省内的干线公路，有统一编号的要注记其编号，以使和其他通向较近的公路相区别。国家级公路编号以“G”开头，省级公路则以“S”开头。

公路编号不能从遥感图像上直接获取，只能采用其他方法确定。在国家公路上一般设有编号标志，省级公路多数都没有编号标志，所以用可靠的公路资料确定公路编号是最好的途径。

（5）公路在自由图边出图廓处，要注出能够通往的附近主要居民地名称和相距公里数，如无居民地时，也可选择其他较出名的地理名称注记。

（6）为便于读图，图上每隔15～20cm应有一组路面注记。

公路注记的内容和格式如图7.8所示。

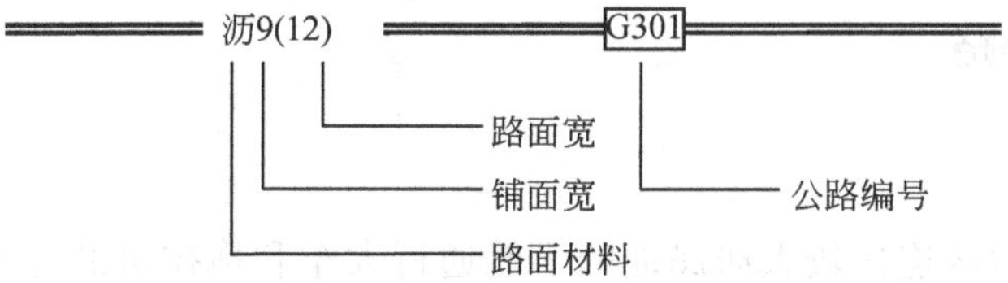

图7.8　公路注记的内容及格式

7.2.3　简易公路

简易公路是指经简易修筑或经汽车长期辗压形成，除雨季外能够通行载重汽车的道路。

判读和表示简易公路时，应注意以下六个问题。

（1）简易公路用双实线表示，在图上每隔15～20cm应注记一次路面宽度。

（2）简易公路的标准是能够通行载重汽车，路面宽度一般应大于3m，但又达不到国家等级公路的标准。它的路面质量一般比普通公路差，沿路的护路、路标、里程碑等设施不全或没有，雨天不一定能通行载重汽车或通行不畅的道路，应用简易公路符号表示。

(3) 有的道路虽有铺面材料，但铺面材料较差（如砂、黏土、炉渣、贝壳等），或路面长期失修被严重破坏，致使晴通雨阻或行车困难的道路，也用简易公路符号表示。

(4) 有些道路路面虽然铺有沥青或水泥混凝土，可通行载重汽车，但路面较窄，只能单行，会车较困难，或者是只通向农村居民地的支线道路而没有贯通成网，也可用简易公路符号表示。

(5) 在公路交通发达的地区，通向工厂、矿山、营房、仓库的专用支线公路，当距离较短时，可降为简易公路表示。

(6) 在人烟稀少、交通不便的地区，简易公路在自由图边出图廓处，应注记能够通往的主要居民地名称和相距公里数，如无居民地时，可选择其他较出名的地理名称注记。

7.3 其他道路

7.3.1 大车路

大车路是指路基本未经修筑或者经简单修筑能通行大车或拖拉机的道路，也称机耕路。

大车路是测绘专业术语，用于描述道路的区分和分级。在地形图上用0.2mm的黑色实线表示。

尽管图式对大车路通行能力的规定比较明确，但是在实际判绘中，区分简易公路、大车路有时仍比较困难。这是因为在实际判绘中，能否通行载重汽车并不是区分简易公路和大车路的绝对标准。一般来说，一些道路大部分路段虽能通行载重汽车，但路面是由汽车或大车碾压而成，没有人工修筑的路基，并且局部地段不能通行载重汽车，因此不能用简易公路符号表示，应用大车路符号表示。

在比例尺大于1∶5万的地形图上，大车路一般均应表示出来。大车路密集的地区，可将次要的大车路降为小路表示。

在比例尺为1∶1万的地形图上，人烟稀少地区的大车路除用符号表示外，还应适当注记宽度。

7.3.2 乡村路和小路

1. 乡村路

乡村路是指农村地区连接较大居民地的不能通行大车和拖拉机的主要道路。

乡村路主要供行人来往，一般路面不宽，与大车路一样，也是测绘专业术语，用于描述道路的区分和分级。

乡村路的特点是通向比较长远，连接着乡（镇）、主要集市、农场、较大的村庄或通向城镇。乡村路多见于山区、南方或西南农村。有的乡村路路面还铺有石条或石块，沿途设施较好，有路亭、茶亭，桥梁、渡口也比较完整。

乡村路的表示应注意以下四点。

(1) 西南山区等交通不发达的地区，具有长远方向但不能通行大车的主要道路可用乡村路符号表示。

(2) 山地、谷地、林区以及荒僻地区的驮运路也用乡村路符号表示。

(3) 乡村路符号的表示应注意相互间或与公路、大车路符号间的贯通，不得中断在没有大车路相连的居民地。

(4) 由于乡村路与小路在运输能力和通行情况上没有很明显的差别，实地不易区分，因此，除上述规定的地区外，其他地区不使用乡村路符号。根据实际情况可舍去不表示或用小路符号表示。

2. 小路

小路是指农村中供人行走的次要道路，通行困难地区，有的小路只能供单人单骑行走。

图像判绘中要注意对小路表示的取舍，如果取舍不当，会造成主次不分、图面不清晰的现象。在对小路的表示进行取舍时，应遵循的原则是：①当小路密集分布时，只取两个村庄间的捷径，舍去绕行的小路。②多条小路与乡村路以上的道路并列分布时，舍去与高等级道路较近的小路。③仅通往田间的小路一般不表示，但出入山地、森林、荒漠和沼泽地区的小路，缺水地区通向水源的小路，以及通往边境、渡口、山隘的小路，一般应表示。④山区的"之"字形小路，为了保持其"之"字形特征，可适当放大表示。

7.3.3 山隘与栈道

1. 山隘

山隘是指道路通过险要的鞍部、山口和隘口的路段，如图 7.9 所示。山隘是具有"一夫当关，万夫莫开"之功能的交通要道，对军事行动具有重要的影响。因此，在地形图上应用规定的符号表示，季节性通行的山隘要注记通行月份，著名的还应加注名称。

2. 栈道

栈道是在悬崖峭壁上修建的一种道路，以满足人员通行、物质运输的需要，也称阁道、复道。栈道的建筑形式多样，有的是在悬崖峭壁上凿孔，插入木梁，上铺木板或再覆土石而成，如图 7.10 所示；有的是在石崖上凿出台阶，并在崖壁上固定铁索链以供攀岩上下的梯子崖；有的是在陡崖上凿成的半隧道形式；也有的是采取铁索吊拉的形式。

图 7.9　山隘

图 7.10　栈道

构筑坚固且具有通行能力的栈道，在地形图上用小路符号表示，并注记"栈道"二字；已经破损而不再具备通行能力的栈道则不表示。

7.3.4　时令路和无定路

时令路是指只在一定季节能通行的道路，多分布于沼泽或高原雪山地区。沼泽地区时令路一般是在枯水和冰冻季节能通行，高原雪山地区时令路是在夏季能通行。冬季寒冷地区，靠地面冻结后达到通行荷载，只在冰冻期内可以通行的时令路也称冻板路。

无定路是只有走向而没有固定路线或路迹时隐时现的道路，它主要分布在沙漠、戈壁和海边等地。

时令路和无定路用同一符号表示，但时令路要加注通行月份。

有些干河床、谷地、盆地和戈壁，地面平坦，土质较硬，适于通行载重汽车，对于越野机动很有意义。对此，应根据实际情况，在判绘图像上的相应位置加以注记，如“能通行汽车，时速××公里”。

7.3.5　架空索道

架空索道是指利用钢索架设的空中运输通道，是一种交通运输设施，通常在崎岖的山坡上运送乘客或物资。

架空索道通常有单线式、复线式、往复式、循环式、固定抱索式和脱挂式等。

单线式使用一条钢索，支持吊车的重量同时牵引吊车或吊椅。

图 7.11　架空索道

复线式使用多条钢索，其中用作支持吊车重量的一条或两条钢索固定，其他钢索负责拉动吊车。

往复式索道上只有一对吊车，当其中一辆吊车上行时，另一辆则下行，到达索道站时再各自向反方向运行。

循环式索道上有多辆吊车，负责拉动的钢索是一个闭合线路，套在两端的驱动轮及迂回轮上，当吊车或吊椅由起点到达终点后，经过迂回轮回到起点循环，如图 7.11 所示。

固定抱索式吊车或吊椅正常操作时不会放开钢索，同一钢索上吊车或吊椅速度相同。

脱挂式也称脱开挂结式，吊车以弹簧控制的钳扣握在拉动的钢索上，当吊车到达索道站时，吊车扣压钢索的钳会放开，使吊车减速后供乘客上下，离开索道站时吊车会被机械加速至与钢索相同的速度，吊车上的钳再紧扣钢索，完成一个循环。

架空索道主要分布在矿山、工厂和名山旅游地，具有经济作用，也有方位意义。地面固定、图上长度大于2cm且有明显方位作用的架空索道应表示，架空索道的两端支架按真实位置准确表示，中间支架不表示，并加注“索”字。

工厂和矿山固定的高架传送带，当有方位作用时，也用架空索道符号表示，并加注“传送”二字。

7.4　道路附属设施

道路附属设施是简易公路以上的各级道路工程所附属的设施的总称。其中，铁路车站与铁路线路关系密切，已在 7.1 节论述。因此，本节主要讨论除车站以外的其他道路附属设施的表示方法和要求。

7.4.1　隧道和明洞

1. 隧道

隧道是构筑在地层内的一种地下建筑物。隧道按照所处的位置区分，有山岭隧道、水下隧道和地下隧道等；按照长度和建筑规模区分，有特长隧道（全长 10 000m 以上）、长隧道（全长 3000 ~ 10 000m）、中隧道（全长 500 ~ 3000m）和短隧道（全长 500m 以下）；按照用途区分，有交通隧道、水工隧道、市政隧道和矿山隧道。

道路隧道的长度在图上大于 1mm 时，依比例尺表示，否则不依比例尺表示。隧道有名称时应注记名称。

2. 明洞

明洞是指用明挖法在路堑或半路堑中修建衬砌结构，并在其外表回填土石的隧道。

当山区隧道的上方或侧边距离地表很近时，若用暗挖法修建，常使山体坍塌而难以施工，若修成路堑，其边坡又难以稳定，不利通行。因此，明洞主要用于易遭受塌方、落石或流石、流泥危害的隧道洞口或路堑地段。

明洞的结构类型根据地形、地质、回填土状况而定，通常由顶部结构和边墙组成，如图 7.12 所示。当顶部结构构筑成拱形时，称为拱式明洞；当顶部结构为梁板时，则称为棚洞；当陡崖或靠江河一侧明洞边墙的基础无法设置时，可将顶部构筑成悬臂式结构而称为悬臂式棚洞。

图 7.12　明洞

明洞也用隧道符号表示，并加注“明洞”二字。

7.4.2　路堤和路堑

路堤是指道路通过低洼地段时，为保持线路平直，使其高于原地面而回填的路基。

路堑是指道路通过地形突起地段时，为保持线路平直，向下挖掘，使路基低于地面的地段。

道路上的路堤和路堑比较复杂，路基的构筑形式多样，有全回填式（两侧均为路堤）、半回填式（仅一侧有路堤）、全开挖式（两侧均为路堑）、半开挖式（仅一侧有路堑）、半填半挖式（一侧为路堤、另一侧为路堑）、半山洞式（一侧为半隧道式山洞）、半山桥式等，它们的断面图和表示方法如图 7.13 所示，其中半山洞式和半山桥式的表示方法在图式中没有图例，仅供参考。

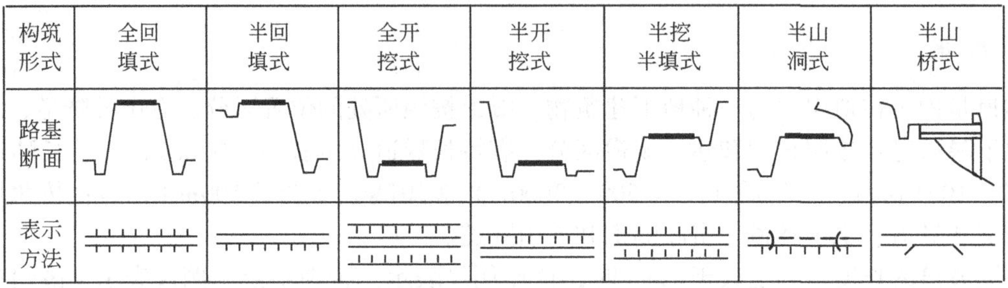

图 7.13　各种路堤路堑及其表示方法

路堤、路堑能够反映道路的通行情况，在主要交通线路两侧或具有方位作用，比高大于等于 1.5m，图上长度大于等于 5mm 的路堤、路堑应表示，并注记比高。

当路堤与道路的路基之间有一定的间隔，分别表示不影响其他重要地物和地貌表示时，路堤与道路边线间隔 0.2mm 分别表示；当分别表示困难时，路堤边线可与道路共边线表示。

在地物稀少地区，路堤、路堑的比高不足 1.5m 或图上长度小于 5mm，但具有明显方位作用的，可放大到 5mm 表示。

7.4.3　桥梁和涵洞

桥梁和涵洞都是道路跨越河流、沟谷或其他线路等障碍物的建筑物。桥梁和涵洞的方位作用、建筑规模及其对通行的影响程度是不同的，所以在地形图上桥梁和涵洞分别用不同的符号表示。

1. 桥梁与涵洞的区别

桥梁是架设在河流、谷地或其他交通线路上的供行人和车辆等顺利通行的建筑物。

桥梁的基本类型有梁桥、拱桥和吊桥三类。但根据不同的分类标准，桥梁的分类结果不同。通常的分类标准和分类结果见表 7.4。

表 7.4　桥梁分类

分类标准	分类结果
桥梁用途	铁路桥、公路桥、公铁两用桥、人行桥、机耕桥和过水桥
桥梁跨径大小和多跨总长	小桥：5m<单孔跨径<20m，8m≤多孔跨径≤30m；中桥：20m<单孔跨径<40m，30m≤多孔跨径≤100m；大桥：40m<单孔跨径<150m，100m≤多孔跨径≤1000m；特大桥：单孔跨径>150m，多孔跨径>1000m

续表

分类标准	分类结果
桥梁结构	梁式桥（简支板梁桥、悬臂梁桥、连续梁桥）、拱桥、钢架桥、缆索承重桥（斜拉桥和悬索桥）4种基本体系，此外还有组合体系桥
桥梁行车位置	上承式桥、中承式桥和下承式桥
桥梁建筑材料	木桥、圬工桥、钢筋砼桥、预应力桥、钢桥
地形图表示	人行桥、车行桥、双层桥、并行桥、立交桥

涵洞是指道路与河流、沟渠相交的地方使水从路下流过的通道。涵洞的作用与桥梁基本相同，但一般孔径较小，按照构造形式的不同，有圆管涵、拱涵、盖板涵和箱涵等几种类型，如图 7.14 所示。按照涵洞顶部填料（土、石）情况，分为明涵和暗涵。明涵洞顶无填料，适用于低路堤和浅沟渠处；暗涵洞顶有填料，适用于高路堤和深沟渠处。

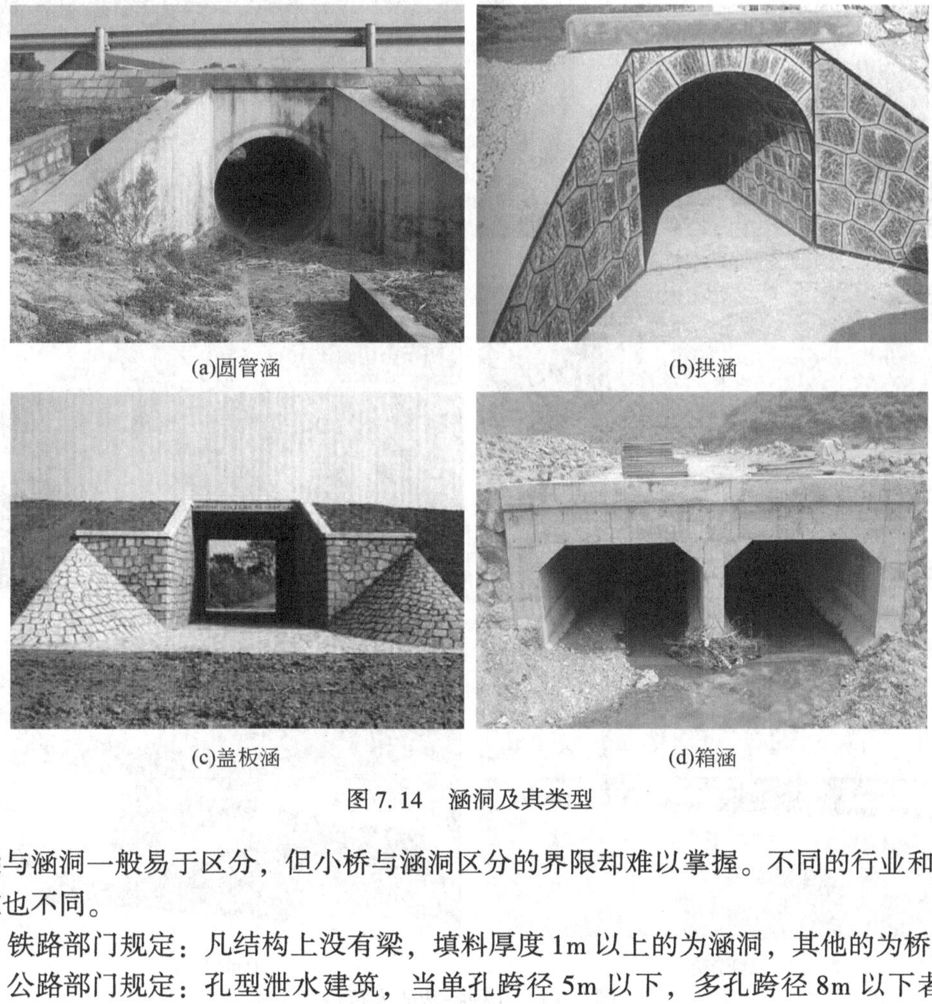

(a)圆管涵　(b)拱涵　(c)盖板涵　(d)箱涵

图 7.14　涵洞及其类型

桥梁与涵洞一般易于区分，但小桥与涵洞区分的界限却难以掌握。不同的行业和部门，区分的标准也不同。

（1）铁路部门规定：凡结构上没有梁，填料厚度 1m 以上的为涵洞，其他的为桥梁。

（2）公路部门规定：孔型泄水建筑，当单孔跨径 5m 以下，多孔跨径 8m 以下者为涵洞；圆管形及箱型泄水建筑，不论管径、跨度大小及数量多少，均为涵洞。

（3）测绘部门规定：圆管形和箱形单孔跨径 5m 以下、多孔跨径 8m 以下和填土厚度 1m 以上的泄水建筑为涵洞；梁式、板式、拱式和其他型式的泄水建筑，单孔跨径 5m 以上和多孔跨径 8m 以上的为桥梁。

桥梁建筑形式复杂，类型很多，不同类型的桥梁在建筑形式、通行能力等方面差异很大。现行图式不区分桥梁的建筑形式，主要考虑通行能力，将桥梁分为人行桥、车行桥、双层桥、并行桥和立交桥五种类型，在地形图上分别用各自的符号表示，特殊形式的桥梁则加注记说明以区分。

2. 人行桥

不能通行火车和载重汽车的桥梁统称为人行桥，包括能通行轻型汽车、拖拉机的桥梁，以及仅能供单人单骑通行的桥梁。

人行桥的建筑形式多样，特殊形式的人行桥包括铁索桥、溜索桥、藤桥、级面桥、亭桥和曲形桥等，如图 7.15 所示。

(a)铁索桥　(b)溜索桥

(c)藤桥　(d)级面拱桥

(e)亭桥　(f)曲形桥

图 7.15　几种特殊的人行桥

地形图上，无论何种形式的人行桥，均用人行桥符号表示。

特殊形式的人行桥，除用符号表示外，还应注记人行桥特点，如“铁索”、“溜索”、“藤”、“级”、“亭”等。

长度能依比例尺表示的人行桥，应注意反映其直、曲或折线状的特点。

3. 车行桥

车行桥是指能够通行火车或载重汽车的桥梁。车行桥主要由上部结构（承重结构和桥面系）、下部结构（桥台、桥墩）和附属建筑（桥头路堤）等组成。

凡是能够通行火车或载重汽车的桥梁，不论其建筑材料、长度、承重形式和荷载如何，在地形图上均用车行桥符号表示。

车行桥的建筑特点和通行能力对军事行动有重要的影响。因此，在地形图上除铁路桥和高速公路桥之外，其他道路上的车行桥在用符号表示的同时，还应注记桥长、桥宽、载重吨数和承重结构建筑材料的性质。

（1）桥长量注。桥长是指桥梁主体的总长。有桥台的桥梁桥长为两岸桥台侧墙或八字墙尾端间的距离，如图 7.16 所示；无桥台的桥梁桥长应为桥面系的长度，如图 7.17 所示。

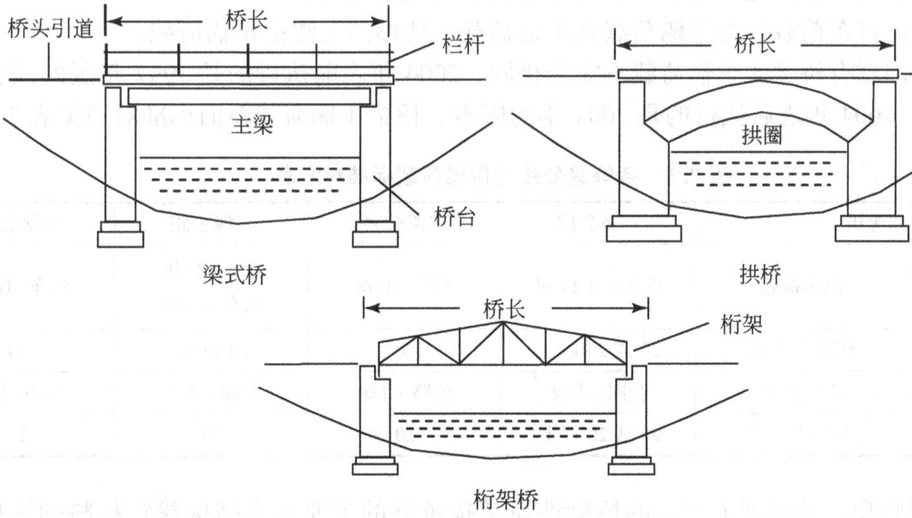

图 7.16　有桥台时桥长量取部位

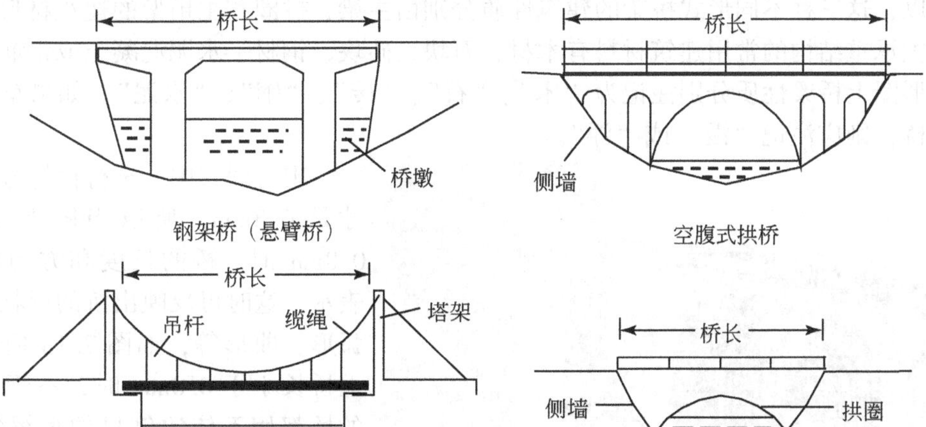

图 7.17　无桥台时桥长量取部位

量取桥长时应注意，桥梁的悬空部分不一定等于桥长，所以不能把悬空部分的长度作为桥长注记。另外，桥头的引桥不能作为正桥表示和注记。弯曲桥的桥长以桥面中心线的弧长为准。斜面桥的桥长以桥的水平距离为准。

(2) 桥宽量注。桥宽是指桥面的净宽，即行车道的宽度。按公路技术标准规定，桥宽与公路的等级对应，各级公路的桥面净宽与道路铺面宽度一致。但是，旧公路上的桥梁不一定符合要求，所以，由公路的等级推断桥宽不一定可靠。

在量注桥梁宽度时，当人行道与车行道不在一个平面上时，仅量注行车道部分的宽度；当人行道与车行道在一个平面上时，无论是否是隔离设置，均应以桥面两侧的缘石内侧的垂直距离作为桥面宽度量注。

桥长、桥宽只注记到整米。当实际桥长、桥宽不足整米时，不作凑整处理，而是舍去小数部分。

(3) 桥梁载重吨数。当重型汽车或坦克等在公路上行进时，必须了解桥梁的荷载，以判断是否可以安全通行。因此，地形图上应注记桥梁的载重吨数。

公路桥梁的汽车荷载分为车辆荷载和车道荷载，地形图上注记车辆荷载。

目前，我国现有桥梁的车辆荷载不完全相同，2004 年之前执行的是 1997 年版的《公路工程技术标准》，2004 年之后执行的是 2004 年的版本。桥梁车辆荷载新旧标准对照见表 7.5。

表 7.5　各等级公路的桥梁荷载标准对照表

公路等级		一级公路	二级公路	三级公路	四级公路
1997 年版	汽车荷载	汽车-超 20 级	汽车-20 级	汽车-20 级 汽车-15 级	汽车-10 级
	图上应注记	20 或 20 以上	20	20 或 15	10
2004 年版	汽车荷载	公路-Ⅰ级	公路-Ⅱ级	公路-Ⅱ级	公路-Ⅱ级
	图上应注记	20 或 20 以上	20	20	20

(4) 桥梁性质。地形图上注记的桥梁性质是指桥梁的主要承重结构建筑材料的性质。不同类型的桥，其主要承重结构不同。梁式桥的主要承重部位是主梁，拱桥是拱圈，桁架桥是主桁架。所以，这三种不同形式桥梁的建筑性质分别由主梁、拱圈和主桁架的建筑材料而定。

桥梁主承重结构的常用建筑材料有木材、石块、砖块、钢材、水泥混凝土或钢筋水泥混凝土。在地形图上桥梁性质分别注记为“木”、“石”、“砖”、“钢”、“水泥”。如果车行桥是漫水桥或浮桥，则应注记“漫”或“浮”。

图 7.18　弯曲桥梁伸入隧道

现行图式中，车行桥符号的最小尺寸是 0.8mm，所以当图上桥长大于 0.8mm 时，桥的长度和方向依比例尺表示，这时可反映出桥的形状特征，如弧形、曲形等，如图 7.18 所示；当图上桥长小于 0.8mm 时，不管什么形状的桥都用不依比例尺的桥梁符号（直线式）表示。

高架公路、高架铁路也用车行桥符

号表示，图上长度大于 10cm 时还应注记“高架”二字。

图 7.19 是弯曲桥梁与隧道的遥感图像及判绘示例。

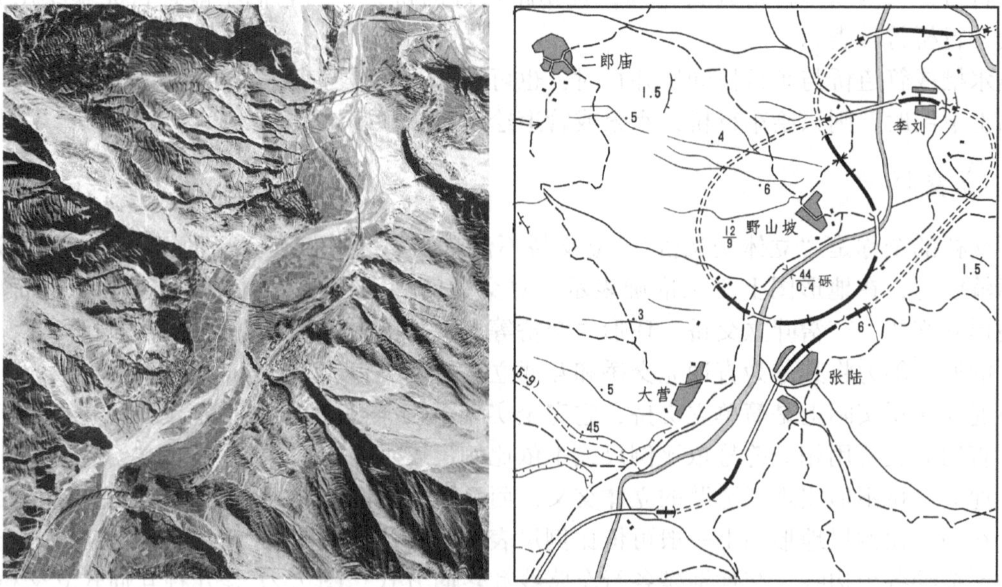

图 7.19　弯曲桥梁与隧道判绘示例

4. 双层桥

双层桥是在同一桥墩上修建上下两层桥面，供火车、汽车分层行驶的桥梁。双层桥一般为基础工程复杂的大桥和特大桥，多靠近城市和铁路、公路密集分布的地区。

双层桥通常由正桥和引桥组成。正桥是指桥梁的纵轴线与其墩台轴线垂直的桥梁，通常正桥两端有桥头堡作为与引桥的分界；引桥是指连接正桥和路堤的桥，位于正桥两端。

判绘时，正桥用双层桥符号表示，引桥用车行桥符号表示，与引桥相连的铁路、公路用相应符号表示，注意上下层关系，如图 7.20 所示。

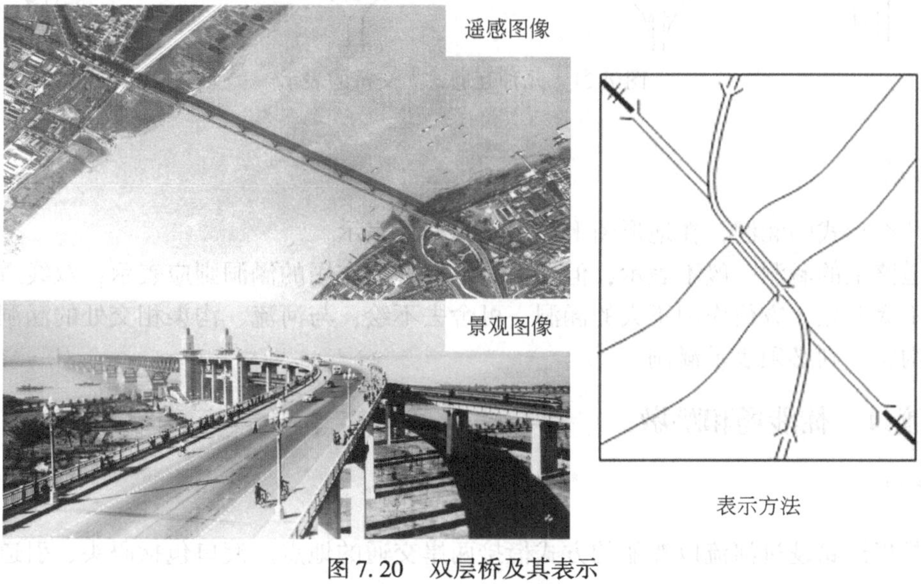

图 7.20　双层桥及其表示

5. 并行桥

并行桥是指两座车行桥并行排列，且相距很近的桥梁。当它们不能各自完整绘出其符号时，用并行桥符号表示。

输水槽或管道桥与车行桥同层并行时，也可用并行桥符号表示。当输水槽或管道桥与车行桥互为上下层时，则只绘车行桥，水渠或管道绘至桥头中断。

6. 立交桥

立交桥的全称是“立体交叉桥”。立交桥不但有明显的方位意义，而且能大大增强道路的交通运输能力，在地形图上必须准确表示。立交桥的种类很多，建筑形式各异，如简单立交桥、菱形立交桥、苜蓿叶立交桥、环形立交桥等，现行图式不区分立交桥的建筑形式，只根据立交桥的通行能力将其分为直通立交桥和互通立交桥两类。

直通立交桥实际上是简单立交桥，它完全实现了两条道路的立体交叉，但不能相互转向。判绘时直通立交桥用相应符号依比例尺或不依比例尺表示。

互通立交桥不但实现了道路的立体交叉，而且道路之间能相互转向。互通立交桥建筑规模较大，在中等比例尺地形图上一般可依比例尺表示，在依比例尺表示时，要严格按照立交桥的垂直投影描绘各个边线，交代清楚各行车路线和转向方式，图 7. 21 是几种互通式立交桥样式，图 7. 22 是判绘示例。当确实不能依比例尺表示时，只绘出互通立交桥符号。

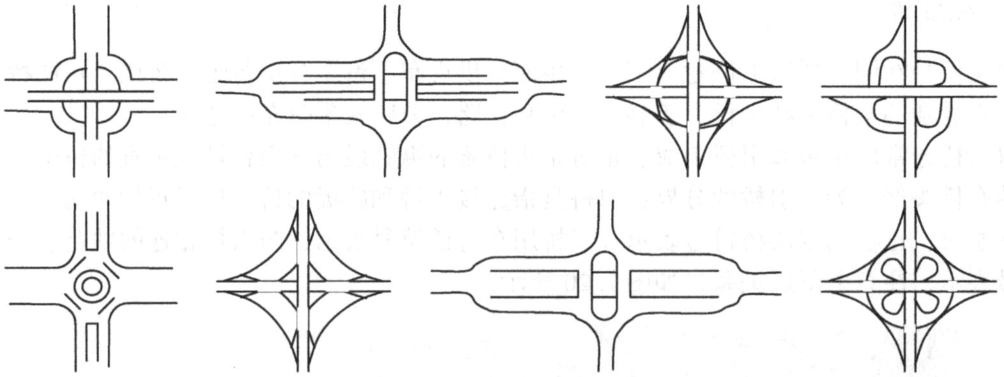

图 7. 21　几种互通式立交桥的表示

7. 涵洞

不论什么形式的涵洞，在地形图上都用涵洞符号表示。

单线道路上的涵洞一般不表示，但大车路上有方位作用的涵洞则应表示；双线道路上的涵洞，如果不太明显、方位作用不大的涵洞，可舍去不绘；与河流、沟渠相交处的涵洞，若表示了河流、沟渠，则必须表示涵洞。

7. 4. 4　渡口、徒涉场和跳墩

1. 渡口

渡口是指道路越过河流以渡船的方式衔接两岸交通的地点。渡口包括码头、引道和管理设

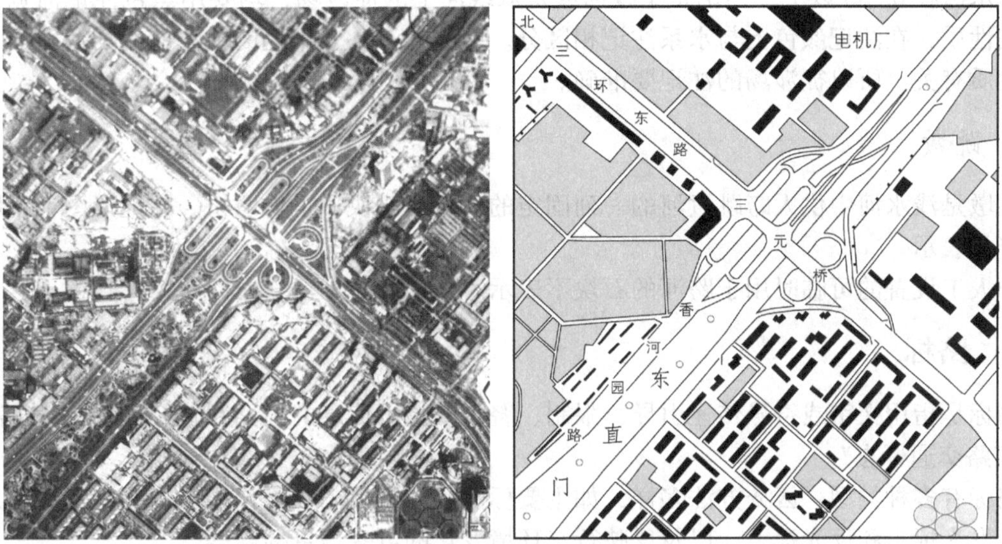

图 7.22　互通式立交桥判绘样图

施。能渡运载重汽车或列车的渡口称为车渡，图 7.23 是车渡的立体像对；不能渡运载重汽车或列车的渡口称为人渡。

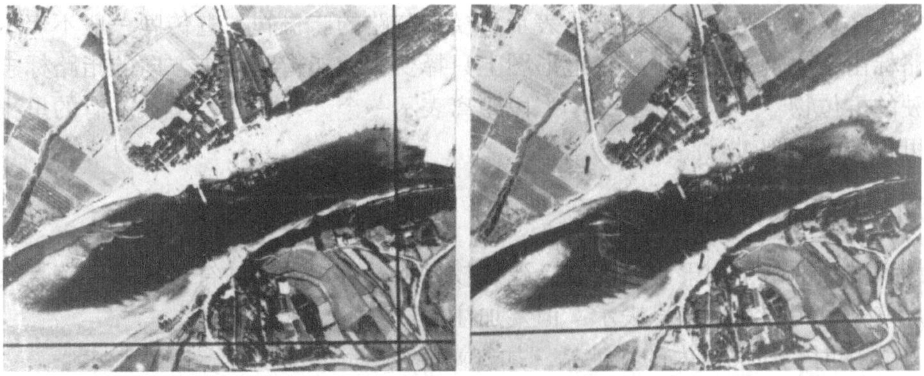

图 7.23　车渡（立体像对）

渡口在图像上较易识别，它的主要特征是位于道路越过水域的地方，且在水域内有船只。车渡和人渡的主要区别有两点：一是连接的道路等级不同，车渡一般连接的是公路或铁路；二是渡口的设施不同，车渡的设施较齐全，一般有停车场、指挥房（塔）、售票房和大型渡船。这些区别在航摄像片上很容易识别。

车渡和人渡在地形图上的表示符号相同，但是，车渡要加注“车渡”二字和渡船的最大载重吨数；人渡则只注记“人渡”二字。位于单线河上的渡口，道路直接压盖河流而过，但必须加渡口注记。

2. 徒涉场

徒涉场是人、畜和车辆涉水过河的场所。在地形图上，徒涉场的表示符号与渡口的符号相同，但是没有渡口字样的注记。单线河上的徒涉场，道路符号压盖河流绘出。为反映徒涉情况，凡水深在0.5m以上，不论是单线河或是双线河上的徒涉场，均要用黑色注记河宽、水深及河底性质，在注记颜色上与水系注记相区分。因为人、畜、车辆的徒涉能力与河宽、水深及河底性质有关，所以徒涉场的注记要准确。

3. 跳墩

跳墩是浅水河中供人跨跳过河的一列固定的石墩或石块，也称墩桥。在地形图上跳墩用规定的符号表示。

非人工设置的可临时用于跨河的石块不表示。

7.4.5 路标

路标是指用文字或符号传递引导、限制、警告或指示信息的道路设施，也称“道路标志”或“道路交通标志”。

路标有多种类型，区分方法多样，如主要标志和辅助标志，可移动标志和固定标志，照明标志、发光标志和反光标志，以及反映行车环境变化的可变信息标志等。

路标按用途可分为指示标志（如弯道、陡坡标志）、警告标志（如事故多发地段标志）、禁令标志（如限速、禁停、禁转弯标志）和指路标志（如指向牌、指路牌和里程碑）。

在建筑形式上，路标可分为门式路标和柱式路标。门式路标横跨公路，有较强的方位意义，不管是交通标志或是指路标志，一般都应表示。有些虽然不是路标，但有装饰作用或横跨公路的彩门式建筑也可用门式路标符号表示。横跨公路的广告牌、宣传牌一般不表示。

柱式路标由于建筑规模较小，在地形图上只择要表示能指明行进方向的指路标志。里程碑是夜间行驶的方位物，一般情况下每隔一段距离表示一个，并加注公里数。有的里程碑的两面有不同的里程数，注记时只注记小的里程数。

7.4.6 加油站、收费站和停车场

公路两侧的加油站，如果比较固定且建筑较完整，可用加油站符号表示。符号绘在主加油泵位置。加气站也用加油站符号表示，但要加注“气”字。

1∶1万成图时，居民地内的加油站、加气站择要表示。

收费站是收取公路使用费的处所，它不但有较强的方位意义，而且对道路通行有一定的阻碍作用，因此在地形图上应表示。公路上有固定设施的收费站，用收费站符号表示，有名称的还要注记名称。

停车场是供车辆停靠休息的场所。居民地内外的露天停车场是较好的空中方位物，只要其固定且明显，在地形图上一般都应表示。停车场可根据占地范围用符号依比例尺或不依比例尺表示。当停车场图上面积大于5mm^2时，可依比例尺表示，用细实线绘出停车场范围，并在中心处绘出停车场符号；否则，不依比例尺表示，只绘停车场符号。

汽车客运站内的停车场，也按上述方法处理。

7.5 道路之间以及与其他地物的关系处理

前面分别介绍了各种道路及其附属设施的特点及其表示方法，但它们是有机的整体，并且与其他地物地貌要素之间有着密切的联系。因此，判绘时只有处理好各种道路符号之间以及与

其他地物符号之间的关系，才能正确反映道路的通行情况和运输能力。

7.5.1　道路符号的配合表示

道路符号之间存在着交叉、并行等关系，有的道路在中途还存在变换等级的问题。正确处理这些关系和问题，对充分反映道路的通行情况和提高地形图易读性有重要的意义。

1. 线路相交

各种道路之间的相互交叉有平面交叉和立体交叉两种形式。高速公路与其他道路相交时均为立体交叉，其他各级道路相交时，有的是立体交叉，有的是平面交叉，不同的交叉方式有不同的表示要求。

（1）平面交叉。在同一个平面上的各级道路相互交叉的特点不完全相同，判绘时应反映各自的特点。

两条铁路在区段间一般都是斜交，交会角比较小。如果一条铁路为直线，另一条则缓慢转弯向其逼近，相交后两条线并行，如图 7.24(1)所示。区段间的岔线一般不与正线接轨。

公路与铁路平面相交时多为正交，斜交时交会角一般不小于45°，在与铁路相交点的两侧有一段是直线路段，如图 7.24(2)所示。

公路与公路平面交叉时，有简单的正交、斜交路口和扩展交叉路口，以及环形交叉路口。当环形交叉与扩展交叉路口能够依比例尺表示时，则应显示其特点。

有的公路交叉口设置渠化交通设施，在路面上设置交通岛（方向岛、分离岛、中心岛和安全岛等），使各种车辆像渠道内的流水一样，顺着规定的方向互不干扰地行驶。交通岛能够依比例尺表示时，应按照实际的平面形状绘出，如图 7.24(3)所示。

各级道路相交，线路符号均应实线相交，不能间隔 0.2mm，以准确显示相交处的位置，尤其是虚线道路之间的交叉，也应注意实线相交，如图 7.24(4)所示。不同等级的道路相交，高一级的道路符号压盖低一级的道路符号，即低级的道路符号绘至高级道路符号处中断，如图 7.24(5)所示。双线道路平面交叉（丁字交叉或十字交叉）时，注意双线路的边线应断开表示，如图 7.24(6)所示。

（2）立体交叉。立体交叉是指道路分上下层相交叉的道口，在立体交叉处设置立交桥，立交桥及其与道路线之间的表示要求如前所述，如图 7.24(7)所示，并注意相交处桥梁及其与道路、路堤、路堑的配合表示。

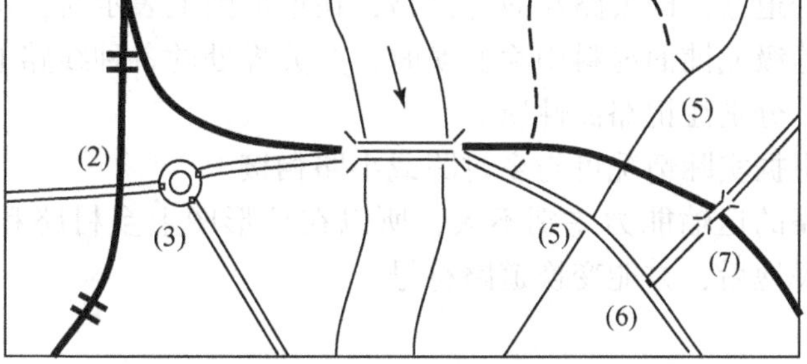

图 7.24　道路交叉时的符号配合表示

2. 道路并行

两条铁路并行，不能同时准确绘出各自的符号时，选取一条线路用复线符号表示。

铁路与公路，或公路与公路并行不能同时准确表示时，以铁路或高一级公路为主按真实位置绘出，次要的可省去一条边线，如图 7.25(1)和图 7.25(2)所示。当同级公路并行时，则共用一条边线，各自移位表示。当不在同一平面上的道路并行，且路堤明显时应表示路堤，若铁路在高处，公路省条边线绘出，如图 7.25(3)所示；若公路在高处，公路应移位表示，如图 7.25(4)所示。

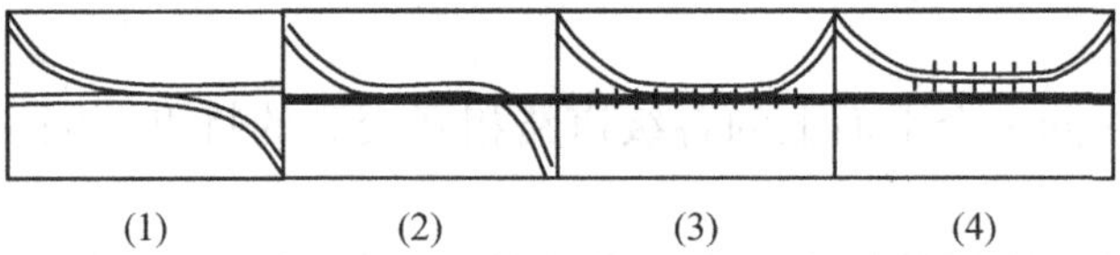

图 7.25　道路并行时的表示

山区的盘山公路，当绘不下各自符号时，根据实际情况可共边线绘出，也可各自适当移位绘出，盘山公路或简易公路判绘如图 7.26 所示，要注意路堤和路堑的表示。盘山公路的险峻地段如有名称的，应注记名称。

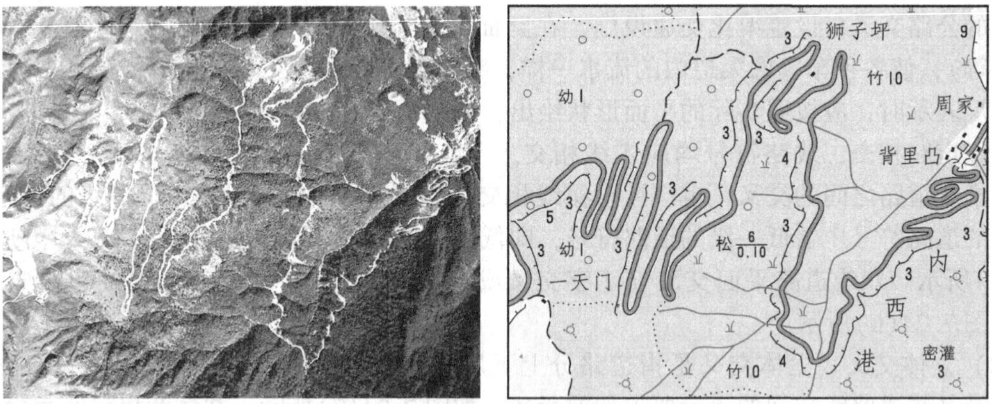

图 7.26　盘山公路判绘样图

3. 道路变级

可通行载重汽车的道路，即公路与简易公路，在地形图上表示时，可根据实际情况中途变换等级。当公路技术等级或铺面材料中途变换时，在分界处的各种线路上进行注记，或在路面材料变换处绘一短线，分别注记路面性质。

公路、简易公路根据实际情况可与乡村路或小路相接。

由于乡村路和小路的运输能力差别不大，所以在地形图上乡村路和小路不能中间变换等级，只能在通过一居民地后，方能变换道路符号。

7.5.2　道路与其他地物的关系处理

1. 道路与独立地物

由于独立地物大多具有方位作用，因此，当道路与独立地物距离较近，不能分别准确表示时，一般是独立地物按真实位置准确表示，道路符号断开［图 7.27(1)］或部分断开表示［图 7.27(2)］。但独立房屋与铁路、普通公路或简易公路距离较近不能同时准确表示时，独立房屋移位，并与道路边线实交表示，如图 7.27(3)所示。

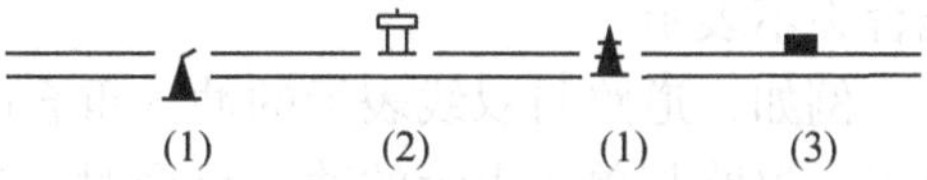

图 7.27　道路与独立地物的表示

2. 道路与水系

道路与河流、沟渠相距较近，不能同时准确表示时，是道路准确表示，河渠移位，还是河渠准确表示而使道路移位呢？现行规范中没有明确规定。作者认为，这需要考虑两个方面的问题：一是要考虑地形要素表示的合理性，使各种要素的表示互相协调；二是考虑军事应用的需要。河流、沟渠的位置和走向与地形起伏形态密切相关，如果改变河流、沟渠的位置，会导致其与地貌要素的矛盾，使各要素的表示不相协调。修筑道路时，如果地形起伏影响了道路的运输能力和通行安全，一般采取局部改变地貌形态的措施，如修筑路堤、开挖路堑等。因此，综合考虑这些因素，道路与水系的关系处理，应遵循以下六个原则。

(1) 铁路、高速公路与河渠并行，不能同时按真实位置表示时，一般以铁路、高速公路为主按真实位置表示，河渠可适当移位。

(2) 普通公路或简易公路与双线河渠并行，不能同时按真实位置表示时，一般以河渠为主按真实位置表示，普通公路或简易公路可适当移位；普通公路或简易公路与单线河渠并行，不能同时按真实位置表示时，一般以普通公路或简易公路为主按真实位置表示，河渠可适当移位。

(3) 大车路、乡村路或小路与河渠并行，不能同时按真实位置表示时，一般以河渠为主按真实位置表示，大车路、乡村路或小路可适当移位。

(4) 当铁路、普通公路在堤上通过时，以铁路、公路为主，堤以路堤符号表示，如图 7.28(a)所示；当铁路、公路在堤脚通过时，堤移位表示，如图 7.28(b)所示。

(5) 当简易公路、大车路、乡村路或小路在堤上通过时，则省去道路符号，并注意符号间的实交或间隔，如图 7.28(c)和图 7.28(d)所示。道路在堤脚通过时，道路移位表示，如图 7.28(e)所示。

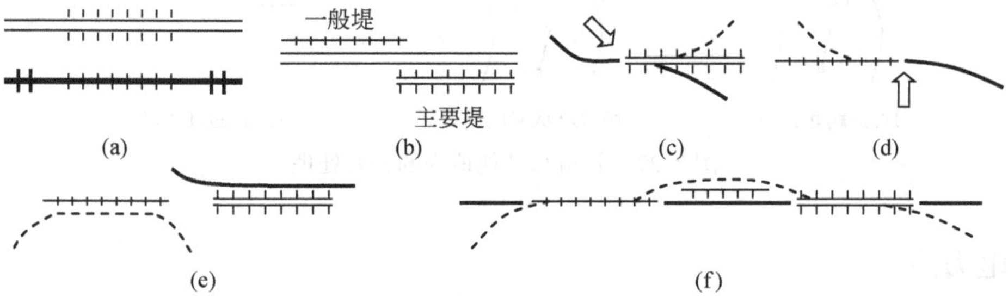

图 7.28　道路与堤的关系处理

(6) 当道路断续与堤相接时，重合的路段可省略道路符号；非重合路段，则应绘出，不能省略道路符号，以保证道路有明确的走向，如图 7.28(f)所示。

3. 道路与地貌

道路表示与地貌符号发生矛盾时，以道路表示为主，即准确表示道路，地貌符号移位表示或舍去不表示。

例如，道路与双线表示的冲沟重合时，道路按真实位置描绘，冲沟可适当放宽以陡崖符号表示；道路与单线表示的冲沟重合时，道路按真实位置描绘，若单线冲沟明显，则放大为双线表示，否则舍去不表示。

再如，道路与干河床重合，不能同时依比例尺表示时，准确表示道路，省去干河床符号，当干河床两岸有陡崖时，视情况移位或舍去。

单线道路通过陡崖，可根据陡崖的高度，用道路直接压盖陡崖符号或陡崖符号断开表示。

7.6 管线与机场

7.6.1 管道

管道主要用于输送水、石油、天然气、煤气以及研成粉末的固体等物质，有重要的经济意义和军事价值。管道有的露在地面，有的埋于地下，有的架空跨越其他地物。

管道是线状地物，在图像上的影像为不同色调、粗细均匀的细线，判读特征较明显。地下管道只能根据地上的保护标志进行判读。由于微波有穿透地表的作用，故用雷达图像判读较浅的地下管道是非常有效的。

在地形图上，图上长度大于2cm 的地上或地下管道用相应符号表示，并根据管道的输送物质分别加以注记，如“水”、“气”、“油”、“煤”等。地下管道的地下出入口用相应符号表示。没有明显地上标志的地下管道一般不表示。

管道上的附属设施，如加压站等，在不影响其他地物表示时按相应符号表示。

跨越河流、沟渠、道路的管道，符号不中断，压盖这些地物绘出，如图 7.29(a)所示；若管道从这些地物的下面通过，则用地下管道符号表示，如图 7.29(b)所示。管道从街区通过时，不论是地上或地下管道，符号绘至街区边断开，如图 7.29(c)所示。

居民地内的管道不表示。管道符号与居民地符号、独立符号或注记相交时应中断。

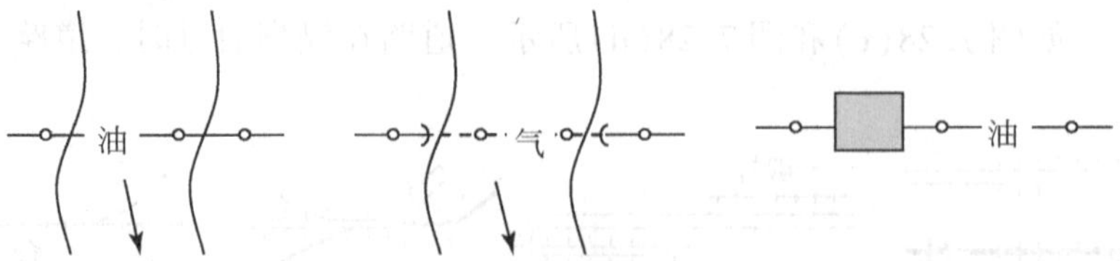

(a)管道跨越河流　　(b)管道从河底通过　　(c)管道通过街区

图 7.29　管道与其他地物的关系处理

7.6.2 电力线

电力线包括输电线和配电线。

配电线是 220V 和 380V 的线路，也称低压线。由于低压线多在居民地内，且对军事行动影响较小，所以在中小比例尺地形图上不表示。

输电线是指输送电压大于等于 10kV 的线路，包括架空输电线路和电缆线路。由于电缆线路多埋设在地下，走向判断困难，在地形图上只表示地面出入口。

1. 输电线路识别特点

架空输电线路是指用绝缘子和杆塔将导线架设在地面上的电力线路。目前，我国架空输电线路的电压有 10kV、35kV、110kV、220kV、330kV、500kV、750kV、800kV（直流输电）和 1000kV 等。电力部门将 10～220kV 的输电线路称为高压线路，330～750kV 的输电线路称为超高压线路，750kV 以上的输电线路称为特高压线路。

架空输电线路由线路杆塔、导线、绝缘子、线路金具、拉线、杆塔基础和接地装置等构成。

架空输电线路的电压不同，相应的装置有明显区别，但最重要的是导线直径、杆塔类型以及绝缘子类型和片数的区别。

架空输电线路的杆塔，主要有水泥单杆、水泥双杆和铁塔三种类型。

根据杆塔的受力特点不同，分为悬垂型塔（也称直线型塔）和耐张型塔；根据同一杆塔上架设的导线数量的不同，分为单回路、双回路和多回路输电线路。根据杆塔上部架设导线的方式和形状的不同，分为“上”字型、“干”字型、门型、酒杯型、猫头型和倒伞型等几种。

架空输电线路输送的电压除与杆塔的类型有关外，还必须与绝缘子的类型和片数相协调。绝缘子类型较多，按照结构分有盘型和棒型，按材质分有瓷、钢化玻璃和有机复合材料等，按造型分有普通型、防污型等。表 7.6 给出了架空输电线路主要装置的技术参数。

表 7.6 架空输电线路电压识别特征

电压	导线分裂形式	绝缘子类型及片数	杆塔类型	避雷线
10kV	1 条	盘型	水泥单杆	无
35kV	1 条	盘型或短棒型	水泥单杆，双杆	无或有
110kV	1 条	棒型 7 片	水泥双杆，铁塔	有
220kV	1 条	棒型 13 片	水泥双杆，铁塔	有
330kV	1 条、2 条或 3 条	棒型 17 片	水泥双杆，铁塔	有
500kV	2 条、3 条或 4 条	棒型 25 片	铁塔	有
750kV	4 条、5 条或 6 条	棒型 32 片	铁塔	有
800kV	5 条或 6 条	棒型 52 片/56 片/60 片/64 片	铁塔	有
1000kV	6 条或 8 条	棒型 边相 34 片，中相 39 片	铁塔	有

注：导线分裂形式是指三相输电线中担负每一相所用导线的条数；绝缘子片数的规定，是指杆塔位于海拔在 1000m 及以下的情况，海拔 1000m 以上的线路应适当增加数量，如 1000kV 的超高压，在海拔 1500m 时，边相为 35 片，中相 41 片；在海拔 2000m 时，边相为 37 片，中相为 42 片；塔高超过 40m 的杆塔，高度每增加 10m，绝缘子片数增加 1 片

2. 电力线表示要求

高压输电线路不仅对经济建设和判定方位有重要作用，而且对通信、电子兵器的使用和空

降场地的选择等军事行动有重要影响，是重要的地图要素之一。在地形图上，输电线路用高压线符号表示，该符号除拐弯处的点代表示线杆（塔）的真实位置外，其他点都是示意性的，不代表线杆（塔）的位置。地下电缆入口用相应符号表示。

表示输电线路时，应注意以下六个问题。

（1）取舍恰当。在输电线路密集地区，10kV 的电力线可取有长远方向的干线表示，舍去输送距离较短的支线以及与更高电压线路并行的线路。

35kV 及以上的电力线都应表示。已经废弃不用的线路不管原来的电压高低均不表示。和 35kV 及以上的电力线相连的变电站用变电所符号表示；仅与 10kV 的电力线相接的变压器和配电房一般不用变电所符号表示，可视情况用独立房表示。

（2）准确表示有方位作用的电线杆塔。有方位作用的电线杆塔是指位于山顶、山脊、鞍部等明显位置或形状高大特殊，远处易于识别的电线杆塔。它是第一类方位物，判绘时应用相应符号准确表示。

（3）正确注记输电电压。输电电压对电子兵器、无线电通信等电磁环境有重要影响，地形图上应准确注记输电线路的电压值（以万伏特为单位）。

（4）准确表示输电线路的地面出入口。输电线路是完整的系统，不能半途中断。当架空输电线路转入地下变为输电电缆时，电力线的地面出入口应准确表示。

（5）注意判绘工作边处的处理。在遥感图像上判绘电力线时，一般只需判读出拐弯点，其他的以直线相连。但是，在相邻判绘图像的接边处，由于地形起伏引起的投影误差和判读误差的影响，往往使电力线接边困难。为保持电力线的准确接边，在判绘图像的工作边处不管有无拐点，均应在其内外各刺出一个杆塔的位置，以供接边使用。

（6）位于铁路、公路两侧并与其在图上相距 3mm 以内的电力线（表示管道、通信线时也如此）表示时，不必全线绘出，只需在转折、分岔处绘出一段相应符号。多条输电线并行，并在图上相距 3mm 以内时，只选取其中一条准确表示，其他的只在转折、分岔处绘出一段符号，以示走向（管道、通信线的表示也如此）。

7.6.3 通信线

有线通信线是指利用金属导线、光纤等有形媒质传输信息的线路，简称通信线，它利用电信号在导线上的传输来传送声音、文字、数据和图像，以达到有线通信的目的。与无线通信相比，有线通信具有抗干扰能力强、保密性能好、信息传输可靠的特点。

有线通信线在地形图上用通信线符号表示，表示的方法与电力线基本相同。但是，有线通信线只在地物稀少的地区才表示，一般地区不表示。

在地形图上表示的有线通信线中途与地下通信电缆相接时，地下电缆不表示，只在交接处绘一弧线符号，以示转为地下。

7.6.4 机场

机场是为空中运输、行驶服务的所有设施的总称。机场一般由跑道、停机坪、机库（机窝）、指挥室（塔）、油料库、候机室和休息室等组成。在判绘时，机场用规定的机场符号表示，符号绘在跑道的中心位置，并加注名称。当跑道较大能依比例尺表示时，用细实线准确描绘出跑道、停机坪的位置，并在跑道的中心绘制一飞机符号；不能依比例尺表示时，机场符号中的跑道按真实方向绘出。

机场符号没有压盖的其他地物，用相应符号表示。高大的指挥塔可用塔形建筑物符号表示，机场外围的铁丝网、栅栏也要注意表示。

高等级公路上有些路段路面较宽，路基坚固，铺面平整，路线笔直，两侧没有遮挡物，可供飞机起降，判绘时用垂直于道路的两短线标出可起降飞机路段的范围，并配以相应符号。

第8章　水系及其附属建筑判绘

水系是江、河、湖、海、水库、渠道、池塘、水井、泉等及其附属地物和水文要素的总称。

在国民经济建设中水系对农业、航运、能源和矿产开发等方面有重要意义。对军事行动来说，水系一方面对战场机动有天然障碍作用；另一方面也为供水、水上交通和水上作战提供了有利条件。

水系及其附属建筑判绘的内容很多，情况也比较复杂。判绘水系及其附属建筑时，必须做到以下六方面：①恰当划分水系的类别和等级，主次分明；②准确表示水系的位置、形状、大小和分布，形态逼真；③正确反映水系的障碍和两岸滩涂情况；④正确表示水上运输设施及各种水工建筑；⑤准确注记反映水系及其附属建筑特征的参数；⑥水系要素在密集地区可取舍，但不得综合，水系取舍后应反映其分布特征和通行情况。

8.1　水域岸线与岸

水域岸线是指水域与陆地的交界线，简称岸线。水域的位置、形状和大小主要由岸线确定。因此，判绘水域的关键是正确确定岸线，准确表示岸线。根据水位的高低情况和水系的类别，可将岸线分为常水位岸线、高水位岸线、时令水位岸线和海岸线。

水域岸是滨临江、河、湖、海等水域边缘的一段陆地，简称岸。根据岸的坡度、土质、形成原因等，岸可分为缓岸与陡岸、石质岸与土质岸、自然岸与人工岸。

8.1.1　水域岸线

江、河、湖、海的水位受降水或潮汐的影响经常变化，没有固定不变的位置。有的江河、湖泊常年有水，但在雨季时水位高，旱季时水位低；有的河流和湖泊不是常年有水，而是在一年中只有几个月有水，在其他时间没有水；还有的河流和湖泊，只在短暂时间内有水；海水受潮汐影响，其水位时刻都在变化。为了区分水系中的不同类别，反映其水位情况，在地形图上岸线分别用常水位岸线、高水位岸线、时令水位岸线和海岸线表示。

1. 常水位岸线

常水位岸线是指常年有水的河流、湖泊一年中大部分时间的平稳水面与陆地作用形成的岸线。常水位岸线代表了常年有水的河、湖的水域范围。

在遥感图像上，水体影像纹理细腻、光滑、均匀，色调的深浅与图像获取时的角度、水域深浅和水中悬浮物多少等因素有关，一般为深色调。特别是在红外图像上，水体呈黑色，与陆地背景有较大的反差，水涯线明显，易于识别。

但是，水涯线只代表了遥感图像获取时刻的水位，不一定是常水位岸线的位置。如果图像在洪水季节或干旱枯水时期获取，则水涯线高于或低于常水位岸线的位置，判绘时不能按影像描绘，应进行改正。改正方法：一是可根据常水位岸线与路堤冲蚀、侵蚀的坎部影像位置描绘；二是可实地调查确定 3 个以上的常水位岸线的水位点，在立体观察下描绘；三是可根据有关水文资料确定。

在非雨季或旱季获取的图像上，水涯线与常水位岸线的位置差别不大，判绘时一般可用水涯线代替常水位岸线。

2. 高水位岸线

高水位岸线是指常年有水的河流、湖泊在雨季最高水位时形成的岸线，也称高水界。高水位岸线以上地带，一般不会受河水的浸蚀，是建筑设计和宿营的安全线。

高水位岸线可根据洪水浸蚀后留下的痕迹判定。高水界与水涯线之间常是沙土地、沙砾地或卵石地，一般没有植被，影像特征十分明显。

高水位岸线在地形图和判绘图像上，用棕色虚线表示。若高水位岸线与常水位岸线相距较近，高水位岸线可省略不绘，只表示常水位岸线；当二者的距离大于图上 1mm 时，高水位岸线和常水位岸线都要表示，并在其间绘出相应的土质符号。如果高水位岸线与堤或陡坎重合，则高水位岸线符号省去不绘，用堤或陡坎代替。

3. 时令水位岸线

时令水位岸线是指由季节性降雨，或冰雪消融，或间歇泉的作用所形成的季节性流水侵蚀的岸线。季节性有水的河流、湖泊称为时令河、时令湖。

时令水位岸线在地形图和判绘图像上用深蓝色的虚线表示，可根据水涯线或河床的影像描绘。

在室内仅根据遥感影像很难确定是否为时令河、湖。因为遥感图像在有水季节获取时，与常年有水河、湖不能区分；在无水季节获取时，与一年大部分时间无水，只短暂时间有水的干河、干湖不能区分。所以，只能根据可靠的水文资料或通过实地调查来确定是否为时令河、时令湖。

8.1.2　水域岸

水域岸的岸质、陡缓，与水上运输、港湾建设、部队的水上作战和登陆抗登陆作战等有着密切的关系，所以在地形图上应详细表示。

1. 陡岸

陡岸是指坡度大于 70°的岸坡。陡岸对于建筑施工、越野行动、登陆与抗登陆作战有重要影响。影响的程度主要取决于陡岸的高度、性质以及与常水位岸线间的距离等。因此，在地形图上除要求注记陡岸的比高、区分土质和石质外，还要区分有滩陡岸和无滩陡岸。

陡岸为高于水面的陡峻线状地物，在立体观察下其形态和位置都容易识别。

（1）有滩陡岸。岸的坡脚与常水位岸线间有便于通行的滩地地段的陡岸，称为有滩陡岸。在地形图上，有滩陡岸与陡崖符号相同，都为棕色齿状符号。在表示时，应根据其性质用土质或石质符号加以区分，并注记比高，如图 8.1(1) 和图 8.1(2) 所示。

（2）无滩陡岸。岸坡直伸水下的陡岸称为无滩陡岸。在地形图上用蓝色的无滩陡岸符号区分土质与石质表示，并注记比高，如图 8.1(3) 和图 8.1(4) 所示。

对于较窄的双线河或单线河，河内绘不下无滩陡岸符号时，若陡岸的方位和障碍作用确实明显，可将陡岸符号绘在河流符号的两侧表示，如图 8.1 所示。

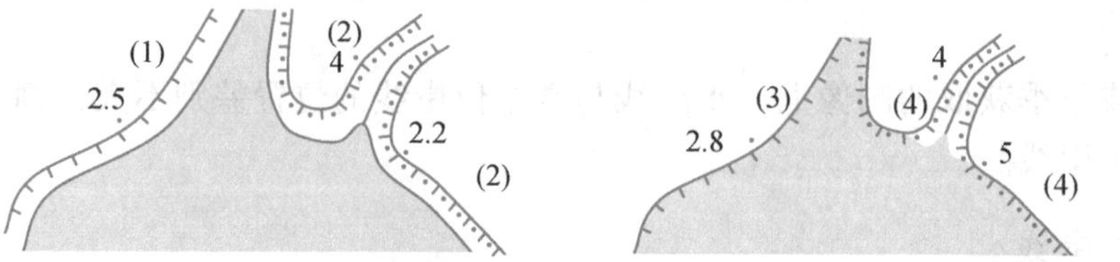

(1)土质有滩陡岸　(2)石质有滩陡岸　(3)土质无滩陡岸　(4)石质无滩陡岸

图 8.1　陡岸类型及其表示方法

2. 堤、堤岸与加固岸

（1）堤。它是指沿江、河、湖、海或沟渠的岸边修建的挡水建筑物。因为堤所处的位置不同，大小不同，其防洪、防潮的作用不同，对军事行动的影响也不同，所以现行图式将堤分为主要堤和一般堤两种类型。主要堤是指堤高和堤顶宽度均大于等于 5m 的堤，如图 8.2(1)所示；一般堤是指堤高或者堤顶宽度小于 5m 的堤，如图 8.2(2)所示。对于高虽不足 2m，但确有方位意义的堤，也可用一般堤符号表示。

在滨临湖、海地带自然形成的高、宽均不规则的长条垄状物体称为岸垄。它是在波浪与潮水的作用下，由大量泥沙、砾石、贝壳等物体堆积而形成，在立体观察下容易识别，比高在 1.5m 以上时，可用一般堤符号表示。人工用石块等堆积，但没有修筑的不规则长条状挡水物体，比高在 1.5m 以上时，也用一般堤符号表示。

堤上是普通公路和简易公路时，堤作为路堤表示；堤上是单线道路时，道路绘至堤端。堤上、堤坡或堤脚有房屋时，应按相关位置表示。

（2）堤岸。堤的一侧堤坡直伸入水的地段称为堤岸。堤岸也可称为以堤为岸的地段。凡堤高在 1.5m 以上，不论是主要堤或是一般堤，只要一侧堤坡与水域相接，一般情况下均用堤岸符号表示，即以一般堤符号省略水涯线一侧的短线，并与常水位岸线间隔 0.2mm 表示，并注记比高，如图 8.2(3)所示。当主要堤的一侧是大面积水域，主要堤符号不影响水域的显示时，可省去常水位岸线或海岸线，用主要堤符号表示，如图 8.2(4)所示。

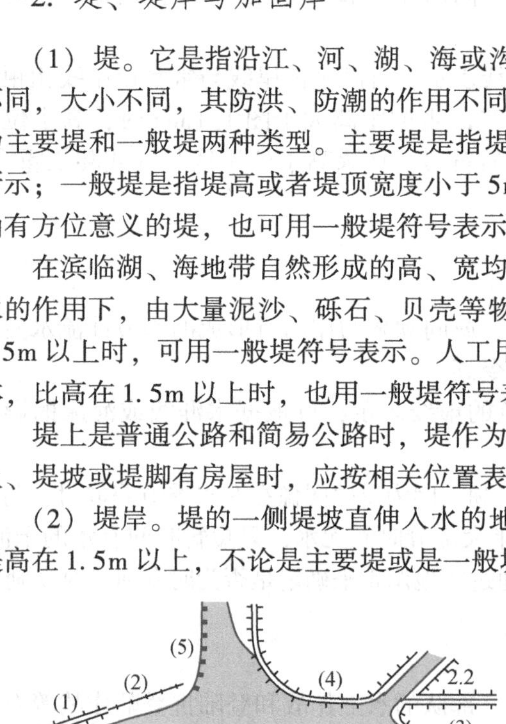

(1)主要堤　(2)一般堤　(3)堤岸(一般)
(4)堤岸(主要)　(5)加固岸

图 8.2　加固岸与堤岸的表示

（3）加固岸。加固岸是指用木桩、砖、石或混凝土等材料加固修筑护岸地段，在地形图上用加固岸符号表示，如图 8.2(5)所示。

8.2　河流、湖泊与水库

8.2.1　常年有水的河流与湖泊

1. 河流分级

河流是指由一定区域内的地表水或地下水补给而沿着狭长凹地流动的水流，是自然形成的带状地物。一般来说，河流的长和宽能够反映其社会、经济价值和对军事行动的影响。因此，正确确定和准确表示河流岸线是判绘河流的基本要求。但是，由于成图比例尺及地图符号尺寸的限制，在地形图上不可能对所有河流的宽度依比例尺表示，必须按实际情况进行分级，分别用依比例尺的双线符号或粗细渐变的单线符号表示。

在比例尺小于 1∶2.5 万的地形图上，河流图上宽大于 0.4mm 的，用双线符号分别表示左右岸线；小于 0.4mm 的，河流依实际宽度用 0.1～0.4mm 单线符号表示。在 1∶1 万地形图上，河流图上宽大于 0.5mm 的，用双线符号分别表示左右岸线；小于 0.5mm 的，河流依实际宽度用 0.1～0.5mm 单线符号表示。河流在不同比例尺地形图上划分的标准见表 8.1。

表 8.1　河流等级划分表

图上宽度	1∶1 万	1∶2.5 万	1∶5 万	1∶10 万
0.1～0.4mm	—	10m 以下	20m 以下	40m 以下
0.1～0.5mm	5m 以下	—	—	—
双线	5m 以上	10m 以上	20m 以上	40m 以上

为什么分别取 0.4mm 或 0.5mm 作为宽度依比例尺表示的界线呢？这是为了保证用双线表示的河流在两侧岸线各取 0.1mm 后，中间空白部分分别不小于 0.2mm 或 0.3mm。

对同一条河流，可根据实际情况，用单实线或双线符号交替表示。但是，在表示时应注意河流宽度的变化规律，一般情况下是上游窄，下游宽。判绘时，除了正确划分河流等级，同时还要如实反映岸的类型、性质。

2. 河流注记

仅表示了河流的岸线，并不能完全反映河流的性质和特点，还必须沿流向注记常水位宽、水深、河底性质、流速和流向，如图 8.3 所示，并应尽量测注在桥梁、渡口、徒涉场附近，一般在图上每隔 15～20cm 注出一组。

河宽是常水位岸线的宽度，其在图像上有所反映，如果图像比例尺准确，可在图像上直接量取。其他的注记数据一般需通过实地量测取得，或参考可靠的水文资料。必须注意的是，判绘图像上单、双线符号变换处的注记数字与河流分级符号、实际宽度应协调一致，如 $\dfrac{25}{0.4}$泥，不是量注错误，就是表示不当。河底性质按沙、淤泥、硬土、砾石和岩石五种类型注记。

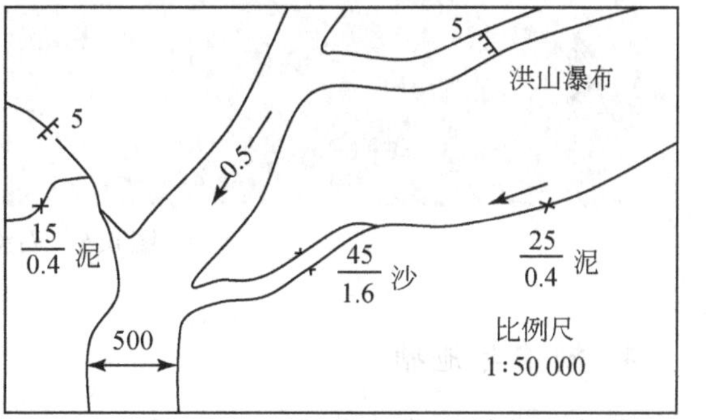

图 8.3　河流注记

宽、深变化较大的河流，还应附加高水位时的宽、深注记，如$\dfrac{168-240}{1.2-2.4}$沙。当河流水深在 3m 以上难以直接量测又无可靠资料供利用时，可只注河流宽，并在图历簿中说明。河流流速大于 0.3m/s 时，对徒涉有影响。因此，凡流速大于 0.3m/s 的河流都要注记流速。可以通行机动船只的河流，应标出可通航的河段。当河流有名称时，还应注记名称。

图 8.4　黄果树瀑布

3. 瀑布与石滩

瀑布是从河床纵断面的陡坡或悬崖处倾泻下降的跌水地段，如图 8.4 所示。主要是由水流对河底软硬层的差别侵蚀而成，在两者出露处，硬岩层突然露于易受侵蚀的软岩层之上成为陡崖，水流便在这里陡落为瀑布。另外，山崩、断层、熔岩阻塞，以及冰川差别侵蚀和堆积也能形成瀑布。

瀑布处的陡崖和浪花是在图像上判读瀑布的重要标志。瀑布除用相应符号表示外，还应注记跌水高度；有名称的还应注记名称，如“黄果树瀑布”。瀑布位置要描绘准确，否则，会与等高线的表示发生矛盾。若水渠的跌水较明显，也用瀑布符号表示，但不注记比高。

石滩是河床上大量露出水面或隐于浅水下的岩石所造成的急流险滩地段，如图 8.5 所示。石滩常分布于山区河流，滩上一般水深较浅，水流湍急，不利于航行。石滩根据其实地范围在图上依比例尺或不依比例尺用相应的石滩符号表示。小三角块符号的数量和位置是示意性的，并不与实际岩石一一对应。著名的石滩还要注记名称。单线河内的石滩不表示。在能通航的河流中，有方位意义和障碍作用的明礁石用明礁符号表示，而不用石滩符号表示。

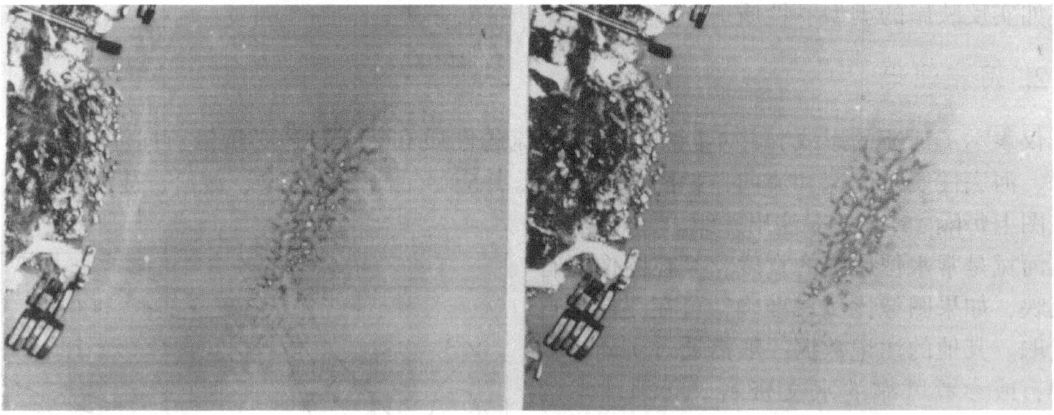

图 8.5　石滩（立体像对）

4. 湖泊与池塘

湖泊和池塘以常水位岸线表示其范围，一般不表示高水位岸线。但对于水位随季节变化很大的湖泊，如海河下游的七星海、白洋淀等，高水位岸线很明显，且高水位和常水位相差较大时，也应表示。非淡水湖泊还要加注水质，如“咸”、“苦”等。

一般情况下，图上面积大于 $1mm^2$ 的湖泊和池塘均应表示，对于面积小于 $1mm^2$ 的湖泊和池塘，如有方位作用，可放大到 $1mm^2$ 表示。有的地区池塘很多，逐个表示确有困难，可进行适当的取舍。

池塘大多具有挡水堤坝。这些堤坝一般不表示，只有当坝长大于图上 5mm 或坝高大于 1.5mm 时，才按实际情况用堤岸或堤的符号表示，并量注比高。

珠江三角洲的桑基鱼塘区，原是低洼积水之地，后经开发利用，形成许多池塘，塘间堆筑基（堤），池塘养鱼，基面种桑，故称桑基鱼塘。这个地区以表示通道、居民地、河、渠为主。凡影响这些地物表示的池塘可舍去不绘。当池塘间的基较窄不能分别表示各自的岸线时，可共用岸线表示。但对有道路通过的基，不论多窄，必须根据具体情况扩大表示，或用堤的符号表示，以正确显示道路，图 8.6 是桑基鱼塘的判绘示例。

图 8.6　桑基鱼塘判绘示例

8.2.2　时令河、湖

时令河、湖是季节性有水或间断有水的河、湖。在地形图上除用时令河、湖岸线表示其范围外，还应注记有水月份。时令河的分级标准与常年有水河相同。时令河、湖大多分布在北方和西部半干旱地区，以及冰川下游地区。一般一年内至少在四五个月的固定时间内有水。时令河的判读比较困难，常常与常年有水河或干河床相混淆。在室内判绘时，应有现势性较好的水文资料作参考。若参考上一代地形图判绘时令河、湖，由于自然条件的变化，往往有较大的误差。

8.2.3　消失河段和地下河段

消失河段是河流经过沼泽、沙砾地、沙地时，河床不明显或地面水流消失的地段，也称“盲谷”。根据河流的等级，消失河段相应地用单条点线或双排点线表示，其颜色与河流岸线颜色一致，如图 8.7(1)所示。

地下河段是河流从地下流过或穿过山洞的地段，也称“暗河”或“伏流”。它主要分布于岩溶地貌区。一般在一处地表水流入，在另一处又重新流出，如图 8.8 所示。在地形图上，地下河流的进水口位置和出水口位置用相对的圆弧线表示，并在进水口处绘一流向符号，以示河水的流向，如图 8.7(2)所示。地下水渠的表示与地下河流相同。水渠穿过道路、河流、谷地、居民地时所采用的倒虹吸管，也用地下河段符号表示，但不绘流向符号，以和真正的地下河段相区别，如图8.7(3)所示。

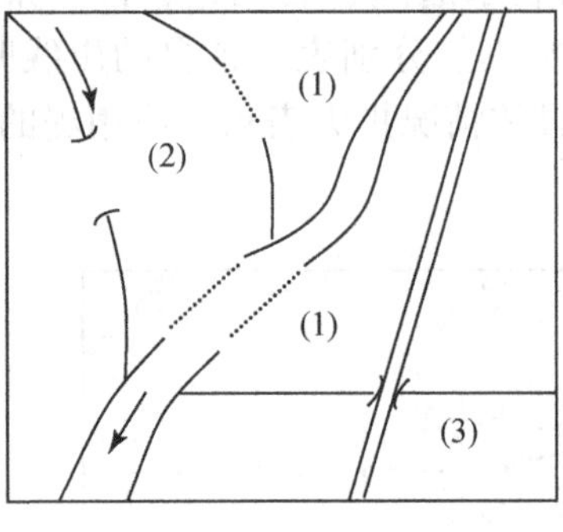

(1)消失河段　　(2)地下河段

(3)倒虹吸管

图8.7　消失河段和地下河段

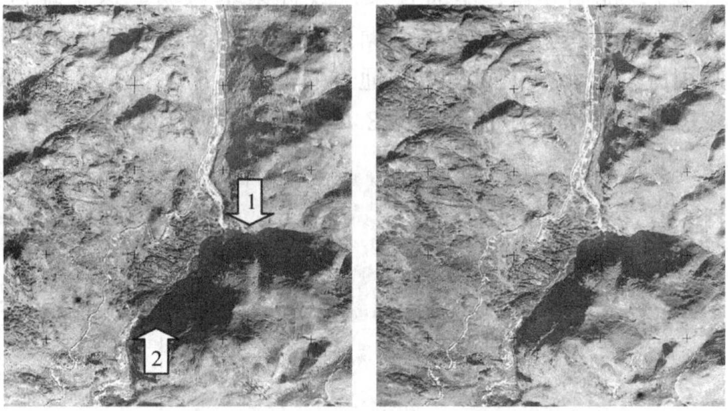

图8.8　地下河段（立体像对）

8.2.4　水库

水库是拦洪蓄水和调节水流的水利工程建筑，主要由库区、拦水坝、溢洪道和水闸组成。

1. 水库岸线和库容量

（1）水库岸线。水库的水位除受降水影响外，还受人工控制。在地形图上只表示常水位岸线，不表示高水界。水库岸线一般按图像获取时的水涯线影像描绘。当图像获取时的水涯线比常水位岸线低很多时，通常应在水涯线附近刺出一些常水位通过的地物点，并量取至水涯线的比高，作为内业立体测图时测绘常水位岸线的依据。

由于大型水库的上游水位与拦水坝附近的水位并不一定等高，有的相差数米，所以在立体镜下根据明显的物点描绘水库岸线时，必须注意水库水面并不是水平面，而是上游高、下游低的倾斜面。

（2）库容量。水库按照库容规模，一般分为小型水库（库容量1000万m^3以下）、中型水库（库容量1000万～1亿m^3）和大型水库（库容量大于1亿m^3）。

库容量在1000万m^3以上的大中型水库和重要的小型水库，应注记常年库容量、安全库容量和水库名称。库容量超过1亿m^3的以亿m^3为单位，1亿m^3以下的以万m^3为单位。

2. 拦水坝和滚水坝

（1）拦水坝。拦水坝是横断江河和山谷拦截水流的水工建筑。按照构筑材料分为水泥混凝土坝、石坝、橡胶坝和土坝；按照构筑形式分为重力坝、拱坝和支墩坝。重力坝一般为直线坝，拱坝为弧形坝，支墩坝的坝后有支墩承受水流压力，分别如图8.9(a)～图8.9(c)所示。

拦水坝不论其建筑材料和建筑形式如何均用拦水坝符号表示。当弧形坝能依比例尺表示其弯曲形状时，则按真实形状绘出，否则仍用直线坝符号表示。当坝长大于100m或坝高大于30m时，应加注坝长、坝高和建筑材料注记，如图8.10(1)和图8.10(2)所示。

当拦水坝在图上的长度和宽度分别大于1.2mm和2mm时，符号的长度和短线依比例尺绘出。水库岸线与坝脚间的图上距离大于1mm时，岸线按实地位置绘出。

(a)直线坝　(b)拱坝　(c)支墩坝

图 8.9　拦水坝

简易修筑的拦水坝，在图上长度大于 5mm 且坝高 2m 以上时，按实地情况用堤或堤岸符号表示，并注比高。池塘上的拦水坝也按此方法处理。

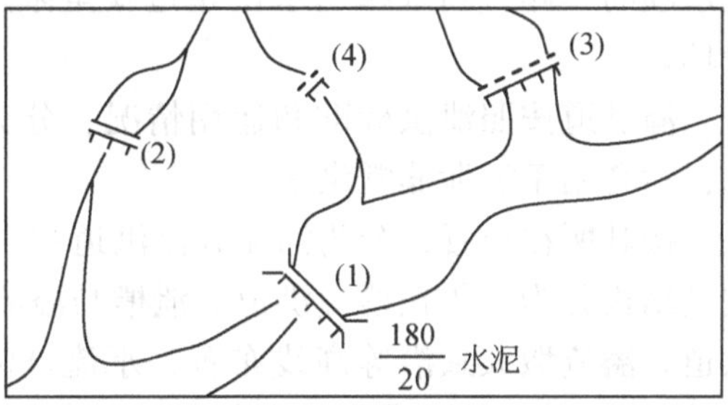

图 8.10　拦水坝与滚水坝的表示

(2) 滚水坝。滚水坝是低溢流堰、高度较低的拦水建筑，也称溢流坝。其主要作用是抬高上游水位、拦蓄泥沙。因为在高水头下溢流时，坝顶及坝面极易被冲刷，且有可能产生震动，所以滚水坝一般是水泥混凝土建筑，坝面为特殊的曲面形，使水流畅顺。土石坝一般不允许过水，仅特殊设计的较低的土石坝，其过水面有妥善的防冲措施时方能过水。

滚水坝的建筑规模一般比拦水坝小，上游水面比下游宽，有的没有形成明显的库区。当水流从坝面溢过时在下游激起浪花，旱季坝顶露出水面，影像明显，易于识别。滚水坝与拦水坝的符号不同，如图 8.10(3) 和图 8.10(4) 所示。

3. 水闸

水闸是指修建在河流、沟渠，或湖、海口，利用闸门控制流量和调节水位的水工建筑物。按照类型，水闸可分为节制闸、进水闸、冲沙闸、分洪闸、挡潮闸、排水闸和船闸等，如图 8.11 所示。

(a)节制闸　(b)船闸

图 8.11　水闸

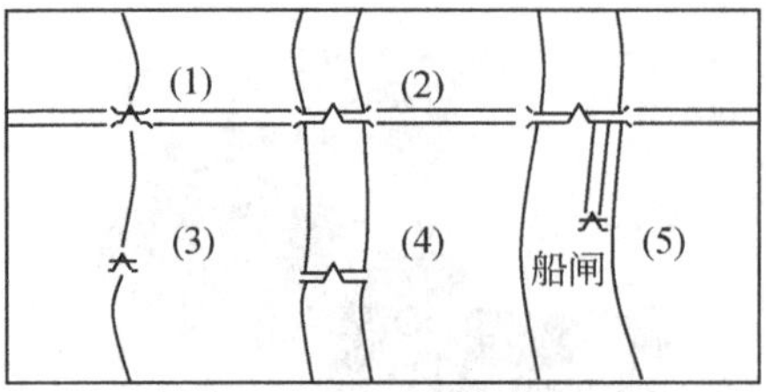

(1)、(2)可通行载重汽车的水闸
(3)、(4)不能通行载重汽车的水闸　(5)船闸

图 8.12　水闸表示方法

各种水闸按其顶部能否通行载重汽车分别用相应符号表示，如图 8.12 所示。符号的尖端指向上游，但拦潮闸的符号尖端应指向海域。拦水坝和滚水坝上有闸时，一般只表示坝而不表示闸，只有当依比例尺表示坝后同时也能绘出水闸符号时，才同时分别表示。大型船闸也用水闸符号表示，并加注“船闸”二字。

4. 溢洪道

溢洪道是水库等水利建筑物的防洪设施，多筑在拦水坝的一侧，当水库里水位超过安全限度时，水就从溢洪道向下游流出，以防止拦水坝被毁坏。

溢洪道按照泄洪标准和运用情况，分为正常溢洪道和非常溢洪道。前者用于溢泄设计洪水，后者用于溢泄非常洪水。

按其所在位置，分为河床式溢洪道和岸边溢洪道。河床式溢洪道由坝体泄洪。岸边溢洪道按其结构分为：①正槽溢洪道。泄槽与溢流堰正交，过堰水流与泄槽轴线方向一致。②侧槽溢洪道。溢流堰大致沿等高线布置，水流从溢流堰泄入与堰轴线大致平行的侧槽内，流向作近90°转弯，再经泄槽或隧洞流向下游。③井式溢洪道。洪水经过环形溢流堰，经竖井和隧洞泄入下游。④虹吸溢洪道。利用虹吸作用泄水，水流出虹吸管后，经泄槽流向下游，可建在岸边，也可建在坝内。

正槽溢洪道、侧槽溢洪道等用干沟符号，井式溢洪道与虹吸溢洪道用地下河段出入口，与干沟符号配合表示。

8.3　运河与沟渠

运河是以沟通地区或水域间水运的人工河道，通常与自然水道或其他运河相连。除航运外，运河还可用于灌溉、分洪、排涝和给水等。沟渠是为灌溉或排水而挖的水道。

运河与沟渠都是人工开挖的水道，对于运输、灌溉、排涝和发电等方面有重要意义，对军事行动也有重要的影响，在地形图上应准确表示。

8.3.1　运河、沟渠的分级和分类

运河、沟渠的分级标准相同，且表示符号一样。由于运河、沟渠的各自宽度基本一致，故其分级标准同自然形成河流是不同的。凡宽度大于图上 0.4mm 的以双线符号依比例尺表示；小于 0.4mm 的以 0.1mm 或 0.3mm 单线表示，表 8.2 显示了运河、沟渠的分级标准。

表 8.2　运河、沟渠的分级标准

图上宽度	1∶1 万	1∶2.5 万	1∶5 万	1∶10 万
0.1mm	—	5m 以下	10m 以下	20m 以下
0.3mm	—	5～10m	10～20m	20～40m
0.5mm	5m 以下	—	—	—
双线	5m 以上	10m 以上	20m 以上	40m 以上

沟渠按其底部和地面的高度关系，分为一般沟渠和高于地面的沟渠两类。高于地面的沟渠是指渠底高于地面的沟渠。高于地面的沟渠在实地有较明显的方位作用，因此在地形图上用与一般沟渠不同的符号表示，以示区别。

8.3.2　运河、沟渠的判读与表示

1. 运河、沟渠的判读

运河、沟渠是人工水系，因此人工开凿特点十分明显，在图像上是平直、整齐、宽度基本一致的带状物体。在立体观察下，水渠呈现“U”形，与道路较易区分。山区丘陵地的水渠，盘山而建。用立体观察时，其基本在一个高度面上，且有较多的水工建筑与之配套，如渡槽、倒虹吸管、过水山洞、沟堑、堤岸和水闸等。运河、沟渠在图像上的影像特征比较明显，配合立体观察，较易判读。

2. 运河、沟渠的注记

运河、沟渠与河流一样，除用符号表示外，还应测注宽和深。运河、沟渠的大小不同，障碍作用不同，对注记的要求也不一样。用双线和 0.3mm 或 0.5mm 单线表示的水渠，应测注沟宽、沟深；对常年水深在 1m 以上的运河、水渠，则应测注沟宽、水深；对高出地面的水渠和沟堑，堤高 1.5m 以上的还应量注比高，沟渠宽、深的量测方法如图 8.13 所示。

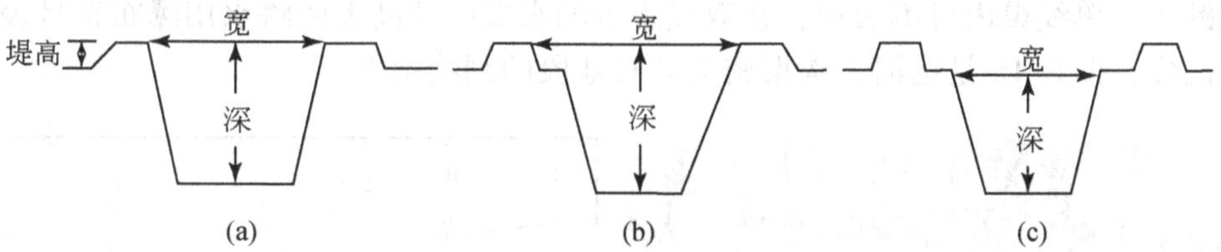

图 8.13　沟渠宽、深的量测部位

3. 沟堑的表示

沟堑是沟渠通过高地，为了保持沟渠的平直，向下深挖，两侧形成明显沟壁的地段。沟堑与路堑的形式相同，用路堑的符号表示。

沟渠的堤岸与沟堑的表示很重要，如果表示不当，在地形图上会出现沟渠与等高线矛盾的现象。

有堤岸的沟渠只是堤高于地面，而渠底低于地面，与高于地面的沟渠是不同的。通常用一般沟渠与堤岸符号配合表示。图 8.14 是沟渠、沟堑、堤岸的基本形态与表示方法。

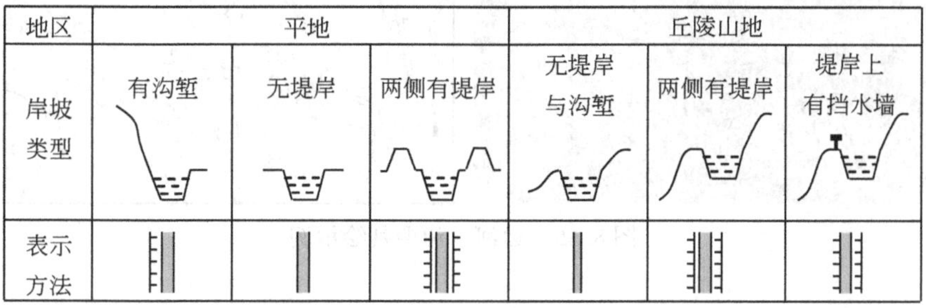

图 8.14　沟渠岸坡及其表示方法

4. 沟渠表示中的其他问题

（1）沟渠的取舍。沟渠密集地区可按一定规律进行取舍，但不得综合。如为规划区，一般应按固定的间隔进行取舍，以显示规划特点；非规划区，则取主要的，舍次要的；一般地区，凡是图上长度小于1cm的，可舍去不绘。经取舍后，水渠的间隔不得小于图上2mm，并与实地疏密特征相一致。

（2）新增水渠补绘。新增水渠在图像上无影像，补绘时容易出现与地形矛盾的现象。因此，在补绘丘陵地和山地水渠时，要进行立体观察，使水渠形态与地形一致。为确保精度，应沿新增水渠判刺几个明显通过点，供立体测图时检查改正。平坦地可根据水渠通过的明显地物点和转折点描绘，并检查描绘后的水渠与周围地物地貌的影像关系是否符合实际情况。

（3）水渠通过坝顶。有的水渠从水库坝顶上通过，其表示方法应根据实际情况而定。当水库较大，挡水建筑用拦水坝符号表示时，水渠可从拦水坝中间通过；当坝只经过简易修筑时，则坝用高于地面的水渠表示。

（4）并行水渠。单线水渠并行，且距离小于图上2mm时，可选择一条主要的、长远的水渠表示，舍去另一条；若只有一段并行，为保持每条水渠的完整性，仍应全部表示。两条双线水渠并行，应按实际情况，全部表示，不能舍去或综合；若相距很近，分别表示边线困难时，可共边线表示；一条大渠的中间有堤分割时，按共边线方式处理。

（5）水渠跌水。水渠坡度急剧变化的地段，为减缓流水对沟底的冲击而修建的台阶式建筑，称为跌水。单线渠内可不表示，在双线表示的水渠中较高大的跌水用瀑布符号表示，但不注记跌水高度，图8.15是运河、沟渠密集分布地段的判绘示例。

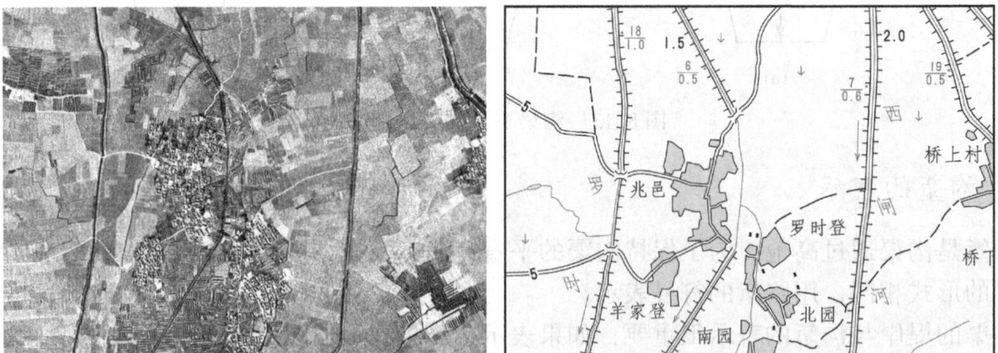

图8.15　运河、沟渠判绘示例

8.3.3　输水槽

输水槽是指渠道跨越其他水道、洼地、道路等修建的桥式交叉建筑物，也称渡槽、高架渠或输水桥。普遍用于灌溉输水，也可用于排洪、排沙，大型的输水槽还可通航，如图 8.16 所示。输水槽主要用砖、石、混凝土及钢筋混凝土等材料建成，有重要的经济价值和方位作用。

(a)灌溉用的输水槽　(b)可通航的输水槽

图 8.16　输水槽

在地形图上，不论输水槽的建筑形式和建筑材料如何，均用同一符号表示。判绘输水槽时，应注意以下五个问题。

（1）当其长度方向能依比例尺表示时，还应如实反映其曲折形态，否则用直线符号表示。

（2）输水槽两端一般连接水渠，但也有一些特殊情况，如输水槽的一端接水渠，另一端与机井房相接。它们都按输水槽符号表示，两端的地物则根据实际情况用相应符号表示。

（3）具有通航能力的输水槽，一般高大明显，除用输水槽符号表示外，还应加注名称。

（4）高架的引水管，两端连接管道或沟渠，具有明显方位作用的，一般不用管道符号，而用输水槽符号表示。

（5）废弃沟渠上的输水槽，如果基本完好，军事上方位意义明显的，仍应表示。其两端连接的渠道，根据其完整情况用水渠或干沟符号表示，或者不表示。

8.3.4　干沟

干沟特指雨后短暂时间内有积水的排涝沟。

干沟也是人工开挖而成的，多呈直线、折线形状，一般分布在夏季雨水集中、雨量充沛的农业区域，判绘时应注意与沟渠的区别。

干沟在图上表示宽度的分级与运河、沟渠相同。干沟用相应的符号表示，当深度在 1.5m 以上的还应注记沟宽、沟深。废弃的沟渠、旧堑壕也用干沟符号表示。

8.4　海岸线与干出滩

海洋占地球表面积的 71%，是水系的重要组成部分。我国海域辽阔，大陆海岸线长达 18 000多公里。海岸地形对战斗行动有重要影响，同时对国民经济建设也有重大意义。海洋地形很复杂，内容也很多，但在地形图、海岸带图上主要表示海岸带、港湾地形，以及浅海地貌。海洋要素大多都在水下，只能根据海图进行转绘或编绘。因此，判绘的主要内容是确定海岸线、干出滩的范围及性质。

8.4.1 潮汐

海水在天体（主要是月亮和太阳）引潮力作用下所产生的周期性运动称为海洋潮汐，简称潮汐。习惯上把海面垂直方向涨落称为潮汐，而海水在水平方向的流动称为潮流。古代将白天的河海涌水称为“潮”，晚上的称为“汐”，合称为潮汐。海面升高，海水涌上海岸，叫涨潮，海面下降，海水从岸上后退，叫落潮。涨潮时海水面最高处称为高潮，落潮时海水面最低处称为低潮。高潮与低潮的高差，即潮差。潮差是以朔望月为周期变化的。潮差最大时称为大潮，潮差最小时称为小潮。

海洋潮汐的成因和变化比较复杂，与天体运动、海底地形和海洋水文有关。其中，月球、太阳和地球的相对运动和相互吸引是影响潮汐变化的主要因素。

根据万有引力定律，两物体相互吸引的力与其质量成正比，而与其距离的平方成反比。月球质量虽然仅为太阳质量的1/81，但因月球距离地球比太阳近，月球与太阳的引潮力之比为11∶5，对海洋而言，月亮潮比太阳潮显著。月球引力和太阳引力的合力是引起海水涨落的引潮力。引潮力是在地球朝向月球和太阳的一面和背向的一面同时发生的。朝向月球和太阳一面形成的潮汐，称为顺潮；背向月球和太阳一面的潮汐，称为对潮。

由于地球的自传，海岸上同一地点一日内向着月球和太阳与背着月球和太阳各一次，所以，一日之内发生两次涨落潮，高低潮相隔的时间应为6h。但因月球引潮力比太阳引潮力大，而地球上的一个太阳日是24h50min，所以实际上高低潮的间隔约为6h13min。由于月球绕地球转动，在一个朔望月（29.5天）内，太阳、地球、月球相互位置的变化相应地引起潮汐的周期变化，如图8.17所示。潮汐形成的海水面及概念如图8.18所示。

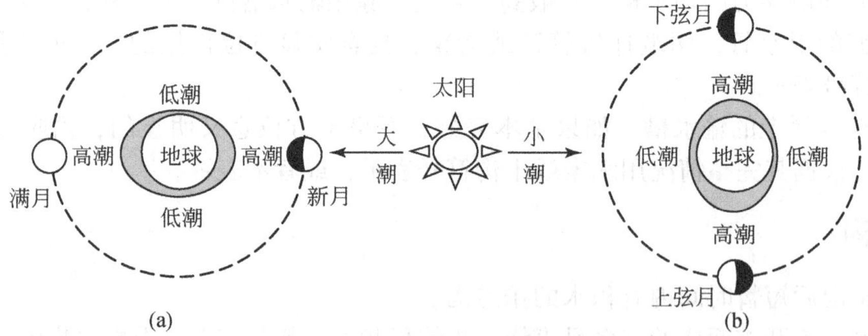

图8.17 朔望月的潮汐变化

顺潮和对潮使海岸上同一地点产生两次大潮和两次小潮，由图8.17(a)可见，朔月（农历初一）和望月（农历十五），太阳、月球、地球的中心几乎在一条直线上，地球受到的引潮力相当于月球引潮力和太阳引潮力之和，海水涨潮升得特别高，形成大潮。如图8.17(b)所示，上弦（农历初八）和下弦（农历二十三）时，3个星体的中心几乎成一直角，地球受到的引潮力相当于月球引潮力和太阳引潮力之差，所以涨潮时升得不高，形成小潮。海边实际观察到的大小潮并不一定在朔月和望月，而出现一定的滞后现象，如我国沿海的大潮多发生在农历初三和十八。

根据潮汐的变化，基本可分为半日潮、混合潮和全日潮三种类型。

半日潮一天有两次高潮和低潮，相邻两次高潮或低潮的潮位和涨、落潮的时间大致相同。我国渤海、东海、黄海的多数地方是半日潮型，如大沽、青岛和厦门等。

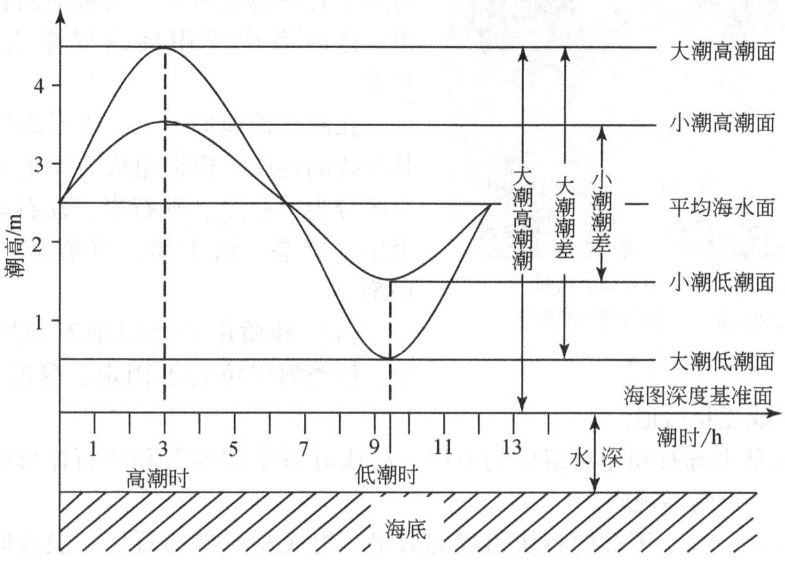

图 8.18　各种潮汐形成的海水面及其名称

混合潮是一段时间一天虽然有两次高潮和低潮，但这两次高潮或低潮的潮位和涨、落潮的时间有很大差别；而其余的一段时间则出现一次高潮和一次低潮。我国南海多数地方属混合潮，如榆林港，15 天出现全日潮，其余日子为不规则半日潮，潮差较大。

全日潮是一天有一次高潮和低潮，如南海汕头、渤海秦皇岛等，南海的北部湾是世界上典型的全日潮海区。

潮汐是所有海洋现象中较先引起人们注意的海水运动现象，它与人类的关系非常密切。海港工程，军事活动，渔、盐、水产业，近海环境研究与污染防治等，都与潮汐现象密切相关。尤其是永无休止的海面垂直涨落运动，蕴藏着巨大的能量，这一能量的开发也引起人们的兴趣。

8.4.2　海岸线

海岸线是指平均大潮高潮面所形成的岸线。它既不是平均海水面与陆地的交线，也不是一般高潮时所形成的岸线，而是多年大潮高潮时的平均水面与陆地的交线。这与河、湖的常水位岸线定义是截然不同的。地形图上海岸线不仅用来表示海洋的范围，而且也是助航标志，如灯塔、灯桩、立标的高度起算面。之所以这样定义海岸线，是为了保证图上表示的陆地部分在正常情况下不会受到潮水的浸蚀，并确保各种航标至海水面的实际高度多数情况下比图上注记的数字要高，使舰船在海上能及早发现航标。

判绘图像一般不是在大潮高潮时获取的，即便是在大潮高潮时获取的，此时的高潮面也并不一定正好是海岸线。因此，图像上的水涯线是图像获取时刻的瞬时水涯线，不是海岸线的位置，不能按摄影水涯线描绘海岸线。一般应根据海岸植物的边线、土壤、植物的颜色、湿度硬度变化线以及水草、贝壳等冲积物、海蚀坎部等影像特征判断出海岸线的位置。值得注意的是，并不是所有的树木都生长在海岸线以上，红树林就生长在海岸线以下的海滨地带；有的海边有多层海蚀坎部，判绘时不可将特大潮或小潮高潮形成的坎部误判为海岸线，如图 8.19 所示。在判绘时，应向当地群众和有关部门了解潮汐情况，实地判绘，或标出判读样片供判绘时

1 瞬时水涯线　2 小潮高潮坎部
3 大潮高潮坎部　4 特大潮高潮坎部

图 8.19　海岸

对照。有些地区为了扩大耕地面积，沿海建堤围田，这时海岸线用堤或堤岸表示，非常容易判读。

在海岸带地形图上，表示海岸线时还应区分其岸线的性质。根据组成海岸的物质不同，将海岸区分为沙质岸、砾石岸、磊石岸、岩石岸、加固岸、岸垄、树木岸、芦苇岸、丛草岸和陡岸 10 种。

(1) 沙质岸是由粗细不等的沙粒组成的海岸，该类海岸位置不固定，受海水侵蚀影响大，极易坍塌，使岸线逐年后退。

(2) 砾石岸是由砾石和卵石组成的海岸。组成砾石岸的碎石和卵石体形较小，坡度一般较缓，高度不一，走向不规则。

(3) 磊石岸是由大小不等的石块组成的海岸。组成磊石岸的石块一般较砾石岸的石块形体大，多数石块为不规则多面体。有的是为了防止波浪侵蚀海岸由人工抛石形成，也有的是山体风化、滑坡和地震等原因使岩石破碎坍塌而成，判绘时注意与砾石岸的区别。

(4) 岩石岸是由岩石构成的海岸，该类海岸的岩石一般形体较大，坡度较缓。

(5) 加固岸是沿海边用石块、混凝土、砖等材料人工修筑的岸，一般比较规则。

(6) 岸垄是沿海岸分布的高、宽和坡度均不规则的垄状地物，有石质，也有土质。

(7) 树木岸是沿岸树木丛生的海岸。

(8) 芦苇岸是沿岸芦苇丛生的海岸。

(9) 丛草岸是沿岸杂草丛生的海岸。同一地段既有芦苇也有杂草时，应选择生长较多的一种表示，难以区分时用芦苇岸符号表示。

树木岸、芦苇岸和丛草岸是指在海岸线上下均生长有相应植被的海岸，而不是仅在海岸线以上或以下生长有植被。如果是仅在海岸线以上或以下生长有树木、丛草或芦苇，应视岸线的岩石性质按沙质岸、砾石岸、磊石岸或岩石岸符号表示。

(10) 陡岸是岸坡陡峭的地段，表示时注意区分石质和土质。坡度小于 70°或比高小于 1.5m 的用相应的岩石岸或沙质岸符号表示。

各种海岸的景观图像如图 8.20 ~ 图 8.29 所示（见彩图）。

8.4.3　干出滩

干出滩是大潮低潮界与大潮高潮界间的滨海地带，即潮浸地带，也称海滩。因为大潮低潮面与理论深度基准面相近，并且有的地区就以大潮低潮面作为深度基准面，所以有人将干出滩定义为海岸线与理论深度基准面间的海滩地。理论深度基准面，是指理论上可能出现的最低潮面，它是海水深度基准面。该面与陆地的交线称为零米等深线。这样就可确保海水深大于图上注记水深，保证舰船航行安全。

干出滩的性质根据质地分为沙滩、泥滩、沙泥混合滩、沙砾滩、砾石滩、磊石滩、岩石滩、珊瑚滩和树木滩等，在地形图上用相应符号表示，各种干出滩的详细说明见表 8.3。

表 8.3　各种干出滩的表示及说明

干出滩类型	表示方法	说明
沙滩	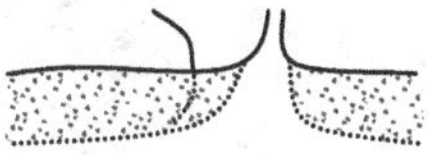	70%以上都是由粗细沙粒组成的干出滩。干出滩中的河道按其宽、窄分别用双排或单排黑色点线绘出
泥滩	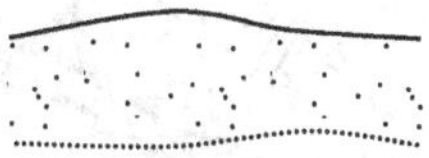	70%以上由淤泥组成，地表泥泞下陷，通行困难
沙泥混合滩	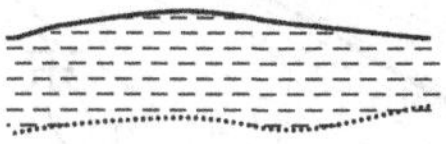	由沙和泥混合组成的干出滩。潮水冲击干出滩形成比较固定的、较大的水沟（潮水沟），用黑色点线符号表示
沙砾滩 砾石滩 磊石滩	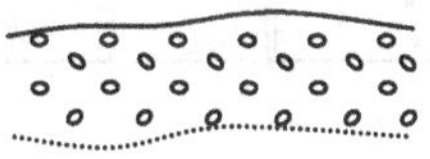	沙砾滩是由沙和砾石混合组成的干出滩，沙、砾都不到 70% 砾石滩由大小不等的石块、卵石、砾石混合组成，有时还夹杂着泥沙 磊石滩由大小不等、形体不规则的石块组成
岩石滩 珊瑚滩	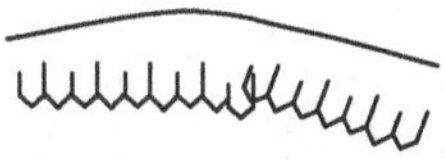	岩石滩是由坚硬的岩石组成 珊瑚滩是热带、亚热带海洋中珊瑚分泌的石灰质和死亡后的珊瑚骨骼堆积而成。用该符号表示，并加注记“珊瑚”二字
树木滩	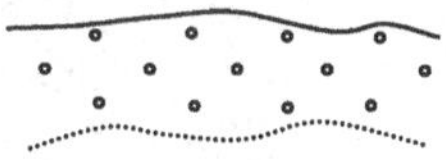	在热带和亚热带地区生长红树的干出滩。红树种类很多，有乔木，也有灌木。分布在福建福鼎以南红树适宜生长的河口、海湾地段
水产养殖场		在近岸水域中固定的养殖水产品的场所，图上面积大于 25mm^2 用地类界绘出范围，并加注产品名称

在遥感图像上直接判读出大潮低潮界几乎是不可能的。因为遥感一般都不在大潮低潮时刻进行，且大潮低潮界是潮汐中的最低海水面，一般情况下都被水淹没，所以在图像上没有影像。判绘时，当不能从影像上确定大潮低潮时，只能参考可靠的海图资料转绘；若没有资料可参考，不绘大潮低潮界，仅在干出滩的范围内配置相应的干出滩性质符号。图 8.30 ~ 图 8.33 是海岸线和干出滩判绘示例。

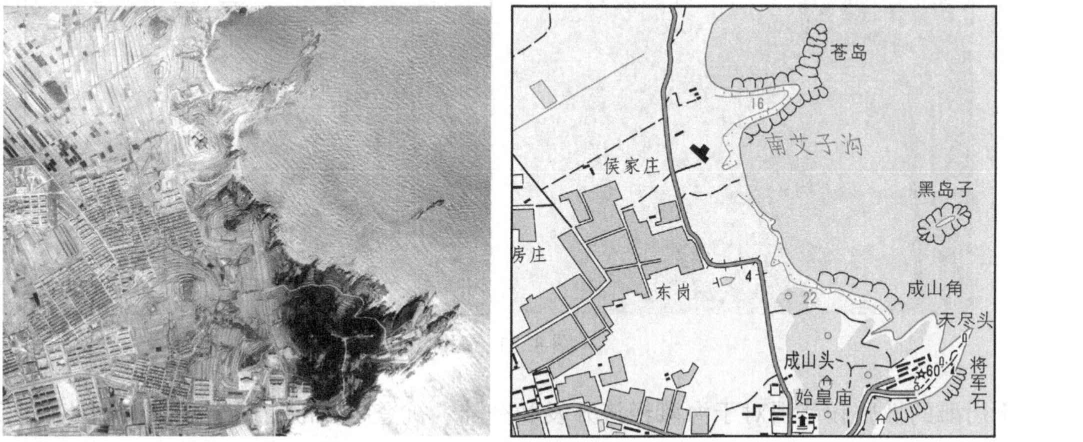

图 8.30　岩石滩

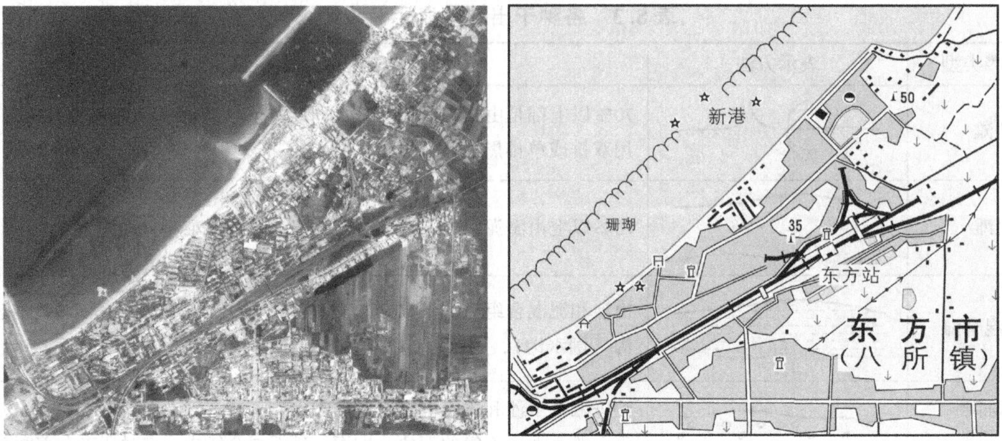

图 8.31　珊瑚滩

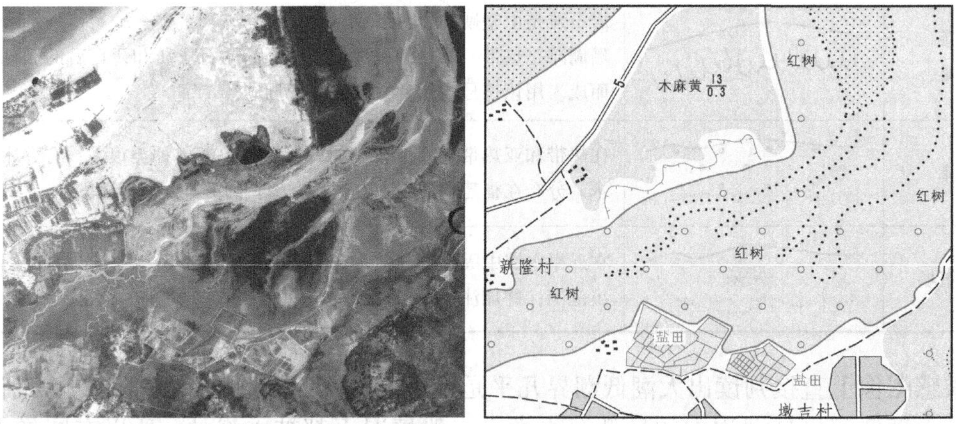

图 8.32　树木滩

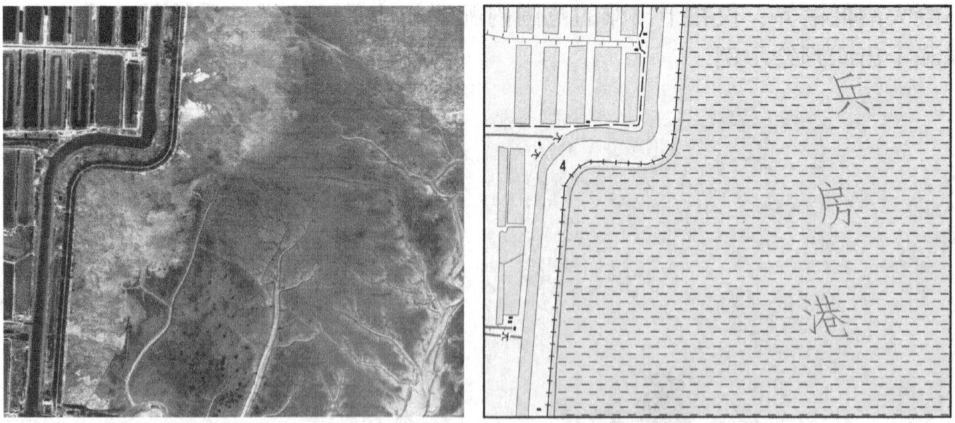

图 8.33　泥滩

干出滩的性质和范围对于海滩经济开发和登陆、抗登陆作战有重要意义。因此在地形图上应详细表示干出滩的性质和分布范围。干出滩的判读与表示应注意以下四点。

(1) 干出滩的表示，应注意正确区分沙滩、泥滩、沙泥混合滩、砾滩、沙砾混合滩、磊石滩、岩石滩、珊瑚滩、树木滩、芦苇滩和丛草滩。

（2）干出滩在图上的面积小于 25mm² 的一般不表示，如确实有重要的方位、障碍作用，可以放大到 25mm² 表示；面积虽大于 25mm²，但宽度小于 2mm 的一般也不表示；宽度为 2～5mm 的用相应的符号表示；宽度大于 5mm 的，还要在其分布范围内注记性质。

（3）不同性质干出滩分界线明显的在图上用点线符号表示；不明显的不表示。在一种主要干出滩范围内，零星分布有其他性质的干出滩，面积小于 25mm² 时，可不区别表示。

（4）水面上的水产养殖场，图上面积大于 25mm² 的用相应符号表示其分布范围，并注记水产品的性质；小于 25mm² 的一般不表示，如确有方位和障碍作用可放大到 25mm² 表示。

8.4.4　礁石、沉船和海上平台

1. 礁石

礁石是海洋中隐、现于水面由岩石或珊瑚构成的海底突出物。礁石分为明礁、干出礁和暗礁。

明礁是露出大潮高潮面以上的礁石；干出礁是在大潮高潮面以下，大潮低潮面以上时淹时现的礁石；暗礁是深度基准面以下的礁石。

判绘礁石时，要注意区分明礁与岛屿、明礁与干出礁、干出礁与暗礁。有的明礁高于海岸线不多，常被浪花覆盖，在图像上影像不明显，不能误判为干出礁。同样对于露出水面的干出礁，不能误判为明礁。对于在图像上没有影像的干出礁和暗礁，只能根据海图转绘。

各种礁石与海面的关系位置及表示方法如图 8.34 所示。成丛分布的礁石用点线表示出对航行有危险的范围，并绘出相应的礁石符号；面积大于 1mm² 的明礁用岛屿符号表示。

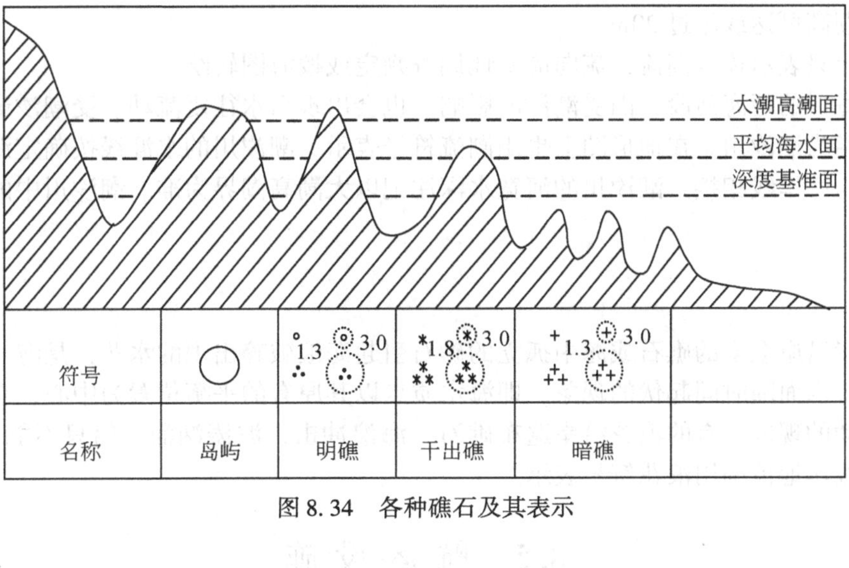

图 8.34　各种礁石及其表示

2. 沉船

由于各种原因，沉入水下的船只，如对航行有影响，则用沉船符号表示。沉船分完全沉没水下的和部分沉入水下的，在地形图上应分别表示。

3. 海上平台

海上平台是在海上人工搭建的用于开采海下资源或进行海底科学实验的固定性台架。按照

海上平台建筑形式的不同，有桩式平台、绷绳式平台和重力式平台。桩式平台由承台和桩基构成；绷绳式平台也称索塔平台，是将一个预制的钢质塔身安放在海底基础上，四周用钢索锚定拉紧而成，它适用于水较深的海域；重力式平台是靠平台自身重量稳坐在海底坚实岩土层之上的平台。

固定的海上平台具有明显的方位意义，必须准确表示。各种海上平台、井架用同一符号表示，范围较大时可依比例尺绘出。

8.4.5 潮流与浪花

1. 潮流

海水受月球和太阳的引力而发生潮位升降的同时，还发生周期性地流动，这就是潮流。潮流类型也分半日潮流、混合潮流和全日潮流。若以潮流流向分类，则在外海和开阔海区，潮流流向在半日内或一日内旋转360°的，称为回潮流；在近岸的海峡和海湾，潮流受地形限制，流向主要在两个相反方向上变化的，称为往复流；涨潮时流向海岸的潮流称为涨潮流，落潮时离开海岸的潮流称为落潮流。

潮流在一个周期内出现两次最大流速和最小流速。地形越狭窄，最大流速和最小流速的差值就越大，如我国的杭州湾，流速可达18～22km/h。往复流最小流速为零时，称为“憩流”。憩流之后，潮流就开始转变方向。正因为潮流有周期性变化，所以它只限于在一定的海区作往复运动或回转运动。

在喇叭形海湾或河口湾中，潮流可激起怒潮，我国的钱塘江口、亚洲的波斯湾、南美的麦哲伦海峡和北美的芬地湾都是以潮高著名的。钱塘江口和波斯湾，潮高可达10m，麦哲伦海峡和芬地湾，潮高可达或超过20m。

地形图上只表示往复潮流，流向应实地调查判定或按海图转绘。

河流入海口的近海河段，因受潮汐的影响，也会出现河水往复流动。受潮汐影响河水往复流动的河段称为潮汐川。在地形图上也用潮流符号表示。潮汐川的水涯线按确定海岸线的方法判绘，以便与海岸线相接。潮汐川的河宽水深注记以大潮高潮界为准。潮汐川中的河滩用干出滩符号表示。

2. 浪花

浪花是指沿岸众多的礁石或海中孤立的礁石引起海浪破碎出现的水花，是海水在外力和惯性力作用下，水面随时间起伏的现象，即海水质点以其原有的平衡位置为中心，在垂直方向上作周期性运动的现象。有的浪花沿岸遍布礁石，海浪冲击，波涛汹涌，船只不能靠近的地段，在地形图上按实地范围用浪花符号表示。

8.5 航运设施

为了保证水上航行和运输的安全，在海岸、通航河流两岸，以及航道上，设置了很多航运设施，如码头和航标等，这些设施在地形图上要正确表示。

8.5.1 码头

码头是专供舰船停靠、上下旅客和装卸物资的水工建筑。按其建筑形式，现行图式将码头分为顺岸式码头、突堤式码头、栈桥式码头和浮码头。按用途分，有客运、货运、军用及专用（渔船、油船、煤船、矿石船、集装箱船）码头等。在地形图上，均应按建筑形式的不同区别表示。

顺岸式码头是将水系的岸壁加固，舰船直接顺岸停靠的码头，如图 8.35(a)所示。在地形图上，不论建筑规模的大小，凡供船只顺岸停靠的码头，均用顺岸式码头符号表示。

突堤式码头也称堤坝式码头或直码头。这种码头是在水中修建一个与岸线垂直或斜交的堤坝，舰船在堤的两侧停靠，如图 8.35(b)所示。在地形图上用相应符号表示。

栈桥式码头是在离岸不远的水域修建与岸线基本平行的堤坝，以引道或引桥与岸连接，舰船沿堤停靠，如图 8.35(c)所示。在地形图上，能依比例尺表示的栈桥式码头，用细实线沿码头边界描绘，不能依比例尺表示时只绘栈桥式码头符号。

浮码头是在水位涨落较大的水域，将趸船锚定于岸边，以栈桥或浮桥与岸相接，船只停靠在趸船边，也称趸船码头。这种码头浮在水面，随水位涨落可上下活动，故称为浮动码头，如图 8.35(d)所示。在地形图上用浮码头符号表示。

码头在遥感图像上有清晰的影像，影像的形状特征可反映码头不同的建筑形式。大型的码头还有仓库、货物堆放场和货物装卸设备等，并有铁路、公路与其相连接，在图像上容易识别。

(a)顺岸式码头　(b)突堤式码头

(c)栈桥式码头　(d)浮式码头

图 8.35　码头类型

8.5.2　船坞

船坞是建造或检修舰船的水工建筑。固定在岸边的称为干船坞，漂浮在水中的称为浮船坞。

干船坞为一池形建筑。坞底低于水面，三面是坚固的坞壁，靠水的一面是坞门。船入坞后，关闭坞门，将水抽出，船即坐落在坞墩上，以供检修。有的船坞专门用于建造新船，深度较小，称为“浅坞”，也称“造船坞”。

船坞位于水域的岸边，大型的池形建筑在立体观察下十分明显。在地形图上用干船坞符号表示，图上尺寸超过符号大小的，可依比例尺表示。

浮坞由坞底、坞壁、储水仓、排水设备和操纵室等组成。坞底在中间凹下，两侧为凸起的坞壁。当储水仓灌满水后坞体下沉，待船只进入坞内，排出储水仓的水，坞即连船只一起浮出水面，以便修理。浮坞可用拖船拖到需要地点，位置不固定，所以在地形图上不表示。

8.5.3 锚地

锚地也称“泊地”“停泊地”，是指在水域的指定地点专供舰船抛锚停泊、避风、检疫、装卸货物以及供船队编组作业的地方。一般选在水流平稳、无水下障碍（如无水下管道，无水下电缆）和无碍水上交通的水域，有的还设有浮筒或趸船，供无动力设备的驳船集结、装卸货物、编队或等待分配停靠码头。

锚地无栈桥与岸相连，判读时只能根据集结的船只影像确定其位置，如有航运图、海图，可直接转绘。在地形图上，锚地用锚地符号表示，符号绘在锚地范围的中心位置。

8.5.4 助航标志

助航标志是在港口、近岸和水面上设置的指示舰船安全、便捷航行的标志，简称航标。按其导航方式大体上分为音响航标、电波航标和视觉航标三类。音响航标是以特定声音帮助船只在雾中行驶的航标；电波航标是指无线电航标或雷达，供远距离引航使用；视觉航标是供行船人员观察或测量的航标，使用最广泛。航标通常指的是视觉航标。航标按其作用可分为引导航标、指示危险标志和信号标志。它们通常设置在陆地、岛礁上或浮在水面上。按航标的建筑形式和位置，现行图式将其分为灯塔、灯船、浮标和立标四种，并分别用相应符号表示。

1. 灯塔和灯桩

灯塔和灯桩通常设置在海岸岬角、港口和舰船航海线附近的岛礁上，是供舰船定位和指示方向的一种发光航标。灯塔高大明显，灯光射程远，一般建造在沿岸视野开阔的地方，或建造在礁石上。建筑形式似塔，颜色多种多样，有的灯塔周围有房屋等设施，图 8.36是几个有代表性的灯塔。

图 8.36　灯塔（《海洋测绘》编辑部提供）

灯桩是一种结构相对简单，灯光射程较近的助航标志。根据灯桩的结构和功能不同，有塔形灯桩、装顶标灯桩和活节式灯桩等类型。

灯桩和灯塔都是建造在近岸或礁石上的建筑，主要区别是其上安置的灯具的功率和射程不同，灯桩一般没有专人管理。不能仅从高度上区别两者，有的灯桩也比较高大，判绘时应注意根据海图等资料正确区分。图 8.37 是几种灯桩的景观图像，供判绘时参考。

图 8.37　灯桩（《海洋测绘》编辑部提供）

在地形图上，灯塔和灯桩都用同一符号表示。但灯塔要注记发光中心至大潮高潮面的高度，而灯桩不注记。

2. 灯船

灯船是具有船形结构的浮动助航标志，主甲板以上有灯架和其他附属设施，灯体涂有规定的颜色，装有满足灯光射程要求的发光装置，供舰船利用以显示目标、测定船位和确定航向。

根据灯船的功能不同，分为有人看守灯船、无人看守灯船和船形灯浮标三种类型，图

图 8.38　无人看守灯船
（《海洋测绘》编辑部提供）

8.38 是无人看守灯船。

灯船随水流波动，所以灯船的方向与水流方向一致，船头指向上游，是灯船的主要判读标志。

3. 浮标

浮标是浮在水面上指示航道界线和危险区域的专用助航标志。根据浮标在水面以上露出的形状，有锥形浮标、罐形浮标、球形浮标、柱形浮标和桶形浮标等多种形状的浮标，有的浮标顶部安置有灯，不同颜色的浮标用途有差异。浮标在任何方向上观察，呈现的外围轮廓均为同一形状。图 8.39 是不同颜色和形状的锥状浮标。浮标装有发光物的为灯浮标，在地形图上也用浮标符号表示。

图 8.39　锥状浮标（《海洋测绘》编辑部提供）

4. 立标

立标是设置在岸边、岛屿或浅滩上的一种固定航标。用金属、木材或石块建成竖立的杆形、柱形或桁架形标身，涂成与背景不同的颜色，有的加装标顶，有的夜间发光，有的还设有雷达反射器等识别标志。

立标不论形状、颜色和作用，都用立标符号表示。

通航河流中，有的地段各种航行标志设置很多，在小于 1∶5 万比例尺的地形图上，逐个表示有困难时，可进行取舍，选取高大、发光和方位作用明显的助航标志表示。

8.6　水源、沼泽和盐田

8.6.1　水源

这里所指的水源是水井、坎儿井、泉、储水池和水窖等要素。

1. 水井

水井是以开采地下水为目的而钻凿或开挖而成的。通常分两类：一类是管井，俗称“机井”、“深井”，深度较大，用水泵抽水；另一类为筒井，俗称“土井”、“浅井”，是由人工挖掘而成，深度较浅。

水井的影像很小，在一般的遥感图像上不易识别，但在荒漠地区和草原上的水井，供大量的人或牲畜用水，有很多道路呈放射状通向四面八方，在图像上影像特征明显。

一般地区的水井、居民地内水井，一般不表示。有方位作用的水井和缺水地区的水井在地形图上一般均应用水井符号表示，并注出地面高程，不能饮用的要注记其水质，如“咸”、“苦”、“毒”等。自流井、温泉井和地热井也用水井符号表示，并分别加注“流”、“温”、“热”等。盖有房屋的水井，用独立房屋符号表示，并加注蓝色“井”字。

2. 坎儿井

坎儿井是干旱地区为减少蒸发而建造的引用地下水的暗渠，也称“井渠”，主要分布在新疆吐鲁番、哈密一带。其长度不一，最长可达二三十公里，每隔二三十米有一竖井连接着暗渠和地面。坎儿井可根据地表上排列成直线，且间距大体相等的竖井影像进行判读，如图 8.40 所示。坎儿井的符号除两端圆圈代表起、止竖井的真实位置外，其余的圆圈均匀配置，不代表中间各竖井的真实位置。

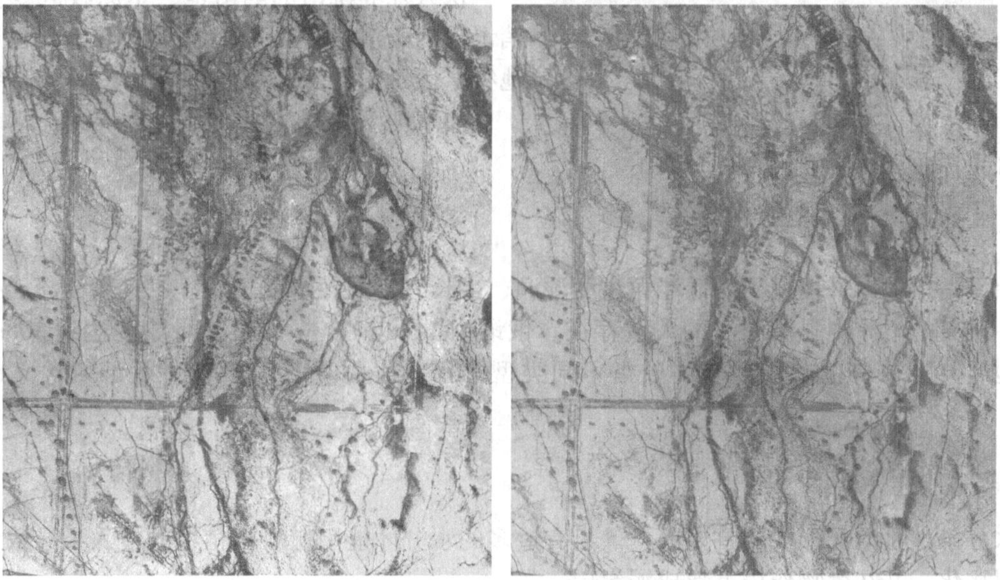

图 8.40　坎儿井（立体像对）

3. 泉

泉是指地下水的天然集中地表出露，是含水层或含水通道与地面相交处产生地下水涌出地表的现象。它是在一定的地形、地质和水文条件的结合下产生的。

泉往往以一个点状泉口出现，有时是一条线或是一个小的范围。泉水多出露在山区与丘陵的沟谷和坡脚、山前地带、河流两岸、洪积扇的边缘和断层带附近。

泉的下游一般是小溪、水渠或沼泽、池塘，在遥感图像上的影像较小，一般只能根据流水或积水及地形条件进行间接判读，所以在室内的可判率较低。另外，在判绘泉时，要注意泉与湿地、浅井的区别。有些沟谷底部，由于地下水直接渗出地表，形成潮湿地段，但是没有冒水或形成小溪，不能认为是泉。

泉的符号的圆点中心表示泉的真实位置，弯曲线表示泉水流向。弯曲线之河流、沟渠相接处间隔0.2mm，以突出泉的符号。如为矿泉、温泉、间歇泉和毒泉等，应分别注记“矿”、“温”、“间”、“毒”等。有固定名称的泉，还要注记名称，如“趵突泉”。泉的外部有建筑物时，以表示建筑物为主，并在相应的建筑物旁加注“泉”字，或注记专有名称。

4. 储水池与水窖

储水池、水窖是人工修建的蓄水、供水建筑物。储水池一般是正方形、长方形或圆形建筑，在图像上的形状特征比较明显，室内容易识别。水窖也称“旱井”，是缺水地区、苦水区储存雨水或雪水的一种建筑。水窖面积较小，且建于地下，位置比较隐蔽，在图像上不易识别。

图8.41 药浴池

储水池、水窖在地形图上用同一符号表示。当储水池的面积较大、能依比例尺表示时，则用池塘符号表示。

供人疗养洗浴的药浴池、草原牧区专供牲畜消毒用的药浴池（图8.41）和地热池，也用储水池符号表示，并分别加注“浴”和“热”字。

储水池上建有房屋或其他建筑时，不表示储水池符号，而以相应建筑物符号表示。

8.6.2 沼泽

沼泽是指地面平坦或稍为低洼而过度湿润、生长有喜湿植物的地段。广义的沼泽泛指一切湿地，狭义的沼泽则强调泥炭的大量存在。俄语中 БОЛОТО 一词指泥炭厚度达到30cm以上的湿地。英语中则存在几个名词分指不同类型的沼泽，而且各家学者所赋予的含义也不尽相同。

1. 沼泽的成因

水分条件是沼泽形成的首要因素。只有过多的水分才能引起喜湿植物的侵入，导致土壤通气状况恶化，并在生物作用下形成泥炭层。

沼泽形成过程基本上有两种情况，即水体沼泽化和陆地沼泽化。

（1）水体沼泽化。沿湖岸水生植物或漂浮植毡向湖中央生长，使全湖布满植物，大量有机物质堆积于湖底，形成泥炭，湖渐变浅，最后形成沼泽。低洼平原的河流沿岸沼泽化过程与此相似。当河水不深、流速不大时，水生植物从岸边生长，造成泥炭堆积，最终导致河流沿岸的沼泽化。

（2）陆地沼泽化。陆地沼泽化表现为多种形式，但基本形式是森林沼泽化和草甸沼泽化两种。

在过湿区域的森林砍伐迹地或火烧迹地上，草本植物大量繁殖，一方面阻碍木本植物的生长，另一方面又成为苔藓植物的温床，最后形成苔藓沼泽，这是森林化沼泽。

地表长期处于过湿状态，特别是河水泛滥及邻近水体沼泽化的影响，使潜水位升高或地下水出露地表，造成草甸的过度湿润，以致低洼处水分积聚，土壤中形成嫌气环境，死亡有机质在嫌气细菌作用下，缓慢分解而形成泥炭层，这是草甸沼泽化。

此外，海滨高低潮位之间反复被海水淹没的平坦地带，也可形成沼泽。高山或高原多年冻土区的古夷平面、宽广河流阶地、甚至平坦分水岭上，冻土层阻碍地表水下渗，即使降水量并不丰富，地表仍能处于过湿状态，形成沼泽。

2. 沼泽的类型

沼泽的分类是一个复杂的问题，目前还没有一个公认的分类系统。俄罗斯学者 P. И. 阿波林认为，所有沼泽都处于一个统一发育过程中的不同阶段，除寒温带的沼泽外，这一观点运用于其他地区都不适当。C. H. 丘列姆诺夫以沼泽的补给和水分状况均与其所处地貌部位相关为依据，划分出海滨沼泽、湖滨沼泽等类型，也未能反映沼泽作为自然综合体的全部特征。

我国沼泽研究者，在对诺尔盖沼泽分类时，按照综合因素考虑，采用了三个主要特征作为依据：一是沼泽发育过程的形式和阶段；二是沼泽所处的地貌类型及水分养分状况；三是植被及其在沼泽中的分布规律。按照第一特征，可分为高位沼泽、中位沼泽和低位沼泽；按照第二特征划分亚型，如湖滨洼地沼泽、阶地沼泽、闭流宽谷沼泽；按照第三特征划分沼泽体，如睡菜-苔草沼泽、蒿草-木里苔草沼泽等。

有的学者根据我国沼泽的特点，以有无泥炭作为主要依据，将沼泽划分为两大类：泥炭沼泽和无泥炭沼泽。然后再根据沼泽中植物群落进一步划分为六类：①草本泥炭沼泽；②木本、草本泥炭沼泽；③木本、草本、藓类泥炭沼泽；④藓类泥炭沼泽；⑤草本潜育沼泽；⑥草本、木本潜育沼泽。

3. 沼泽的分布

地球上除南极尚未发现沼泽外，其他各地均有沼泽分布，面积约 5 亿 hm^2，占陆地总面积的 3.35%。沼泽在世界的分布，北半球多于南半球，而且多分布在北半球的欧亚大陆和北美洲的亚北极带、寒带和温带地区，南半球沼泽面积较小，主要分布在热带和部分温带地区。

地球上最大的泥炭沼泽在西伯利亚西部低地，它南北宽 800km，东西长 1800km，这个沼泽区堆积了全球全部泥炭的 40%。欧洲、北美洲北部也有大面积的沼泽分布。

我国自然条件复杂，沼泽类型多样，分布较广。东半部气候温暖湿润，沼泽面积较大，类型多；西半部气候干旱，青藏高原气候寒冷，因此，沼泽类型少，只有富养沼泽。

我国东半部临海，以平原和低山丘陵地形为主，从寒温带到热带都有沼泽分布，但类型从北到南减少，面积变小。森林带的兴安岭和长白山地区，集中分布泥炭藓沼泽、落叶松苔草沼泽、灌木桦苔草沼泽、苔草沼泽等。在亚热带山地分布有小面积的藓沼泽。温带平原地区有苔草沼泽、芦苇沼泽。在三江平原沼泽最为集中，分布面积较大，主要是苔草沼泽和芦苇沼泽。在亚热带平原，主要是芦苇沼泽和小面积苔草沼泽。热带的低山丘陵、河谷中的沼泽分布零星，面积较小。处在温带的长白山和大兴安岭地区，沼泽的分布具有垂直分异现象，海拔 550m 的以下以草本沼泽为主，海拔 550 ~ 1200m 的以森林沼泽为主。

4. 沼泽的判读与表示

沼泽不仅是计划垦荒、扩大耕地面积的重点地区，而且对越野行动有很大的障碍作用。在地形图上不仅要表示沼泽的分布范围，而且要正确反映沼泽的通行情况。因此，现行图式不管沼泽的类型如何，只用能通行沼泽和不能通行沼泽两种符号表示，图 8.42 是几种沼泽的地面景观图像和全色遥感图像。

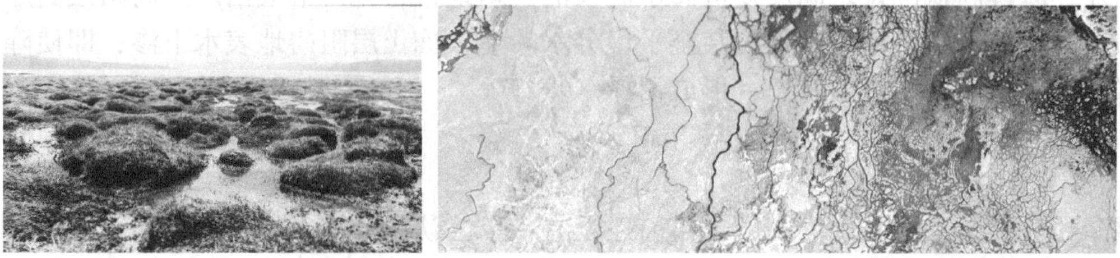

(a)草甸沼泽

(b)芦苇沼泽

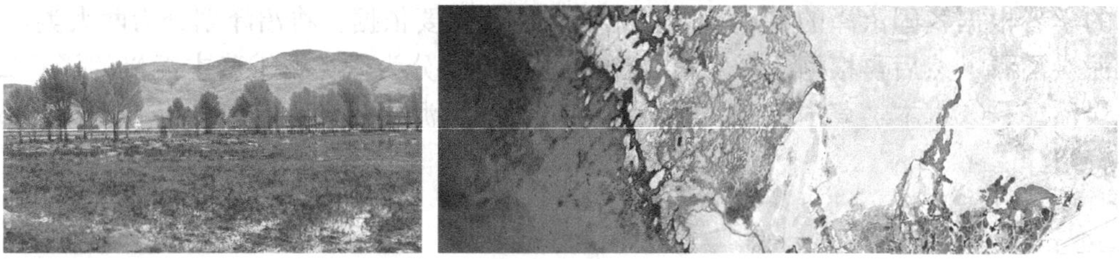

(c)盐碱沼泽

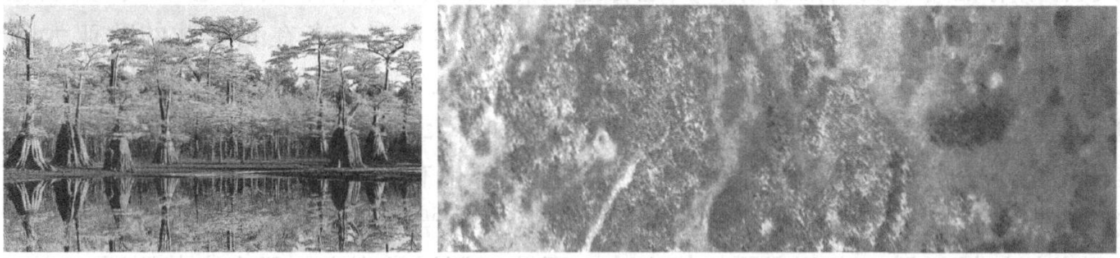

(d)森林沼泽

图 8.42　沼泽

不能通行的沼泽，常年积水，有较深的草根层、泥炭层或黑土层。沼泽上草皮较薄，人畜行走其上有沉陷危险。能通行的沼泽，草地生长茂盛，草皮较厚而呈草甸状，草甸之间有积水，人可在草甸上行走。在全色图像上，不能通行沼泽比能通行沼泽的影像色调深，且纹理比较光滑，故在图像上区分沼泽类型是可行的。

若沼泽中的湖、河轮廓明显，也用岸线表示，局部明水不单独表示。能通行沼泽除用相应符号表示外，还应加注水的深度和人体下陷软泥层的深度，以便用图者判断通行的难易程度。盐碱沼泽除用符号表示外，还应注记“碱”字。

沼泽地通行困难，方位物少。因此，在判绘沼泽时，应注意对时令路、突出树、固定的棚房等地物的表示。

8.6.3　盐田

盐田是指沿海人工修筑的利用海水取卤制盐的场所。海盐晒制过程是将涨潮时的海水，储存在纳潮池内，并用水泵抽入低级池，当海水蒸发到一定浓度时，进入中级池，然后到高级池，当浓度达到25%时，流入结晶池结晶成盐。

各级盐池一般都用土埂分成方格状，从初级池到高级池，方格土埂逐渐由疏到密。但是，高级池与结晶池没有严格的区分。结晶池是收集盐的地方，附近有仓库，或有道路与仓库相通。为了避免雨水冲淡盐田内的卤水，盐田有排淡沟渠和保卤缸（存放卤水的深沟）。

盐田在遥感图像上呈较规则的格网状，从初级池到结晶池，其色调由深变浅，在图像上容易识别，如图8.43所示。

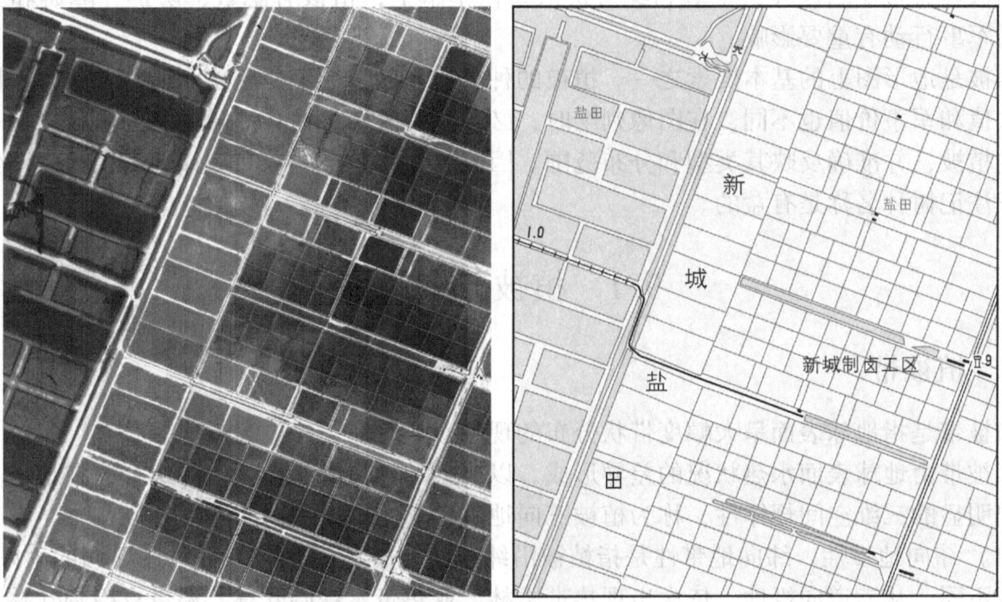

图8.43　盐田及其表示

小面积盐田用不依比例尺的盐田符号表示，不注盐田字样；能依比例尺表示时，各级盐池的分格土埂用0.1mm的实线表示，并加注“盐田”二字，或盐场全称。土埂不必逐条表示，可根据疏密程度和规划特点进行取舍。有道路的土埂，用一般堤表示。纳潮池、排淡沟分别用坑塘、水渠符号表示。

第9章 植被判绘

植被是指覆盖地表的植物群落的总称。所谓植物群落，是指在一定的自然环境下，一定植物有规律的组合。陆地表面分布着由许多植物组成的各种植物群落，如森林、草原、灌木、荒漠和草甸等，总称为该地区的植被。栽培的农作物、树林称为人工植被，天然生长的森林、草甸等称为自然植被。

植被具有重要的社会、军事和经济价值。在军事上，植被有隐蔽、防护、障碍和方位作用，对军事行动有重要影响。

植被是地形图上的基本要素之一。植被的种类、高度、粗度、密度和所处的位置不同，其经济价值和军事价值也不同，在图像判绘时，必须注意表示那些具有障碍、隐蔽、方位和经济价值的植被，并准确反映其类型和分布范围。因此，了解植被的分布规律，对植被的图像判绘和科学注记树种名称是有益的。

9.1 植被分布规律

9.1.1 植被带

植被带是指地球表面呈大幅度带状分布的现象。

植被带由地球表面水热状况的差异形成，以典型的地带性植被为优势组合，在地理分布上表现出明显的三维空间规律性，称为植被三向地带性。

（1）纬向地带性。纬向地带性是指植被沿纬线南北向有规律的更替。在湿润的大陆东岸，因气温不同，从赤道向极地，依次出现热带雨林、亚热带常绿阔叶林、温带夏绿阔叶林、寒温带针叶林、寒带冻原和极地荒漠。

（2）经向地带性。经向地带性是指植被沿经线或与经向海岸线平行的方向延伸，在东西向有规律的更替。从沿海到内陆，因水分条件的不同，在中纬度地区的植被，出现了森林—草原—荒漠的更替。

（3）垂直地带性。垂直地带性是指植被沿山地等高线分布，从山麓到山顶，因海拔的升高所引起的水热因素变化，有规律的排列和更替。植被垂直分布规律一般从高纬度到低纬度，从沿海到内陆，带谱结构趋于复杂。热带北缘珠穆朗玛峰地区的植被垂直带是世界上最复杂且完整的垂直带谱。需要指出的是，植被的水平地带性是垂直地带性的基础，垂直地带性从属于水平地带性，而垂直植被带则不一定反映水平植被带。

9.1.2 水平分布规律

1. 全球植被地带性规律

植被带的形成取决于所在环境条件的带状区域性差异。全球植被分布总体上具有以下特点：植被带纬向和经向分布因地区不同情况有异，高纬度和低纬度植被比较单一，环大陆连续分布，中纬度植被带较复杂，在大陆东西岸间不连续；沿海区域和大陆内部的植被不同，沿海两侧也不一致；南北两半球的植被也不对称。

对地球上植被分布的一般规律，已有不少研究，但具体划分方法和分类结果尚不完全统一。这里以沃尔特的方案为例，他共划分出九个与气候带密切相关的植物群落，后者以地带性植被作为主要组成部分。

（1）周日气候型的赤道带——热带常绿雨林；

（2）有夏雨的热带——热带落叶林和稀树草原；

（3）亚热带干燥带——亚热带荒漠植被；

（4）冬雨和夏旱带——硬叶木本植被；

（5）温暖带（海洋性）——温带常绿林；

（6）有短期霜冻的典型温带——温带落叶阔叶林；

（7）有寒冬的干燥温带（大陆性）——有寒冬的草原和荒漠；

（8）寒温带（北方的）——北方针叶林；

（9）两极地区——苔原（无乔木）。

上述对世界植被分布规律的论述，只是概括性的，它往往从气候方面加以说明。但世界植被的实际分布情况却复杂得多，它还要受到气候因素以外其他因素的影响。以欧亚大陆（包括非洲北半部）为例，根据植被类型和分布特点，可把欧亚大陆（包括非洲北半部）划分为三个主要的纬度带系列，即大陆西部的大西洋沿岸系列、大陆东部的太平洋沿岸系列、大陆内部的东欧-西西伯利亚-中亚-阿拉伯系列。大西洋沿岸，植被由北至南的更替顺序是：苔原—北方针叶林—夏绿阔叶林—亚热带森林。大陆东部太平洋沿岸，植被由北至南的更替顺序是：苔原—北方针叶林—针叶阔叶混交林—夏绿阔叶林—常绿阔叶林季雨林或雨林。大陆内部的东欧-西西伯利亚-中亚-阿拉伯地区，植被由北至南的更替顺序是：苔原—北方针叶林—温带草原—亚热带荒漠。

在地带性植被之间，通常气候是逐渐变化的，相邻带的两类植被各自占据其有利的生境，形成空间上镶嵌分布，优势（面积）相互转化的过渡带，称为地带植被群落交错区。例如，落叶林阔叶林被草原替代，北方针叶林被苔原替代，相应形成森林草原带和森林苔原带。

2. 植被地带内部结构

植被分布规律由于地域规模差异和植被本身等级层次差异而各有不同，在每一个水平地带内各种植被的具体分布情况同时受地方气候以及具体生境因素的制约。

（1）地带性植被在相应气候条件下主要以显著生境最适宜，特征也最典型，如地形平缓，地带内部常形成与气候差异有关的若干植被亚型，也呈带状分布，常绿阔叶林、北方针叶林、草原和苔原等都有这种现象出现。

（2）有些地带性植被东西向延伸，也可产生明显的类型变化，如我国常绿阔叶林可分为东部偏湿类型和西部偏干类型，欧亚大陆北方针叶林带东西两端基本以暗针叶林为主，在干冷内陆落叶松构成的亮落叶林占有优势。

（3）在任何一个以某种地带性植被为主的地带内，并非清一色的显域生境。受河流、湖泊、沼泽、流沙以及特殊地形隐域生境的影响，经常出现某些非地带性植被，如草甸、沼泽、沙生植物和石灰岩植物等。

（4）有些植被类型在自己呈带状分布的地区之外，即在以其他地带性植被广布的区域内，呈岛状分布，形成带外“飞地”，如中西伯利亚南部为泰加林带，其中却有一些盆地和阳坡出现草原群落。我国柴达木盆地荒漠与新疆荒漠相似，但被周围高寒植被隔断。这种现象不仅受现代自然环境的约束，也可能与海域地区环境变化的历史有关，具有残遗分布区的特点。

(5) 较小尺度的地形起伏促使小气候差异、排水优劣、侵蚀强弱和土壤性质的梯度变化，产生相应的植被分布格局，这在干旱和半干旱气候条件下尤为显著，如内蒙古草甸草原带的低山阴坡可有桦木林，在阳坡为较耐寒的线叶菊草原。

9.1.3 垂直分布规律

世界各地的山地植被垂直带，呈现出规律性的变化，具有以下明显的规律。

(1) 各地植被垂直带谱随所在水平植被带变化而变化。垂直带中的基带也就是当地典型的植被带。

(2) 植被垂直带谱大体分为两大类：湿润气候条件下以森林为主的植被类型，以及干旱气候条件下以草原或荒漠植被为代表的植被类型。

(3) 植被的垂直带更替情况与它的水平地带更替虽有相似之处，但并不完全一样，具有自己的特点。

(4) 高山植被因地而异，但最少可分为六种类型：①高山草甸，从阿尔卑斯山到我国华北的山地均有分布；②山地苔原，见于北方针叶林带；③高山草原；④高山荒漠，分布在青藏高原和帕米尔；⑤山地旱生植被，在地中海沿岸到阿富汗一带很普遍；⑥高草本群落，见于南美和非洲潮湿热带的高山寒冷植被。

(5) 垂直带中每个植被带的海拔高度随纬度的升高而降低，森林带高度也有近似规律。

(6) 当高大山脉走向与盛行风向垂直时，其两侧的植被垂直带谱具有显著的差异。中纬和高纬地区，尤其是干旱地区的山地阴坡和阳坡，植被常常迥然不同。

应当指出的是，山地植被带主要受构成较大规模生态序列的气候条件的制约。至于丘陵上下土层厚度、水分条件的变化所带来的植被群落的垂直变化，不应与真正的垂直地带性混为一谈。

9.2 我国植被地理分布规律

9.2.1 植被类型及其分布规律

我国地域辽阔，植被类型极为丰富，几乎可见到北半球所有的植被类型。例如，针叶林，可划分为寒温带针叶林、温带针叶林、暖温带针叶林和热带针叶林；阔叶林，可划分为夏绿阔叶林、常绿阔叶林、硬叶常绿阔叶林、季雨林、雨林、珊瑚岛常绿林和红树林等。

我国的植被类型及其分布主要取决于气候条件，特别是热量和水分条件，地带性分布规律非常明显。

1. 纬向分布规律

按照我国植被的纬向地带性变化规律，可分为三个大区，即东部湿润森林区，西北草原、荒漠区和青藏高原植被区，尤以东部湿润森林区表现最为明显，如图 9.1 所示。

以大兴安岭—吕梁山—六盘山—青藏高原东缘一线为分界线，可分为东南和西北两个半

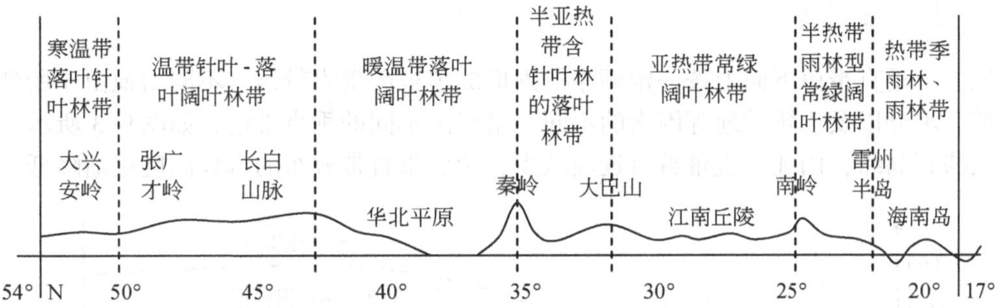

图9.1 中国东部（120°～110°E）植被水平分布的纬向地带性规律

部，东南半部是季风区，发育各种森林，西半部季风影响较弱，为旱生草原和荒漠。

东南半部森林区，自北向南，随着气温的递增，植被的带状分布比较明显，它们依次为寒温带针叶林、温带针阔叶混交林带、暖温带落叶阔叶林带、亚热带常绿阔叶林带、热带季雨林带和雨林带。

西北半部内陆地区，由于南部为青藏高原，植被的水平纬度地带性表现不完整，仅在新疆的温带荒漠地区有南北分异，以天山为界，天山以北的准噶尔盆地为温带荒漠带，天山以南的塔里木盆地为暖温带荒漠带，等等。

2. 经向分布规律

除上述植被的纬向变化外，由于受海陆分布和大气环流等因素的影响，从沿海到内陆水量逐渐减少，以及受夏季东南季风的作用，从东南向西北，植被出现近乎经度方向的更替。这种经向变化规律在我国温带地区表现十分明显，从东到西依次分布有针叶落叶阔叶林、草原带和荒漠带，其间还有一些过渡带，如图9.2所示。

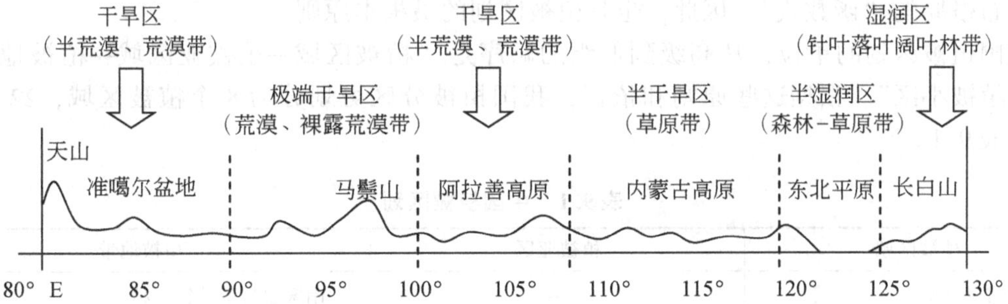

图9.2 中国温带（约42°N）植被水平分布的经向地带性规律

例如，大致在昆仑山—秦岭—淮河一线以北的温带和暖温带地区，从东到西和从东南到西北，即从沿海的湿润半湿润到内陆的干旱区，植被依次为夏绿阔叶林或针阔叶混交林、草原（草甸草原—典型草原—荒漠草原）和荒漠（草原化荒漠—典型荒漠）。

在我国南部，植被的经向差异远不如北方明显。但在同一植被类型范围内，仍然有所不同。在东部亚热带降水较多，旱季不明显，分布有偏湿性的常绿阔叶林；西部亚热带（云贵高原）降水较少，干湿季分明，分布有偏干性的常绿阔叶林。

东北地区湿润气候条件下，出现各种地带性森林植被；半湿润和半干旱气候条件下，地带性植被为草原。

3. 垂直分布规律

山地各个垂直带由下而上按一定顺序排列形成植被的垂直带谱。不同山地由于所处位置不同，温带、水分以及土壤质地等因素的不同，呈现出不同的垂直带谱，如图 9.3 所示。一般规律是由低纬到高纬，山地垂直带数目逐渐减少，相似垂直带分布的海拔高度逐渐降低。

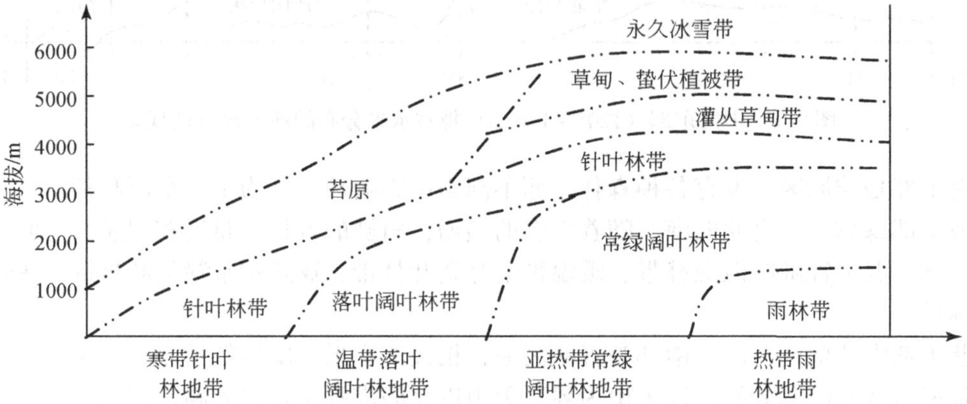

图 9.3　山地植被垂直分带结构图

9.2.2　植被区划

植被区划是植被研究中一个重要的理论性问题，具有较高的应用价值。它是关于植被空间分布规律性的总结，是在研究植被区系、植被与环境间的生态关系、植被的历史和动态，以及植被分类的基础上，对植被的空间结构和地理特征的进一步完善。

植被分布的“三向地带性”是形成植被类型分布区域和地带性分异的普遍规律，是决定植被分布格局的“函数式”，因此，也是植被区划的最根本原则。

我国植被区划的单位，从高级到低级的顺序是“植被区域—植被亚区域—植被地带—植被区—植被小区”。根据这些原则和依据，我国植被分区可划分为 8 个植被区域，22 个植被带，见表 9.1。

表 9.1　中国植被区划

植被区域	植被亚区	植被地带
寒温带针叶林	—	南寒温带落叶针叶林
温带针阔叶混交林	—	温带针阔叶混交林
暖温带落叶阔叶林	—	暖温带落叶阔叶林
亚热带常绿阔叶林	东部常绿阔叶林	北亚热带常绿落叶混交林
		中亚热带常绿阔叶林
		南亚热带季风常绿阔叶林
	西部常绿阔叶林	中亚热带常绿阔叶林
		南亚热带常绿阔叶林

续表

植被区域	植被亚区	植被地带
热带季雨林、雨林	东部季雨林、雨林	北热带半常绿季雨林、湿润雨林
		南热带季雨林、湿润雨林
	西部季雨林、雨林	北热带季雨林、半常绿季雨林
	南海珊瑚岛植被	季风热带珊瑚岛植被
		赤道热带珊瑚岛植被
温带草原	东部草原	温带草原
	西部草原	温带草原
温带荒漠	西部荒漠	温带半灌木、小乔木荒漠
	东部荒漠	温带半灌木、灌木荒漠
		暖温带半灌木、灌木荒漠
青藏高原高寒植被	东南部山地寒温性针叶林	山地寒温性针叶林
	东部高寒灌丛、草甸	高寒灌丛、草甸
	中部草原	高寒草原
		温性草原
	西北部荒漠	高寒荒漠
		温性荒漠

9.2.3 森林树种分布规律

我国地域辽阔，森林种类很多，水平分布规律和垂直分布规律明显。例如，青梅属热带雨林树种，只有在海南岛才有分布，落叶松为寒带落叶针叶林，只在东北大兴安岭北部有分布。因此，了解判读地区的主要森林树种的分布规律，对森林分布范围和树种的图像判读具有指导意义。

1. 华南热带湿润区

华南热带湿润区包括台湾南部，21°N以南的两广沿海、雷州半岛和海南岛、滇南以及南中国海诸岛。该区域树种很多，乔木有800多种，热带珍贵用材林近50种。结构复杂，主要特点有多层、混交、同林异龄、常绿和树冠参差不齐。林木密度大，但优势树种不明显。不同地区树种也不完全一样，下面是各地区的主要树种。

海南岛主要树种有：青梅、荔枝、坡垒、鸡毛松、陆均松、麻栎、平脉椆、厚皮树、眉柴、鸡占和栲树等，人工林主要有木麻黄、橡胶林和椰子树等。

雷州半岛主要树种有：鸭脚木、胆八树、黄桐和黄杞等，人工林有木麻黄、桉树等。

南中国海诸岛主要树种有：避霜花（麻风桐）、海岸桐和椰子树。

2. 华中、华南湿润亚热带区

华中、华南湿润亚热带区位于我国中部偏南，跨江苏、安徽、河南和陕西等省南部，江西、湖南、浙江、湖北、贵州、福建和台湾等省，以及两广、云南的北部。植被类型复杂、树种多样，主要树种组成在区内也有差异。偏北有青冈栎、苦槠、甜槠和小叶槠，偏南有厚壳桂、栲栗、红栲、锥栗、樟木和榕树，偏东有柳杉、粗榧、榧和福建柏，偏西有丝栗、楠木和柏木。

该区的经济林主要有油桐、乌桕、油茶、橙、橘、荔枝、龙眼、芒果和杨桃等。

3. 华北湿润、半湿润温暖带区

华北湿润、半湿润温暖带区包括辽东半岛、山东半岛、鲁中山地、辽河平原、黄淮海平原以及晋、冀、黄土高原地区。植被类型主要为落叶阔叶林。华北平原以杨、槐、榆和椿等树为多。低山丘陵以栎树和衫林为主。山地上部以杨、桦、槭和椴居多。苹果、梨、桃、杏、柿、核桃、板栗和枣等经济林在很多地方都有分布。

4. 东北湿润、半湿润寒带区

东北湿润、半湿润寒带区为黑龙江和吉林全部，辽宁北部和内蒙古东部边缘，是我国最大的木材产地。

大兴安岭主要植被为兴安落叶松，另外，针叶林有樟子松、云杉、鱼鳞松、偃松和兴安桧，阔叶林有白桦、山杨、香杨、粉枝柳和栎等。

东北东部的长白山、小兴安岭及三江平原地区，为针叶阔叶混交林地带，以红松为主，并与沙松、红皮臭、鱼鳞云杉、臭松，以及阔叶树紫椴、蒙古栎、水曲柳、榆树、桦树、色木、簇毛槭和青楷槭等形成针阔叶混交林。

东北平原主要树种有蒙古栎、黑桦、榆树和山杨等阔叶林。

5. 西北温带荒漠区

西北温带荒漠区主要为荒漠植被，在荒漠河岸有非地带性的胡杨，天山北麓有小面积的榆、苦杨和黑杨林，边缘山地有落叶松和冷杉分布。

6. 青藏高原区

青藏高原区域内部森林消失严重，灌木矮化，主要为荒漠、草原和草甸植被。

喜马拉雅山南麓主要有羯布罗香、胭脂木、四数木、干果榄仁、阿丁枫、栲、青冈和云南松，还有高山栎、铁杉、乔松、冷杉和糙皮桦等。

藏东、川西也有高山松、高山栎、云杉、冷杉和铁杉等分布，还有圆柏和落叶松。

7. 部分山地树种垂直分布情况

以上介绍的是不同地带的主要树种分布情况，是按照不同的气候带进行划分的。各地带内的树种还遵循垂直分布规律。我国部分山区不同海拔高度的主要树种分布情况详见表9.2。

表9.2 我国部分山区树种的垂直分布情况

地区	海拔/m	主要树种
海南岛（坝王岭）	500以下	栎、楠、厚皮、格木、鸡尖
	500～900	荔枝、青梅、大叶暗罗、毛叶暗罗、卵叶樟、长果厚壳桂、红肝、乌墨、沙椤、高山榕、海南椴
	900～1000	盘壳栎、赤椎、油丹、黄丹、长叶紫楠、鸡毛松、竹叶松
	1000以上	陆均松、竹叶松、雷公栎、尖叶蒲桃、竹叶樟

续表

地区	海拔/m	主要树种
台湾	1800以下	樟科、壳斗科、桦木科、桑科
	1800～3200	上部为红桧，下部为黄桧、台湾杉、台湾云杉、台湾冷杉
	3200以上	台湾冷杉
浙江（天目山）	500～800	衫、马尾松、柳杉、榧、银杏、金钱松、楮、栎
	800～1200	柳杉、金钱松、银杏、楮、青榨槭、楠、椴、榆、黄檀榉
	1200以上	落叶灌木和乔木、黄山松
贵州（梵净山）	300～700	柏木、马尾松
	700～1400	杉
	1400以上	山毛榉
湖北（神农架）	1000以下	樟、楠、榉、栲、马尾松、杉、栎、柑橘
	1000～1700	枹、毛栗、马尾松、杉、核桃、栎、锐齿栎、山毛榉
	1700～2300	华山松、红桦、山毛榉、锐齿栎、油松、漆树、冷杉、剑竹
	2300～2600	冷杉、桦、槭
	2600～3052	冷杉、剑竹
四川	700以下	楠、桢楠、柏木、竹
	700～1700	楮栎、樟、栲、杉、柏
	1700～3000	槭、冬青、李、梨
	3000～5000	落叶松、云杉、冷杉、铁杉
陕西（秦岭北坡）	600～1000	柳、杨、椿、皂荚
	1000～2300	栎、枹、榆、华山松、槭
	2300～2600	红桦、毛红桦
	2600～3500	冷杉、红杉、红桦、毛红桦、槭
甘肃（祁连山）	1980～3500	云杉
	2420～3050	藏柏
	3050～3650	方香柏、云杉、桧柏、油松、桦木
新疆（天山）	1300以下	苦杨、榆、柳
	1300～2500	冷杉、沙松、西伯利亚落叶松
	2500～3000	柳、桧属等灌木
西藏（高山林区）	2100～2300	柳、杨、桦、槭、栎（亚东、波密林区）
	2300～3000	云杉、赤松、桦、杨、槭、华山松、落叶松、红豆杉（波密、塔工林区）
	2600～3000	云杉、冷杉、华山松、赤松、乔松
	3400～3800	云杉、冷杉、柏、落叶松
	3600～4200	冷杉、高山柳
东北（长白山以及大、小兴安岭）	250～500	栎、杨、椴、槐
	500～1000	红松、冷杉、云杉、鱼鳞松、落叶松、枫、桦、榆
	1800～2100	岳华林

9.3 植被分类及其判读

9.3.1 植被分类

我国幅员辽阔，自然条件异常复杂，植被的种类很多。既有热带雨林区，又有高寒草原区，既有亚热带常绿阔叶林区，又有寒带落叶林区。如此众多的植被不可能在地形图上一一表示出来，只能根据识图用图的需要及其经济和军事价值经高度概括后择要表示。

如何对植被进行分类，才能在地形图上充分反映植被的经济、军事价值，是一项科学性很强的工作。并不是分类越多越好，而是要看分类方法是否符合科学概括的原则。例如，1958年版图式，用59种符号对植被进行分类，也未能完全反映植被的客观规律，反而使得地形图上表示的植被显得比较混乱。而以后的图式，吸取了其经验教训，根据植被的种类、高矮、疏密、粗细、分布范围和方位作用进行分类。现行图式规定地形图上表示植被的内容，可概括为六类，即乔木林、灌木、竹林、经济作物林地、耕地和草地，每一类中又可细分为若干子类。植被分类及其含义见表9.3。

表9.3 植被类型及其含义

植被类	植被子类	含义
乔木林	—	生长具有直立主干、树冠广阔、成熟植株在6m以上的多年生木本植物的林地
	森林	平均树高4m、胸径0.08m和树冠覆盖度40%以上的乔木林地。图上面积大于$25mm^2$时为大面积森林，小于$25mm^2$时为小面积树林
	矮林、幼林和苗圃	矮林是指外形矮小、平均树高不足4m的林地 幼林是指树粗小于0.08m的幼龄林地 苗圃是指培育苗木的土地 图上面积小于$25mm^2$时，为小面积树林
	狭长林带	呈带状分布的乔木林地。这里专指图上宽度小于1.5mm、长度大于5mm的乔木林地
	疏林	树冠覆盖地面10%~40%的乔木林地
	突出树	有方位作用的单棵树或林中高大突出的树木
	独立树丛	有方位作用的丛生树木
	零星树	零星树专指杂生在灌木、竹林、草地以及生长在沼泽地、沙地的零散树木
	行树	呈单行分布生长的树木
灌木	—	灌木是指植株矮小、无明显主干、呈丛生状态的木本植物
	密集灌木	枝冠覆盖地面40%以上的灌木 图上面积小于$25mm^2$、且有方位作用的密集灌木丛为小面积灌木丛 图上宽度小于1.5mm且长度大于5mm的灌木为狭长灌木
	稀疏灌木	枝冠覆盖地面10%~40%的灌木
竹林	—	竹子生长茂密的林地 图上面积小于$25mm^2$的为小面积竹林 图上宽度小于1.5mm且长度大于5mm的为狭长竹林

续表

植被类	植被子类	含义
经济作物林地	经济林	以生产果品、油料、饮料、调料、工业原料和药材为主要目的的林地 图上面积大于25mm^{2}时为大面积经济林，小于25mm^{2}时为小面积经济林
	经济作物地	经济作物地是固定种植多年生长的特用的草本作物地，包括旱生作物地和水生作物地 旱生作物地是指种植香蕉、菠萝、剑麻等旱生作物，面积大于图上25mm^{2}的土地 水生作物地是指种植菱角、莲藕、茭白等水生作物，面积大于图上25mm^{2}的土地
耕地	稻田	固定的常年或季节有水、种植水稻的土地
	旱地	种植旱生农作物的土地
草地	高草地	高草地是指高度1m以上的芦苇地、席草地、芒草地和其他高杆草本植物地 图上面积大于25mm^{2}的为大面积高草地，小于25mm^{2}的为小面积高草地
	（一般）草地	草类生长茂密且覆盖度在50%以上、有放牧价值的草地

9.3.2 植被判读

植被的图像判读，主要根据图像上的影像特征、地理分布规律和有关参考资料进行。

植被在红外假彩色图像上容易识别。因为绿色植被在绿光波段的反射率有一个小的峰值，在红光波段反射率最低，而在近红外波段反射率最大，所以在红外假彩色图像上绿色植被呈红色或品红色，与其他地物有明显的反差。即使同为植被，不同的类型在近红外波段的反射率也有较大差异，在图像上的色别、饱和度和明度也不完全一样。在全色图像上，绿色植被为深色调，与水体色调相近，但植被的纹形图案比水体粗糙，比较容易区分。

在遥感图像上确定植被的覆盖度比较方便。植被的覆盖度一般根据目视法估计即可，也可与植被覆盖度典型图像进行比较确定。在空间分辨率较高的图像上，可用网点计数法，或选择若干条不同方向的线，分别量测树冠长度和空地长度，计算出平均覆盖度。

总体上讲，植被类型的判读，对航空遥感图像和空间分辨率较高的航天遥感图像，可根据其在图像上所表现的纹形、色调和形状等特征区分乔木林、灌木、竹林、经济林地、粮食作物地和草地等，但在空间分辨率较低的航天遥感图像上识别困难。

1. 影像特征

用于判读树种的影像特征主要有形状、色调、纹形和阴影。

（1）形状。不同树种不论从侧面观察或垂直观察，形状都互不相同，有的是椭圆形，有的是圆柱形，还有圆锥形、簇形、卷状扁形、平顶形和伞形等。因此熟悉不同树种的树冠形状，在立体观察下，根据树的影像和阴影，可以识别树种。

（2）色调。树冠影像的色调主要取决于树冠的亮度系数和遥感图像的类型。亮度系数不仅与树种有关，还与摄影季节有关。在彩红外图像上，不同树种以不同的色彩表达出来，而人眼对色彩的分辨能力远远超过对灰度的识别能力，所以用彩红外图像可以更好地区分树种。对多光谱、多时相的遥感图像，可用模式识别技术对植被进行自动分类。

（3）纹形。森林纹形是由树冠影像重复出现形成的。因不同树种的树冠形状不同，所以构成的纹形也有差别，这是识别树种的基础。例如，阔叶林纹理粗糙，形如团状；针叶林为针状粗糙结构；幼林纹理则光滑、细腻，形如细毛。

(4) 阴影。树木的阴影主要显示树冠的形状。

2. 立地条件

不同植被生长所需要的湿度、温度和光照等条件是不同的，这就使植被的树种分布具有明显的地区特点。在大区域内，植被种类随纬度和高度的变化呈现有规律的更替，这就是植被的水平分布规律和垂直分布规律。在小范围内，有些植被喜长在潮湿的谷地，有的喜长在背阳的斜坡，有的喜长在山脊之上。了解植被的立地条件对判读植被种类非常有帮助。植被的分布规律和立地条件内容很多，欲详细了解请参考有关资料。

3. 参考资料的利用

上一代地形图以及林业部门对全国的林业资源调查成果、国土资源部门的土地利用调查成果等标示出了植被的类型和分布范围等内容，尽管有些分类标准不一致，在参考时应进行分析和转化，但对植被类型的确定和注记仍然具有重要的参考价值。

4. 几种典型植被的判读特点

(1) 森林。森林主要有阔叶林、针叶林和混交林三种类型。天然森林树木覆盖度不一致，树龄悬殊，树种混杂；人工林树种相对单一，覆盖度均匀。

阔叶林在高分辨率的遥感图像上，呈现的纹理是相对粗糙的团状颗粒，其色调根据树种和遥感条件从灰白到深灰变化，树冠形状一般为椭圆形或圆形；阴影一般呈椭圆形，在立体观察下，可看出树林明显高于地面，且树冠顶部参差不齐，如图 9.4 所示。

图 9.4　阔叶林（立体像对）

针叶林比阔叶林的色调深，一般表现为深灰、浅黑或黑色，其纹理多为密集的针点状，单株树木成塔状，阴影为细长的圆锥图形，在立体观察下树高变化一般不如阔叶林明显，如图 9.5 所示。

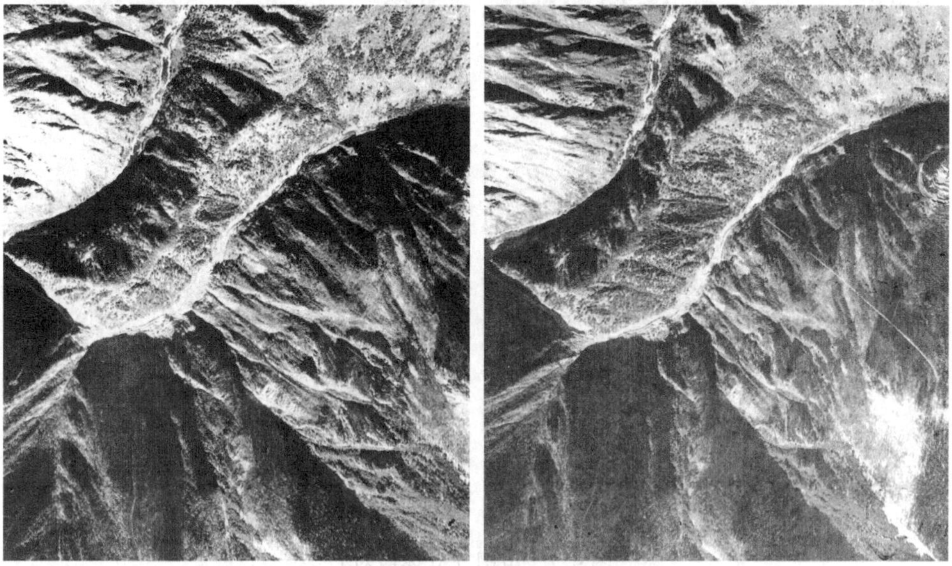

图9.5 针叶林（立体像对）（西藏圆柏林）

（2）幼林、矮林与苗圃。幼林是指平均树高不足4m，胸径不足0.08m的幼年树林，矮林是天然生长较低的树林。由于幼林、矮林树冠较小，有时在图像上识别不出树冠，但可根据其与背景有较大的反差，呈时隐时现的纹理图案等特征识别。图9.6是幼林的立体像对。

图9.6 幼林（立体像对）

苗圃是培育乔木、灌木等幼苗的园地。培育幼苗的田畴呈条带状规则排列，分布范围整齐，纹形图案和色调与背景差异较大。在图像上由于生长季节的不同和培育苗木的种类不同，呈现出不同的色调。春夏季获取的图像上，落叶类苗圃多呈深灰色点状纹形图案，秋冬季获取的图像上多呈浅色调针尖状纹形图案。

图9.7是春季获取的苗圃的立体像对，影像与农作物背景反差明显。

图 9.7　苗圃（立体像对）

（3）狭长林带与行树。狭长林带是指图上宽度小于 1.5mm 的乔木林带。我国中部、北部的平原地区多为格网状分布，起防风固沙、绿化的作用。

行树是沿道路、沟渠等地物两侧单行分布的树木，平原地区田间也有分布。

在图像上，林带呈深灰色的条状影像，与背景反差明显，易于判读，但应注意与行树的区分。图 9.8 是狭长林带与行树分布密集的立体像对。

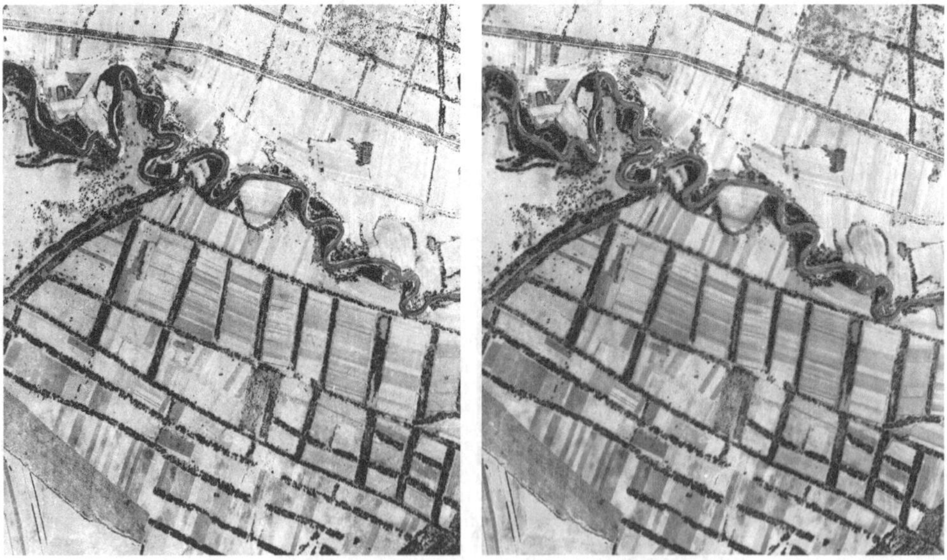

图 9.8　狭长林带与行树（立体像对）

（4）疏林。疏林是指林木的郁闭度在 0.1～0.4 的乔木林地，在丘陵、山地分布较多，在图像上呈点状黑色调的图案。

图 9.9 是新疆塔里木河流域生长的郁闭度较小的胡杨的立体像对。胡杨在不同的生长时期内，树叶的形状是动态变化的，幼龄时的胡杨树叶呈细条形状，随着树龄的增加，树叶逐渐变

化为近圆形。

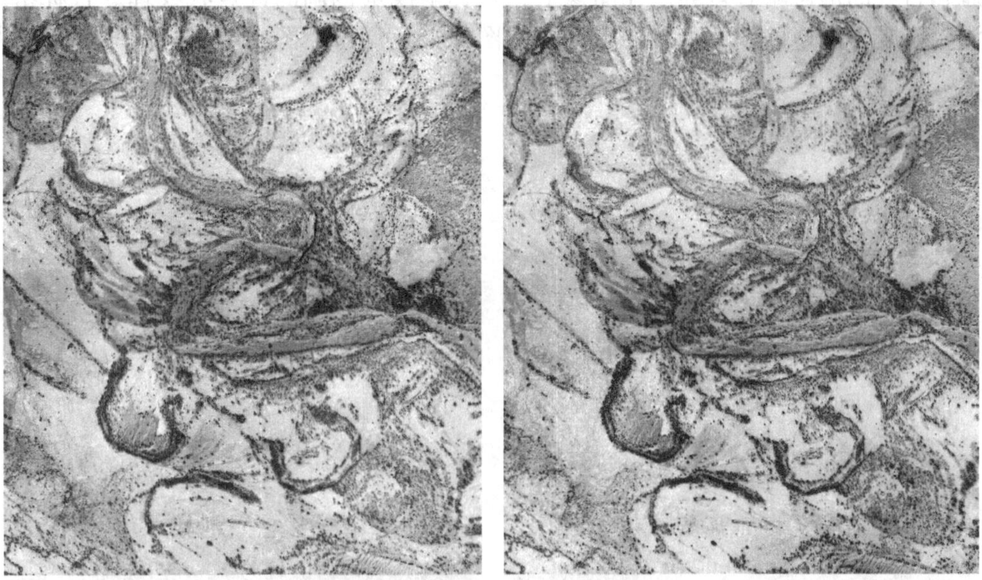

图 9.9　疏林（立体像对）

（5）灌木。灌木是成片生长、没有明显主干的矮小而丛生的木本植物。灌木多生长在丘陵、山地，平原地区相对较少。

密集分布的灌木，色调和纹形同针叶林有些类似，但是由于灌木较矮，且株冠较小，所以在立体观察下和地面高差不明显，外形比树林清晰。灌木是否有刺在航片上很难判断，须实地调查或参考有关资料确定。

稀疏分布的灌木一般杂生在树林、盐碱地、沼泽和沙地之中，图像上以背景影像为主，其上有不规则的深色小斑点，立体观察下可见斑点略高于地面。

图 9.10 是密集分布灌木的立体像对。

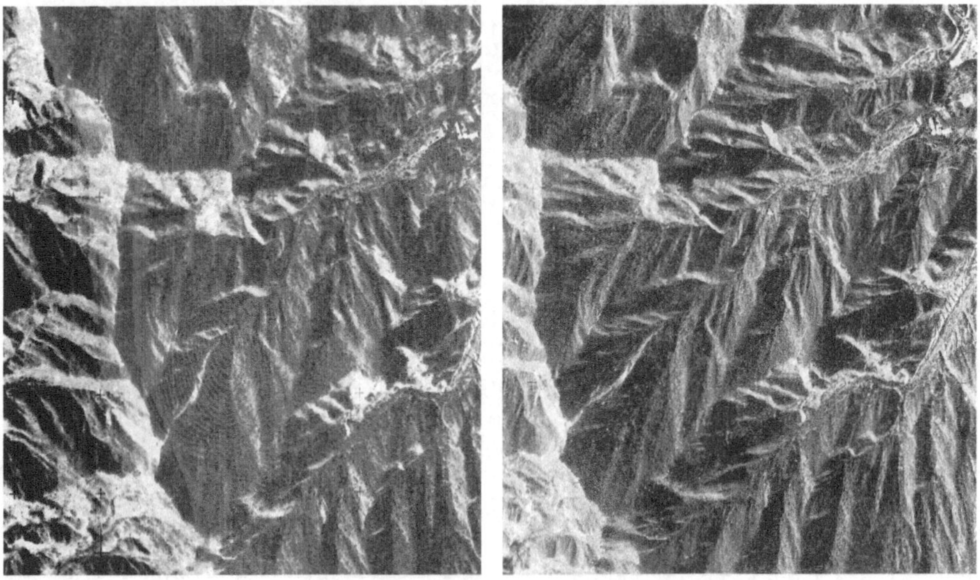

图 9.10　密集灌木（立体像对）

（6）竹林。竹林一般分布在平原、丘陵地区，北方很少见大面积的竹林。竹子的种类很多，竹冠和竹叶的形态略有差异。在图像上，竹林呈浅灰色调的针点状纹理。竹林密度越大，色调越深，春夏季获取的图像上较冬季获取的图像上色调深。图 9. 11 是秋季获取的竹林的立体像对。

图 9. 11　竹林（立体像对）

（7）经济林。经济林一般由人工种植，具有较规则的点状纹理。山地的经济林多沿等高面种植，其纹理像等高线，平地的经济林有规则的外轮廓，容易识别。但不同类型的经济林，影像的纹形图案特征和色调特征差别明显。

图 9. 12 是橡胶林的立体像对。橡胶林是生长在热带湿润地区的阔叶乔木林，属人工种植的经济林，树干高大挺拔，树冠呈团状，分布在海南、广东和广西等省（区）。由于采割橡胶

图 9. 12　橡胶林（立体像对）

的需要，林中防火线一般可通行。为了防风，橡胶林周边多种植密集的乔木、灌木。夏季摄影的图像上，橡胶林呈深灰色的圆形或卵形的粗糙纹理，冬季摄影的图像上呈浅灰色调。

图9.13是香蕉林的立体像对。香蕉林生长在热带湿润地区，属棕榈叶经济林地，分布在我国的海南、广东和广西等省（区）。一般为人工种植，香蕉树叶宽而长，树高一般在2~4m。

图像上香蕉林呈灰色调或浅灰色调的浮云状的纹理。一般不能从图像上直接识别出树种，应借助参考资料进行判读。

图9.13　香蕉林（立体像对）

图9.14是茶园的航空立体像对。我国茶叶产地分布很广，遍布中部及以南的多个省（区、市）。茶园一般分布在南方丘陵和浅山区，平原地区也有，属灌木类经济林。茶树一般为丛垄状分布，也有点丛状分布。同一连片茶园丛堆高度一致，丛冠大小均匀，丛堆间和垄间的间距较小。在图像上，茶园呈灰色调的粗糙纹理，容易与树林、果园等植被区分。

图9.14　茶园（立体像对）

（8）草地。草地是指生长茂密且覆盖度在50%以上、有放牧价值的地段。草地主要分布在草原、树木稀少的山地、丘陵地和沼泽等地。图像上呈细密的均匀纹理图案，色调随季节变化大，春夏季获取的图像上色调深，秋冬季获取的图像上色调浅。地表湿度对草地的色调影响较大，地表湿度越大，影像色调越深。高草（如芦苇、蒲草）多生长在湖泊、沼泽、河流的岸边等潮湿处，影像色调呈深灰或黑色，与其他地物反差较大。

室内根据影像区分草地与高草地比较困难，一般应参考有关资料。

（9）稻田。稻田的形状是由田埂构成的规则或不规则的格状。平原地区的稻田，由于田块面积较小、形状规则、多呈方形、有水源和田埂等特征容易识别；丘陵地区，梯田上种植水稻的地块多呈条带状，依地势排列，面积大小不等，附近有沟渠和提灌设施。在立体观察下，田埂高于地面，成格状分布，特征十分明显。

稻田在蓄水期、生长期和收割期的影像色调和纹理都相差较大。蓄水期的稻田，只看到水面，色调为黑色或浅黑色；生长期的稻田，看到的是水稻影像，色调为灰至深灰；收割期的稻田，色调为浅白或浅灰。

9.4　植被表示方法和要求

不同的植被，其经济价值和对军事行动的影响是不同的。同一类型的植被，因密度和分布特点不同，其经济价值与对军事行动的影响也不同。

9.4.1　植被表示的基本方法

植被的表示要从各地区的实际情况出发，但无论在什么地区，植被是否表示，首先应考虑其对军事行动的影响。在植被较多地区着重表示面积较大的和隐蔽、障碍、取材价值大的；在植被稀少地区，凡有一定方位作用的，一般均应表示。另外，还应注意区分植被类型和分布特点，以及植被、土质之间的配合表示。表9.4列出了植被表示方法。

9.4.2　植被表示的一般要求

植被的类型很多，在地形图上表示的主要有乔木林、竹林、灌木、经济林、经济作物地、草地、稻田和有方位作用的旱地等。其中，除乔木疏林、稀疏灌木丛、草地和稻田只在其分布范围内均匀配置相应符号表示外，森林、矮林（幼林、苗圃）、经济林、竹林和密灌等其他植被，均应根据分布范围的大小和特点，分别用相应的大面积、小面积和狭长符号表示。

（1）图上面积大于25mm²的套色植被用地类界绘出范围，并在其范围内均匀配置相应符号，当面积大于4cm²时，还应加相应的注记。例如，森林的树种、平均树高和胸径，幼林的平均树高，经济林种，竹林的平均高，密灌及其平均高等。林中有藤或有瘴气，通行困难的地段还要加注“有藤”、“有瘴气”。

（2）图上面积为2～25mm²的套色植被用小面积符号表示。图上面积小于2mm²的树林，当有明显的方位意义的，用独立树丛符号表示。

（3）零散分布和图上面积小于2mm²无明显方位作用的树林，用零星树符号表示。零星树符号只能依附在道路、河渠和堤等的线状符号旁表示，田野、居民地内外和林区的零星树不表示。公园、疗养区和居民地内外的林荫地段与绿地上的树林用零星树符号表示。

表 9.4　植被表示基本方法

类型 \ 分布		大面积：大于 4cm²	大面积：25mm² ~4cm²	狭长：大于 2cm	狭长：5mm ~2cm	狭长：小于 5mm	小面积 2 ~25mm²	零星	独立树丛	突出树
乔木	森林	松 $\frac{25}{0.25}$		3						
	矮林、幼林、苗圃	幼 3								
	疏林									
竹林		10		10						
经济作物林地	经济林	杏								
	旱生作物地	蕉								
	水生作物地	茭								
灌木	密灌	密灌 3		3						
	疏灌									
草地	高草地	芦苇								
	草地									
耕地	稻田									
	旱地									

(4) 图上宽小于 1.5mm、长大于 5mm 的狭长林带用相应符号表示，当图上长大于 2cm 时，还应测注平均树高。在树木稀少地区，有方位作用的田间单行树也用狭长林带符号表示，但不注记平均树高。路旁和渠旁的行树用行树符号表示。

(5) 矮林、幼林和苗圃在地形图上用同一个符号表示，面积大于 4cm² 的应分别注出“矮”、“幼”、“苗”及其平均高度。

(6) 灌木应依其丛间距离的大小区分密集灌木和稀疏灌木分别表示。图上面积大于 4cm² 的密集灌木要区分有刺和无刺，分别加注“有刺密灌”、“密灌”和平均高度。

(7) 经济作物林、多年旱生经济作物地和水生经济作物地，应正确区分表示。图上面积小于 25mm^2 的经济作物林地，除有明显方位作用和障碍作用外，一般不表示。

农果间作地一般不以经济作物林表示。

经济作物与其他农作物轮作地，不按经济作物地表示。

(8) 耕地分稻田和旱地两种。稻田不分常年积水和季节性积水均用稻田符号表示。有的耕地，种一季水稻，其他季节为旱地，也用稻田符号表示。在一幅判绘图像内，90%以上的耕地为稻田时，图像内可不绘稻田符号，只在判绘面积线外注记“全幅图像上的耕地为稻田”说明。

在大面积林地、草地、沙漠、戈壁和稻田内有方位作用的旱地，用地类界绘出范围，其内配置旱地符号。大面积的旱地不表示。

(9) 草地表示要注意区别高草地和（一般）草地。草地只表示草类生长覆盖地面在 50%以上且有放牧价值的地段和城市草坪绿地。

9.4.3 森林注记

1. 树高、胸径注记

植被高度和胸径（齐胸处直径）的量测，可借助大比例尺的航空遥感图像进行。在这种图像上，植被的阴影和影像长度比较清晰，可用于植被高度的量算。

利用阴影长度计算树高的公式为

$$h = L \cdot M/\tan\theta \tag{9.1}$$

式中，h 为树高；L 为单棵树阴影长度；M 为图像比例尺分母；θ 为图像获取时的太阳高度角。

利用视差计算树高是较精确的方法。先用视差杆测出树木的左右视差，然后用式（9.2）求得树高。

$$h = H \cdot \Delta P/(P + \Delta P) \tag{9.2}$$

式中，H 为树木立地地面的相对航高，P 为树根部影像的左右视差，ΔP 为树冠顶部与树根影像的左右视差较。

胸径与树冠和树高之间密切相关。林业部门根据不同树种的多株树木的实际测量数据，用多重回归分析的方法取得统计规律，编制成表格查取。回归方程为

$$\varphi = b_0 + b_1 \cdot h + b_2 \cdot R + b_3 \cdot h^2 + b_4 \cdot h \cdot R \tag{9.3}$$

式中，φ 为树木胸径；h 为树高；R 为树冠直径；b_i（i=1，2，3，4）为统计计算取得的参数。

在中小比例尺图像上，根据影像量测计算树高和胸径一般误差较大，不能满足森林注记的精度要求，可实地量测或用可靠的参考资料确定。

2. 森林注记资料的利用

根据森林在图像上的影像特征判读树种，必须具有丰富的林业知识和实践经验，否则，达不到正确判读树种的目的。特别是热带雨林区，即使是森林专家，对有的树种在没有对其花、果和叶进行分析之前也不能正确识别，在图像上判读就更不可能了。因此，为了获得森林的正确注记资料，一般是通过实地调查，量测或参考上一代地形图和林业部门的资料进行注记。但是，林业部门的分类方法和标准与地形图图式不完全一致，注记参考时必须注意到这一点。

我国林业部门对全国林业资源进行过多次调查，编制了各地森林分布图。在林区还有林相图和林场基本图。这些图上标注了主要树种的名称、分布地区范围和生长状态，是森林注记很

好的参考资料。例如，森林资源调查成果中，林业用地根据郁闭度大小、树龄以及灌木覆盖度，分为有林地、疏林地、未成林造林地、灌木林地，以及苗圃和可供造林的无林地六类。森林林种分为具有水源涵养、水土保持、防风固沙、保护农田牧场、防岸与护路等功能的防护林；包括竹林在内以用材为目的的用材林；提供木本粮油、药材或工业原料的经济林；以提供燃料为目的的薪炭林；具有战备、环境保护和科学实验等用途的特用林等。

根据树龄，在森林调查成果中，将其区分为幼龄林、中龄林、近熟林、成熟林和过熟林。森林、疏林、灌木的分类标准也与地形图图式中的规定不同。林业部门以郁闭度（林冠在地面投影面积与林地总面积之比）的大小来区分，森林是指郁闭度在 0.4 以上的林地，疏林是指郁闭度在 0.1 ~0.4 的林地，而灌木是指灌木覆盖度在 30% 以上。

因此，在利用参考资料时，必须了解资料的现势性和可靠性，以及分类方法与标准，并分析利用价值和转化的方法。

9.4.4　地类界的运用

地类界是地物类型的界限。在地形图上森林、矮林、幼林、苗圃、竹林、密集灌木林和经济林为套色植被，用绿色表示其范围，不绘地类界；而有方位作用的旱地、依比例尺表示的坟地和旱生经济作物地才用点状地类界标绘其范围。

在判绘图像上，为了显示套色植被的范围，保证地图印刷时正确套色，可使用简化的地类界符号描绘出套色植被的轮廓线。对非套色植被，如草地、高草地、稻田、疏林和疏灌等植被，在判绘图像上也只在相应影像范围内配置相应植被符号。显然，在判绘时有两种地类界符号供我们使用，即点线符号和简化地类界符号，作业时务必要分清它们各自的使用范围和使用地类。除此之外，在使用地类界时还应注意以下三个问题。

（1）当地类界与线状地物重合，若线状地物是道路、水渠、岸线、冲沟、街区、堤和围墙等地面物体，则地类界可省略表示，以线状地物符号代替地类界；若线状地物为境界、高压线、隧道等架空和地下物体时，地类界不得省略，应移位表示，如图 9.15 所示。

（2）由于线状地物能代替地类界，故一个大的地类被线状地物分割时，应在被分割的每块范围内绘出相应植被符号或注记，否则就交代不清。图 9.16（a）中，被分割的每块内都绘出了相应符号或作了注记，表示正确；图 9.16（b）则交代不清，在内业测图时①处的果园可能会被漏掉。

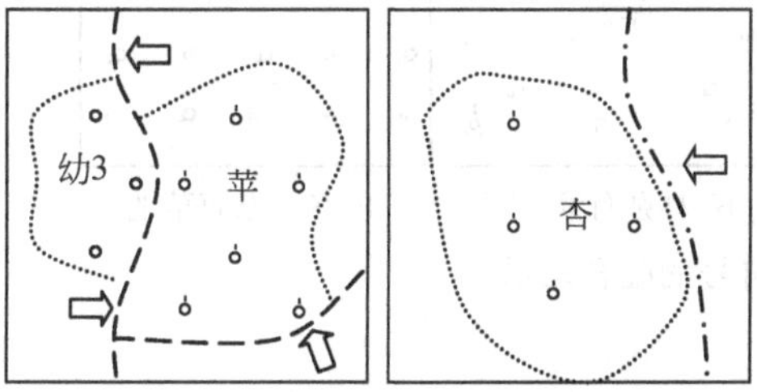

(a)省略地类界　(b)移位表示地类界

图 9.15　地类界与线状地物重合时的表示

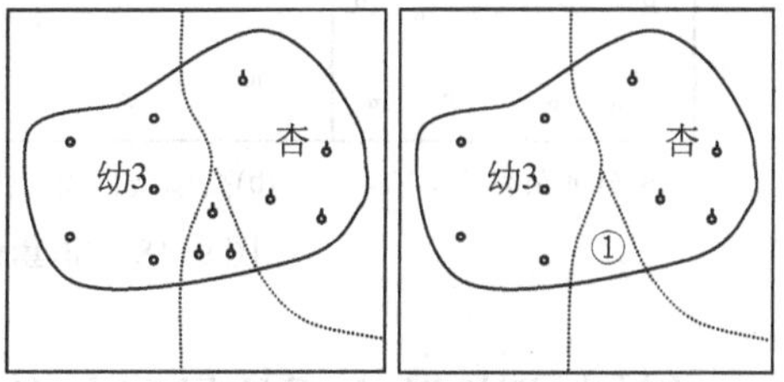

(a)表示正确　(b)交待不清

图 9.16　地类界被线状地物分割时的表示

（3）当地类的四周全部由线状地物代替地类界时，若地类为套色植被或有方位作用的旱地、依比例尺表示的坟地或旱生经济作物地，在其范围内最好要配置三个以上的符号或加注记，以便与零星的相区分；若地类为零星的，则不能配置两个以上的符号。

9.4.5　植被符号配合表示

多种植物类型混生于同一地段时，只选择数量较多或对军事行动影响较大的两三种按实际情况用相应符号配合表示。套色植被配合表示不超过两种，非套色植被不超过三种。符号的配置和说明性注记应与实地植被的主次和疏密情况相适应。

套色植被的配合表示主要有以下四种情况。

（1）森林中杂有密灌。以森林为主，在其范围内注出树名、树高和胸径，而密灌是次要的，一般不注记，只适当加绘密灌符号，如图 9.17（a）所示。

（2）森林中杂有竹林。森林是主要的，注记放在主要位置，竹林注记放在次要位置或不注记，如图 9.17（b）所示。

（3）密灌中杂有树木。此时密灌为主，用注记表示密灌，用零星树符号表示树木，如图 9.17（c）所示。

（4）竹林中杂有树木。竹林用注记表示，树木用零星树符号表示，如图 9.17（d）所示。

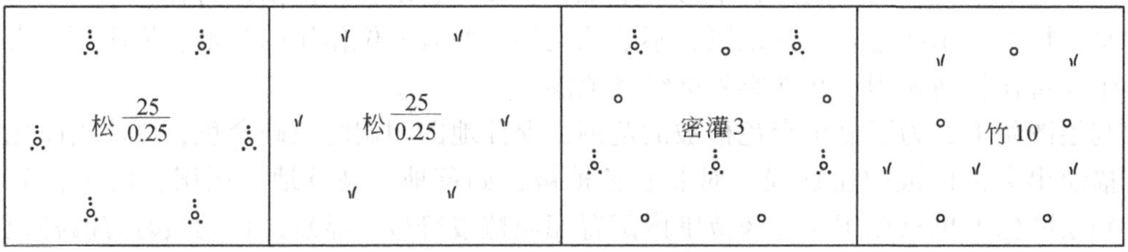

(a)森林中杂有密灌　(b)森林中杂有竹林　(c)密灌中杂有树木　(d)竹林中杂有树木

图 9.17　套色植被符号之间的配合表示

套色植被一般不与草地符号配合表示。

非套色植被的配合表示主要有草地中杂有灌木、高草地杂有稀疏灌木或树木、疏林中杂有稀疏灌木或草地等情况，图 9.18 显示了这几种配合的表示方法。非套色植被的主次关系是以符号绘制的多少确定的。

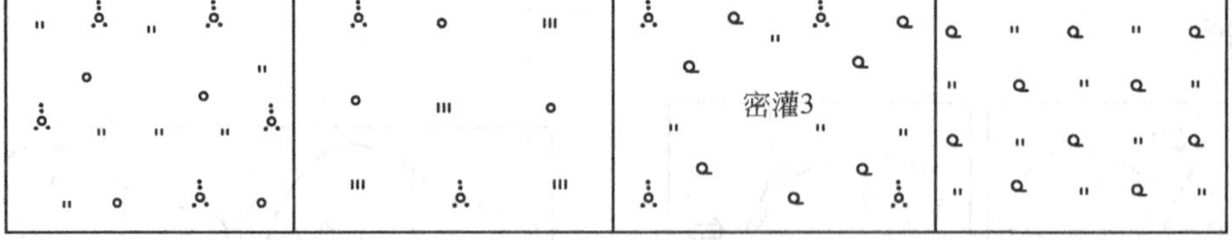

(a)草地杂有灌、树　(b)高草杂有灌、树　(c)疏林杂有灌、草　(d)疏林杂有草地

图 9.18　非套色植被符号的配合表示

9.4.6　植被与沼泽及土质符号配合表示

植被与沼泽、土质符号可互相配合表示，但在同一范围内不得超过三种符号。在判绘图像上表示时，它们的主次以注记或符号绘制的多少来区分（图 9.19 和图 9.20）。

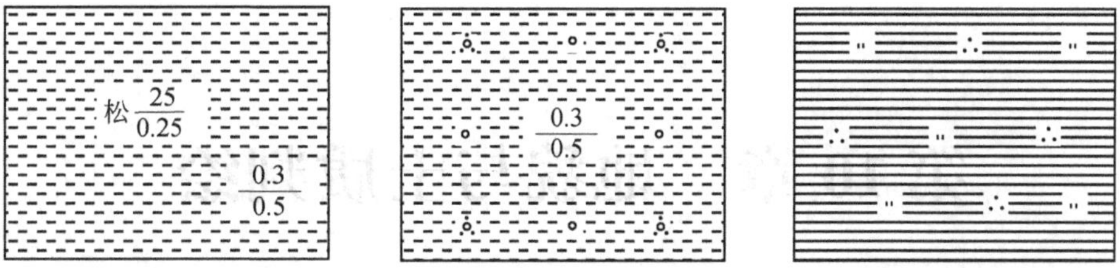

(a)森林中有能通行沼泽　(b)能通行沼泽有灌木及树木　(c)不能通行沼泽杂有草及小草丘

图 9.19　植被与沼泽的配合表示

(a)多小丘沙地上有灌木　(b)盐碱地上有灌木　(c)沙地上的松林

图 9.20　植被与土质的配合表示

第 10 章　地貌与土质判绘

地貌是地球表面起伏形态的总称，土质是指覆盖在陆地表面的土壤、岩石的组成和性质。地貌与土质对于经济发展和军事行动有直接影响。地貌是地形图上的主要内容，也是图像判绘研究的重要内容。了解各种地貌形态的成因、分布和基本特征，以及运用各种表示方法在地形图上正确反映地貌特征，对于提高地形图的实用性和科学性有重要意义。因此，本章首先介绍地貌的成因，然后分别介绍各种地貌的形态特征、图像判读特点以及表示方法。

10.1　地貌的成因与表示要求

地壳的组成物质和地貌形态永远处在不断变化发展中。地貌形态及其成因、发展规律是非常复杂的。改造地表起伏、促使地貌形态发生变化的基本力量是内力（或称内动力）和外力（或称外动力）。地貌发育的基本规律就是内力与外力的对立统一。

10.1.1　内力作用

地壳受内力作用产生地壳运动和岩浆活动，形成地面起伏的基本形态。内力作用是由地球内部能量引起的。地球内部的能量主要是热能，而重力能和地球自转产生的动能对地壳物质重新分配、地貌形态的变化也具有很大的作用。

内力作用的主要表现是地壳运动和岩浆活动等。

地壳运动使地壳发生变形和错位，改变地壳构造形态，因此也称构造运动。根据地壳运动的方向，可分为垂直运动和水平运动两类。这两类运动并不是截然分开的，它们在时间上和空间上可以是交替出现的，有时也可能同时出现。

1. 垂直运动

垂直运动也称升降运动或震荡运动。运动方向垂直于地表，即沿地球半径方向。这种运动表现为地壳大范围的缓慢上升或下降，它出现于海洋底部和陆地，具有此起彼伏的补偿运动的性质。作用时间长、影响范围广是垂直运动的显著特点。

垂直运动在不同地区、不同时期速度有快有慢，升降幅度也有差异。在地壳活动带，升降幅度为 1000～10 000m，在稳定带则不过数百米。我国西藏高原和喜马拉雅山地区是世界上上升速度及幅度最大的地区，200 多万年以来，它的上升量达 4000m。4000 万年前，喜马拉雅山还是海洋，2500 万年前开始从海底升起，200 万年前初具规模，现在已成为世界上最高的山脉。据估计，喜马拉雅山开始上升时的速度约为每年 0.05cm，而1862～1932 年的 70 年，平均速度已增至每年 1.82cm。据长期观测，目前还以每年 2.4cm 的速度快速上升。又如太平洋西部的一些珊瑚礁，据海上钻探结果，其基部已下降 1300m 左右。

地壳升降运动是相伴发生的，一个地区的抬升必然伴随着另一个地区的下降，以维持地球的统一平衡。

垂直运动对地貌有很大的影响。在上升和下降的接触地带，地貌形态将发生明显的变化。例如，大陆和海盆发生垂直运动，若运动方向相反，必然会引起海进或海退，对海岸地貌的形成和发展产生明显的影响。

2. 水平运动

地壳运动方向平行于地表的运动，称为水平运动。大量的研究证实，地壳并不是整体一块，而是被分成了若干个相互衔接的单元，每个单元称为一个板块。全球目前被划分成六大板块，即太平洋板块、美洲板块、非洲板块、亚欧板块、印度洋板块和南极洲板块。板块间的相对运动有两种：一种是相背运动，使板块间相互分离，彼此距离越来越远，如太平洋板块和美洲板块目前仍以每年 3 ~6cm 的速度分离；另一种是相向运动，这就表现为两个板块相互碰撞或俯冲。两个板块的冲撞，会使地壳发生变形，从而形成各种褶皱山脉。特别是两个大板块的相互碰撞，会出现像喜马拉雅山和阿尔卑斯山一样的巨大山脉。印度板块和亚欧板块的相互碰撞，形成了世界屋脊喜马拉雅山脉；目前印度大陆仍以每年 5cm 的速度向喜马拉雅山方向运动，不但使喜马拉雅山仍在升高，而且使喜马拉雅山向东北方向移动。

地壳运动是复杂的，水平运动和垂直运动也不能截然分开。总体上讲，地壳运动具有普遍性、永恒性、方向性、非匀速性以及振幅和规模的保护性等特点。

3. 地壳运动对地貌的影响

地壳运动使地壳发生显著的变形和移位，形成各种行迹的地质构造，并促使岩浆活动和变质作用，对地理环境也有重要的影响。

地壳运动对构造地貌的影响，主要表现在以下五个方面。

（1）形成台地和方山地貌。原始岩层在地壳运动影响下，未经褶皱变动而仍然保持水平或近似水平产状，称为水平构造。在水平构造上，当地表未受切割时，地貌上表现为同一岩性构成的平原或高原。在受到切割的情况下，老岩层出露于低处，新岩层在高处。当顶部岩层较硬时，形成桌状台地、平顶山或方山。

方山地貌在我国四川盆地中部发育最为典型，沿嘉陵江从合川至李渡间，在近似水平的红色砂岩和页岩上形成典型的方山地貌。

如果水平构造的岩层是软硬相同，在剥蚀作用下常形成层级状山丘地貌。我国东南部第三系产状平缓的红色沙砾岩石中，受侵蚀后常形成顶平、坡陡和孤立突出的城堡状、屏风状、塔状、柱状等地貌形态，如河北承德附近的双塔山、棒槌山，广东北部的丹霞山等，这种地貌总称为丹霞地貌，如图 10.1 所示。

图 10.1　丹霞地貌

（2）形成倾斜构造地貌。倾斜构造是指岩层在地壳的水平运动和垂直运动的综合作用下，在岩层层面与水平面间形成具有一定夹角的地貌。

当单倾斜构造上部的岩层较硬或软硬相间时，在剥蚀作用下常形成单面山和猪背脊等典型地貌。单面山的特点是山脊沿岩层走向延伸，两坡明显不对称，如我国的黄山。猪背脊的特点是岩层倾角较大，两坡对称。

(3) 形成褶皱山地貌。岩层受力发生连续的波状弯曲形成褶皱构造，随褶皱程度的逐步加强和流水侵蚀的进一步切割而形成高低起伏的褶皱山地。

根据褶曲轴面的空间位置和两翼岩层的产状，分为直立褶曲、歪向褶曲、倒转褶曲、平卧褶曲和扇形褶曲等几种。根据岩石扭曲形态可分为长轴褶曲、短轴褶曲和等轴褶曲。

褶皱山地的形态特征主要表现在：基本形态表现为一系列平行或成“之”字形的山岭和谷地，山岭和谷地具有明显的向某一方向延伸的特点；经强烈侵蚀破坏的褶皱山地，坚硬岩层突出成山，软弱岩层被蚀成谷；易形成平行岭谷，谷网的平面图形呈格状。如图 10.2 所示（见彩图），湖南八大公山就是典型的褶皱山地貌。

图 10.3　断层地貌

(4) 形成断层地貌。岩石受力超过一定限度，使岩层发生破裂，其连续性遭到破坏，产生断层构造，断层构造形成断层地貌。断层作用直接形成特殊的地貌形态，如断层崖、断层谷、断块山等，如图 10.3 所示。

在流水流向与断层走向垂直相交的地区，断层上升阶段的河谷呈“V”形峡谷，谷口堆积大量的岩石碎屑形成扇形堆积地貌。

断层作用破坏地下水层的连续性，所以在断层破碎带常有潜水出露成泉。由断层作用形成的泉，往往不是孤立出现，而是沿断层带呈线状断续出露。

(5) 引起地震和火山，形成火山地貌和特殊的地貌。火山和地震是地球内力作用中比较快速的一类地壳运动，是人们可直接观察和感觉的一种自然现象。

岩浆喷出地表形成火山，如图 10.4 所示。火山喷发的形式有裂隙式喷发和中心式喷发。前者多见于海洋中脊的裂谷中，陆地火山多属后一类型。

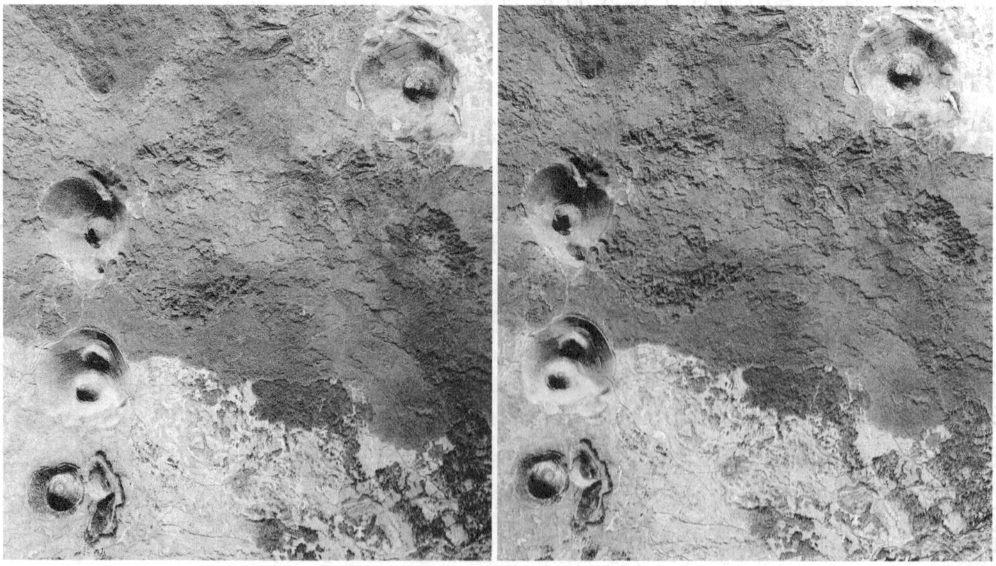

图 10.4　火山地貌（立体像对）

中心式喷发火山形成的火山地貌主要有火山锥、岩熔丘、岩熔盾和次生火山锥。火山锥是由火山喷出的碎屑物在喷口周围堆积成的锥形体；岩熔丘是流动性小、富含硅质的熔岩前挤后拥堆积在一起，形成的穹圆体；岩熔盾是流动性大的岩熔反复喷出堆积而成，形如盾状；次生火山锥是古火山因后来的再喷发，使锥顶破坏和扩大成环形凹地，并在其中再产生的新的火山锥。

除火山喷出物直接堆积成不同形态的火山地貌外，还有与火山形成有关的其他形态，主要有破火山口、火山塞、火山湖和堰塞湖。破火山口是爆炸式喷发的火山，喷发时堆积物很少却形成一个大的爆破口。破火山口包括新火山喷发时在原来火山口上再度爆发使锥顶破坏扩大形成的较大的凹地，以及以其他方式造成塌陷而扩大的火山口。火山塞是填塞在火山喷管中的凝固熔岩，在火山锥被剥蚀后露出地表，形如瓶塞。火山湖是火山口积水形成的湖泊，如我国长白山顶的天池。堰塞湖是火山喷发的岩浆顺势而下，岩熔流在流动的过程中逐渐冷却堵塞河道而形成的湖，如我国的五大连池。

10.1.2 外力作用

外力作用的主要能源来自于太阳。地壳表面直接与大气圈、水圈、生物圈接触，它们之间会发生复杂的相互影响和作用，从而使地表形态不断发生变化。外力作用的主要类型包括：风化作用、流水作用、地下水作用、冰川作用、海浪作用和风沙作用等。尽管外力作用的形式很多，各种形式虽对地貌的改造方式不同，但从实质来看都经历了风化、剥蚀、搬运和堆积四个过程。

1. 风化作用

风化是指地表岩石在外界条件的作用下，物理性质或化学性质发生变化，并出现破裂或分解的现象。对地貌形成和发育来说，风化是十分重要的一环，它是其他外力作用的前提。按产生风化的原因，可分为物理风化、化学风化和生物风化。

(1) 物理风化也称机械风化或机械崩解，主要是指岩石受机械应力作用而发生破碎。冰冻作用是物理风化的重要形式之一，主要表现为岩石裂缝中的水冻结时体积膨胀而将岩石撑开。在干燥地区，温度的急剧变化也常使岩石表面破碎或沿裂缝崩开。

(2) 化学风化也称化学分解作用，它是指岩石和其他自然物体（水、大气等）在岩石表面发生化学反应。岩石经化学风化后，结构和性质都发生了显著变化，如赤铁矿经水化作用后成为褐铁矿，方解石经化学风化后形成能溶于水的重碳酸钙。

在化学风化过程中，水起着十分重要的作用。绝大多数化学风化都是与水分不开的，因此自然界中化学风化的速度在很大程度上受气候条件的影响。在湿润地区化学风化强烈，在高寒或干燥地区化学风化较弱。

(3) 生物风化是指各种生物在其生命过程中对岩石产生的机械破坏或化学风化作用。如植物根系的生长对岩石的压力可达 10～15kg/cm^3，生物的新陈代谢和尸体的腐烂分解对岩石也有化学风化作用。

三种风化作用是互相渗透、互相促进的，只是各地条件不同、三种风化作用的程度不同而出现主次之别而已。

2. 剥蚀作用

各种外力作用（如流水、冰川、风、波浪等）对地表进行破坏，并把破坏后的物质剥离原地，这样的过程或作用称为剥蚀作用。剥蚀作用的形式很多，如流水侵蚀、冰蚀、风蚀和海蚀等。

3. 搬运作用

风化、剥蚀后的碎屑物质，随着各种不同的介质被转移到其他地方的过程称为搬运作用。根据搬运的介质不同，搬运作用可分为流水搬运、冰川搬运、风力搬运等。在搬运方式上也有很多类型，如悬移、拖拽、溶解等。

4. 堆积作用

被搬运的物质由于介质搬运能力的减弱或搬运介质的物理、化学条件的改变，重新堆积或沉积的过程称为堆积作用。按沉积的方式可分为机械沉积、化学沉积、生物沉积等，不同的沉积形式将生成不同的地貌形态。

10.1.3 陆地地貌类型

地球是由一系列“层圈”组成的星球，地表形态非常复杂。就陆地地貌而言，地貌形态不是孤立存在的，而是在内力和外力共同作用下形成的。在一定的区域范围内，各种地貌形态彼此在成因上相互联系、有规律地组合，称为地貌类型。同一类型由相同的地面形态组成，反映一定的外表形态和成因。

地貌类型的划分主要根据形态的成因原则，但是为了某种需要也可采用单一或多种指标的原则进行分类，一般有以下四种分类方法。

1. 根据地貌与水平面关系的分类方法

在测绘科学研究中，根据地貌形态与水平面的关系，可划分为正向地貌和负向地貌。正向地貌形态是高出于周围地面的凸起形态，负向地貌形态是低于周围地面的凹陷形态。这里所指的“高”与“低”是个相对概念。在高山顶部也有负向地貌，如火山堆上的火山口。在低洼盆地中也有正向地貌，如盆地底部的小丘等。

2. 根据海拔高度和形态差异性的分类方法

根据大陆表面各部分海拔高度和形态变化的差异性，可把地貌划分为山地、高原、丘陵、平原和盆地五种地貌类型。

山地是指海拔高度500m、相对高度200m以上的高地，起伏很大，坡度陡峻，沟谷幽深，一般多呈脉状分布。全球高大的山地大致分布在两个地带：环太平洋两岸；横贯亚洲、欧洲南部和北非的略呈东西向地带。这些高大的山地大多是在地质时期的近期地壳活动特别强烈的地带，因此，也是现今地球上火山、地震活动最剧烈、最频繁的地区。

高原是陆地上海拔高度500m以上、面积较大、顶部起伏较小、外围又较陡的高地，或相对高度200m以上的顶部平坦或略有起伏的宽阔高地。高原的四周常由坡地与较低一级的地形单元相连。世界上最大的高原是南美洲的巴西高原，超过500万km^2。世界上海拔最高的高原是我国的青藏高原，平均海拔高度超过4000m。

丘陵是高低起伏，坡度较缓，连绵不断的低矮隆起的高地。海拔高度在500m以下，相对起伏在200m以下。它多半是由山地、高原经长期外力侵蚀作用形成的。丘陵个体低矮，分布凌乱，无明显延伸规律，具有浑圆顶部和平缓斜坡，坡麓不明显，如我国东南沿海丘陵。

平原是地面高度变化微小的一种地貌类型，表面平坦或有轻微的起伏。在平原地区，地壳运动可以是上升或下降的，但其幅度和强度不大。平原按照表面形态，还可区分为倾斜平原、凹状平原和坡状平原三种。

盆地是四周被山地或高原所围、中央低平或略有起伏、外形似盆状的地形，如我国的四川盆地、柴达木盆地等。

3. 根据地形起伏的比高和地表坡度差异的分类方法

根据地形起伏的比高和地表坡度的差异性，地貌可分为平地、丘陵地、低山地、中山地和高山地。值得注意的是，在测绘生产中划分地貌类型的标准与地貌学不完全一样，表 10.1 是现行测绘规范对地形类型的划分标准。

表 10.1　地形类别的划分

地形类别	平地	丘陵地	低山地	中山地	高山地
地面坡度	2°以下	2°～6°	6°～15°	15°～25°	25°以上
地面高差	40m 以下	40～300m	300～500m	500～1000m	1000m 以上

注：当坡度与高差不一致时，应以坡度为准

4. 根据地貌成因的分类方法

根据地貌演变的基本动力和演变规律，地貌类型可分为构造地貌、流水地貌、岩溶（喀斯特）地貌、冰川地貌、风成地貌、黄土地貌和海岸地貌等类型。

10.1.4　地貌在地形图上的表示

在地形图上，地貌是用等高线与特定的变形地貌符号、土质符号配合表示。凡是能用等高线表示地貌特征的，均用等高线表示；用等高线表示不能反映其特征的地貌形态，则用特定的变形地貌符号表示。土壤岩石的性质用土质符号表示。即等高线是表示地貌的依比例尺符号，特定的变形地貌符号是表示地貌的半依比例尺或不依比例尺的符号，而土质符号是表示土壤岩石类型性质符号。

利用遥感图像测绘地形图时，等高线测绘是用专用的测图系统完成的，但在图像判绘时，对于内业立体测图容易漏绘和测绘等高线困难的，应在图像上识别、标绘出来。

对于地貌要素的图像判绘，主要是判读和表示用特定的变形符号和土质符号表示的内容，以正确反映地貌形态特征和土质类别。

10.2　岩溶地貌

岩溶地貌是地下水和地表水对可溶性岩石所产生的化学作用（溶蚀和沉淀）和机械作用（侵蚀和沉积，重力崩塌、塌陷和堆积）形成的地貌，也称喀斯特地貌。

“喀斯特”（Karst）一词是斯洛文尼亚共和国石灰岩高原的名称，那里由于水对可溶性岩石的溶蚀作用以及由此引起的其他作用，形成一系列特殊的地貌和水文现象。前南斯拉夫学者司威茨（J. Cvijic）对这个地区首先进行了研究，并借用地名“喀斯特”一词来代表它。显然，“喀斯特”一词本身并不反映石灰岩地貌的形成过程，也不说明地貌形态的基本特征。我国采用“岩溶”一词，但目前国际地学界一直沿用“喀斯特”一词。中国是世界上对岩溶地貌现象记述和研究最早的国家，早在晋代时期就有记载，尤以明徐弘祖（1586—1641）所著的《徐霞客游记》记述最为详尽。

10.2.1　岩溶地貌的形成

1. 岩溶作用

岩溶作用是指水与可溶性岩石之间的一系列化学反应过程。这种过程又为机械侵蚀和重力崩塌创造了条件。

就水对石灰岩的溶解而言，当水中含有 CO_2时，溶解能力就大为提高，CO_2与水化合成碳酸，碳酸电解析出 H^+离子，与石灰岩中的 CO_3^{2-}离子发生化学反应，生成离子状态的溶解物质（Ca^{2+}和 HCO_3^-）随水流排泄而流失。

这种化学反应是可逆的，如果空气中的 CO_2减少，或者水中游离的 CO_2减少时，化合的 CO_2就要向相反方向转化，使水中碳酸含量减少，这时 $CaCO_3$就发生沉淀作用。

2. 岩性与构造条件

可溶性岩石可分为碳酸盐类（石灰岩、白云岩、泥灰岩等）、硫酸盐类（石膏、硬石膏）和卤化物盐类（岩盐、钾盐）。卤化物盐类的溶解度最大，硫酸盐类次之，碳酸盐类最小。

地质构造与岩溶的发育有密切关系。从大地构造来看，地台区碳酸盐类岩石分布面积广，岩性变化小，单层厚度大，有利于岩溶的发育。而地槽区的岩性很不稳定，多紧密褶皱，岩溶发育受到一定限制。

3. 水动力条件

岩溶作用主要取决于水的溶解能力、岩石的化学性质和岩石透水性。因此，水流与岩溶作用有密切的关系。水对岩石的侵蚀包括潜蚀（地下水对岩石的机械侵蚀）和溶蚀。流动的水饱和度低，潜蚀和溶蚀能力强。在湿热气候区，降水丰沛，地表水和地下水流量大，流动快，潜蚀和溶蚀作用强烈。相反，在干旱和寒冷地区，水流的活动性差，对岩石的潜蚀和溶蚀能力较弱。

10.2.2　岩溶地貌的地理分布

岩溶地貌分布在世界各地的可溶性岩石地区，总面积达 5100 万 km^2，占地球总面积的 10%。从热带到寒带、由大陆到海岛都有喀斯特地貌发育。较著名的区域有越南北部，南斯拉夫的狄那里克，意大利和奥地利交界的阿尔卑斯山区，法国中央高原，俄罗斯乌拉尔山，澳大利亚南部，美国肯塔基和印地安那州，古巴和牙买加等地。

我国岩溶地貌分布广、面积大、发育典型，类型之多为世界罕见。据统计，最适宜岩溶地貌发育的物质基础——碳酸盐类岩石总面积达 200 万 km^2，其中裸露的碳酸盐类岩石面积约 130 万 km^2，埋藏的碳酸盐类岩石面积约 70 万 km^2。其中，以广西、贵州和云南东部所占面积最大，湘西、鄂东、川东、鲁、晋等地碳酸盐岩石的分布面积也较广，西藏和北方一些地区也有分布。

岩溶地貌可划分为许多不同的类型。按出露条件分为裸露型岩溶、覆盖型岩溶和埋藏型岩溶地貌等；按气候带分为热带岩溶地貌、亚热带岩溶地貌、温带岩溶地貌、寒带岩溶地貌和干旱区岩溶地貌；按岩性分为石灰岩岩溶地貌、白云岩岩溶地貌、石膏岩溶地貌等。此外，也可按海拔高度、发育程度、水文特征、形成时期等划分。

我国东部岩溶地貌呈纬度地带性分布，自南而北为热带岩溶地貌（以峰林-洼地为代表）、亚热带岩溶地貌（以缓丘-洼地为代表）和温带岩溶地貌（以山地干谷为代表）。西部由于受水分和地形限制，属于干旱区岩溶地貌（西北地区发育微弱）和高原岩溶地貌（青藏高原偶有分布）。

10.2.3　岩溶地貌的形态及其表示

岩溶地貌的基本形态特征表现为高矮岩峰林立、大小洼地密布、河流忽明忽暗，溶洞成层分布。地表岩溶地貌的基本形态包括石芽与溶沟、岩溶漏斗、落水洞、溶蚀洼地、岩溶盆地和岩溶平原以及峰丛、峰林与孤峰（图 10.5）；地下岩溶地貌的形态包括溶洞、地下河和暗湖。

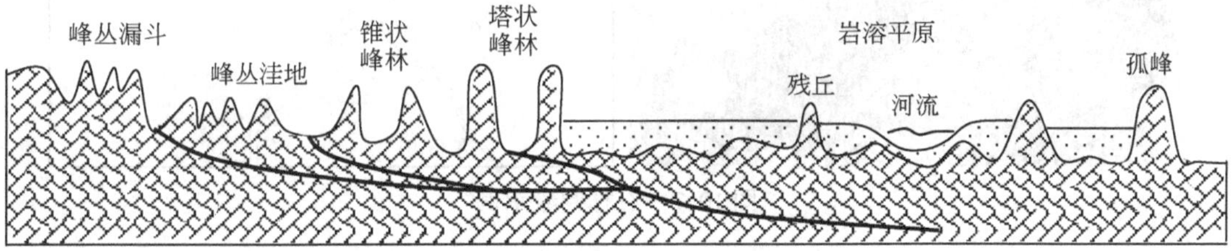

图 10.5　岩溶地貌类型及其分布示意图

在地形图上，岩溶地貌用等高线配合变形地貌符号表示。用变形地貌符号表示的岩溶地貌形态主要有溶斗、岩峰、溶洞和地下河段。

1. 石芽

地表水沿着可溶性岩石的裂隙进行不断的溶蚀和侵蚀，使岩石表面形成沟槽状溶沟，沟间突起部分为石芽。石芽与溶沟是一对伴生的岩溶地貌形态，广泛分布在石灰岩地区，一般是石灰岩地表较小的地貌形态。石芽高差不大，乱石坎坷，犬牙交错，状如刀山剑树，横剖面多呈锥状或尖棱状，通行极为困难，高大的石芽排列如林，称为石林（图 10.6）。

(a)石芽

(b)石林

图 10.6　石芽与石林

在遥感图像上，石芽、石林立体观察明显，容易识别。在地形图上没有专门的石芽符号，表示时应根据石芽的高度不同区别表示。当裸露地面的石芽较高、密集分布、突石林立时，用峰丛符号表示，如图 10.7 所示，著名的还应加注名称；当石芽裸露地表低矮、呈乱石状时，用露岩地符号表示。

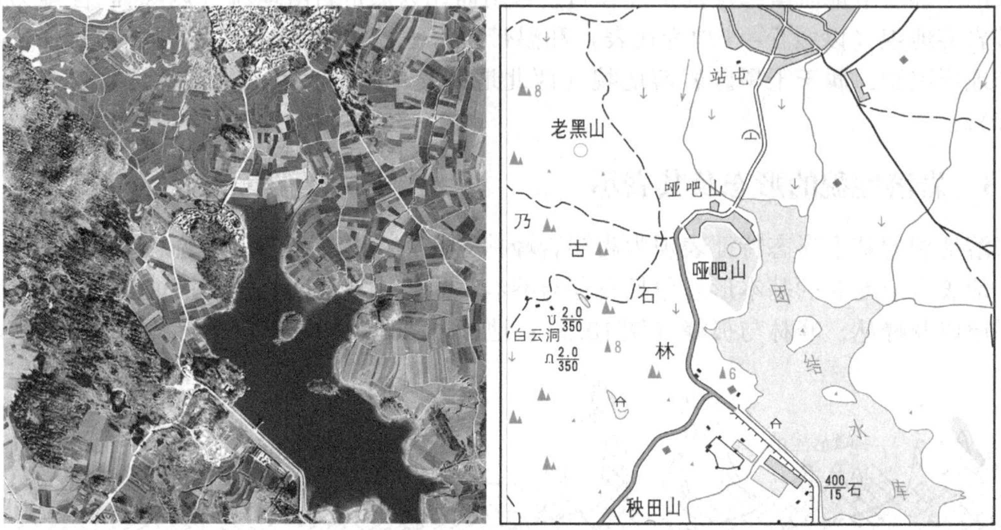

图 10.7　石林判绘示例

2. 石灰岩溶斗

石灰岩溶斗是岩溶地貌地区的一种蝶形或倒锥形岩溶洼地。一般宽数十米，深数米至十余米，面积大小不一，大的面积可达数平方千米。底部有垂直裂隙或落水洞与地下河相通。溶斗是水流对岩石裂缝聚合的地方进行溶蚀，并不断扩大而形成。无论是平原、山坡，还是山顶、鞍部，只要有溶蚀扩大裂缝的条件存在，均可形成溶斗，而且成群分布。

遥感图像上判读溶斗时，立体观察下有口大底小的洞穴和下陷的感觉，容易识别。

溶斗是负向地貌，当用等高线加示坡线表示时，若等高线较密，则不易和正向地貌相区分，因此，现行图式规定不论溶斗的大小，不论其能否依比例尺表示，首先应在溶斗的底部中心绘一溶斗符号，符号的点线朝向东南方向，未被压盖部分可视情况，用等高线或陡坎符号表示。

当溶斗较大、无明显溶斗陡壁、呈蝶状或倒锥状洼地时，用等高线配合溶斗符号表示；当周边呈陡壁，且上边缘棱线明显时，则用石质陡崖符号配合溶斗符号表示，或以石质陡崖配合等高线和溶斗表示；当溶斗较小，不能依比例尺表示时，则用石灰岩溶斗符号表示，如图 10.8 所示。

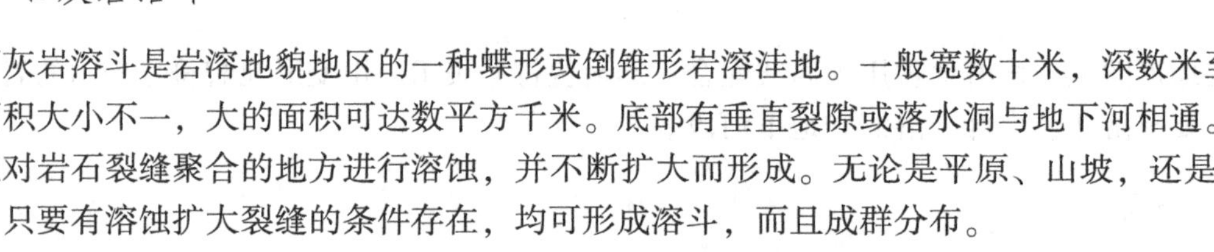

图 10.8　溶斗形态及表示

遥感图像判绘时，溶斗密集分布不能同时准确表示时，只能取舍，但不能综合。

3. 岩峰

岩峰林立是岩溶地貌最为明显的识别特征。岩峰是溶蚀洼地不断扩大而形成的。岩峰的出现标志着岩溶地貌已发育到相当深入的阶段。岩溶地貌发育的不同阶段分别形成峰丛、峰林、孤峰和残丘等几种岩峰形态（图 10.9）。

(a)峰丛与峰林　　(b)孤峰

图 10.9　岩峰

峰丛是成簇相连或同一基座而峰顶分散的多个石灰岩山峰，是雏形或年轻的峰林。峰丛的形态是若干相邻的石峰耸立在一个共同的基座上，石峰之间一般是封闭的溶斗或马鞍形的鞍部。

峰林是指成群分布或分散的石灰岩山峰，通常是峰丛进一步发育的结果。峰林受构造的影响而形态多变。在水平或微倾斜岩层发育的峰林，多呈圆柱形或锥形；倾角较大的岩层发育的峰林，常呈单斜式。峰林形态因受气候条件等因素的影响也有明显的不同。云贵高原属亚热带气候，高原面上的峰林已逐渐受到破坏而变得较为浑圆矮小，高度一般仅数十米。在云贵高原向广西盆地降落的斜面上，气候炎热，且处于地下水的强烈垂直循环带，古峰林在现代条件下得到进一步发展，形成高大的峰林，高达数百米。藏南的古峰林，在高寒气候条件下，受寒冻风化作用，受到比云贵高原更为强烈的破坏，峰林低矮，仅 30 ~ 50m，峰林的基部堆积大量剥落的石灰岩岩块。

孤峰是孤立分散的石灰岩山峰。在地壳相对稳定的情况下，峰林经长期的溶蚀和侵蚀，部分峰林逐渐消失，剩余石峰之间的距离越来越大，最后在平坦的石灰岩平原上残留着稀疏孤立的石峰，它标志着峰林发育到了晚期阶段。

在岩溶丘陵、山区，峰丛通常分布在丘陵、山区的中心地区，峰林位于边缘地带，而孤峰、残丘分散在岩溶盆地或岩溶平原上。

岩峰在遥感图像上的形态特征如图 10.10 所示。在地形图上，岩峰尽量用等高线表示。但判绘岩峰时，应注意四个问题：①当单个分布的孤峰陡峭，用等高线表示困难时，则用孤峰符号表示，并测注比高；②有的岩峰上部较小，下部大而且较缓，则上部用孤峰符号表示，下部用等高线表示；③岩峰相距较近，峰体较小，而且陡峭的峰丛或峰林用峰丛符号表示，比高测注最高的一个；④形体较大的岩峰，一面较缓，另一面较陡，较陡部分可视情况用陡崖或陡石山符号配合等高线表示。

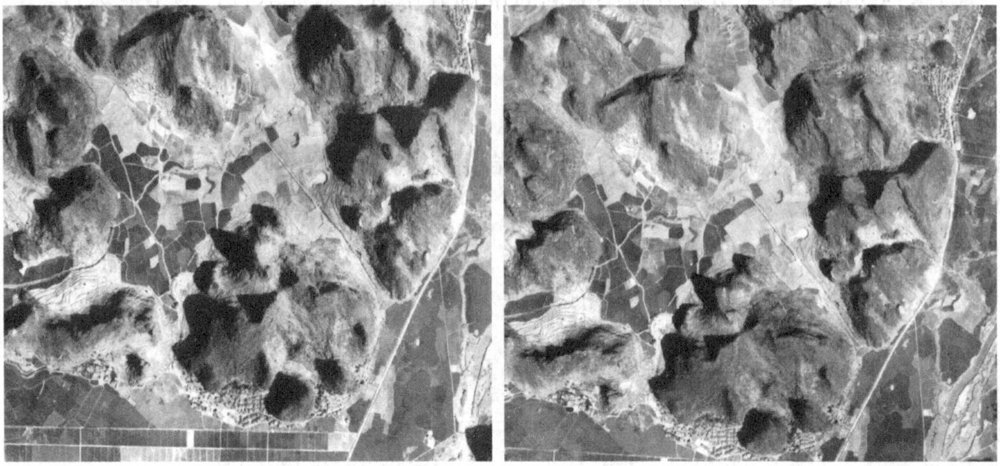

图 10.10 岩峰（立体像对）

4. 溶洞

溶洞是石灰岩地区地下水沿岩层或裂缝溶蚀，并经塌陷而形成的岩石空洞。各溶洞逐渐扩大并相互连通，可形成时宽时窄的地下廊道，其中常有地下河道贯通。如果地壳间断上升或沉降，溶洞可呈层状分布。

溶洞是一种地下岩溶地貌形态，不但军事上具有重要的隐蔽、防空、防辐射等作用，还具有旅游观赏价值。在地形图上按其真实位置用山洞、溶洞符号表示，并加注洞的最小内切圆直径和洞深，当溶洞的直径和洞深无法测量时，可不注；著名的溶洞还要加注名称。

一般在遥感图像上不能直接判定溶洞的位置，因此在进行室内判绘时要有可靠的参考资料。在进行野外补绘时，要注意调查和询问岩溶地貌区的溶洞情况，以免漏绘。

有的溶洞，两头已经溶透，道路直接从溶洞内通过，这时一般不用溶洞符号表示。当道路通过明洞（洞脚）时，靠岩壁一侧的公路符号用虚线表示，如图 10.11(1) 所示；当道路从洞中穿过，则根据洞的长度分别按依比例尺和不依比例尺的隧道符号表示，也可根据情况用明洞表示，如图 10.11(2) 和图 10.11(3) 所示。

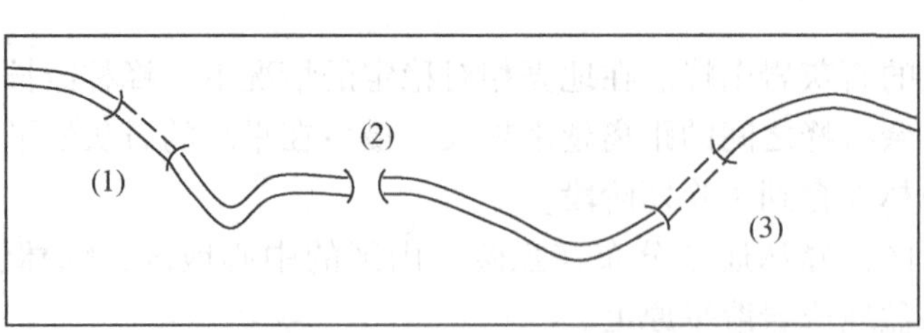

图 10.11 道路通过溶洞的表示

其他地区自然形成的山洞，也用溶洞符号表示，并按上述方法进行处理。

5. 地下河流

地下河流由潜水溶蚀岩层发育而成，也称“暗河”或“伏流”，它是地表河流注入落水洞后的地下河段。地下河流的判读与表示在第 8 章已有论述。

岩溶地区的河流时而转入地下，时而又重新流出地表，是一种特殊的现象。河谷平面图形时宽时窄，河流某一段在峡谷中流动，而另一段又流经宽大的盆地，它不同于一般非岩溶地区流水作用所形成的河谷自上游向下游，谷地形态逐渐变化的规律。

10.3 冰川与冰川地貌

冰川是高纬度和高山等气候寒冷地区沿地面运动的巨大冰体。“川”即河流，冰川即由冰构成的“河流”，这一名词反映了冰川是运动的冰体这一本质特征。冰川侵蚀、搬运、堆积形成冰川地貌。

冰川不仅是丰富的淡水资源，而且是良好的地标，对军事行动有一定的障碍作用。冰川的发展变化对气候产生深刻的影响。古冰川遗迹对研究地质历史上的自然环境变化有极大的科学价值。因此，冰川和冰川地貌在经济、军事及科学研究方面都具有重要的意义，在地形图上必须正确表示。

10.3.1 冰川的形成及分布

1. 冰川的形成过程

冰川的形成过程就是由松散的雪花转变成致密的冰川并开始产生运动的过程。

由雪转变成冰，即成冰作用。成冰作用是指积雪转化为粒雪，再经过变质作用形成冰川冰的过程。

雪是一种晶体，任何晶体都具有其内部包含的自由能趋向最小以保持晶体稳定的性质。在外界环境条件稳定时，雪晶体力图向球形体转变，这一过程称为自动圆化或粒雪化。当降落到地面的积雪不断增厚，下部雪层所受压力日益增大，部分空气被排出。与此同时，昼夜和季节温度变化促使部分雪花升华和融化，水汽和融水不断迁移，并再行结晶，形成粒雪。粒雪经过反复的融化、冰冻、重结晶而形成相对较为致密的冰川冰。

通常，地形低洼处积雪达到 40m 厚时，底部雪就能够转变成冰川冰。当冰体厚度达到 50m 以上时，冰体本身质量就足以促使其产生塑性流动，于是冰川就开始了运动。

2. 冰川的地理分布

目前全球冰川面积约为 1550 万 km^2，占陆地总面积的 10% 以上。如果这些冰川全部融化，将使世界海洋面上升 66m。

南极大陆是世界上冰川最集中的地区，冰盖面积约 1260 万 km^2，包括四周的边缘冰棚，则为 1320 万 km^2，冰盖平均厚度为 2000m。

北极地区，包括格陵兰岛、加拿大极地岛群和斯匹次卑尔根群岛，冰川覆盖总面积约 200 万 km^2。其中，格陵兰冰盖面积达到 173 万 km^2，巴芬岛上的巴伦斯冰帽面积达到 5900km^2，得文岛冰帽面积超过 15 500km^2。

亚洲冰川面积共 114 000km^2，主要分布在兴都库什山、喀喇昆仑山、喜马拉雅山、青藏高原、天山和帕米尔地区。其中，我国冰川面积为 57 000km^2，恰占 50%。

北美洲冰川面积为 67 000km^2，主要分布在美国阿拉斯加和加拿大地区。南美洲冰川面积约 25 000km^2。欧洲冰川面积为 8600km^2，主要分布在斯堪的纳维亚山脉和阿尔卑斯山。大洋洲冰川面积为 1000km^2，主要分布在新西兰。

非洲是全世界冰川面积最少的大陆，仅有 23km^2。这主要是由于非洲大陆纬度低、气温高、降水少且雪线位置高所致。

10.3.2 山岳冰川的形态特征和类型

现代冰川规模相差较大，形态各具特征，生成时代前后不同，冰川性质和地质地貌作用等也不同。因此，可根据特征形态划分为山岳冰川和大陆冰川两大类。

大陆冰川也称大陆冰盖，主要分布在南极和北极，整个陆地被冰川占据，仅个别山峰露出冰面。

山岳冰川也称高山冰川，主要分布在中低纬地区的高山上。冰雪仅覆盖山体的局部地段。山岳冰川不同于大陆冰川，除气候因素外，冰川的发育还受山地地形的影响。

1. 山岳冰川的形态特征

在近代地壳运动强烈上升地段，地面表现为巨大隆起，形成规模巨大的山脉，如亚洲的喜马拉雅山脉、天山山脉，欧洲的阿尔卑斯山脉，美洲的落基山脉和安第斯山脉等，这些地区广泛发育了现代山岳冰川。

山岳冰川可明显地分为两部分：积累区和消融区。划分这两部分的依据是冰雪的积累和消融对比关系以及冰川体的形态。

山岳冰川积累区和消融区的形态特征有显著区别。规模较小的山岳冰川，积累区形状比较规则，多呈半圆形或扇形；规模较大的山岳冰川积累区形状复杂而不规则，山岳冰川的消融区为长条形舌状体，沿谷地向山体下部延伸。雪线就是积累区与消融区的分界线。

（1）积累区的形态特征。位于雪线以上的积累区，冰雪的积累量大于消融量，为永久积雪区。只有当雪线的高度小于山地实际高度，山地上部才可能出现永久积雪。

山岳冰川积累区的地形大多是盆地，三面陡峭，一面开放。当冰雪积累到一定厚度时，在冰川重力作用下顺谷地或山坡向下流动。积累区一般是充满粒雪的盆地，所以也称粒雪盆。山岳冰川一般都有粒雪盆，规模较大的山岳冰川甚至有多个粒雪盆。

（2）消融区的形态特征。山岳冰川在雪线以下的部分是消融区。这里冰雪的积累量小于消融量，但由于得到冰川上源粒雪盆地的补给，冰川舌得以存在。冰川舌的长度和厚度主要取决于粒雪盆的供应情况，它反映了气候等各方面条件的变化。在山岳冰川中，有的具有明显的冰川舌，而有的只有很短小且不明显的冰川舌，有的甚至没有冰川舌。

冰川舌平面图形呈长条状。由于冰川流动时与两侧谷壁摩擦等原因，致使近谷壁处的冰融化速度较快，所以冰川舌呈现出中间相对突起、两侧相对凹下的横剖面。

2. 山岳冰川的类型

山岳冰川大致可划分为以下四种。

（1）山谷冰川。山谷冰川是山岳冰川中规模最大的一种，也是发育最完善、最典型的山岳冰川。它是在有大量积雪并有充足补充的地方发育而成的。它具有明显的粒雪原和沿山谷向下流动的冰川舌。在我国有很多长度超过 20km 的大冰川，如喀喇昆仑山乔戈里峰北坡的音苏盖堤冰川，长 42km；天山主峰托木尔峰南侧的托木尔冰川长 36.7km。山谷冰川在整个山岳冰川中占的比例不大，但由于其规模大，发育完整，成为冰川研究的重点。

山谷冰川可分为单式山谷冰川、复式山谷冰川、树枝状山谷冰川。

单式山谷冰川由一条山谷冰川组成。复式山谷冰川由两条单式山谷冰川汇合而成，如图 10.12 所示。树枝状山谷冰川则由 3 条以上的单式山谷冰川汇合而成。前两种也称阿尔卑斯型山谷冰川。树枝状山谷冰川以喜马拉雅山区最为发育，故也称喜马拉雅型山谷冰川。

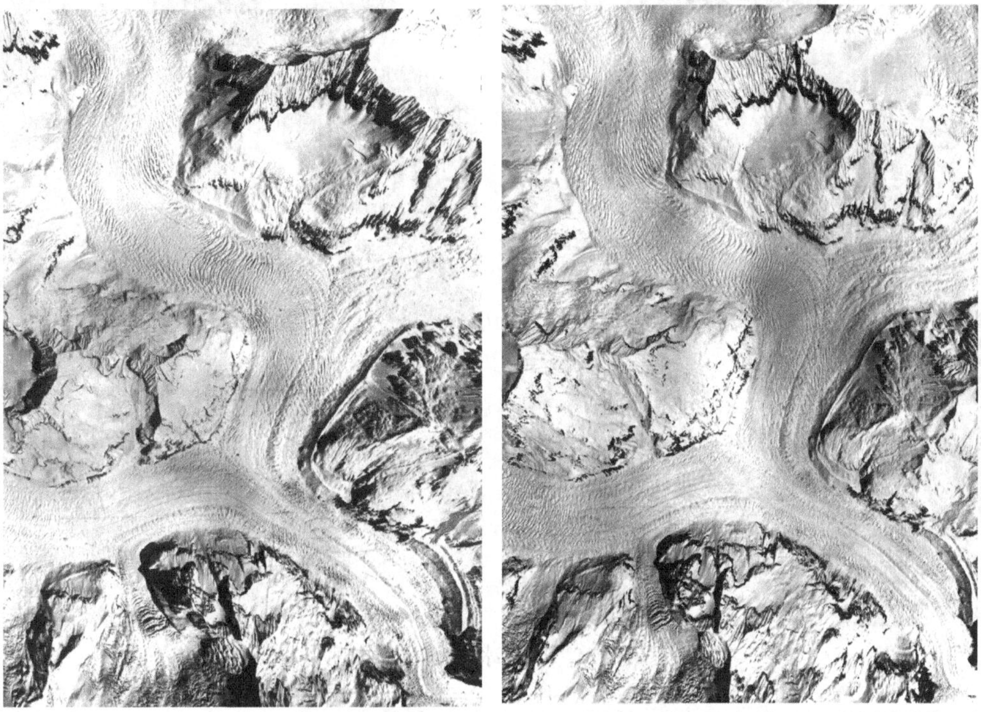

图 10.12　复式山谷冰川（立体像对）

（2）悬冰川。悬冰川是山岳冰川中数量最多的一种冰川，厚度较薄，面积很小，很少超过 1km^2。它分布在山坡上比较平缓或相对低洼的地方，呈盾形或马蹄形依附在陡坡上，如图 10.13 所示。

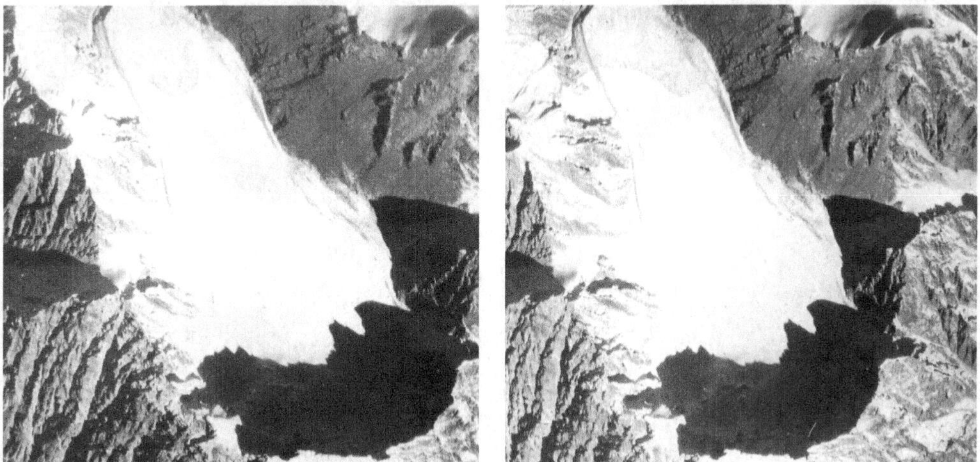

图 10.13　悬冰川（立体像对）

(3) 冰斗冰川。冰斗冰川是在山坡上圈椅状洼地处形成的。它三面是高高的陡壁，下坡方向有一开口，开口处有一较高的坎挡住冰体不让其向下流动，整个冰体被圈在这个范围内。它的特点是没有冰川舌或冰川舌较小，不明显，面积一般为几平方公里，大小介于山谷冰川和悬冰川之间，如图 10.14 所示。

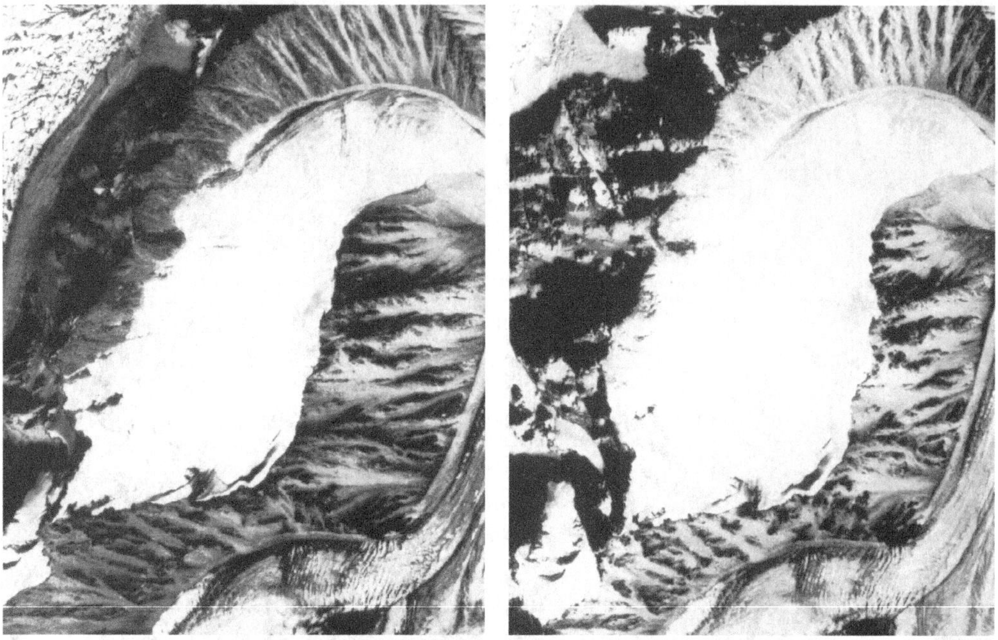

图 10.14　冰斗冰川（立体像对）

(4) 平顶冰川。在高山顶部比较平坦的地方发育的冰川称为平顶冰川，也称冰帽。平顶冰川犹如冰雪帽子覆盖在山顶，四周有不明显的冰舌下伸。由于它位于山体的最高处，没有岩石裸露，所以平顶冰川没有表碛。冰川表面是粒雪，下层是冰川冰，由于受地形限制，它不可能积累得很厚，如图 10.15 所示。

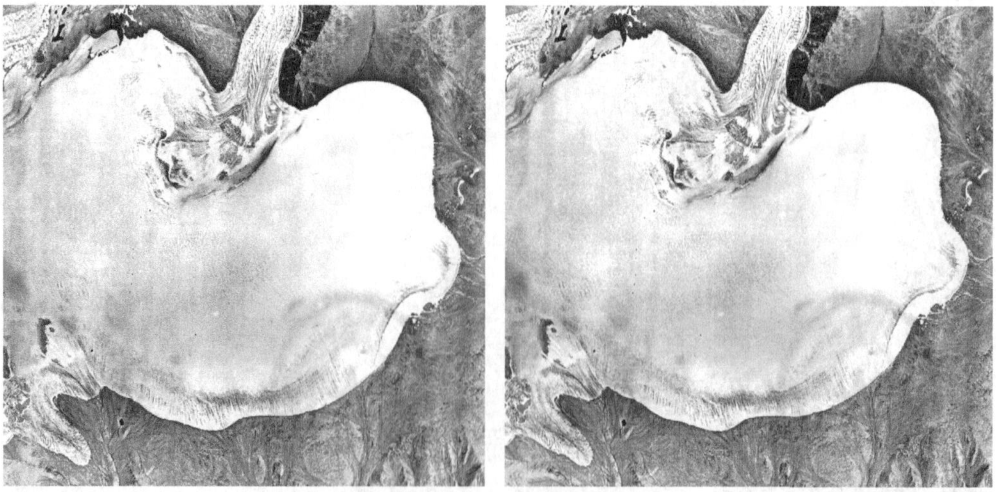

图 10.15　平顶冰川（立体像对）

除以上四种类型外，世界其他地区还有一种规模巨大的山麓冰川。它是由许多山岳冰川的冰川舌流至山麓，在开阔的平原平铺展开，相互连接成裙状的冰川。世界上最大的山麓冰川在阿拉斯加，称为马拉斯平山麓冰川，面积达 2682km^2。

10.3.3　山岳冰川的判读与表示

1. 雪线

（1）中国雪线分布情况。各地的地理位置、气候、地形条件不同，雪线的高度也不同。一般情况下，雪线是随纬度升高而降低。据测定，亚热带地区雪线高度约为 6000m，中纬度地区雪线高度约为 3000m，而在高纬度的极地，雪线高度接近海面。

中国冰川最低雪线出现在 49°09′N 的阿尔泰山哈巴河流域，海拔约 2800m。随着纬度的降低，雪线逐渐升高，至 44°N 左右的北天山升至海拔 4000m，37°N 的昆仑山北麓升至海拔 5400m，34°N 的青藏高原内部的山地升至海拔 5800m，喜马拉雅山珠穆朗玛峰北坡升高到海拔 6000m。由此可以看出，雪线高度的分布具有明显的纬度地带性，从 28°～49°N，纬度相差 21°，雪线高度相差 3200m，纬度平均每降低 1°，雪线升高 152.4m。

从低纬度向高纬度的雪线高度变化并不是一条直线，还受降水量多少的影响。一般固态降水量越多，雪线越低，固态降水量越少，雪线越高。我国西部山区由于受气温和降水量的影响，使其雪线在高原腹地和边缘山地出现分布异常。

高原又是接收太阳辐射热量最大的区域，高原的热效应使温度较其两侧同高度自由大气温度高出 4～10℃，使其雪线由东向西或由东南向西北升高。在青藏高原西侧和南侧达到雪线的最高值 5800～6000m，而高原东侧雪线降低，具有东低西高的经向变化规律。

在西藏东南部，地处印度洋季风的通道上，降水量十分丰沛，使其低雪线呈舌状向北伸延，如位于念青唐古拉山东段南坡的恰青冰川（30°30′～31°N），地处西南暖湿气流沿雅鲁藏布江大拐弯北上的通道上，雪线最低达到 2500～3000m；又如喜马拉雅山南坡（28°～29°N），也由于降水量较多，而使其雪线下降至 5400m，较其北坡平均雪线低 600m，出现南（坡）低北（坡）高的异常现象。

雪线高度还受到地形的坡向、坡形和方位的影响。在北半球，南坡比北坡气温高，故南坡的雪线较北坡高，如天山雪线高度南坡为 4200m，北坡为 3900m；祁连山南坡雪线高度为 5000m，北坡为 4600m；当然也有特殊情况，如喜马拉雅山南坡雪线高度为 5400～5600m，北坡为 5800～6200m，这主要是因为喜马拉雅山脉很高，挡住了印度洋吹来的湿润气流，使南坡降水量丰富的缘故。坡形也是决定雪线高度的因素，陡峻的山地，不利于冰雪的积累与保存，雪线分布位置较高；凹地或平缓的地势，有利于冰雪堆积，雪线位置较低。在方位上，同一山脉各方位上的冰川雪线是不相同的。例如，天山山区各方位冰川，偏南向冰川雪线均落在山区平均雪线以上，其中又以南向的雪线差值最大，平均为+160m 左右，偏北向雪线均落在山区平均雪线以下，其中又以北向的差值最大，平均为-110m 左右。东西向冰川平均雪线大体相等。阿尔泰山、喀喇昆仑山、昆仑山、唐古拉山等山区的冰川雪线同样受方位的影响，其趋势和天山大体相似。

（2）雪线的判读。雪线高度是寒冷气候地貌的一条重要界线，是冰川地区地形图测绘中十分重要的要素，对它的确定正确与否，将直接影响地形图测绘的精度。所谓雪线的图像判读，就是准确判定粒雪原、冰川舌和临时性积雪的分界线在遥感图像上的位置。但是，在大面积冰川地区，在遥感图像上准确判定雪线的位置是比较困难的。第一，因为即使是同一幅遥感图像上，不同地方的雪线并不在同一高度上。第二，雪线并非是一条界线，而是一个高度带，在实地并无明显的特征。所以，在遥感图像上只能根据其色调、纹理、形态及位置等特征进行识别判定。

2. 粒雪原

粒雪原的原始地貌多为负向地貌，三面环山，一面向谷地敞开，具有半圆形、扇形、围场形等平面形状，或为几个半圆相接的复杂形状，面积较大，积聚冰雪后，中间冰层厚度大，超荷时先行外溢，四周冰层厚度较小，且与周围岩壁紧嵌，不易流出。所以，粒雪原的表面形态一般是中间凹，边缘高，冰面横剖面多呈凹形，图 10. 16 是珠穆朗玛峰及其周围粒雪原的立体像对。

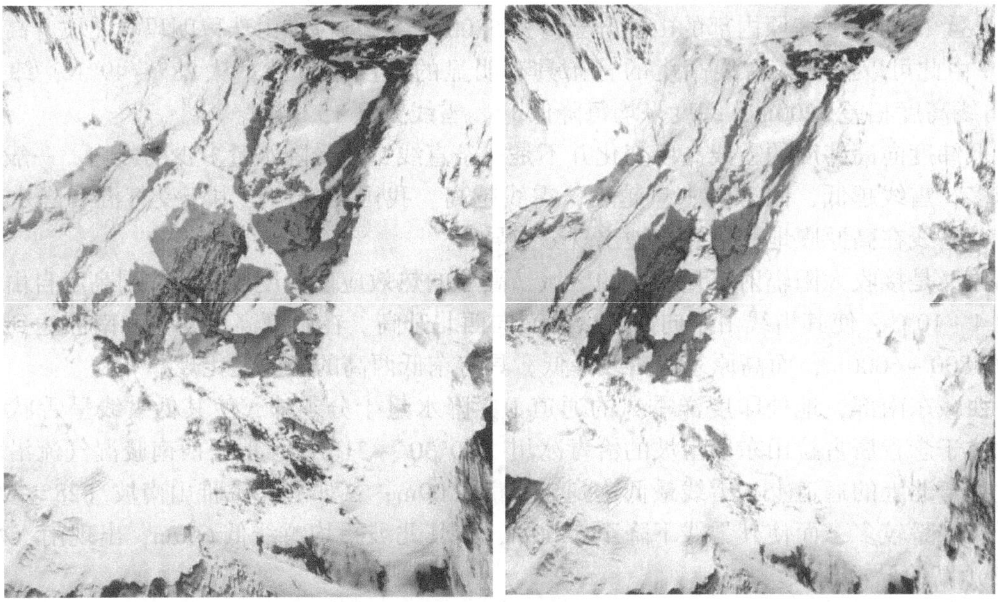

图 10. 16　珠穆朗玛峰及其周围的粒雪原（立体像对）

粒雪原、冰川舌和临时性积雪，其色调均为白色。但在可见光范围内，临时性积雪的反射率（0. 95%）要大于粒雪原和冰川舌的反射率（0. 80%），立体镜下观察临时性积雪，其影像色调一般呈洁白色，且均匀一致；粒雪原的影像色调呈白色；冰川舌的影像色调比粒雪原深，呈灰白色。

临时性积雪覆盖层薄，且有零星露岩掺杂，因而表面不光滑，纹理较粗糙；粒雪原纹理相对较细，表面比较浑圆、平滑。

在地形图上，粒雪原用蓝色等高线配合均匀分布的蓝色圆点表示。判绘时，要注意雪线的位置和粒雪原的范围，不要将遥感时的临时积雪也归为粒雪原。因此，判绘冰川用的遥感图像最好是在夏季获取的。

3. 冰川舌

由于冰川在运动时，中间部分流动快，两侧较慢，且两侧与岩壁接触摩擦，温度较高，加速两侧冰层融化，所以冰川舌是一条中间相对凸起、两侧相对凹下、呈正向形态的舌状体，与粒雪原的形态相反，其冰面横剖面呈凸形，立体镜下观察冰川舌的形态，类似于磨豆腐时浓豆液沿磨盘蠕流之感。

冰川舌的表面光滑纯厚，纹理较细，且冰川舌表面多有冰面微地貌，如冰裂隙、冰陡崖、冰塔、冰面河和冰碛等分布，相对较零乱。

4. 冰面微地貌

由于冰川运动、溶蚀、搬运、堆积等多种因素的影响，山岳冰川的冰面形态往往发生变化，出现冰面微地貌。常见的冰面微地貌有冰裂隙、冰塔、冰陡崖、冰溶斗、冰面凹坑、冰面河、冰面湖、冰洞、冰面丘陵和冰面波状冰丘等。

（1）冰裂隙。冰川在运动过程中，由于冰量、温度、地形、速度等因素的影响，使其产生扭力和张力，常常引起冰体断裂，冰面出现许多裂缝，这种冰面裂缝统称为冰裂隙，如图 10.17 所示。冰裂隙的特点一般是宽度较窄，深度较大，按其所处的位置和断裂方向的不同，通常可分为侧冰隙、横冰隙和纵冰隙三种。

图 10.17　冰裂隙

冰川边缘某侧（或两侧）的冰体在流动过程中，遇到较陡斜坡（而不是陡坡）地形，流速加快，而冰川的中央部分因地形平缓而流速较慢，因这种不等速运动所产生的扭拉力致使冰川某侧（或两侧）的冰层断裂而形成的冰裂隙称为侧冰隙。侧冰隙的方向是从冰川边缘开始，逆冰川流动方向而上，与冰川流动方向斜交，其形态是下宽上窄的锥状，其位置多数是分布在冰川两侧，也有分布在冰川中央的。

横冰隙是冰川流经陡坎、阶坡或不平的谷地时，由于流速突然加快，产生张力，引起冰层断裂所形成的冰裂缝，其方向与冰川流动方向垂直。横冰隙是冰隙中分布最广、最普遍的一种，几乎所有的冰川中均有横冰隙分布。图 10.18 是位于喜马拉雅山东段北坡一处横冰隙的航摄像对，图像中的横冰隙位于粒雪盆中，横跨整个冰川，长约 2km，宽约百米，深不见底（百米以上），且冰隙的棱线分明。如此特大冰隙在山岳冰川中极为罕见。

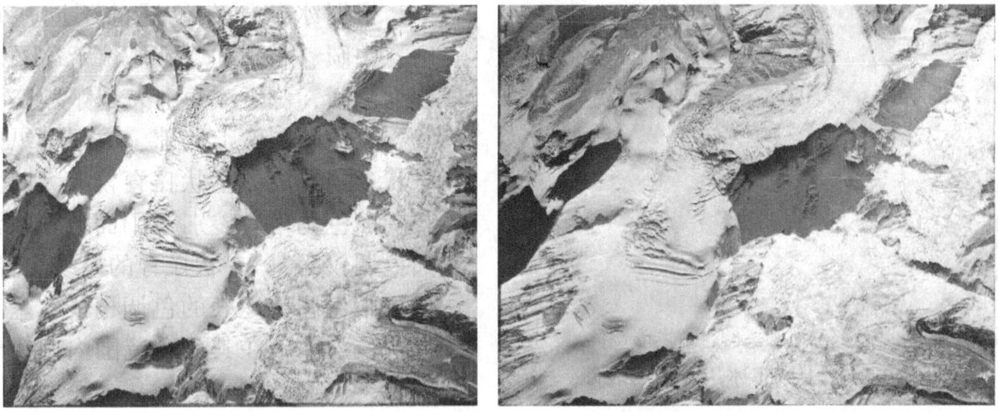

图 10.18　横冰隙（立体像对）

冰川由狭窄谷地流至宽阔处或谷口时，冰体两侧失去约束，向两侧迅速展开，产生横向张力，而冰川断裂而成的冰裂缝称为纵冰隙。纵冰隙的方向大致与冰川流向平行。

冰隙在图像上呈现不规则的条状影像，较容易识别。在地形图上用相应符号表示。

（2）冰塔。冰川在消融区内，冰融水在冰面流动时，对冰面进行侵蚀，将冰面分割成块状，随着冰融水的不断下切和太阳辐射或受表碛物的影响，造成差别消融，形成雏形（初具规模）冰塔，再经过不断的溶蚀形成千姿百态的、状如冰莹白洁的岩溶峰林的冰峰，称为冰塔。

冰塔的分布和规模有一定的规律。在消融区上部为雏形冰塔，中部为连座冰塔林，末端为孤立的残留冰塔，冰塔景观如图 10.19 所示。

冰塔在图像上呈锯齿状皱纹的纹理特征，凸凹不平，与光滑均匀的冰面有明显差异。凡高度 10m 以上的冰塔用相应的符号表示，密集分布时可取舍表示。

（3）冰陡崖。冰川在流动过程中遇到地面坡度突然变陡时，产生巨大的横向断裂而使冰体跌落或崩裂而形成陡峭的冰壁，称为冰陡崖或冰瀑布，如图 10.20 所示。

图 10.19　冰塔林

图 10.20　冰陡崖

在立体观察条件下，冰陡崖很容易识别。有的冰陡崖有阴影，特征明显。在判绘图像上，冰陡崖的坡度大于等于 70°时，用蓝色陡崖符号表示。

（4）冰碛。冰川在缓慢流动过程中，必然会锉磨两侧谷坡崖壁，锉磨下来的岩石碎块（或岩屑）随着表土滚落于冰面上；另外，冰川两侧的山脊山峰，由于受冰冻风化的影响，其表层岩石整体或大块崩解成碎屑物坠落到冰川表面上。冰面上的这种碎屑物称为冰面表碛，简称冰碛，如图 10.21 所示。

图 10.21　中绒布冰川下段的表碛

根据冰碛所在位置的不同，分为侧碛、中碛、底碛和终碛。位于冰面两侧者称为侧碛，位于冰面中央者称为中碛。

在遥感图像上侧碛、中碛呈纵向的线条状。当形成的垄状丘脊较高大时，阳面与阴面色调略有差别（阳面色调较浅，阴面色调较深），垄状丘脊的棱线影像明显。但冰碛色调比地表的色调稍浅，呈灰色或深灰色。冰碛在其分布范围内用相应符号表示。

(5) 冰洞。冰洞是在冰融水溶蚀作用下形成的冰下孔穴。冰川在消融过程中，冰融水沿冰裂隙不断地对冰川溶蚀破坏，最终穿过冰川层从底下流出，从而形成的冰下河道。早期的冰下河道以溶蚀为主，后期随着冰融水增大，冲刷作用加强，使冰下河道迅速扩张，变成冰洞，其景观如图 10.22 所示。

因冰洞在冰层底下，遥感图像上无影像，但冰洞往往连接着冰面河流，判读时可依据这一线索，在立体镜下分析判定。

冰洞是冰川消融的重要特征，具有良好的隐蔽作用。但现行的规范和图式中没有规定如何表示冰洞。作者认为，可采用山洞、溶洞的符号图形，用蓝色符号表示，并注记冰洞洞口的内切圆直径和洞深，著名的还应注记名称。

(6) 冰蘑菇。在冰川消融区内，冰融水在冰面上流动时，对冰面产生侵蚀、冲刷作用，将冰面分割成块（雏形冰塔）。部分由冰川舌两侧陡壁坠落下来的岩石碎屑搁置在被分割成块后的雏形冰塔上，冰川缓慢地从上游运动至末端的过程中，经过冰融水不断的下切、侵蚀、冲刷和太阳光辐射或表碛物的影响，造成差别消融，起初被分割成块的雏形冰塔变成了一个个残留冰峰（冰塔）。如果这时仍有个别从冰川舌两侧陡壁上坠落下来的岩石盘踞在冰峰顶上，形成上大下小的蘑菇状，被称为冰蘑菇，其景观如图 10.23 所示。

图 10.22　冰洞景观

图 10.23　冰蘑菇景观

冰蘑菇发育在冰川末端消融区的冰塔林中，在遥感图像上影像与冰塔近似，但个体小，判读困难。

10.3.4　冰川地貌

冰川对地表具有很大的侵蚀破坏能力。冰川地貌是指地表经冰川作用改造后所形成的特殊地貌形态。冰川作用主要表现在冰蚀（剥蚀）、搬运和堆积三个方面。与之相应的分别为冰蚀地貌、冰碛地貌和冰水堆积地貌。

1. 冰蚀地貌

冰川在运动过程中，对地表进行侵蚀（包括挖蚀和磨蚀）作用后形成的地貌，称为冰蚀地貌。其主要形态有冰斗、角峰、鳍脊、冰蚀谷地和羊背石等。

(1) 冰斗。冰斗原为冰川所在的洼地，是在寒冷风化和冰川的掘蚀、刨蚀作用下逐渐变深而成。在冰川消退以后形成很深的洼地，有的积水成湖，称为冰斗湖。

冰斗多出现在雪线附近的阴坡或迎风坡。据研究，冰斗底部高度与所在地区雪线分布高度近乎一致，在同一冰期同一坡向的冰斗，其高度也应是大致相当的。

由于地形条件、冰川剥蚀程度的不同，各冰斗的轮廓形态、规模大小也有所差异，但其总的特征是：中间低，边缘高，三面是高大陡峭的悬崖（斗壁），一面是斗口，缺口开在坡基部，典型的冰斗是底部平坦或微凹、边缘高陡的一个圆形小盆地，形状极似椭圆形的沙发椅，内部深陷，斗底向前方倾斜。

冰斗和冰斗湖的形态如图 10.24 所示。当冰斗进一步扩展，或谷地源头数个冰斗汇合时，冰坎往往不明显或消失，这种复式大冰斗称为围谷或冰窖。由于冰斗多发育于雪线附近，因此冰斗具有指示雪线的意义，即可根据古冰斗底部高度推断当时雪线的位置。

图 10.24　冰斗和冰斗湖

图 10.25 是横断山脉西北端一处冰斗地貌的立体像对。图像中的主山脊呈西北—东南走向，山顶四周分布着现代冰川：北、西部分山脊呈人字形，山势挺拔高耸，山顶尖锐，两坡陡峭，多为角峰、刃脊，处处显现被冰川侵蚀改造以后所具有的典型冰川地貌特征；东、南部分的山势相对低矮，山顶比较平缓、浑圆；主脊东坡至谷底分布有两个较大的和数个相对较小的冰斗湖。

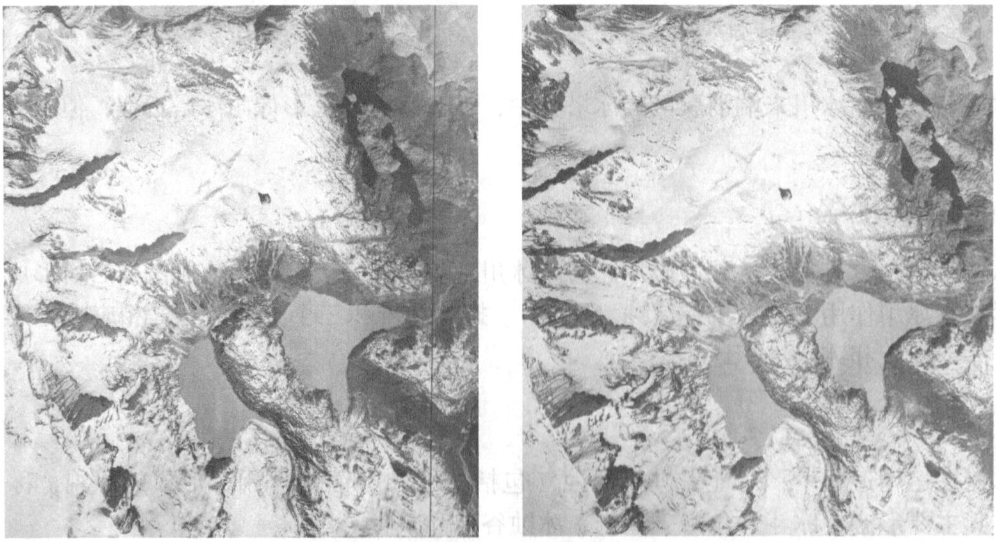

图 10.25　横断山脉西北端冰斗和冰斗湖（立体像对）

图像判绘时，冰斗较大时，用等高线表示；冰斗较小且具有方位意义时，用石灰岩溶斗符号表示，并注记“冰”字。冰斗湖用湖泊岸线符号表示。

(2) 角峰和鳍脊。角峰是原山顶周围分布着不同方向的多个冰川，由于各冰川不断地侵蚀和刨蚀冰斗后壁的山顶，使山顶面积逐渐缩小，变窄变尖，最后山顶变成孤立角锥状的陡峻山峰。如图 10.16 所示，珠穆朗玛峰外貌呈巨大的金字塔形，是典型的角峰地貌。

鳍脊是原分割各个冰川之间的山岭，随着各冰川的不断扩大和在冰川的刨蚀作用下，斗壁后退，使山岭变得越来越窄，最终变成薄如刀刃的锯齿状山脊，也称为刃脊。如果冰斗继续扩大，鳍脊被破坏，就形成山口。

角峰、鳍脊能用等高线表示的尽量用等高线表示，当坡壁大于 70°无法用等高线表示时，可用陡坎或陡石山符号表示。

(3) 冰蚀谷地。冰蚀谷地的形成是冰川下蚀和展宽的结合。当冰川沿着山谷运动时，以其自身的重量和所携带的冰碛物，对原始谷底和谷坡进行“推土机”式的强烈机械刨掘，将谷底刨平展宽、加深谷地，削平交错的山嘴、取直弯曲的沟谷，将谷地改造成两坡陡立、谷底宽平的槽谷，谷地横剖面图形由原来的“V”形变成“U”形，这种被冰川改造过的谷地，称为冰蚀谷地或冰蚀槽谷。

冰蚀槽谷主谷两侧往往有许多小型的冰蚀支谷汇入主谷。由于主、支谷中冰川规模大小和发育时间不同，刨蚀能力差异悬殊，在支冰川与主冰川交汇的地方，冰川消融退缩后就形成明显的陡坎，使支谷犹如悬挂在谷坡上，这种小型的冰蚀支谷，称为冰蚀悬谷。

在未经冰川改造前的谷地，一般都是有弯曲突出的山嘴犬牙交错伸向谷地，这种地形显然不适宜冰川的流动，所以，冰川在运动中竭力削平这些交错的山嘴，使谷壁变得平直而陡立。当冰川消融后，冰蚀槽谷两侧谷地原来突出的山嘴变成许多大小不一的三角斜面，称为冰蚀三角面。

冰蚀谷地、冰蚀悬谷和冰蚀三角面的景观如图 10.26 所示。

图 10.26 冰蚀槽谷、冰蚀悬谷和冰蚀三角面

冰蚀谷地是冰川、冰碛物、冰融水流动的通道，发育形成于冰斗地貌以下的谷地中，上游与冰川、粒雪原或冰斗地貌相连，两侧为高大险峻的山脊或陡壁，冰蚀槽谷谷底宽平。遥感图像上容易识别。

冰蚀谷地、冰蚀悬谷和冰蚀三角面外侧的陡壁坡度大于等于 70°时用陡崖符号表示，否则用等高线表示。

(4) 羊背石。在冰川流动的冰蚀槽谷中，由于原始地表的起伏、岩性差异和节理分布不均等情况，地表经冰川刨蚀作用后常形成许多石质小丘，犹如匍匐的羊群，故称羊背石。

羊背石类小丘平面为椭圆形，长轴方向与冰流方向一致，顺冰川运动方向延伸排列，前后两坡不对称，迎冰川的一坡因受冰川磨蚀强烈，坡度较缓，表面较平滑，常留有条状擦痕刻槽和磨光面等痕迹，擦痕一端粗，一端细，细的一端指向冰川下游；背冰川的一坡，则接受了来自迎冰面的压力融水，促进了冰下的冻融风化，致使岩石沿节理、层面破碎，在冰川刨蚀作用下，冰川把松动的石块刨起带走，往往使表面坎坷不平，呈锯齿状，坡度较陡。

羊背石通常与石质洼地、湖盆相伴而成群分布，高度大小不一，一般高数米至数十米。由于它具有两坡不对称的特点，因此是识别古冰川流向的标志。图 10. 27 是羊背石的立体像对。

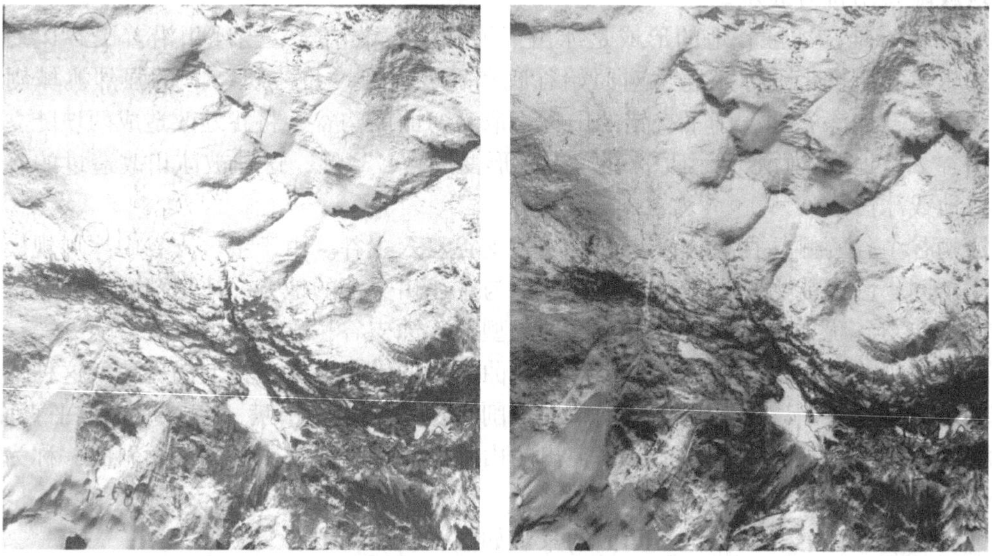

图 10. 27　念青唐古拉山东段南坡羊背石（立体像对）

羊背石是冰蚀谷地中大小不等、高低不平的石质小丘，在遥感图像上，小丘相对较大且集中分布时，呈深灰色鱼鳞状；丘小但集中分布时，呈散列黑色点状。判读是否为羊背石，主要是依据小丘表面是否平滑、前后两坡是否不对称和是否顺冰川运动方向延伸分布的特征而确定。

羊背石一般用等高线符号表示。当羊背石较低矮，用等高线不能表示其特征时，可用残丘地符号表示。

(5) 石块地。在冰川及冰川地貌地区，山脊、山峰由于温度的变化，其表层岩石由整体或大块崩解成碎屑物，这种变化称为岩石的冰冻风化。崩解的碎石块经搬运堆积成片后就是石块地。图像判绘时，大面积的石块地用露岩地符号表示。

2. 冰碛地貌

冰川在运动中携带大量冰碛物，当冰川消融后，这些冰碛物便就地堆积成各种冰碛形态，这类冰碛形态称为冰碛地貌，主要有终碛垄、冰碛丘陵和鼓丘等。

(1) 终碛垄。冰川在运动时，冰川舌前缘推动着坠落的冰碛物，当冰川流至供给和消融相对平衡地段时，冰川末端便相对较长时期停留在某一位置，这时由上游搬运来的冰碛物质就在冰川末端堆积起来，形成一条弧形垄岗，称为终碛垄。

因冰川是缓慢消融退缩，故终碛垄的形态不对称，一般是前坡较陡，后坡稍缓。

山岳冰川的终碛垄一般高数米至数十米，最高可达数百米，长度较小，弧形曲率较大。终碛垄往往横拦谷地，弧形外凸，弧形的舒展程度与冰川舌前缘形态相吻合。图 10.28 反映的是“雅弄”冰川末端的终碛堰塞湖、终碛垄以及“湖中冰塔”的景观。

终碛垄的判读特点是：在全色遥感图像上，影像呈弧形带状或弧形条状，色调比地表色调稍浅，呈灰色或深灰色；若终碛垄岗较宽，表面有大小不一、高低起伏的小丘和凹地时，影像呈带状，有褶皱纹理斑点。

图 10.28　终碛垄景观

在地形图上，终碛垄根据形态特征和规模，用等高线或堤的符号表示。

（2）冰碛丘陵。在终碛垄的内侧，因冰川消融退缩，原来随冰川运行的表碛、中碛和侧碛等都沉落到冰川谷底，和底碛一起，堆积形成了大面积波状起伏的丘陵，称为冰碛丘陵或底碛丘陵。

在地形图上，冰碛丘陵用等高线符号表示。

（3）鼓丘。鼓丘是冰碛丘陵中一种比较规则、呈大片分布，而且有明显方向性的蛋形丘群，因其外形似鼓，故称鼓丘。鼓丘地貌在古大陆冰川作用地区分布较广，如北欧、北美的许多地方均有分布。鼓丘在山岳冰川地区一般分布在山谷冰川终碛垄堤内，数量也较少。在地形图上，根据鼓丘的形态特征用等高线符号表示。

3. 冰水堆积地貌

冰水堆积地貌是冰川附近经冰融水作用后所堆积的冰碛物形成的各种地貌。这些地貌的组成物质是由原来的冰川搬运来的，后又经过冰融水的作用再搬运而堆积下来，故称冰水堆积地貌。

根据其位置分布、物质结构、形态特征，冰水堆积地貌有冰水冲积扇、冰砾阜和冰砾阜阶地、冰融穴和蛇形丘等。

10.4　黄 土 地 貌

黄土地貌是在覆盖黄土层地区，经流水作用形成的塬、墚、峁和川等地表形态。沟壑纵横、支离破碎是识别黄土地貌的重要特征。

10.4.1　黄土地貌的成因及特点

黄土是一种形成于第四纪时期特殊的松散土质堆积物，分布范围很广。世界黄土主要分布在中纬度大陆内部温带干旱和半干旱地区，位于荒漠和半荒漠地区的外缘。欧洲主要分布在 45°N 以北的中部地区，北美主要分布在 40°N 左右的密西西比河上游及墨西哥北部，亚洲主要分布在我国和中亚地区。

我国的黄土主要集中分布在 34°～40°N，102°～114°E，即北起长城，南至秦岭，西起青海湖，东到太行山，面积达 30 万 km^2，地理上称为黄土高原。该区除一些基岩裸露的山体外，黄土基本构成连续的覆盖，厚度最大达 200m，形成特殊的地貌形态。虽然在甘肃西部、青海西北部、新疆、东北松辽平原、辽西冀北山地、华北平原和山东低山丘陵等地也有黄土和黄土状土层分布，但多呈零星分布，厚度也不大，加上这些地区自然条件等因素，黄土地貌发育受到很大的限制，形态也不典型。

流水是黄土地貌形成的主要原因。地表流水有三种作用，即侵蚀作用、搬运作用和堆积作用。这三种作用形式主要受流速、流量和含沙量的控制。一定的流速、流量，只能挟运一定量的泥沙，因此，当流速、流量增加或含沙量减少时，流水就产生侵蚀作用，并将侵蚀下来的物质运走，反之，就发生堆积作用。

分布在黄土高原区典型的黄土地貌可分为两大类：谷间地地貌和沟谷地貌。黄土地貌总的特征是地面非常破碎，表现在沟谷密度（单位面积的沟谷总长度）和地面分割度（沟谷面积占流域面积的百分比）两项数值很高。例如，晋西北个别地区沟谷密度为 8km/km^2，地面分割度达 43.7%。地势起伏频率大，也是黄土地貌的一个特征，地面频繁地出现 200～300m 的起伏。

黄土地貌形态特征在很大程度上取决于沟谷的发育，如沟床的侵蚀程度、谷坡的宽展、沟头溯源侵蚀的方式与速度和沟谷组合形态等，主要表现在沟坡陡峭、沟壑纵横，滑坡、崩崖、塌陷、冲沟、陡崖、土柱有较多的分布。黄土丘陵地区人工梯田成层也是重要的特征。

10.4.2　黄土地貌的判读与表示

1. 冲沟

冲沟是黄土地貌地区分布非常普遍的一种负向地貌。在其他地区，地面斜坡由松散沉积物组成且缺少植被覆盖的情况下，也有利于冲沟的发育。

冲沟形态各异，大小不一，沟壁陡峭，边缘线明显。冲沟分布密集时，在中小比例尺图像上，呈压平于平面上的松枝状。较深冲沟的一侧阴影明显，呈深灰色调。

在地形图上，为了保持地形的完整性，能用等高线表示的冲沟尽量用等高线表示，或者等高线和陡坎符号配合表示。用等高线表示困难时，可用冲沟符号表示。

用符号表示冲沟时，图上宽度在 0.1～0.4mm 时用棕色单线符号表示；图上宽度大于 0.4mm 时用双线符号表示；图上宽度大于 2mm 时，沟壁用陡崖符号表示；图上宽度大于 3mm 时，内业在沟底加绘等高线符号配合表示；冲沟必须测注沟深，密集时可择要注记。判绘冲沟时还应注意以下问题。

（1）冲沟的沟头一般形状复杂，在表示时要注意反映这一特点。对群集的细小沟头，不能逐条表示时，可选取较宽、较大、较长的沟头表示，但不能综合，如图 10.29(a) 所示。

（2）有的冲沟由多层坎构成，如不能逐层表示时，一般选取最上层的表示，以显示冲沟的总宽。冲沟底部成阶梯状时，即所谓的悬冲沟，应根据实际情况表示，如图 10.29(b) 所示。

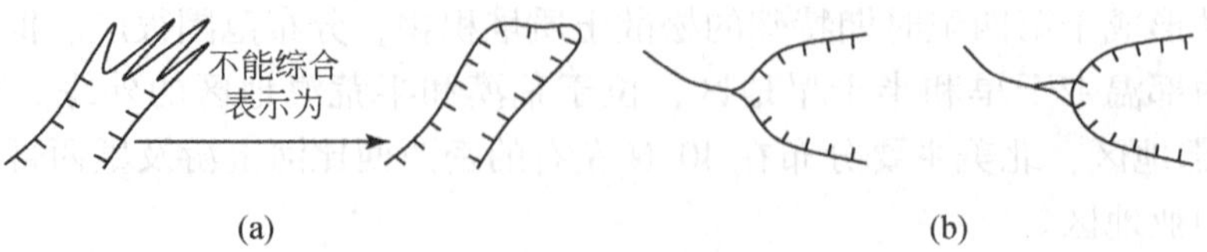

图 10.29　冲沟的取舍与悬冲沟的表示

（3）无论是单线冲沟或是双线冲沟，均应量注比高。当冲沟密集时，可择要注出。沿道路两侧的冲沟应择要量注沟宽和沟深。

（4）描绘冲沟应在立体观察条件下进行，并准确表示冲沟上沿棱线的位置，以免与等高线发生矛盾。

2. 陡崖与梯田坎

陡崖是指坡度在 70°以上难以攀登的陡峭崖壁。陡崖主要是由流水的冲蚀作用形成，在黄土地貌地区分布非常广，也有的陡崖是由断层构造形成。

梯田坎是在坡地上垂直水流方向由人工修筑而成的，用土或石块垒成陡壁，在低山丘陵地区和黄土地区分布广泛。

陡崖的棱线清晰，呈曲线状，阴影明显，呈深灰色调。由冲沟扩大而形成陡崖的延伸方向与合水线一致。梯田坎棱线清晰，呈直线、折线或规则的曲线形状，具有梯田坎错落有致、形状相似，大多与合水线方向垂直的特征。判绘时应注意与陡崖的区别。

陡崖和梯田坎对部队越野行动有障碍作用，特别是沿主要交通线两侧尤为重要，地形图上应注意表示。

梯田坎和陡崖的符号图形相同，但颜色不同。梯田坎为人工依地势修建，用黑色；陡崖用棕色，并区分土质和石质。当多层梯田坎不能逐层表示时，一般准确表示最上层和最下层，择要表示中间层。低于 1.5m 的梯田坎和陡崖一般不表示。高大的陡崖，当斜坡较宽时，符号的短线应依比例尺绘出。陡崖和梯田坎的判绘示例如图 10.30 所示。

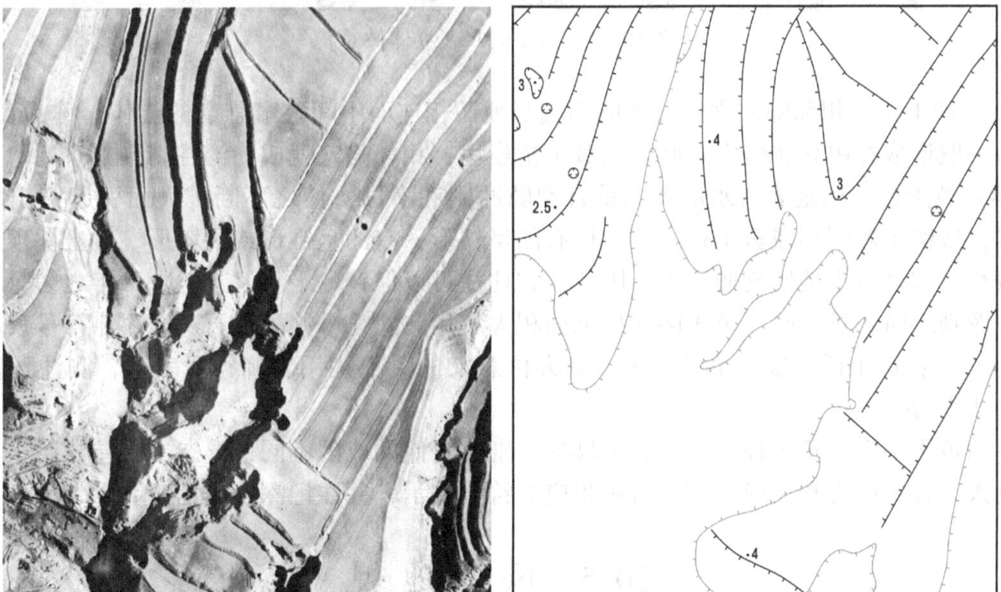

图 10.30　陡崖与梯田坎判绘示例

3. 黄土潜蚀地貌

由于黄土湿陷作用和潜蚀作用，促使黄土局部沉陷和崩塌，形成各种黄土微地貌，这种地貌称为黄土潜蚀地貌，也称黄土喀斯特地貌，主要有黄土碟、黄土陷穴、黄土桥和黄土柱等。

（1）黄土碟。黄土碟是一种圆形或椭圆形近似碟状的浅凹地，深数米，直径十余米，常形成在平缓地面上。它是由于地表流水下渗侵蚀黄土并溶解了黄土中部分可溶性物质，同时在重力作用下，使黄土逐渐紧实，地面发生沉陷形成的。

（2）黄土陷穴。黄土陷穴是指由于水流集中在黄土裂隙中进行潜蚀作用形成的洞穴。黄土陷穴分为三种：漏斗状陷穴呈漏斗形，口径一般在 2m 左右，深不超过 10m，主要分布在谷坡上部和墚、峁的边缘；竖井状陷穴形状似井，口小深度大，常深达 20m 以上，主要分布在黄土塬边缘地带；串珠状陷穴是由几个陷穴呈串珠状连续分布，陷穴底部常有孔道相连，常发育在地面坡度大、坡面长的墚、峁斜坡上。黄土陷穴在遥感图像上的特征如图 10.31 所示。

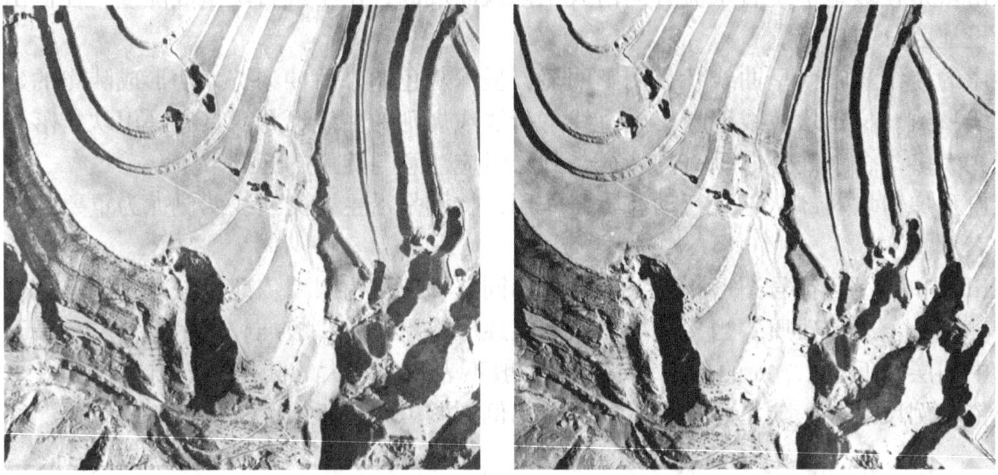

图 10.31　黄土陷穴（立体像对）

（3）黄土桥。相邻陷穴之间残留的两端与地面相连而中间狭窄悬空的土体，称为黄土桥。黄土桥一般形成在串珠状陷穴之间。当黄土桥崩塌，相邻陷穴就成为沟谷。

（4）黄土柱。由地表流水沿黄土垂直裂隙冲刷和潜蚀，使之不断扩大而引起黄土发生局部崩塌，残留土体则形成黄土柱。黄土柱有的呈柱形，有的呈锥形或尖塔形。黄土柱顶部受水面积较小，加之黄土地区气候干燥，因此，它往往可以保存数十年，甚至数百年之久。

图像判绘时，黄土碟、黄土陷穴根据面积大小用陡崖符号并配置石灰岩溶斗符号表示，加注“土”字；黄土桥一般不单独表示；有方位意义的黄土柱用岩峰符号表示，测注比高，并加注“土”字。

注意黄土陷穴、黄土柱与土坑、土堆的区别，它们的成因不同，形态也有差异。土坑、土堆多是人工开挖或堆积而成，判绘时用相应的符号表示，并注记深度或比高。

10.5　风沙地貌

在干旱气候区，地表存在大量的松散物质，风在运动过程中吹动和搬运沙砾形成的风沙流是地貌形成和发育的动力。由风沙流对地表的侵蚀、搬运和堆积所形成的地貌，称为风沙地貌，也称风成地貌。

风沙地貌地区蕴藏着丰富的矿产资源，是防风固沙、改造自然、发展经济的重要地区，对军事行动也有重要影响。因此，在地形图上必须准确反映各种沙丘、残丘的类型和特点，以及戈壁、盐碱地等土壤质地。

10.5.1 风沙地貌的成因及其分布特点

1. 风沙地貌的成因

风沙地貌是风对地表风化、侵蚀、堆积的结果。因此，地表特征、风动力状况是风沙作用及形成风沙地貌的基本条件。它的主要动力是物理风化作用、风力作用和暂时性流水作用。

（1）物理风化作用。在干旱气候条件下，温度变化幅度大、速度快，所以岩石的物理风化作用剧烈。岩石层层剥落，地表风化碎屑物质质量大，这种由于强烈物理风化作用形成的岩屑，为风力作用和流水作用提供了十分有利的条件。

干旱区植被稀少，生物风化作用微弱。化学风化作用在干旱缺水的环境中也极不活跃。因此，干旱地区主要是物理风化作用强烈。

（2）风力作用。风力作用是风沙地貌的主要塑造动力。风力作用的强弱取决于风速，而风速又在一定程度上受地面摩擦阻力的影响。

当风速达到使沙粒脱离地面而进入气流中移动的临界速度以上时，形成风沙流。风沙流在运动过程中对地表进行侵蚀和堆积作用，形成各种各样的风蚀地貌和风积地貌。

（3）暂时性流水作用。干旱地区降雨相对较少，但降雨多呈暴雨形式，地表又存在大量的风化碎屑物质，因此，短时期的降雨对地表形态的影响十分显著。暴雨形式的洪流，冲刷山坡形成沟谷并带来大量碎屑，在沟口形成规模不等的扇形地。暂时性流水形成的无数冲沟、干河床是干旱地区山坡地表形态的一个显著特征。

2. 风沙地貌的分布特点

我国风沙地貌的地理分布具有以下三个特点。

（1）地理位置上，我国风沙地貌主要分布在 $75°\sim125°E$，$35°\sim50°N$ 的西北、华北北部和东北西部的干旱和半干旱地区。其中在乌鞘岭与贺兰山以西地区分布集中，该区以东比较分散。

（2）以上这些地区是干旱少雨、风力强大而频繁的干旱半干旱地区，且降雨集中，多呈暴雨形式，有时在几年内只有一次大雨，空气非常干燥，蒸发量比降雨量大。这些地区的另一特点是天气多晴朗，地面增温和冷却速度快、幅度大。

（3）在地势上，风成地貌大多分布在内陆盆地中，少部分位于内陆高原，如塔里木盆地中央的塔克拉玛干沙漠、准噶尔盆地内的古尔班通古特沙漠等。这些地区均无水流外泄，属于内陆盆地。盆地内覆盖着厚度很大的由河流冲积和湖泊沉积的沙质沉积物，如古尔班通古特沙漠南线一般厚度达 200 ~400m。

我国风成地貌在分布上的总特征，以沙丘为例，风沙地貌自西向东具有明显的地域差异。贺兰山以西为干旱荒漠地带，除准噶尔盆地降雨稍多、植被较好、沙漠中多为半固定沙丘外，其余均以流动沙丘占优势。内蒙古东部和东北西部沙地则以固定、半固定沙丘为主，流动沙丘仅在沙漠边缘植被较少的地带有零星分布。

10.5.2 风积地貌的判读与表示

风沙流的堆积作用形成的各种风积地貌，其普遍形式是各种各样的沙丘。

沙丘的形态多种多样，主要受风力、风向、地表的原始形态、植被及沙源的丰富程度等因素的支配和影响。

按沙丘的活动程度可分为流动沙丘、半固定沙丘和固定沙丘。植被的覆盖程度对沙丘的活动程度起着决定性的作用，植被覆盖率在15%以下的，形成流动沙丘；在15%～40%的是半固定沙丘；植被覆盖在40%以上时，则为固定沙丘。

按相对高度可分为沙丘和沙山。比高小于100m的为沙丘，大于100m的为沙山。

按沙丘的形态可分为新月形沙丘、复合型沙丘、沙垄、复合型沙垄、金字塔沙丘、蜂窝状沙地、灌草丛沙丘和平沙地等。

在地形图上，各种沙丘用等高线表示总的起伏和形状，并在其范围内均匀配置沙丘类型符号和平沙地符号。较小的沙丘，无法用等高线表示时，只配置相应符号。

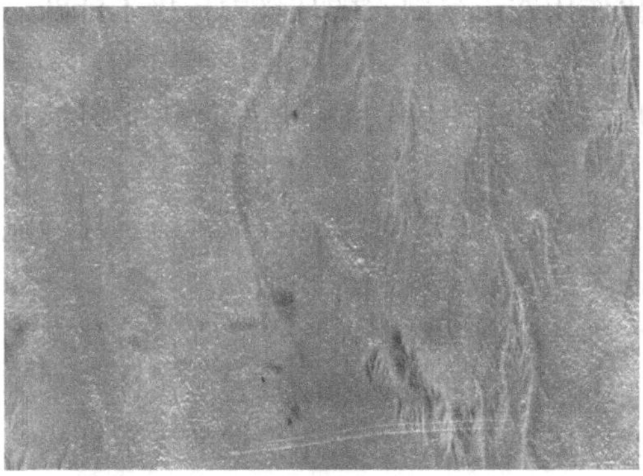

图10.32　平沙地的全色图像

1. 平沙地

平沙地是一种平坦或起伏不明显的沙质地表，主要分布在科尔沁沙地、嫩江沙地和呼伦贝尔沙地。豫、鲁等黄河两岸及黄河故道沙质土壤分布的地段也有小面积的平沙地分布。

在图像上（图10.32），平沙地的色调均匀光滑，多呈浅色调。判绘时在其分布范围内规则配置平沙地符号，大面积有名称的还应注记沙地名称。

2. 新月形沙丘与沙丘链

新月形沙丘是流动沙丘中最基本的形态，广泛分布在塔克拉玛干沙漠的西部、北部和塔里木盆地东端的库鲁克库姆，以及腾格尔沙漠、毛乌素沙地、巴丹吉林沙漠边缘和柴达木盆地的山前洪积平原等处。

新月形沙丘最显著的特点是具有新月形或半月形的平面图形，如图10.33所示。沙丘体顺着风向有两个延伸的翼突出在前端，翼的方向指出了该地盛行的主要风向。两翼的交角取决于主导风向的强弱，风速越大，交角越小。沙丘中部较宽，一般为10～20m。它的两个坡面明显不对称，迎风坡面凸而缓，坡度为5°～20°，背风面凹而陡，坡度为28°～34°，两坡的交界处有一明显的弧形棱线。新月形沙丘的高度不大，一般为1～5m，个别的也可高达10m以上。

在沙源丰富、形成年代稍久或长期风向不变的情况下，新月形沙丘会发展演变为新月形沙丘链。它是彼此相距很近的新月形沙丘的两翼彼此连接起来所形成的一条条沙丘链。沙丘链长者有几百米，甚至更长，短者只有几十米。高度一般比单个的新月形沙丘要高。

遥感图像上，新月形沙丘和沙丘链的影像特征明显，易于识别。判绘时，新月形沙丘和新月形沙丘链均用波状沙丘地符号表示，符号的形状、大小、疏密应与实地相适应。

3. 沙垄

沙垄是一种顺盛行风向延伸的长条状沙丘。两坡大致对称，顶部呈平缓弧形，垄与垄间大致平行。沙垄的高度一般为5～30m，长度相差较大，一般从几十米到数百米，有的甚至达几公里，如图10.34所示。沙垄之间大致相互平行，其间是平坦或微凹的沙地。

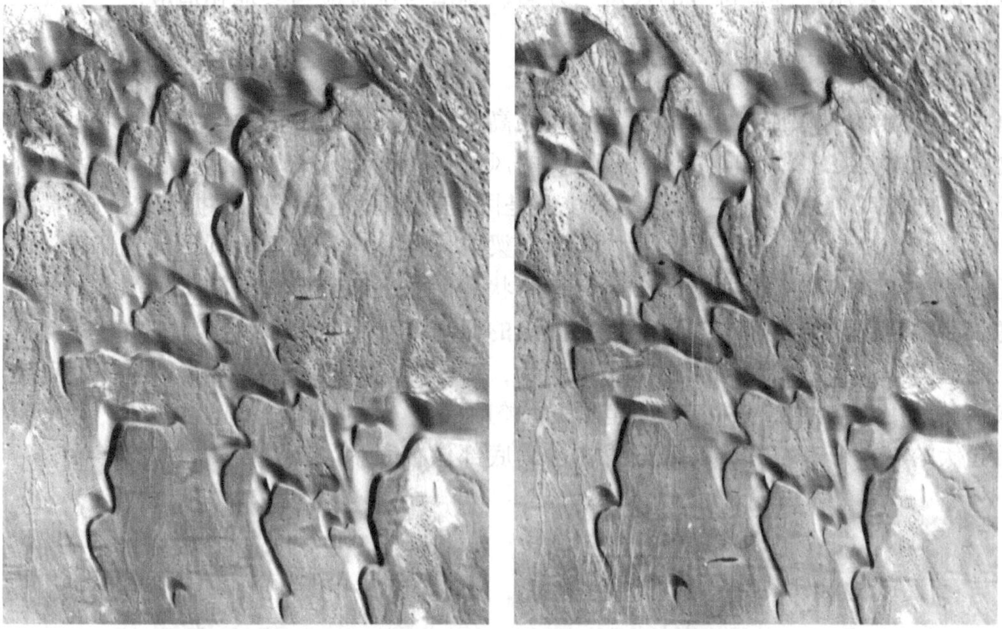

图 10.33　新月形沙丘和沙丘链（立体像对）

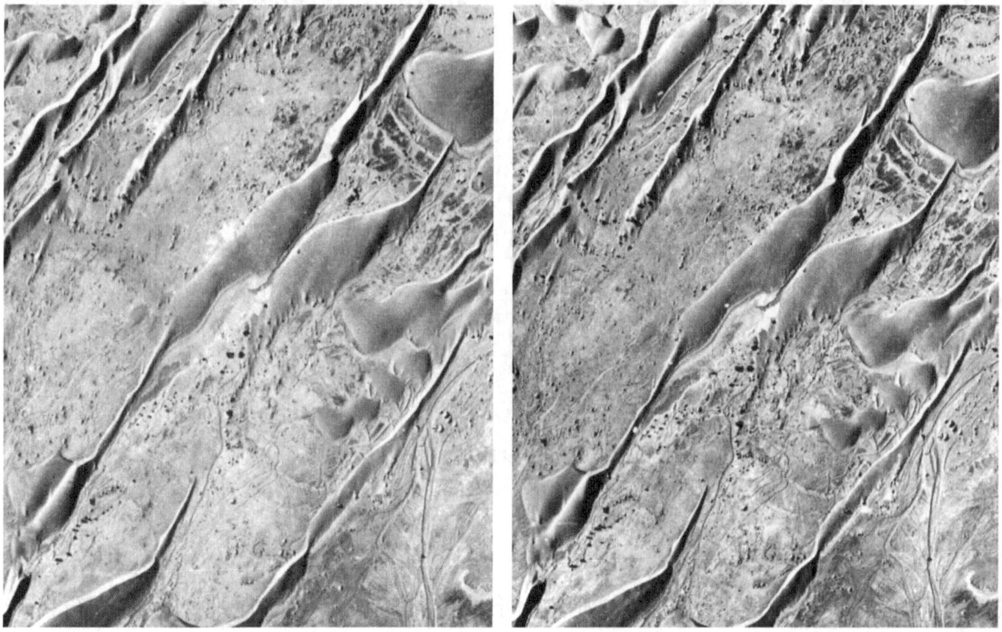

图 10.34　沙垄（立体像对）

沙垄主要分布在塔克拉玛干沙漠西部、古尔班通古特沙漠、浑善达克沙漠、科尔沁沙漠。

沙垄的形成是两个锐角相交的风向相互作用的结果，沙垄沿着风的合力方向延伸。在植被条件较好的地区，由同一方向延伸的沙垄是半固定沙垄。

在遥感图像上，沙垄的形态特征反映清晰，一般表现为暗色调的沙地表面上突起的灰白色调沙垄。树枝状沙垄呈灰白色调，垄间由于植被覆盖呈灰色调或深灰色调。在判绘时，沙垄用垄状沙丘地符号表示。沙垄符号的长短、方向、宽窄与位置应与实地相适应。

4. 窝状沙丘地

由大面积圆形或椭圆形的中间低下而四周高起的沙窝组成的沙地，称为窝状沙丘地。

窝状沙丘地是在多种风向、风力较均衡的风的作用下形成的。沙窝直径一般为数米至数百米不等，有的深度可达30m左右。窝状沙丘是固定或半固定沙丘，根据形态的细微差异，有格状、梁窝状和蜂窝状之分。蜂窝状沙丘的脊梁成环形，丘间低地是圆形或椭圆形沙窝；梁窝状沙丘的沙梁弯曲，梁下或两侧叠布沙窝；格状沙窝的平面图形如方格，沙梁相对平直。

窝状沙丘地主要分布在古尔班通古特沙漠的西南部和呼伦贝尔沙地。

在遥感图像上，沙窝影像明显，易于识别，如图10.35所示。在地形图上，小而密集分布的窝状沙丘地用相应的符号在其分布范围内均匀配置；大而稀疏分布的沙窝地，用等高线表示其地面起伏的基本形态，并将符号配置在沙窝底部位置表示。

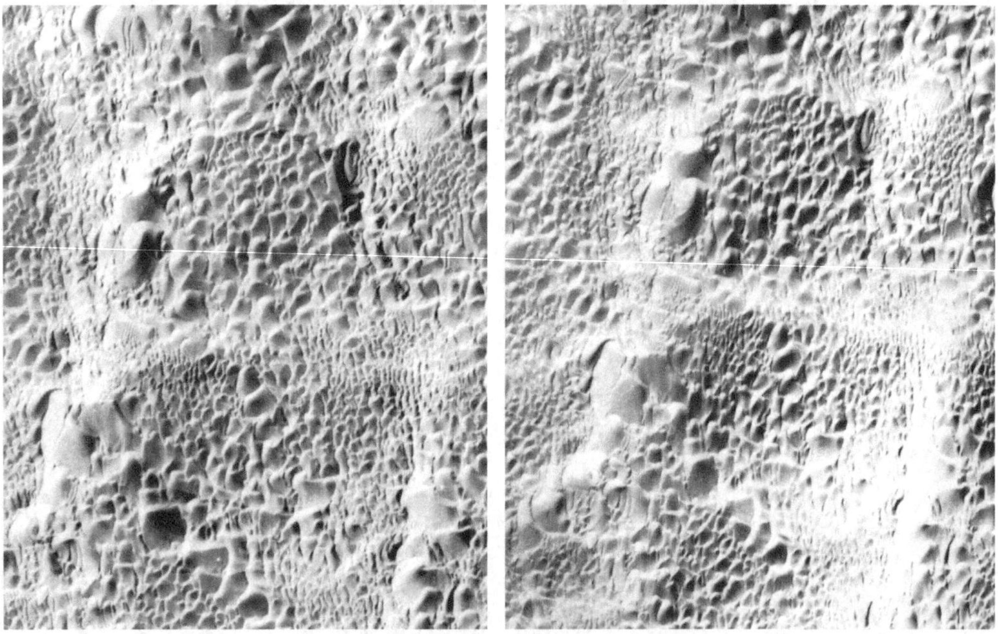

图10.35　窝状沙丘地（立体像对）

5. 波状沙丘地

波状沙丘地是沙沿垂直于主要风向延伸而形成的细长波浪状沙丘地，大多分布在沙地地势相对平坦的地区。

在遥感图像上，波状沙丘形成自然弯曲、基本平行的细线状纹理，如图10.36所示。判绘时，在其分布范围内规则配置相应的符号表示。

6. 鱼鳞状沙丘地

鱼鳞状沙丘地也称迭瓦状沙丘地，是在主要风向作用下，新月形沙丘密集成群分布，前一个沙丘迎风坡的坡脚即为后一个沙丘背风坡的坡麓，沙丘间的洼地不明显，形似鱼鳞状层层叠

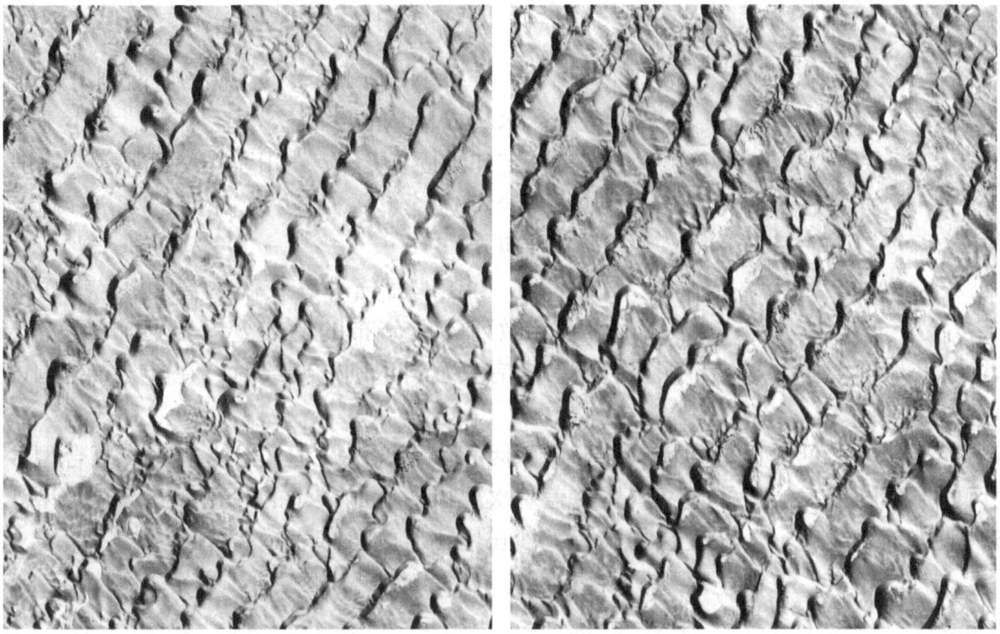

图 10.36　波状沙丘地（立体像对）

置。沙丘与主导风向垂直，两翼顺风向延伸，与前方沙丘迎风坡相连，形成沙丘间顺风向的沙埂。整个沙丘群体具有与主导风向一致的弯曲的纵向沙丘的形态特征。

在遥感图像上，鱼鳞状沙丘地的形态特征明显，易于识别，如图 10.37 所示。在地形图上，鱼鳞状沙丘地用波状沙丘地符号在其分布范围内均匀配置表示。

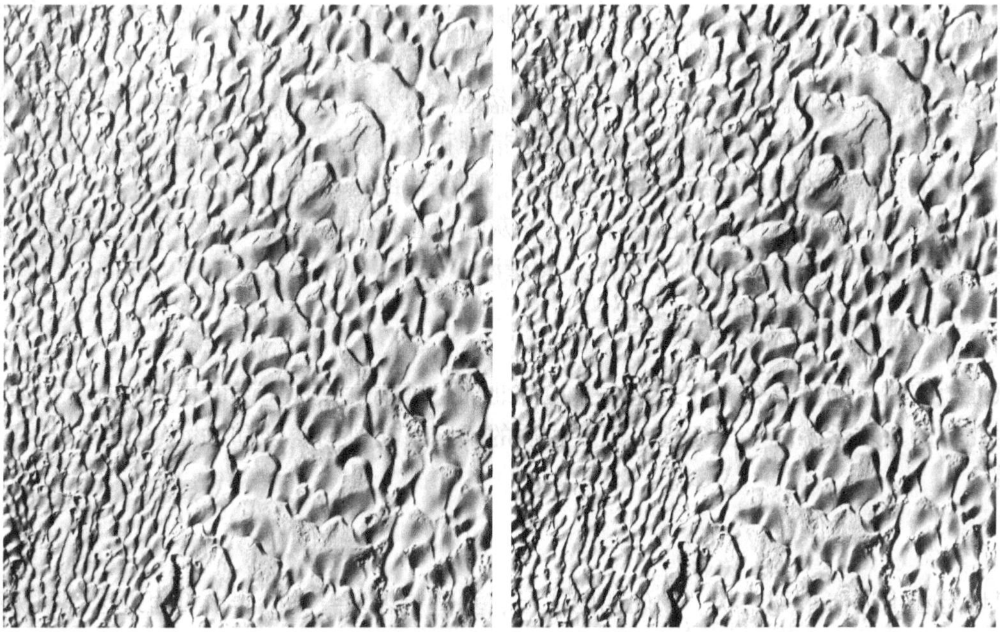

图 10.37　鱼鳞状沙丘地（立体像对）

图 10. 38　多小丘沙地

7. 多小丘沙地

多小丘沙地是沙地地表上散列分布生长有灌木丛或草丛的沙地。小丘不高，大小不一，有固定和半固定之分，如图 10. 38 所示。一般分布在沙漠边缘、深入沙漠内部的河流两岸及湖盆四周。

在地面分辨率较高的春夏季获取的图像上，散列成堆分布的灌木丛呈云团状深灰色调的图案，秋冬季获取的图像上影像不明显，可参考有关资料识别。判绘时，在其分布范围内规则配置相应的符号表示。

以上介绍的是常见沙丘地的特点、形成原因和表示方法。但实际上有很多复合型沙丘，即在主要风向形成的较大的丘体上又叠置覆盖着次要风形成的较小的沙丘形态。复合型沙丘的基本形态一般用等高线表示，最上层的次一级沙丘用相应的符号表示。

8. 戈壁滩

戈壁滩简称戈壁，蒙古语意为“难生草木的土地”。戈壁滩是粗沙、砾石覆盖在砂土层上，仅散列生长耐碱草类或灌木的荒漠地。

戈壁有剥蚀戈壁和堆积戈壁之分，剥蚀戈壁是基岩经长期风化、剥蚀作用，残积或堆积形成；堆积戈壁是山地风化剥蚀后的砾石、沙砾经流水作用搬运至山前地带堆积而成。戈壁一般大面积分布。

我国戈壁面积达 56 万 km^2，分布相当辽阔，分布在新疆东部和内蒙古高原西部及其边缘高地的是一种碎屑石质戈壁滩。这里经长期的风化、剥蚀，大部分出露的岩石被削平，目前地面光秃、岩石裸露，表面覆盖物是较薄的风化、剥蚀后的岩石残屑和少量沙土。

分布在塔里木盆地、准噶尔盆地、柴达木盆地和河西走廊的是沙砾戈壁。它是由风化、剥蚀后形成的碎屑物质经流水的搬运，在山麓地带堆积成倾斜的沙砾石平原，沿山麓成环状条带分布。若较细物质被风力或水流再进一步带走，则残留的是较大的砾石。

在遥感图像上，戈壁比沙漠色调深，呈深灰色，立体观察下呈等倾斜面。戈壁滩用沙砾符号表示，当图上面积大于 $4cm^2$ 时，加注“戈壁滩”三字。

10. 5. 3　风蚀地貌的判读与表示

风蚀地貌在我国主要分布在柴达木盆地西北部、塔里木盆地东端的罗布泊地区以及准噶尔盆地西北部的乌尔禾等地。由于地表组成物质的不同，在风的吹蚀和磨蚀作用下，形成各种风蚀地貌。

1. 风城

风城是在由近似水平产状、软硬相间成层、垂直节理发育的砂岩或页岩地区，风力强烈吹蚀形成的状如古城断垣残壁的地形，如平地上突起的平顶小丘，宛如一座座颓毁的城堡，故称风蚀城堡，简称风城，如图 10. 39 所示。

风城主要分布在准噶尔盆地的乌尔禾、吐鲁番盆地哈密西南等地。

在遥感图像上，风城的近似平顶丘体成群分布，大的丘体平面轮廓多呈方形，立体观察下丘壁陡峭，易于识别。

在地形图上，风城中的丘体较大时用等高线配合陡崖符号表示；丘体较小时用土堆符号表示，密集分布时可取舍，并测注比高。

2. 风蚀劣地

风蚀劣地是指在风的吹蚀作用下形成的一种支离破碎的地表。残丘很小，一般仅数米长，高度不超过 10m，如图 10.40 所示。也有的顺岩土层走向延伸，呈长条状，称为条状残丘，主要分布在柴达木盆地西北部。风蚀劣地一般发育在倾伏褶皱的倾伏端，这里岩层走向变化大，经风蚀作用后，形成崎岖不平的破碎地面。

图 10.39　风城

图 10.40　风蚀残丘

在全色遥感图像上，风蚀劣地的每个小丘的平面形状似蝌蚪，呈灰白色拖尾状小丘，立体观察下可见迎风面陡峭、背风面平缓的不规则小丘，如图 10.41 所示。

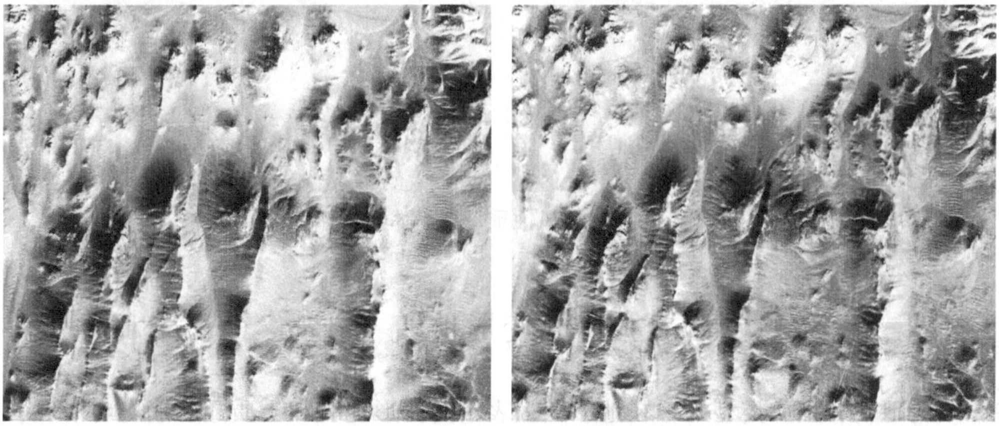

图 10.41　风蚀劣地（立体像对）

判绘时，用残丘地符号在小丘相应位置绘出符号，择要注记比高，符号的圆弧面必须朝向主要风的方向。残丘密集分布，图上不能分别表示时，符号规则配置绘出，当图上面积大于 $4cm^2$时，加注“残丘地”和平均比高。图上能依比例尺表示的残丘，用等高线或等高线配合陡崖符号表示。

3. 风蚀雅丹

“雅丹”在维吾尔语中意即“陡壁小丘”。风蚀雅丹是指一种具有土墩和洼地相间分布的风蚀地表形态。风蚀土墩高 1～5m，很少超过 10m，长度不等，土墩形态各异，如图 10.42 和图 10.43 所示。雅丹地貌在新疆的罗布泊和楼兰一带分布较多，克拉玛依、奇台等地也有分布，甘肃嘉峪关至敦煌、青海西北部也有大面积的雅丹地貌分布。

在地形图上，雅丹地貌根据丘体大小用陡崖符号或残丘地符号表示。

图 10.42　风蚀雅丹景观

图 10.43　风蚀雅丹（立体像对）

10.6　其他变形地貌与土质

除介绍的地貌和土质类型外，在地形图上表示的变形地貌和土质还有崩崖与滑坡、干河床与干湖、小草丘地、裸岩地、石块地、盐碱地、龟裂地和白板地等。

10.6.1　崩崖与滑坡

崩崖是沙土或石质的山坡受物理风化作用、雨水渗入或因地震等原因，使局部坡体沿山坡向下崩落于地面形成的大量沙砾堆积的地段。遥感影像立体观察明显。

滑坡是坡面上不稳定的岩体或土体，在地表水、地下水作用下，以及人为不合理的工程活动对斜坡岩石、土体稳定性的破坏，使局部坡体在重力作用下整体向下滑动的地段。

崩崖和滑坡对工程建筑和军事行动都有一定的影响。明显的崩崖和滑坡在地形图上应表示。在判绘图像上，滑坡的上边缘陡峭部分用陡崖符号表示，其余轮廓线用棕色点线符号绘出，内业测绘等高线表示；崩崖按堆积物性质用沙质或石质崩崖符号表示，上缘系陡崖时加绘陡崖符号，大面积的崩崖，内业测绘等高线并与崩崖符号配合表示。

10.6.2　干河床与干湖

干河床、干湖是降雨或融雪后短暂时间有水的河床、湖盆。戈壁滩上干河床较多。干河床由暂时性流水作用形成，或者是河流故道。除在干旱地区有分布外，在半干旱地区也有分布。在遥感图像上，干河床是白色或灰白色宽度自然变化的带状影像，大多有明显的河床边界，容易识别。但要注意干河床与无水时的时令河的区别。

在地物稀少的荒漠或戈壁，干河床既是很好的方位物，又可供机动车辆行驶，在地形图上应准确表示。干河床根据岸线是否明显分为河道干河床和漫流干河床。河道干河床有明显的岸线，在判绘时用棕色单虚线或双虚线表示岸线。双线干河床内还应填绘相应土质，如沙或沙砾，如图 10.44 所示。漫流干河床没有明显固定的界线，不绘岸线，只在河床较明显的地方描绘土质符号。

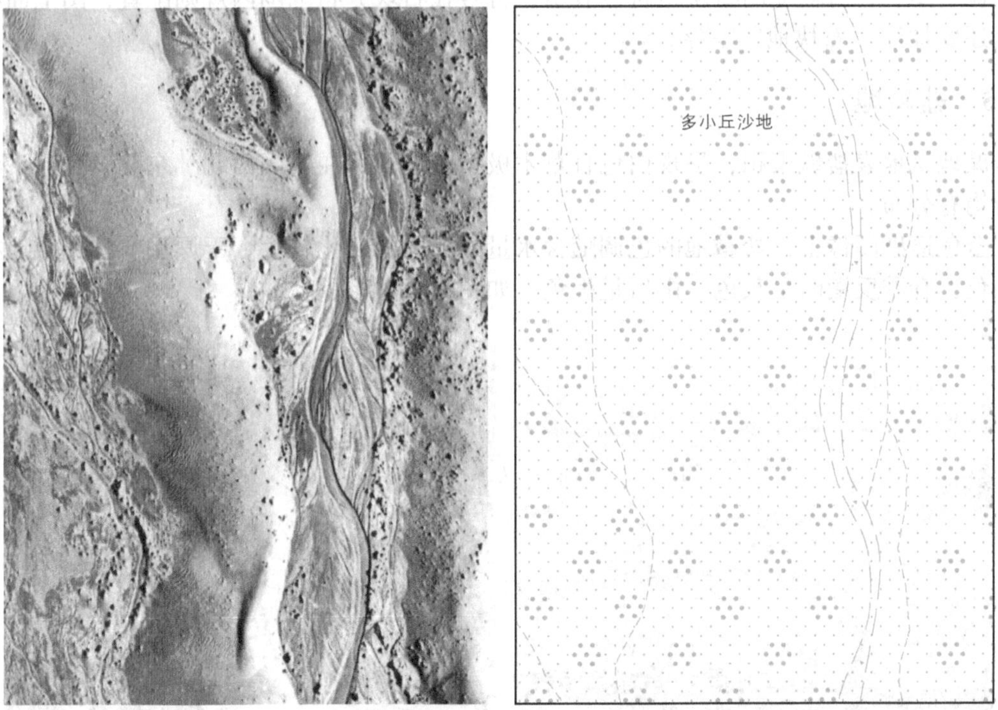

图 10.44　干河床判绘示例

近些年，有些地区由于植被破坏严重，使有些河流的上游没有固定水源，下雨后河中有水流动，晴天几天后河内水流干涸，这种河流虽不在荒漠区，也应用干河床表示。

较大的干湖用相应符号表示，当干湖较小且分布密集时，可进行取舍，但不能综合。

10.6.3　小草丘地

小草丘地是在沼泽地、草地和荒漠地区生长有草类或灌木的小丘成群分布的地段，如图10.45所示。草丘矮小，一般不超过1m。小草丘之间的低处长有较茂盛的草或灌木，这一点与灌草丛沙丘明显不同。

判绘时，小草丘地按其分布范围用相应符号均匀配置表示，图上面积大于4cm^{2}的加注“小草丘地”四字。

图10.45　小草丘地

10.6.4　裸岩地、石块地

裸岩地是岩石裸露于地表且分布集中的地段，图上用等高线配合散列的石块符号表示。有方位作用的小面积裸岩地用3个石块符号表示。

石块地是裸露岩石受物理风化作用而机械崩裂形成的碎石块堆积地段，多分布于寒冷山区的谷地和山坡岩石之上。石块地与戈壁的不同之处在于石块地的石头大，通行困难。

在地形图上，石块地用石块地符号表示，符号在石块分布范围内规则配置，图上面积大于4cm^{2}的还要加注“石块地”三字。

10.6.5　盐碱地

盐碱地是地表盐碱聚积，呈现白色且草木极少的地段。在我国西北、东北、黄河下游、淮河下游均有分布。

在全色遥感图像上，盐碱地的色调随含水量的不同而变化较大。干燥季节的盐碱地在图像上呈白色，春季反潮时呈灰色，雨后呈黑色，如图10.46所示。

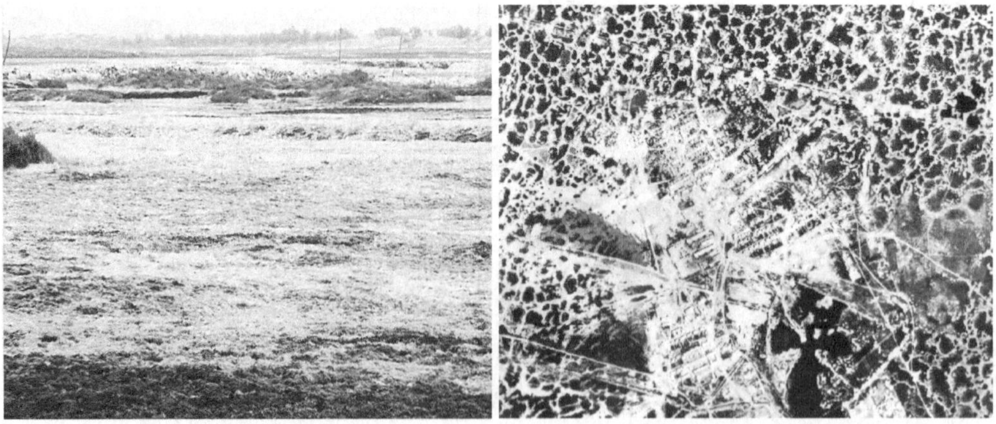

(a)盐碱地景观图像　(b)盐碱地全色遥感图像

图10.46　盐碱地

不能种植农作物的盐碱地在地形图上才表示，图上面积大于4cm^{2}的要加注“盐碱地”三字。

10.6.6　龟裂地、白板地

龟裂地、白板地都发源于荒漠中平坦的低洼地。暂时性流水从周围山地流向洼地，在洼地中央沉积了大量的泥质沉积物，从而使洼地变成平坦的泥漠。由于荒漠气候干燥，蒸发强烈，泥漠很快失去水分变硬，表面形成龟裂状的称为龟裂地，没有龟裂的称为白板地。

龟裂地和白板地不仅是很好的航空地标，而且有利于车辆的通行。长期存在的龟裂地和白板地，在地形图上都用龟裂地符号表示，符号均匀配置。图上面积大于 $4cm^2$ 的应分别注记“龟裂地”和“白板地”。

第11章　境界与地理名称调查

11.1　境界调查

境界包括国界和国内行政界限。因为境界是人为划分的，除界碑和界桩外，在遥感图像上一般没有相应的影像，所以境界不可能在图像上直接判绘，应到实地调查或根据可靠的参考资料转绘。

11.1.1　国界

国界是国家行使主权的界限。相邻国家的界线一般由双边共同协商，以条约的方式确定。划定国界要经过“定界”和“划界”两个过程。“定界”是用条文的方式确定国界的位置和走向，并附国界通过地点的简单记录地形图；“划界”就是到实地划定界限，并树立界桩或界碑，形成有关划界的各种文件。

我国与邻国的地面界限一般用界桩作为分界标志。界桩有永久性和临时性之分。界桩都有编号，在地形复杂地区，同一个编号可立两个桩（一号双立）或三个桩（一号三立），以准确划定分界线。例如，当以河流中心为界时，一般用一号在两岸双立；在河流中心分界与陆地分界转换处，一般为一号三立。

由于判绘国界是关系到国家主权和国际关系的重大问题，所以通常应在国家有关部门的指导下，根据国家正式签定的边界条约或边界协议书，会同边防人员实地勘察，按图式和规范的要求，准确判绘国界。在判绘国界时，应注意以下七个问题。

（1）国界应根据边界条约或边界议定书及其附图准确转绘，室内无法准确转绘时，应实地勘察，按实地位置准确绘出。

（2）当界桩、界碑没有平面坐标和高程时，则应测出其平面坐标，并尽可能测注高程。坐标和高程的精度要求与相应比例尺成图野外图像控制点测量的精度相同。

（3）国界上所有界桩、界碑、转折点等应在图像上准确刺出位置，并注出界桩、界碑的编号。一号双立和一号三立的界桩、界碑不能同时准确绘出时，用小圆圈按实地关系位置绘出，并按边界议定书附图注出各自的编号。

（4）国界一般应不间断地精确描绘。国界经过地带的所有地物、地貌应详细表示。国界通过河流、湖泊、海洋时，应明确表示出其间的岛屿、沙洲、沙滩和水域等的归属关系。

（5）国界与通信线、电力线、架空管道、地类界等重合时，国界符号准确绘出，通信线、电力线、架空管道、地类界等地物的符号与国界符号间隔0.2mm绘出。

（6）各种注记不得压盖国界符号，国内和国界上的地理名称均应注于本国界内。

（7）尚未确定的国界，在地形图上用未定国界符号表示。

11.1.2　国内境界

国内境界是国内行政区域的分界线。我国的最小行政区是行政村，由于地形图的承载能力有限，在地形图上只表示县及县级以上的境界。现行图式将国内境界分为五种，它们分别是省、自治区、直辖市界，地区、地级市、自治州、盟界，县、自治县、旗、自治旗、县级市界，特别行政区界，以及自然保护区界。

判绘国内境界虽没有国界那样严格，但仍有较强的政治和行政意义。如果处理不当，会给用图者造成麻烦，甚至引起不必要的纠纷。因此判绘时仍应认真对待，同时还应注意以下六点。

（1）省、自治区、直辖市，地区、地级市、自治州、盟，县、自治县、旗、自治旗、县级市境界的位置，可依据国家民政部门的勘界资料确定。界桩、界碑及有明显特征的转折点和三方交界点应准确表示。无明显界线的境界，其走向可根据政府和当地群众介绍的情况描绘，但要正确表示出居民地的隶属关系。两级以上的境界重合时，只表示最高级别的境界，如图 11.1 所示。

（2）境界符号一般应不间断绘出。当境界与线状地物（通信线、高压线、地类界除外）重合，且不能在其中心线上描绘时，可沿该地物两侧每隔 3～5cm 交错绘出 3～4 节相应境界符号，但在转折点、交界点、判绘面积的边缘处和图廓线附近必须绘出境界符号，并在图廓外注出所属省、市、县名称。

（3）境界通过河流、湖泊、海洋等，应明确表示出其中岛屿、沙洲、沙滩和水域等的隶属关系。境界通过湖泊、海峡时应在岸边绘出一段符号，湖泊、海峡为 3 个以上行政区所辖时，应在境界交会处各绘一段符号，如图 11.2 所示。

（4）在一个行政区域内隶属于另一个县级以上行政区所管辖的飞地的界线，应以相应的行政区划界线符号表示，并在其范围内加隶属注记。图上面积小于 $10cm^2$ 的飞地可不表示。

（5）香港、澳门地区界线用特别行政区界表示。

（6）自然保护区只表示国家和省级行政单位划定的界线。

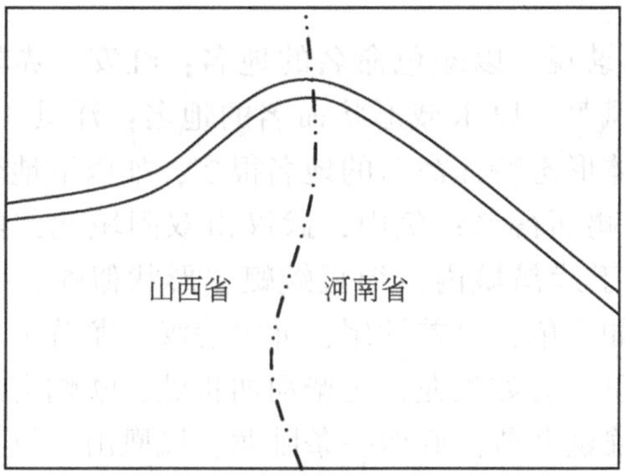

图 11.1　多级境界重合时的表示

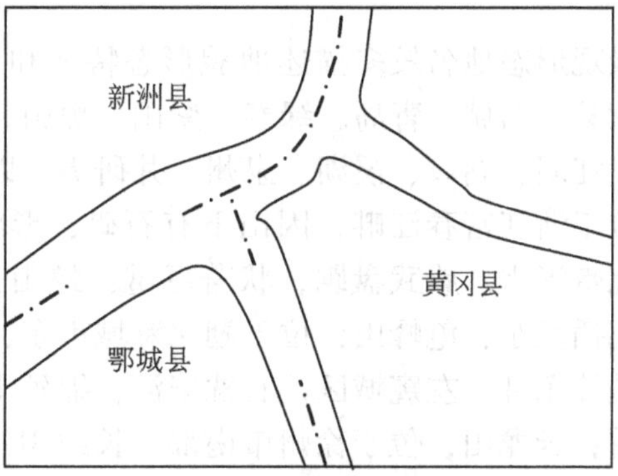

图 11.2　境界与双线河重合时的表示

11.2　地理名称的起源

地理名称简称地名。它是人们赋予某一地理实体的语言文字代号，或者说地名是区别不同地理实体所代表的特定方位、范围的一种语言文字标志。

地理名称的产生、发展和演变不仅与地理因素有关，而且还受到政治、经济、军事、科学、民族、语言、文化、宗教和心理等因素的影响，所以地名不仅是指示目标的依据，而且还包含着丰富的信息。

地名学是综合研究地名的起源、发展演变、语音结构、分布规律和应用的科学。它与语言学、地理学、历史学等有着密切的关系，是一门综合性的边缘科学。图像判绘者应对地名知识有所了解，特别是掌握地名命名的规律，这将有助于检验地理实体的位置和名称的正确性。

宋代王观国曾总结地名命名的规律是“凡地名必从山、从水、从事迹，除此之外，必取美名”，也就是说，地理名称与地理、政治、历史、民族等有密切关系。我国各地的地理名称，多数为地理特征、人物族姓、史迹神话、思想寓托等的表现。

11.2.1　以地理特征命名

表现地理特征的地名主要描述地理实体的地理位置、景观形态、物产资源、经济交通和气候特色等。

1. 地理位置

地理位置用于指明地理实体方位。我国古代就有“山北为阴，山南为阳”、“水南为阴，水北为阳”、“山河之东称左，山河之西称右”、“高为上，低为下”等示位原则，以阴阳、左右、东西、南北、上下、内外命名的地名很多，如华阴在华山之北，衡阳在衡山之南，江阴在长江之南，沈阳在沈水（今称浑河）之北而得名。再如淮阴、洛阳、左江、右江、河南、河北、广东、广西、上关、下关、内黄、外黄等。

以相邻位置关系命名的地名也很多。依山傍水的实体多以山、水作为地名通名，如鞍山、赤峰、黑龙江、漠河、洪湖、青海、赤水、洛川、玉溪、扶沟、湘潭等。

还有表示距离的地名，如五里堡、十里铺、千里岗、望京楼等。

2. 景观形态

景观形态地名较多描述地貌形态特征和自然景观。以颜色命名的地名：红安、赤峰、蓝田、黄县、白城、青岛、绿春、紫阳、黑山、丹凤等。以水域形状命名的地名：洋县、海口、川沙、江阴、湖口、溪湖、泉州、井研等。以山体形态特征命名的地名很多，如以下地名：鹤山，位于浙江富春江畔，因山下有石矶，形状如鹤而得名；龟山，武汉市双阳城北，前邻大江，北带汉水，威武盘踞，状若巨鼋；蛇山，位于武昌城内，绵亘蜿蜒，形状似蛇，头邻大江，尾插城东；龟峰山，位于湖北麻城市东，山如巨龟，昂首翘尾，冲霄凌汉；龙首山，位于辽宁铁岭东部，左窥城区，右枕柴河，绵延十余里，势如长龙，至柴河曲折处，嶙峋突起，如龙昂首；云龙山，位于徐州市南部，长约3km，绵延九节，好似一条卧龙；凤凰山，位于辽宁朝阳市东，远望山形，左、右两高峰，如凤两翼，中峰微伏，有塔耸起，如凤昂首；鸡公山，位于信阳市南，主峰两侧有灵华山和长岭，宛如雄鸡的两翼，峰之左右峭壁幽谷酷似鸡爪，整个山形如雄鸡引颈报晓；鸡足山，位于宾川县西北，因山势背西北面东南，前伸三趾，后出一趾，形似鸡足；峨眉山，包括大峨山、二峨山、三峨山和四峨山，远望大峨和二峨，两山对峙如蛾眉，因而得名；六盘山，因山路曲折盘旋，六重才能到达山顶，故名六盘山；九华山，因有九峰，形似莲花，故名九华山；五指山，因山形如五指而得名；火焰山，山由红色砂岩构成，岩石裸露，烈日下红光反射，远望似一团火焰，因而得名；玉山，台湾群山之巅，因地势高，九月飞雪，冬季银光闪闪，晶莹如玉，故名玉山。

3. 物产资源

以矿产命名的地名：宝山、金山、银川、铜陵、铁岭、煤山、铅山、铜绿山等。以食品命名的地名：稻城、米易、米脂、谷城、盐城、酒泉、茶陵、乳山、蚌埠、鸡西、鱼台等。以花果命名的地名：菏泽、兰西、兰考、梨树、桃园、荔波、枣庄、蕉岭、梅县、桂林、莲花、木兰等。以飞禽走兽命名的地名：龙江、象山、马鞍山、狼山、蛟河、凤凰、鹤岗、鸡泽、鹿港等。以树木命名的地名：桐乡、柏乡、林州、桑植、松潘、柳州、榆林、桦南等。

4. 经济交通

反映商业活动、集市贸易的地名，如牛街、马市、橘子铺等。反映水运、渡口的地名，如天津、孟津、风陵渡、渡口市（现攀枝花市）等。处于交通要道的地名，如通州（原通县，意即“漕运通济”）、通渭、通辽等。以站、店、铺、驿命名，如么站、驻马店、头铺、富驿等。

5. 气候特色

以气候特色命名的地名有恒春、老风口、雷州、春城、陆良（原为陆凉，后雅化而得名）等。

11.2.2　以人物族姓命名

1. 以人名命名

用人名命名的地名，如中山市、祥谦县、左权县、朱仙镇（战国时朱亥的故里）、成功村、小乔巷等。

2. 以族姓命名

用部落、民族命名的地名，如鄠县（户县）、莱芜县、瑶岗、藜母山、西藏等。

在长期的封建社会中，人们按姓氏居住，地名冠以姓氏在我国很普遍。汉语姓氏地名，在不同地区占有不同的比例，最高达80%（宁夏永宁县），最低达15%（江西永新县），一般在30%～50%。

11.2.3　以史迹神话命名

古代郡国、关塞、村镇名有许多沿用至今，如随州（春秋随国）、郧县（汉代郧关）、符离集（秦代县名）等。因神话传说、宗教信仰命名的地名也很多，如以下地名：黄山，世传黄帝曾与容成子、浮丘公合丹与此，故而得名；武夷山，相传古时有彭武、彭夷两兄弟来此修道治水，后人为纪念他们，就取武夷二字为山名；莫干山，相传春秋吴时铸“莫邪”、“干将”两剑于此，因而得名；大别山，相传洪荒之世天地浑然一体，亿万生灵被挤压在昏暗的天地间，后来一座大山用它的脊梁将苍天高高撑起，使天地分开，大山分出天和地，使之有别，故名大别山；华山，相传晋代山上有“千叶石莲花”，古时花与华同意，因名“华山”；庐山，相传殷周时有匡姓兄弟结庐隐居于此，因而得名；雁荡山，相传古时山顶有荡，秋雁归时多栖宿于此，因而得名。

11.2.4　以思想寓托命名

不同时代的不同思想观念和感情意愿也常反映在地名中。反映歌功颂德的地名，如定海、安顺、宣化等。反映思想道德的地名，如仁义、孝感、礼州等。新中国成立后出现的，如红旗、东风、光明等地名。寄托思想意愿和感情的地名，如灵宝县（今灵宝市）、凤凰县、兴隆镇、鬼见愁等。

11.3　地理名称调查方法

目前我国基本比例尺地形图已完成了全国覆盖，各地的地名普查资料也已完善，因此在测制地形图时的地理名称来源已从过去单一实地调查向多源化方向发展，这无疑为室内确定地理名称提供了便利条件。现在，图像判绘时的注记地名，主要来源于上一代地形图和地名普查资料，实地调查主要用于检核和抽查。

11.3.1　上一代地形图上的地名

我国当前使用的基本比例尺地形图大部分为第一、第二、第三代图，有的地区为第四、第五代图。早期的地形图测绘时，其地理名称一般都采用实地调查的方法确定，比较可靠。

但是，由于我国经济建设的高速发展，新建的工厂、矿山、铁路和公路不断出现，旧的村落迁徙，新的村庄出现，有些地名消失，新地名不断产生，以致有些图上地名的现势性较差。另外，由于地名调查复杂，又没有详尽的地名调查细则，调绘人员来自四面八方，存在方言差异、语言隔阂，难免有少数地名失真，甚至张冠李戴，个别图幅有可能地名失真，差错率较高。

因此，上一代地形图上的地理名称只能作为图像判绘作业时的参考，不能作为注记的标准。

11.3.2　地名普查资料

我国从1979年开始，用了近5年的时间，按统一的计划、步骤和要求对全国地理名称进行了新中国成立以来第一次普查工作。

在地名普查中，对一些重要地名的来历、含义、沿革进行了调查、考证，对地名代表的实体特征进行了概略的记述，对一地多名、一名多写、重名等不规范的地名进行了标准化处理，并对有地无名和含义不好的地名，按《国务院关于地名命名、更名的暂行规定》进行了命名和更名。通过地名普查取得了大量的地名释文、图、表、卡等成果资料。这些资料为编制地名图、地名录、地名志、地名辞典，以及其他地名工作的进一步开展奠定了坚实的基础。

经过地名普查后，法定的标准地名资料，可直接作为地形图地名注记的依据，但非法定的地名图、地名录等，仅作为地名注记的参考。因为地名普查的时间紧迫，技术力量不足，人员不稳定，各地技术力量不平衡，有的地区检查验收不严，地名普查资料存在一定差错。另外，不少地区地名普查后的地名变动没有得到及时地增补、更新，随着时间的推移，有些地名资料也将失去现势性。在判绘时，地名普查资料是直接作为地名注记的依据，还是作为地名注记时的参考，应在测区勘查时通过实地的调查比较确定。即便是地名普查资料已确定为地形图注记的基本依据，在判绘时也不能完全照搬照抄，还应进行一定的实地调查，以确保地形图上地名注记的正确性和权威性。

11.3.3　实地调查

实地调查是确定地理名称最基本也是最可靠的方法。为了提高工作效率，判绘时仍应充分利用已有的地名成果，以减少外业调查的工作量。实地地名调查的重点包括增补新增地理实体的名称，删除消失的名称，以及上一代地形图与地名普查资料不一致时的调查和处理。地理名称实地调查是一项复杂、细致的工作，必须认真调查分析，具体方法是多问、多写、多分析。

多问。调查时要找不同对象询问，远处问、近处问、在实体的不同方位问。一般情况下老年人讲老地名，写繁体字，有的还知道名称的含义和来龙去脉；青年人一般讲现有名或行政名，写简化字；学校老师、干部了解情况比较全面。远处可问出总名和大地名，近处则可问到分名。不同方向问可能会发现一地多名，以检核名称的正确性，为下一步注记名称的确定打下好的基础。问要有技巧和耐心，要选择合适的询问对象，询问时千万不要带框框或暗示，如“这是某某山吗”等。

多写。调查中光询问是不够的，还要请被询问者把名称书写出来，以避免音同字不同或发音不准造成的错误。书写过程中如发现错字、别字、望文生义的字及有疑问的字，要及时询问清楚。对于方言字、生僻字、自造字、变体字（土俗字）要问清含义，听清读音，并在判绘工作边外注出读音。

多分析。在调查中可能会出现地名不规范、不标准的问题，这时就应多分析，分析该名称的含义、产生和演变过程，分析是居民地名还是其他实体名称，是行政名还是自然名，是常用名还是别名，是地方字还是错别字，从而得出正确的结论。

一般将旧地形图上的地名与各省、县地名普查成果的相应地名进行核对，完全一致的可直接利用，不必到实地调查；两者不一致的，应到实地查明原因，注出正确的名称。

11.4　少数民族语地区地名的译写

我国是一个多民族的国家，各个民族都有自己的语言，许多民族还有自己的文字。为了便于地形图的使用，地形图上的地理名称要求用汉字注记。因此，少数民族地区的少数民族语地名，要翻译成汉字注记。

11.4.1　少数民族语地名翻译

目前进行少数民族语地名翻译时有很多的资料可以参考，如上一代地形图，少数民族语地名对译资料，少数民族语地区地名普查资料等，这些大多数都可直接使用，不用判绘人员进行地名翻译，只是在没有参考资料或参考资料有明显错误的情况下，才要进行少量的地名翻译。少数民族语地名翻译按《少数民族语地名调查和翻译通则》、《少数民族语地名汉字拼音字母音译转写法》和各民族地名译音规则进行，翻译时应遵循以下基本原则。

1.“名从主人”为原则，“约定俗成”为例外

“名从主人”是地名翻译的一个基本原则。地名翻译，原则上应以当地民族语言发音为标

准，译写成汉字。例如，“呼和浩特”在蒙古语中的含义是“青色的城”；“西双版纳”在傣语中的含义是“十二千水田”；“木孜塔格”在维吾尔族语中的含义是“冰山”；“珠穆朗玛”在藏语中的含义是“圣母”或“女神”；“喜马拉雅山”梵语意为“雪之家”；“冈底斯山”藏语意为“众山之主”；“唐古拉山”藏语意为“高原上的山”；“喀喇昆仑山”突厥语意为“黑石群”，而维吾尔语意为“紫黑色的昆仑山”；“阿尼玛卿山”藏语意为“祖父大玛神”；“阿尔金山”蒙古语意为“有柏树的山”；“贡嘎山”中的“贡嘎”藏语意为“白雪”。它们的汉语译名都是其在本民族语中的发音，这样的译名符合“名从主人”的基本原则。

“约定俗成”仅是例外。汉语译写不够准确、错译或没按译名原则译出的地名，因广泛沿用已被认可的，为照顾习惯，可不改译而照用，但只能是例外情况。例如，“青海湖”在蒙古语中的读音应为“库库诺尔”，这个翻译为意译，没有遵循“名从主人”的翻译原则；“慕士塔格”在维语中应读为“木孜塔格”，因译音不准，把“木孜”译成了“慕士”，这属于译音不准。这些地名尽管翻译不规范，但已沿用至今，人们已接受，故仍沿用这些名称。

但是，这种例外不能过多，一般不能再派生其他实体名称。例如，维吾尔语地区的其他冰山不应译写为“×××慕士塔格”，而应译写为“×××木孜塔格”。

2. 通名以音译为原则，以音译重复意译或意译为例外

地名一般由通名和专名两部分组成。通名代表了地理实体的类别，如“山”、“河”、“村”、“庄”等。专名为一个地理实体特有，是区别于其他地理实体的语言代号。通名与专名的结合不但能指定地理实体，而且在一定程度上说明了地理实体的属性。

在地名翻译时，专名音译，通名一般也应音译。但对有些地名采用了音译重复意译的译法，以利于掌握汉语者分辨实体的类别。例如，“雅鲁藏布江”中的“藏布”在藏语中的意思为“江”，是一个通名；“锡林郭勒河”中的“郭勒”为蒙古语“河”之意，也是通名。这些译名在原通名音译的基础上又加了一个汉语通名，都为通名音译重复意译。又如，“博格多山”蒙古语的读法为“博格多乌拉”，“乌拉”为山之意，这个译名采用了通名意译的做法。这些译写都为约定俗成，只能作为例外。

11.4.2 译写中的注意事项和要求

音译并不等于原音。不同的语言体有共同的音，有相近的音，还有相异的音。汉语普通话里只有400多个音，表音性能有局限性。因此，用汉语翻译少数民族语音时要采用并音或改音。另外，有些译者带有方言，少数民族语也有方音差异，为使译写地名规范化，应注意以下四点。

1. 按相应民族语地名译音规则译写

目前，所有的少数民族语地区都已出版了地名译音规则。在译音规则中列出了详细的译音对照表，它根据民族语与汉语普通话之间声、韵母的对应关系，选择了声、韵母结合后的相应音译汉字，在这些规则中可找到与民族语同音或近音的汉字。在地名的常用词汇及地理通名表中，可直接查到常用的译字。地名翻译必须按规则中相应的汉字译写，没有规则的应按标准音或广大地区通行的语音译写。

2. 不用“望文生义”的字和表示丑恶的字译写

音译地名中的汉字主要作用是表音，不表其义，但用图者并非都了解地名翻译的原则，一般有根据名称联想其意义的习惯。因此，在制定译音规则时就避免了“望文生义”的字和词。当用译音规则以外的汉字译写时，也不要采用“望文生义”的字，以避免用图者曲解原名意义。例如，译名首字应避免用方向（东、南、西、北）、大小和颜色（红、黑、白）等形容词的字译写；不用汉语中有明确含义的词，如“大碗”、“汤药”、“娘俩”、“将军”等译音；不用与省名、县名以及其他重要地名相同的词；不用恶、哭、贼、盗、偷、鬼等含义不好的字译音。

3. 一音一字和一词一译

一音一字是指民族语中的同一语音只用一个汉字表达。一词一译是指地名中的通名和常用词应固定下来，避免同一意义的词有多个译字。读音相近但意义有明显差别的词，在译写时一般不用同一字写出。例如，地理通名“沟”的西藏语标准译音应为“隆”字，就不能译成“龙”、“垅”、“聋”等。

对于不能用一个汉字音译的发音，可将两个汉字连起来连读译写，如标明为连读音，可在连读字下划一横线，如“日阿博”、“尼阿曲”，使音译更趋于准确。

4. 较长译名，可用小圆点适当隔开

字数较多的译名，按一词一译的原则用小圆点适当隔开，以确保用图者读地名时能被当地居民听懂所指。例如，“吾斯塘·博依·克孜勒库木”为维吾尔语地名，其中“吾斯塘”是渠，“博依”是近旁，“克孜勒”是红色，“库木”是沙漠，即“渠旁的红色沙漠”之意。

11.4.3　少数民族语地区的地名调查

少数民族语地区地名调查方法与一般地区基本相同，只是实地调查有译写的问题。

实地调查一般应请能听懂且会写当地民族语言的翻译作为向导。每到一地都要询问向导和当地居民，问明地理实体的称呼，弄清其含义，然后根据含义在译音规则相应分类中查取译音所对应汉字，按汉字发音读给向导和居民听，如他们认为发音准确或能听懂，则以译音汉字进行注记，否则改动译音不准的汉字。调查时还应填写“少数民族语地名调查表”，记载相应原文和意义。

一个地区的判绘工作结束时，应召集当地居民共同审查一次当地地名的翻译，或者请高一级的翻译人员审校。

多民族杂居地区，对于同一地理实体，不同民族有不同名称时，必须深入调查，一般只注记一个通用的地名，必要时可另取一个作副名注记。

11.5　地理名称的确定

在地形图上注记的地理名称主要是居民地名称、山地名称、水系名称以及其他重要地理名称。同一地理实体可能有几个名称，如居民地可能有行政名、自然名，有总名、分名，还有表示局部在居民地中的方位或作用的名称。同一座山在不同地区可能有不同的名字，同一条河的不同区段，也有不同的称呼。因此，在进行地理名称注记时，首先应确定要注记的名称。

11.5.1 居民地名称

居民地名称包括城市、集镇、村庄，远离居住区的机关、学校、企事业、工厂、矿山，以及大城市市内主要街道名称等。

(1) 县级及以上行政机关所在地的名称注记以国务院公布的正式行政名称为准。当驻地有多级县级以上的行政机关时，其名称按高一级的行政名称注出，低一级的行政名用小两级的同体字注出，但注记不宜超过两级。省级政府机关所在地仍应注记所在城市的行政名。

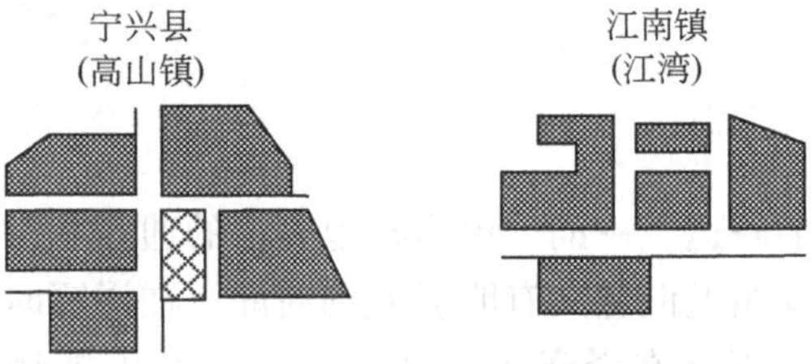

图 11.3 居民地的双重注记

(2) 县级或乡镇级政府所在地，当自然名与行政名一致时，只注记行政名称；当不一致时，行政名称作正名，自然名称作副名，采用双重注记。双重注记时，副名字体小，并加括号，位于正名的右方或下方，如图 11.3 所示。县级和乡镇级政府同处一地时，县级行政名作正名，乡级政府行政名作副名，也采用双重注记。

(3) 村庄名称以政府和群众公认的自然名称为准注记，一般不注记行政名称。只有个别地区确无自然名称时，才可采用群众通用的行政名称注记。

(4) 居民地不仅有各自的村名（分名），几个自然村有的还有总名，总名也应注出。但一个大的居民地，其内部相关位置的称呼，如前街、西街、东头，不能作为居民地的分名注出。

11.5.2 山地名称

山地名称主要包括山脉、山峰、山隘、山口、山谷、山洞、山坡、台地、高地等。凡远近闻名及有重要意义的地貌，均应调注名称。

山地名称调查中，会遇到所指实体相同，而称呼不同，或称呼相同，所指实体不同的情况。这时应取城镇或交通要道方向所称呼的名称和所指的实体注记。当同一地点的两个称呼都很闻名，不能互相代替时，则可作为正副名双重注记处理。但是，不能将当地群众根据山地与居民地的相关位置或经相互比较后各自认定的名称（如后山、北坡、大山、小丘等）作为注记名称。

有国家等级大地点的山头，应尽量调注山名。必须注意有的大地点名称与山名不一致，注记时只注记群众称呼的山名，而不注记大地点名。

11.5.3 水系名称

水系名称主要包括海洋、湖泊、江河、运河、渠道、渡槽、水库、河口、沱、海湾、海峡、江峡、港湾、沙洲、岸滩、井、泉、冰川等。

凡有固定名称的水系，如果图上注记密度允许，一般均需注出名称，特别是干燥地区，水系的表示和名称的注记更为重要。正在兴建尚未竣工的水库、河渠等，如已正式命名的，也应注记名称。

同一条河流在不同河段有不同名称的情况经常出现。例如，长江从江源至下游有托托河、通天河、金沙江等名称。不同河段不同名称按实际情况注出，不应人为统一。当各段名称不能一一注记时，应先取下游名称注记；当不能分别注记时，则先取主要部分或著名的名称注记。

11.5.4　其他地理名称

除居民地、山地、水系名称外，其他地理名称有森林、沙漠、戈壁、草原、沼泽、半岛、岛屿、礁石、堤围、道路、桥梁、隧道、名胜古迹等重要的和著名的地物名称及其他专有名称。例如，“天涯海角”、“大雁塔”、“少林寺”等。

有些地名因保密或其他原因比较特殊，如“171 公里”是公路里程碑的里程数，但当地群众已习惯用此作为地名，专指“171 公里”处的某一设施，并作为公共汽车站的一个站名，判绘时，像这样的名称也应注记。

岛礁的名称注记比较复杂，同一岛礁可能有不同的称呼。例如，琵琶山和琵琶岛，担杆岛和担杆列岛，即山与岛、山与礁、岛与礁、群岛与列岛不分。因此，在判绘时要注意，凡是与参考资料上不一致的，应认真调查处理。岛礁分布密集不能逐个注记名称时，可注记总名，并选择面积大的、著名的、外围的、孤立突出的或有航行设施的注记。

11.6　地理名称注记

地理名称注记，除通过调查得到准确的名称外，在注记时还要遵循一定的原则，以保证地理名称清晰易读，指向明确。

11.6.1　适当取舍

地理名称的密度与当地经济发展程度有密切关系。在我国经济发达的东部地区，地理名称密度大，而在西北干燥地区和经济不发达山区，地理名称密度小。

根据用图的需要，在不压盖重要地物和不影响整体地形的前提下，地理名称应尽量详细注记，在无名或地名稀少的地区，还需要命名。因此，在地物稀少地区，地理名称同样很少，一般只取不舍。但在地物繁杂、人口稠密地区，地理名称过密，地形图负载有限，则应进行适当的取舍。

地理名称通过取舍后，过密地区保持图上每 $1.5\sim2.0\text{cm}^2$ 注记一个名称为宜；不同地区名称的分布密度不应因取舍而改变。经济发达地区的地理名称，主要由居民地名称组成，取舍的基本原则是：①取注远近闻名且固定的名称，舍去不著名的和临时性名称；②取注靠近主要交通线的名称，舍去离交通线较远的名称；③取注总名，舍去部分分名或全部分名；④取注房屋较多且连成一片的名称，舍去房屋稀少且分散的名称。

11.6.2　主次分明

在地形图上注记的名称并不是同等重要的，有主要和次要之别。地理名称的主要和次要是通过名称注记的字体及字的大小区别的。地物地貌要素的各级名称注记字体及字的大小在地形图图式中有明确规定。

（1）城镇居民地名称注记采用等线体，字体的大小按行政等级分为四级：首都，省、自治区、中央直辖市政府驻地，行政区、地区、自治州、盟、地级市政府驻地，县、自治县、旗及相当县级的市、区政府驻地，以及乡、镇和国营农、林、牧、渔场等。

（2）村庄名称用仿宋体注出。总名比分名要大两级。作为图幅名称的村庄名称也比一般村庄名称大两级注记。

（3）地物的专有名称，如“大雁塔”，用细等线体注出。

（4）水系名称用左斜仿宋体注出，字的大小根据其面积或长度而定。河流名称的注记字大，上游和支流不得大于下游和主流。

（5）山名按山体大小和著名程度分主次两级。山岭、山脉名称字的大小，视山体的范围及它们的相互关系而定。

11.6.3　位置合适

一切名称注记的位置必须指示明确，便于阅读，同时还要反映地物的形态和分布特点。

1. 字位恰当，指向明确

名称注记的位置，除不压盖重要地物和线状地物符号交叉点、拐弯点，以及村庄的出入口外，应尽量按有利于指向的位置配置，并且与被注符号的间隔要适当。在地物密集地区，为了使注记指向明确，有时可舍去一些次要地物（零星房屋、梯田等）和压盖线状地物的直线部分。地物面积较大时，名称可注记在地物轮廓线所包围的范围内。山岭、山脉的名称注记在其走向的中心线上，当山岭、山脉很长时，名称应重复注记。当多座山头相距较近，容易使读者产生误解时，应在所指的山头上加绘直径3mm的棕色圆圈，以免下道工序注错位置。

2. 排列得当，反映地物的形态及分布特点

注记字体的排列分四种形式，包括水平字列、垂直字列、雁行字列和屈曲字列，如图11.4所示。

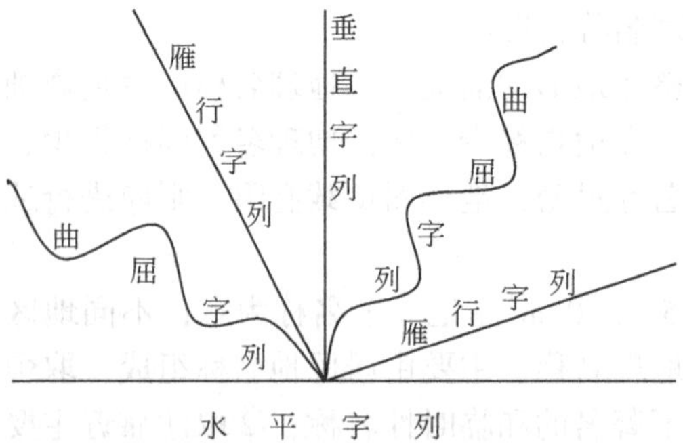

图 11.4　注记字的排列样式

水平字列各字中心的连线与南北图廓线平行，字向直立，沿地理实体的上侧或下侧排列。

垂直字列各字中心的连线垂直于南北图廓线，字向直立，沿地理实体的右侧或左侧排列。

雁行字列各字中心的连线与图廓线斜交，字向直立，沿地理实体符号延伸方向排列。

屈曲字列各字侧边垂直或平行于线状地物，沿地物弯曲的形状排列。

居民地名称的注记一般用水平字列或垂直字列。但当居民地沿着某一方向延伸时，也可用雁行字列，此时必须注意，字向要直立，各字中心的连线不得为折线。居民地总名的排列应能显示所属居民地的范围，但不得使用屈曲字列。沿大的江、河和公路、铁路分布的居民地，其名称应注记在该居民地的同侧。当同一居民地被这些线状地物分割时，其名称最好注记在居民地主要部分一侧，如图11.5所示。

水系名称注记的排列与水系的自然弯曲形状协调，一般依河流弯曲形状及湖泊、海湾的自然形状和延伸方向成雁行或屈曲字列排列。河流名称可注在河流中段，较长的河流可每隔15～20cm（图上长）分段重复注记。

山头名一般用水平字列注在山顶的上方。山岭、山脉名称注记根据其走向采用雁行字列和屈曲字列。

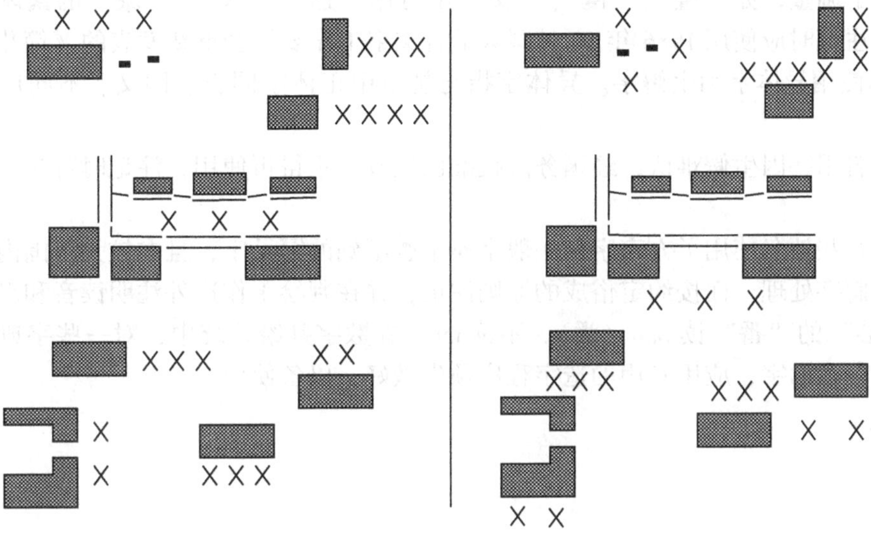

(a)正确　　(b)不正确

图 11.5　居民地名称注记的字位和排列

3. 字隔适当，便于阅读

同一名称的字体、字大应相同，字与字之间的间隔要相等，且字隔不宜过大，最大间隔为字大的 4 倍，否则不便于阅读。

同一地理实体的名称被分割在两张判绘图像上时，为了便于拼接，应在两张图像上分别注出它的名称。

11.6.4　颜色正确

图式中规定的符号和注记的用色是指出版图上的颜色，数字判绘时的用色与图式规定相同。当不是采用数字判绘作业时，由于判绘图像是半成品，为了便于下道工序作业，部分注记和符号的颜色也可与图式规定的不一致，注记颜色是否一致，应在技术设计书中明确规定。

各要素的说明注记和数字注记用色与相应符号颜色相同。

11.6.5　字体正规

在非数字判绘中，由于是人工书写字体，因此应注意下面三个问题。

（1）字迹工整。注记字体要清楚、整齐、不潦草，容易辨认。汉字形体复杂，多一笔、少一点便成两个字，特别是可以独立使用的偏旁字要注意结构的离合，以免产生误解。例如，“杨木林”，若“林”的偏旁写得靠前，则变成“杨林木”；“大栏”的“栏”字写得不紧凑，就会误解为“大木兰”；“于”、“干”、“千”、“子”等书写不正规也可能发生误认情况。

（2）不用非规范简化字。各种注记应使用国务院公布的简化字，既不得随意简化，也不能用繁体字。使用的简化字以国务院公布的《简化字总表》为标准，国务院已经批准废止的《第二次汉字简化方案（草案）》的简化字和社会上流行的各种简体字，都是不规范的简化字，注记时不得使用。

《简化字总表》是 1964 年 5 月公布的，1986 年 10 月国家语言文字工作委员会对原总表中的个别字作了调整，如“叠”、“覆”、“像”不再作“迭”、“复”、“象”的繁体字处理。因此，在名称注记时应使用1986年10月国家语言文字工作委员会重新发表的《简化字总表》。

（3）不使用异体字和生僻字。异体字指与规范中正体字同音、同义、不同形的字，已停止使用。

有些地名用字因生僻难认，经国务院批准已更改，不得再使用，注记时可参考已批准的地名资料。

但是，有些地名使用了方言字和一般字典中查不到的罕见字，且在较大范围内通用，这种情况不按生僻字处理，而按约定俗成的原则注记，并在判绘工作边外注明读音和汉语拼音。例如，“番禺县”的“番”读pan（潘），不读fan。在数字判绘系统中，对一些字典上没有的字或字库中不存在的字，应用专用的造字程序预先做好，以备使用。

主要参考文献

曹健 . 2010. 基于局部特征的图像目标识别技术研究 . 北京：北京理工大学博士学位论文 .

陈述彭 . 2001. 地学信息图谱探索研究 . 北京：商务印书馆 .

陈述彭，童庆禧，郭华东 . 1998. 遥感信息机理研究 . 北京：科学出版社 .

崔林丽 . 2005. 遥感影像解译特征的综合分析与评价 . 北京：中国科学院研究生院博士学位论文 .

戴昌达，姜小光，唐伶俐 . 2004. 遥感图像应用处理与分析 . 北京：清华大学出版社 .

冯伍法 . 2005. 摄影测量外业理论与实际 . 北京：解放军出版社 .

冯伍法，张占睦，陈宏志，等 . 2006. 遥感图像地形要素判绘图集 . 北京：解放军出版社 .

冯学智，肖鹏峰，赵书河，等 . 2011. 遥感数字图像处理与应用 . 北京：商务印书馆 .

傅肃性 . 2002. 遥感专题分析与地学图谱 . 北京：科学出版社 .

关泽群，刘继琳 . 2007. 遥感图像解译 . 武汉：武汉大学出版社 .

郭华东 . 1999. 中国雷达遥感图像分析 . 北京：科学出版社 .

郭华东，许健民，倪国强，等 . 2001. 对地观测系统与应用 . 北京：科学出版社 .

刘亚岚 . 2004. 遥感影像群判读技术的试验研究 . 北京：中国科学院遥感应用研究所博士学位论文 .

马蔼乃 . 1997. 遥感信息模型 . 北京：北京大学出版社 .

倪金生 . 2008. 遥感图像处理理论与实践 . 北京：电子工业出版社 .

潘时祥 . 1990. 像片判绘 . 北京：解放军出版社 .

唐亮 . 2004. 城市航空影像关键地物提取技术研究 . 西安：西安电子科技大学博士学位论文 .

王双亭，朱宝山 . 2002. 遥感图像判绘 . 北京：解放军出版社 .

阎守邕，刘亚岚，魏成阶 . 2007. 遥感影像群判读理论与方法 . 北京：海洋出版社 .

阎守邕，王涛，刘亚岚，等 . 2002. 遥感影像人机交互判读系统及其技术特点 . 遥感学报，(3)：198-205.

杨磊 . 2009. 遥感图像解译专家系统的研究与设计 . 工程地质计算机应用，(1)：8-13.

杨松林，谭衢霖，吴景坤，等 . 2006. 遥感图像自动判释与专家系统 . 铁道工程学报，(12)：252-256.

张永生 . 2000. 遥感图像信息系统 . 北京：科学出版社 .

张永生，王仁礼 . 1999. 遥感动态监测 . 北京：解放军出版社 .

张占睦，芮杰 . 2008. 遥感技术基础 . 北京：科学出版社 .

张占睦，芮杰，冯伍法，等 . 2010. 遥感影像判绘训练系统使用手册 . 郑州：解放军信息工程大学测绘学院 .

张志龙 . 2005. 基于遥感图像的重要目标特征提取与识别方法研究 . 长沙：国防科学技术大学研究生院博士学位论文 .

赵英时 . 2003. 遥感应用分析原理与方法 . 北京：科学出版社 .

周成虎，骆剑承，杨晓梅，等 . 2001. 遥感影像地学理解与分析 . 北京：科学出版社 .

朱述龙，朱宝山，王红卫 . 2006. 遥感图像处理与应用 . 北京：科学出版社 .

Bückner J，Müller S，Pahl M，et al. 2002. Semantic Interpretation of Remote Sensing Data，Photogrammetric Computer Vision，(9-13)：62-66.

Conway E D. 1997. An Introduction to Satellite Image Interpretation. Baltimore：John Hopkins University Press.

Lillesand T M，Kiefer R W. 2007. Remote Sensing and Image Interpretation. Hoboken：John Wiley & Sons.

Prost G L. 2001. Remote Sensing for Geologists：a Guide to Image Interpretation. London：Gordon & Breach Science Publishers.

彩　　图

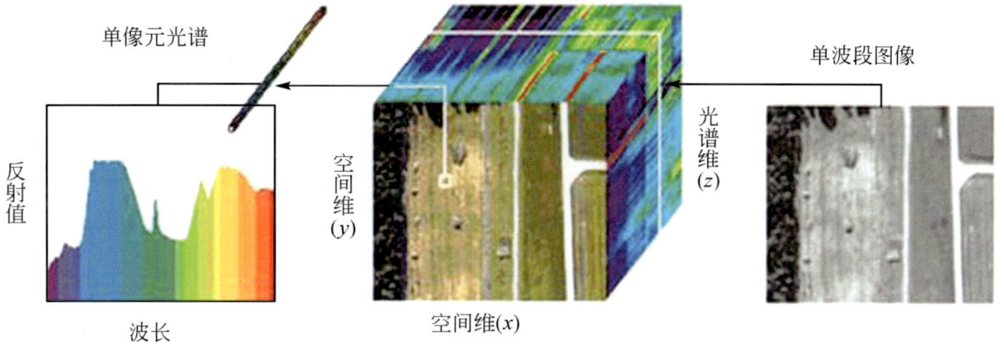

图 2.21　高光谱影像数据立方体

(a)真彩色图像　　(b)红外彩色图像

图 3.8　彩色图像色彩特征对比

(a)Landsat-7 TM3、2、1(RGB)　　(b)Landsat-7 TM4、3、2(RGB)

(c)Landsat-7 TM7、4、2(RGB)

(d)Landsat-7 TM7、5、3(RGB)

图 3.9　利用 Landsat-7 不同的 TM 波段的影像合成的假彩色图像

图 3.10　水体污染引起的色彩特征的变化

图 8.20　沙质岸

图 8.21　砾石岸

图 8.22　丛草岸

图 8.23　陡岸

图 8.24　磊石岸

图 8.25　岩石岸

图 8.26　加固岸

图 8.27　岸垄

图 8.28　树木岸

图 8.29　芦苇岸

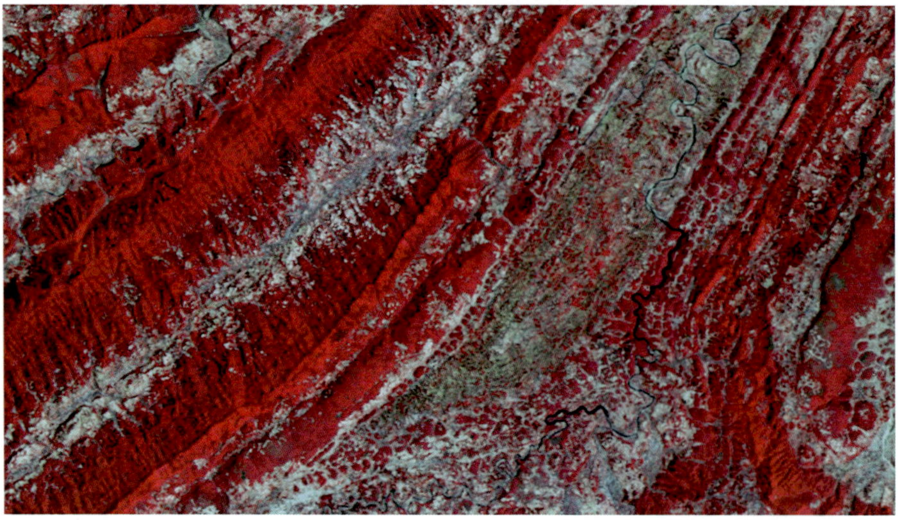

图 10.2　褶皱山地貌（卫星图像）